近代数学講座 5

特殊函数

小松勇作 著

朝倉書店

小松　勇作
編　集

まえがき

本書は微分方程式論や一般函数論について一通りの知識をえている読者を対象として，解析学ならびにその応用領域でよく現われている特殊函数に関する解説を試みたものである．

特殊函数とはなにか．それを規定することは困難であろう．これまでにも，集合としての特殊函数の範囲について，流布するに足る程度の定義は与えられていないと思う．およそ，数学の理論ではその個々の分野においても，抽象的なしかもかなり広い集合が対象とされるのがふつうである．例えば，いわゆる函数論においては，与えられた領域で与えられた条件をみたす解析函数の全体から成る函数族についてしらべるという形で，問題がとりあげられる．微分方程式の観点からも，事情はほぼ同様である．このような一般的な函数族と対比させて，　高々いくつかのパラメターに関係する具体的な函数ないしは函数族が，通俗的に特殊函数とよばれているならわしのようである．

やや自然発生的に累積されてきた特殊函数についての成果は，極めて豊富であり，多彩である．結果を主としてそれらを整理しようとすれば羅列にかたよるであろうし，方法を主としてのべようとすれば内面的な関連がおろそかになりかねない．限られた紙数のもとではなおさらのことである．このようなわけで，本書ではまず材料の点でかなり強い選択を行なった．ついで配列の点では個々の函数についての多くの結果をとりまとめるとともに，全体を通じて一貫性をもついくつかの方法についても考慮を払ったつもりである．

したがって，特に紙数の制限にもとづく材料の選択のために，楕円函数やラメ函数ないしはマシュー函数などを割愛しなければならなかったことを，ここでことわっておかねばならない．しかし，それだけに，全体として一応はやや閉じた形にまとまったかとも思う次第である．

さて，一般函数論においても，初等函数が種々の有用な役割を果たしている．じっさい，初等函数は一般論のための補助手段としてばかりでなく，例えば一般的な積分変換の核としても欠くことのできないものである．初等函数自身はもちろん特殊函数の一種とみなされよう．本書でも，ことに直交性と関連して，ある種の多項式系が論じられる．しかし，主要な対象はむしろ初等函数に準ずる特殊函数である．そして，本文で現われる殆んどすべてのものが，初等函数を被積分函数とする積分表示をもっているのである．

ところで，微分積分学をへて一般函数論にいたると，初等函数についてすでに，その本性が極めて明らかになるのが認められる．実変数の範囲では，指数函数の周期性やその三角函数に対する関係すら露呈されない．特殊函数についても，事情はまったく同様である．本書では，全編を通じて解析函数という観点から題材をとりあつかった．ここではこのような点を特に強調しておきたいが，一般函数論からの引用はコーシーの積分定理と積分公式，留数，分岐点，解析接続などの基礎的な事項に限られている．

特殊函数は解析函数や微分方程式の理論とその応用との間の橋渡しをする立場にある．理論の成果を応用という面を通して具現するとともに，逆に一般的理論への素材を提供する．このような観点からも興味深い分野であるということができよう．本書が特殊函数にしたしむための階梯書として役立てば幸いである．

本書は七章四十節から成っている．各節末にはいくつかの問が，各章末にはかなりの数の問題がのっている．これらのすべてが必ずしも本文の知識だけで容易に解けるとは限らない．本書の姉妹編である続巻「特殊函数演習」で，節末の問は例題として，章末の問題は練習問題として，くわしく解説されるはずである．

本書ができあがるまでに，多くの方々から有益な援助を受けた．ことに，全編の校正刷を精読して貴重な意見を寄せられた小沢満・西宮範の両氏，さらに組版上の体裁を整えることに尽力された朝倉書店編集部柏木信行氏に，深く感謝の意を表したい．

1967年5月

著者しるす

目　　次

索　　引

第1章　ベルヌイの多項式

§1. ベルヌイの多項式

1. 次章でガンマ函数について論ずるため準備として，特殊多項式系の一つであるベルヌイの多項式系の解説からはじめる．

n を自然数とするとき，n 次の多項式 $p_n(z)$ が条件

(1.1) $$p_n(z+1)-p_n(z)=nz^{n-1}, \qquad p_n(0)=0$$

によって確定する．これをもって，

(1.2) $$B_0=1, \qquad B_n=\frac{p_{n+1}'(0)}{n+1} \quad (n\geqq 1);$$

(1.3) $$B_0(z)=1, \qquad B_n(z)=p_n(z)+B_n \quad (n\geqq 1)$$

とおき，B_n, $B_n(z)$ をそれぞれ**ベルヌイの数**，**ベルヌイの多項式**という；ヤコブ・ベルヌイによって導入されたものである．

注意. ときには，$B_n(z)/n!$ のことを $B_n(z)$ とかくこともある．

定理 1.1. つぎの関係が成り立つ:

(1.4) $$B_n(z+1)-B_n(z)=nz^{n-1}, \qquad B_n(0)=B_n;$$

(1.5) $$B_n'(z)=nB_{n-1}(z);$$

(1.6) $$B_n(z)=\sum_{\nu=0}^{n}\binom{n}{\nu}B_{n-\nu}z^{\nu};$$

(1.7) $$B_1=B_1(1)-1, \qquad B_n=B_n(1)=\sum_{\nu=0}^{n}\binom{n}{\nu}B_{\nu} \quad (n>1).$$

証明. (1.4) は定義からわかる．一般に，N 次の任意な多項式 P はつぎの形に表わされる:

(1.8) $$P(z)=P(0)+\sum_{n=1}^{N}(P^{(n-1)}(1)-P^{(n-1)}(0))\frac{p_n(z)}{n!}.$$

じっさい，(1.1) で定まる p_n を $p_n(z)=\sum_{\nu=0}^{n}c_{n\nu}z^{\nu}$ とおけば，$p_n(0)=0$ により $c_{n0}=0$ であり，$n\geqq 1$ のとき

$$nz^{n-1}=p_n(z+1)-p_n(z)=\sum_{\mu=0}^{n-1}z^{\mu}\sum_{\nu=\mu+1}^{n}\binom{\nu}{\mu}c_{n\nu}.$$

これから $\{c_{n\nu}\}_{\nu=1}^{n}$ が一意に定まる．$p_n(z)$ は z^n の係数が 0 でない n 次の多項

式であるから，任意に与えられた N 次の多項式 P を

$$P(z)=C_0+\sum_{n=1}^{N} C_n p_n(z)$$

とおくことができる．条件（1.1）は

$$p_n(0)=0;\quad p_n^{(\nu)}(1)-p_n^{(\nu)}(0)=0\ (\nu \neq n-1),\quad p_n^{(n-1)}(1)-p_n^{(n-1)}(0)=n!$$

と同値であるから，

$$P(0)=C_0,\qquad P^{(n-1)}(1)-P^{(n-1)}(0)=n!C_n\quad (n\geqq 1).$$

さて，（1.8）で特に P として $n-1$ 次の多項式 p_n' をとれば，

$$p_n'(z)=p_n'(0)+np_{n-1}(z).$$

これを（1.2），（1.3）とくらべて（1.5）をうる．つぎに，（1.5）を反復して用いると，

$$B_n^{(\nu)}(z)=\frac{n!}{(n-\nu)!}B_{n-\nu}(z),\qquad \frac{B_n^{(\nu)}(0)}{\nu!}=\binom{n}{\nu}B_{n-\nu}.$$

ゆえに，（1.6）をうる．最後に，（1.4）と（1.6）から（1.7）がえられる．

注意．（1.6），$(1.7)_{n>1}$ は形式的につぎのように表わされる：

$$B_n(z)=(z+B)^n\ (n\geqq 0),\quad B_n=(1+B)^n\ (n>1);$$

右辺では二項展開して，B^ν を B_ν でおきかえるものとする．

2. ベルヌイの多項式系は他の方法でも導入される．

（1.5）と（1.7）の第二の関係の前半とに着目して，

$$(1.9)\qquad B_0(z)=1;\quad B_n'(z)=nB_{n-1}(z),\quad \int_0^1 B_n(z)dz=0\quad (n\geqq 1)$$

によっても，$\{B_n(z)\}_{n=0}^{\infty}$ が定められる．

$B_1(x)=x-1/2$ の区間 $(0,1)$ でのフーリエ展開をつくれば，

$$(1.10)\qquad B_1(x)=-\frac{1}{\pi}\sum_{\nu=1}^{\infty}\frac{\sin 2\nu\pi x}{\nu}\qquad (0<x<1).$$

（1.9）にもとづいて，これを逐次に積分することにより，$B_n(x)$ $(n=2,3,\cdots)$ のフーリエ展開がえられる：

$$B_{2m}(x)=(-1)^{m-1}\frac{2\cdot(2m)!}{(2\pi)^{2m}}\sum_{\nu=1}^{\infty}\frac{\cos 2\nu\pi x}{\nu^{2m}},$$

$$(1.11)\qquad B_{2m+1}(x)=(-1)^{m-1}\frac{2\cdot(2m+1)!}{(2\pi)^{2m+1}}\sum_{\nu=1}^{\infty}\frac{\sin 2\nu\pi x}{\nu^{2m+1}}$$

$$(0\leqq x\leqq 1;\ m=1,2,\cdots).$$

あるいは，まとめて

$$B_n(x)=(-1)^{[n/2]-1}\frac{n!}{(2\pi)^n}\sum_{\nu=1}^{\infty}\left(\frac{1+(-1)^n}{\nu^n}\cos 2\nu\pi x\right.$$

(1.12)

$$\left.+\frac{1-(-1)^n}{\nu^n}\sin 2\nu\pi x\right)\quad\binom{0\leqq x\leqq 1;}{n=2,3,\cdots}.$$

定理 1.2. ベルヌイの多項式系はつぎの**母函数展開**によっても定義される：

(1.13) $$\frac{te^{zt}}{e^t-1}=\sum_{n=0}^{\infty}\frac{B_n(z)}{n!}t^n\qquad(|t|<2\pi).$$

証明. (1.13) で定められた $\{B_n(z)\}$ に対しては

$$\sum_{n=0}^{\infty}\frac{B_n(z+1)-B_n(z)}{n!}t^n=te^{zt}=\sum_{n=1}^{\infty}\frac{z^{n-1}}{(n-1)!}t^n,$$

$$\sum_{n=0}^{\infty}\frac{B_n'(z)}{n!}t^n=\frac{t^2e^{zt}}{e^t-1}=\sum_{n=1}^{\infty}\frac{B_{n-1}(z)}{(n-1)!}t^n.$$

t の同ベキの項の係数を比較して

$$B_n(z+1)-B_n(z)=nz^{n-1},\qquad B_n'(z)=nB_{n-1}(z)$$

となるが，これはベルヌイの多項式系の特性である．複素 t 平面上で，原点に最も近い (1.13) の左辺の特異点は $t=2\pi i$ であるから，その右辺の収束半径は 2π に等しい．

定理 1.3. つぎの関係が成り立つ：

(1.14) $$B_n(1-x)=(-1)^nB_n(x),$$

(1.15) $$B_{2m+1}=0\qquad(m=1,2,\cdots).$$

証明. 母函数展開の式 (1.13) から

$$\sum_{n=0}^{\infty}\frac{B_n(1-z)}{n!}t^n=\frac{te^{(1-z)t}}{e^t-1}=\frac{-te^{-zt}}{e^{-t}-1}=\sum_{n=0}^{\infty}\frac{B_n(z)}{n!}(-t)^n.$$

t^n の係数を比較することによって (1.14) をうる． ここで $z=0$ とおいてえられる式を (1.7) と比較して (1.15) をうる．

3. 定義から直接にわかるように，$B_n(z)$ は有理係数の n 次の多項式である．$\{B_n(x)\}_{n=0}^{\infty}$ は区間 $(0,1)$ で直交系をなすわけではないが，つぎの関係が成り立つ：

定理 1.4. $\int_0^1 B_0(x)^2dx=1,\qquad \int_0^1 B_0(x)B_n(x)dx=0\quad(n\geqq 1);$

$$(1.16)\quad \begin{aligned} &\int_0^1 B_n(x)B_{n+2m}(x)dx=(-1)^m\frac{(n+2m)!\,n!}{(n+m)!^2}\int_0^1 B_{n+m}(x)^2dx\neq 0,\\ &\int_0^1 B_n(x)B_{n+2m+1}(x)dx=0 \qquad (n\geqq 1,\ m\geqq 0).\end{aligned}$$

証明. はじめの二つの関係は (1.9) の第一と第三の等式からわかる．つぎに，(1.9) の第二と第三の等式を利用して部分積分を行なえば，

$$\int_0^1 B_n(x)B_{n+2m}(x)dx=-\frac{n+2m}{n+1}\int_0^1 B_{n+1}(x)B_{n+2m-1}(x)dx.$$

ゆえに，帰納法によって (1.16) の第一の関係をうる．最後に，(1.14) を利用すれば，

$$\begin{aligned}&\int_0^1 B_n(x)B_{n+2m+1}(x)dx\\ &=\int_0^{1/2} B_n(x)B_{n+2m+1}(x)dx-\int_{1/2}^1 B_n(1-x)B_{n+2m+1}(1-x)dx\\ &=\int_0^{1/2} B_n(x)B_{n+2m+1}(x)dx-\int_0^{1/2} B_n(t)B_{n+2m+1}(t)dt=0.\end{aligned}$$

ベルヌイの多項式の零点については，つぎの結果がある：

定理 1.5. (i) 区間 $[0,1]$ において，$B_0(x)$ は零点をもたず，$B_1(x)$ はただ一つの単一零点 $1/2$ をもつ．(ii) $[0,1]$ において，$B_{2m+1}(x)$ $(m=1,2,\cdots)$ は3個の単一零点をもち，それらは $0,\ 1/2,\ 1$ にある．(iii) $[0,1]$ において，$B_{2m}(x)$ $(m=1,2,\cdots)$ は2個の単一零点をもち，それらは区間 $(0,1/2)$, $(1/2,1)$ に一つずつあって，$1/2$ に関して対称である．

証明. (i) $B_0(x)=1$, $B_1(x)=x-1/2$ であるから，明らかである．

(ii) $B_{2m+1}(x)$ に対して，$0,\ 1/2,\ 1$ が零点であることは，(1.14), (1.15) からわかる．仮にこれら以外に $B_{2m+1}(x)$ の零点があるかまたは $1/2$ がその重複零点であったとすれば，ロールの定理によって $B_{2m}(x)=B_{2m+1}'(x)/(2m+1)$ は $(0,1)$ に少なくとも3個の零点をもち，したがって $B_{2m-1}(x)=B_{2m}'(x)/2m$ は $(0,1)$ に少なくとも2個の零点をもつことになる．また，0 が $B_{2m+1}(x)$ の重複零点であったとすれば，$B_{2m}(x)$ は 0 のほかに $(0,1/2)$ に零点をもち，したがって $B_{2m-1}(x)$ は $(0,1)$ に少なくとも2個の零点をもつことになる．同じ論法をくりかえせば(帰納法)，$B_1(x)=x-1/2$ が $(0,1)$ に少なくとも

2 個の零点をもつことになり，不合理である．

（iii） 零点が 1/2 に関して対称であることは，等式（1.14）からわかる．$B_{2m+1}(x)$ は 0, 1/2, 1 を零点とするから，$B_{2m}(x)=B_{2m+1}{}'(x)/(2m+1)$ の零点は (0, 1/2), (1/2, 1) に少なくとも 1 個ずつある．仮にこれらが重複零点であるかまたはそれ以外に零点があったとすれば，$B_{m-1}(x)=B_{2m}{}'(x)/2m$ が (0, 1) に少なくとも 3 個の零点をもつことになり，上記の結果と矛盾する．

問 1. N が自然数のとき，$B_n(N)-B_n=n\sum_{\nu=1}^{N}\nu^{n-1}$ $(n=2, 3, \cdots)$.

問 2. ベルヌイの多項式系の母函数展開を形式的につぎのように表わすことができる：$e^{(z+B)t}(e^t-1)=te^{zt}$; 左辺を t のベキ級数に展開し，B^ν を B_ν でおきかえるものとする．

問 3. xy 平面上における $y=B_n(x)$ のグラフは，n が偶数のときは直線 $x=1/2$ に関して，n が奇数のときは点 $(1/2, 0)$ に関して，それぞれ対称である．

問 4.（i）区間 (0, 1) において，$m\geqq1$ のとき，$B_{2m}(x)$ はただ一つの極値 $B_{2m}(1/2)$ をもつ．$m\geqq2$ のとき，$y=B_{2m}(x)$ は $B_{2m-1}(x)$ の零点を横座標とする x 軸上の点で変曲点をもつ．（ii）区間 (0, 1) において，$m\geqq1$ のとき，$B_{2m+1}(x)$ は $B_{2m}(x)$ の二つの零点の一方で極大，他方で極小となる．さらに，$y=B_{2m+1}(x)$ は $(1/2, 0)$ で変曲点をもつ．

§2. ベルヌイの数，オイレルの数

1. ベルヌイの数 B_n $(n=0, 1, \cdots)$ については，すでに (1.4), (1.15) で示したように，

$$B_n=B_n(0)\quad(n=0, 1, \cdots);\qquad B_{2m+1}=0\quad(m=1, 2, \cdots). \tag{2.1}$$

$B_n(z)$ は有理係数の多項式であるから，B_n はすべて有理数である．

定理 1.2 の母函数展開の式（1.13）で $z=0$ とおけば，

$$\frac{t}{e^t-1}=\sum_{n=0}^{\infty}\frac{B_n}{n!}t^n. \tag{2.2}$$

この左辺の $t=0$ のまわりの展開の始部は $1-t/2+\cdots$ となるから，(2.1) の第二の関係に注意して

$$\frac{t}{e^t-1}=1-\frac{1}{2}t+\sum_{m=1}^{\infty}\frac{B_{2m}}{(2m)!}t^{2m}\quad(|t|<2\pi);\quad B_0=1,\quad B_1=-\frac{1}{2}. \tag{2.3}$$

これをかきかえると，

$$\frac{t}{2}\coth\frac{t}{2}\equiv\frac{t}{e^t-1}+\frac{t}{2}=\sum_{m=0}^{\infty}\frac{B_{2m}}{(2m)!}t^{2m}\qquad(|t|<2\pi). \tag{2.4}$$

ベルヌイの数と関連して，母函数展開

$$\text{(2.5)}\qquad \operatorname{sech} t \equiv \frac{2}{e^t+e^{-t}} = \sum_{n=0}^{\infty} \frac{E_n}{n!} t^n \qquad \left(|t|<\frac{\pi}{2}\right)$$

で定められる $E_n\ (n=0,1,\cdots)$ を**オイレルの数**という．(2.5) の左辺の母函数は t の偶函数であるから，これはつぎの形にも表わされる：

$$\text{(2.6)}\qquad E_{2m+1}=0 \qquad (m=0,1,\cdots),$$

$$\text{(2.7)}\qquad \operatorname{sech} t = \sum_{m=0}^{\infty} \frac{E_{2m}}{(2m)!} t^{2m} \qquad \left(|t|<\frac{\pi}{2}\right).$$

E_n はすべて整数である．

注意． (2.1) の第二の関係に応じて，本文の記法 $\{B_n\}_{n=0}^{\infty}$ のうちで，奇数の添字をもつものに対する命名をとりやめて，$(-1)^{n-1}B_{2n}\ (n=1,2,\cdots)$ をあらためて単に B_n とかく流儀もある．そのときには，(2.4) はつぎの式でおきかえられる：

$$\frac{t}{2}\coth\frac{t}{2} = \sum_{n=0}^{\infty} \frac{(-1)^{n-1}B_n}{(2n)!} t^{2n} \qquad (|t|<2\pi).$$

また，(2.6) に応じて，$(-1)^n E_{2n}$ を単に E_n とかき，これをオイレルの数とよぶこともある．そのときには，(2.7) はつぎの式でおきかえられる：

$$\operatorname{sech} t = \sum_{n=0}^{\infty} \frac{(-1)^n E_n}{(2n)!} t^{2n} \qquad \left(|t|<\frac{\pi}{2}\right).$$

$\{B_{2n}\}$ と $\{E_{2n}\}$ との相互関係はつぎの定理で与えられる：

定理 2.1.

$$\text{(2.8)}\qquad \sum_{n=0}^{\infty} \frac{1}{(2n+1)!} t^{2n} \cdot \sum_{n=0}^{\infty} \frac{2^{2n}B_{2n}}{(2n)!} t^{2n} \cdot \sum_{n=0}^{\infty} \frac{E_{2n}}{(2n)!} t^{2n} = 1 \qquad \left(|t|<\frac{\pi}{2}\right).$$

証明． (2.4) で t の代りに $2t$ とおけば，

$$t\coth t = \sum_{n=0}^{\infty} \frac{2^{2n}B_{2n}}{(2n)!} t^{2n}.$$

これを (2.7) と比較すれば，

$$\frac{\sinh t}{t} \cdot \sum_{n=0}^{\infty} \frac{2^{2n}B_{2n}}{(2n)!} t^{2n} \cdot \sum_{n=0}^{\infty} \frac{E_{2n}}{(2n)!} t^{2n} = \frac{\sinh t}{t} \cdot t\coth t \cdot \operatorname{sech} t = 1.$$

(2.8) の左辺の第一因子は $(\sinh t)/t$ のテイラー展開にほかならない．

2. 三角函数のうちで，余弦と正弦は原点のまわりのベキ級数として定義される：

$$\text{(2.9)}\qquad \cos z = \sum_{n=0}^{\infty} \frac{(-1)^n}{(2n)!} z^{2n}, \qquad \sin z = \sum_{n=0}^{\infty} \frac{(-1)^n}{(2n+1)!} z^{2n+1} \qquad (|z|<\infty).$$

ベルヌイの数とオイレルの数を用いると，残りの三角函数のベキ級数展開がみちびかれる．

まず，(2.4) で t の代りに $2iz$ ($i=\sqrt{-1}$) とおけば，

$$(2.10)\qquad z\cot z=\sum_{n=0}^{\infty}\frac{(-1)^n 2^{2n}B_{2n}}{(2n)!}z^{2n}\qquad (|z|<\pi).$$

等式 $\tan z=\cot z-2\cot 2z$ に注意すれば，これから

$$(2.11)\qquad \tan z=\sum_{n=1}^{\infty}\frac{(-1)^{n-1}2^{2n}(2^{2n}-1)B_{2n}}{(2n)!}z^{2n-1}\qquad \left(|z|<\frac{\pi}{2}\right).$$

また，$\operatorname{cosec} z=\cot z+\tan(z/2)$ に注意すると，

$$(2.12)\qquad z\operatorname{cosec} z=\sum_{n=0}^{\infty}\frac{(-1)^{n+1}(2^{2n}-2)B_{2n}}{(2n)!}z^{2n}\qquad (|z|<\pi).$$

最後に，(2.7) で t の代りに iz とおけば，

$$(2.13)\qquad \sec z=\sum_{n=0}^{\infty}\frac{(-1)^n E_{2n}}{(2n)!}z^{2n}\qquad \left(|z|<\frac{\pi}{2}\right).$$

つぎに，ベルヌイの多項式のフーリエ展開 (1.11) から

$$(2.14)\qquad \sum_{\nu=1}^{\infty}\frac{1}{\nu^{2n}}=\frac{(-1)^{n-1}(2\pi)^{2n}}{2\cdot(2n)!}B_{2n}\qquad (n=1, 2, \cdots).$$

これを (2.10) とくらべることによって，

$$z\cot z=1-\sum_{n=1}^{\infty}\frac{2z^{2n}}{\pi^{2n}}\sum_{\nu=1}^{\infty}\frac{1}{\nu^{2n}}=1-\sum_{\nu=1}^{\infty}\sum_{n=1}^{\infty}\frac{2}{(\nu\pi)^{2n}}z^{2n};$$

ゆえに，つぎの部分分数展開の式がえられる：

$$(2.15)\qquad z\cot z=1+2z^2\sum_{\nu=1}^{\infty}\frac{1}{z^2-\nu^2\pi^2}.$$

右辺の初項1を移項してから各項を z で割った式を0から z まで積分することによって，正弦の乗積表示がみちびかれる：

$$(2.16)\qquad \sin z=z\prod_{\nu=1}^{\infty}\left(1-\frac{z^2}{\nu^2\pi^2}\right).$$

他方において，$\sec z=\cot(\pi/4-z/2)-\cot(\pi/2-z)$ に注意すると，(2.15) から正割の部分分数展開がえられる：

$$(2.17)\qquad \sec z=4\sum_{\nu=1}^{\infty}\frac{(-1)^{\nu-1}(2\nu-1)\pi}{(2\nu-1)^2\pi^2-4z^2}.$$

この右辺を z^2 についてのベキ級数に変形すると，

$$\sec z=4\sum_{\nu=1}^{\infty}(-1)^{\nu-1}\sum_{n=0}^{\infty}\frac{4^n z^{2n}}{(2\nu-1)^{2n+1}\pi^{2n+1}}=\sum_{n=0}^{\infty}\frac{2^{2n+2}z^{2n}}{\pi^{2n+1}}\sum_{\nu=1}^{\infty}\frac{(-1)^{\nu-1}}{(2\nu-1)^{2n+1}}.$$

これを (2.13) とくらべることによって，

(2.18)
$$\sum_{\nu=1}^{\infty}\frac{(-1)^{\nu-1}}{(2\nu-1)^{2n+1}}=\frac{(-1)^n\pi^{2n+1}}{2^{2n+2}\cdot(2n)!}E_{2n}\qquad(n=0,1,\cdots).$$

3. ベルヌイの数列 $\{B_n\}_{n=1}^{\infty}$ の母函数ならびにその各項 B_{2n} に対する積分表示が，つぎの形に与えられる：

定理 2.2.

(2.19)
$$2\int_0^{\infty}\frac{\sin tx}{e^{2\pi x}-1}dx=\sum_{n=1}^{\infty}\frac{B_{2n}}{(2n)!}t^{2n-1}\qquad(|t|<2\pi),$$

(2.20)
$$B_{2n}=(-1)^{n-1}4n\int_0^{\infty}\frac{x^{2n-1}}{e^{2\pi x}-1}dx\qquad(n=1,2,\cdots).$$

証明. (2.19) の両辺は t の解析函数であるから，その左辺の積分を計算するために，t を実数と仮定してよい．いま，複素変数 z の函数

$$f(z)=\frac{e^{itz}}{e^{2\pi z}-1}$$

を考える．これの極 $0, i$ における留数は

$$\mathrm{Res}(0)=\frac{1}{2\pi},\qquad \mathrm{Res}(i)=\frac{e^{-t}}{2\pi}.$$

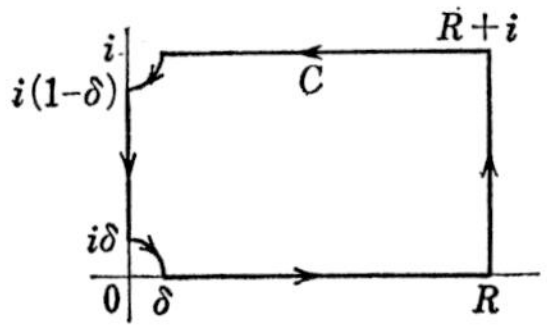

図　1

$0,\ R(>0),\ R+i,\ i$ を頂点とする長方形から 0 と i のまわりの半径 δ の小四分円を除いたものの周を C で表わし(図1)，f の C にわたる積分をつくる．f は C の上および内部で正則であるから，

$$0=\int_C f(z)dz=\int_{\delta}^{R}f(x)dx+\int_0^1 f(R+iy)idy+\int_R^{\delta}f(x+i)dx+\int_{1-\delta}^{\delta}f(iy)idy$$
$$+\int_0^{-\pi/2}f(i+\delta e^{i\theta})\delta e^{i\theta}id\theta+\int_{\pi/2}^{0}f(\delta e^{i\theta})\delta e^{i\theta}id\theta.$$

虚部を考えて $R\to\infty$，$\delta\to 0$ とすると，

$$0=\int_0^{\infty}\frac{\sin tx}{e^{2\pi x}-1}dx+0+e^{-t}\int_{\infty}^{0}\frac{\sin tx}{e^{2\pi x}-1}dx$$
$$+\int_1^0(-e^{-ty})dy-\Im\frac{\pi i}{2}(\mathrm{Res}(i)+\mathrm{Res}(0))$$

$$=(1-e^{-t})\int_0^\infty \frac{\sin tx}{e^{2\pi x}-1}dx+\frac{1-e^{-t}}{2t}-\frac{e^{-t}+1}{4}.$$

ゆえに，(2.4) とくらべて，

$$2\int_0^\infty \frac{\sin tx}{e^{2\pi x}-1}dx=\frac{1}{2}\ \frac{1+e^{-t}}{1-e^{-t}}-\frac{1}{t}=\frac{1}{2}\coth\frac{t}{2}-\frac{1}{t}=\sum_{n=1}^\infty\frac{B_{2n}}{(2n)!}t^{2n-1}.$$

つぎに，(2.19) の左辺を t のベキ級数に展開して t^{2n-1} の係数を比較すれば，(2.20) がえられる：

$$2\cdot\frac{(-1)^{n-1}}{(2n-1)!}\int_0^\infty\frac{x^{2n-1}}{e^{2\pi x}-1}dx=\frac{B_{2n}}{(2n)!}.$$

4. 以下，$f(x)$ については，現われる導函数とともに連続とする．

区間 $(0,1)$ におけるベルヌイの多項式 $B_n(x)$ を周期 1 で接続したものを $\mathring{B}_n(x)$ で表わす：

$$\mathring{B}_n(x)=B_n(x-[x]).$$

$\mathring{B}_1(x)=x-[x]-1/2$ を除けば，残りの $\mathring{B}_n(x)$ $(n>1)$ は $\mathring{B}_n(0)=B_n$ とおくことによっていたるところ連続な函数に接続される；(1.11) 参照．

さて，$\nu=0,1,\cdots$ に対して，部分積分法により

$$\int_\nu^{\nu+1}f(x)dx=\int_\nu^{\nu+1}f(x)\mathring{B}_1{}'(x)dx=\frac{f(\nu)+f(\nu+1)}{2}-\int_\nu^{\nu+1}f'(x)\mathring{B}_1(x)dx.$$

これを $\nu=0,1,\cdots,n-1$ にわたって加えると，**オイレルの総和公式**をうる：

$$\frac{f(0)+f(n)}{2}+\sum_{\nu=1}^{n-1}f(\nu)=\int_0^n f(x)dx+\int_0^n f'(x)\mathring{B}_1(x)dx. \tag{2.21}$$

この関係を一般化したものが，つぎのいわゆる**オイレル・マクローリンの総和公式**である：

定理 2.3. 任意な自然数 n, m に対して

$$\begin{aligned}&\frac{f(0)+f(n)}{2}+\sum_{\nu=1}^{n}f(\nu)\\&=\int_0^n f(x)dx+\sum_{\mu=1}^{m}\frac{B_{2\mu}}{(2\mu)!}(f^{(2\mu-1)}(n)-f^{(2\mu-1)}(0))+R_{nm};\end{aligned} \tag{2.22}$$

$$\begin{aligned}R_{nm}&=\frac{1}{(2m+1)!}\int_0^n f^{(2m+1)}(x)\mathring{B}_{2m+1}(x)dx\\&=\frac{nB_{2m+2}}{(2m+2)!}f^{(2m+2)}(\theta n)\qquad(\theta=\theta_{nm},\ 0<\theta<1).\end{aligned} \tag{2.23}$$

証明. (2.21) の右辺の第二項に着目する．(1.5) に注意して部分積分を行なえば，

$$\int_0^n f'(x)\mathring{B}_1(x)dx=\frac{1}{2}[f'(x)\mathring{B}_2(x)]_0^n-\frac{1}{2}\int_0^n f''(x)\mathring{B}_2(x)dx$$

$$=\frac{B_2}{2}(f'(n)-f'(0))-\frac{1}{3!}[f''(x)\mathring{B}_3(x)]_0^n$$

$$+\frac{1}{3!}\int_0^n f'''(x)\mathring{B}_3(x)dx$$

$$=\frac{B_2}{2!}(f'(n)-f'(0))+\frac{1}{3!}\int_0^n f'''(x)\mathring{B}_3(x)dx.$$

これをくりかえせば(帰納法)，(2.22) が (2.23) の R_{nm} に対する第一の表示をもってえられる．つぎに，ふたたび (1.5) によって，

$$R_{nm}=\frac{1}{(2m+2)!}[f^{(2m+1)}(x)\mathring{B}_{2m+2}(x)]_0^n$$

$$-\frac{1}{(2m+2)!}\int_0^n f^{(2m+2)}(x)\mathring{B}_{2m+2}(x)dx$$

$$=\frac{1}{(2m+2)!}\Big((f^{(2m+1)}(n)-f^{(2m+1)}(0))B_{2m+2}$$

$$-\int_0^n f^{(2m+2)}(x)\mathring{B}_{2m+2}(x)dx\Big)$$

$$=\frac{1}{(2m+2)!}\int_0^n f^{(2m+2)}(x)(B_{2m+2}-\mathring{B}_{2m+2}(x))dx.$$

(1.11) からわかるように，$B_{2m+2}-\mathring{B}_{2m+2}(x)$ は定符号をもつ．ゆえに，平均値の定理と (1.9) の最後の関係によって，

$$R_{nm}=\frac{1}{(2m+2)!}f^{(2m+2)}(\theta n)\cdot nB_{2m+2},\qquad 0<\theta<1.$$

5. 総和公式と関連して，後に利用するために，**プラナの定理**をあげておく； ここでのべるその証明はクンマーによる．

定理 2.4. N を自然数とするとき，ω が帯状面分 $0\leqq\Re z\leqq N$ で有界な解析函数ならば，

$$\frac{\omega(0)+\omega(N)}{2}+\sum_{n=0}^{N-1}\omega(n)$$

$$=\frac{1}{i}\int_0^\infty\frac{\omega(N+iy)-\omega(iy)-\omega(N-iy)+\omega(-iy)}{e^{2\pi y}-1}dy+\int_0^N\omega(x)dx. \tag{2.24}$$

証明. 帯状面分の上，下半部 $0<\Re z<N$, $\Im z\leqq 0$ から $N+1$ 個の小円板 $|z-n|<\delta$ ($n=0,1,\cdots,N$) に含まれる部分を除いた集合の境界を正の向きにまわる路をそれぞれ $\Lambda^{\pm}$ とする(図 2). 函数 $\omega(z)/(e^{\mp 2\pi iz}-1)$ の極 $z=n$ における留数は $\mp\omega(n)/2\pi i$ に等しい. ゆえに, $\delta=o(1)$ のとき,

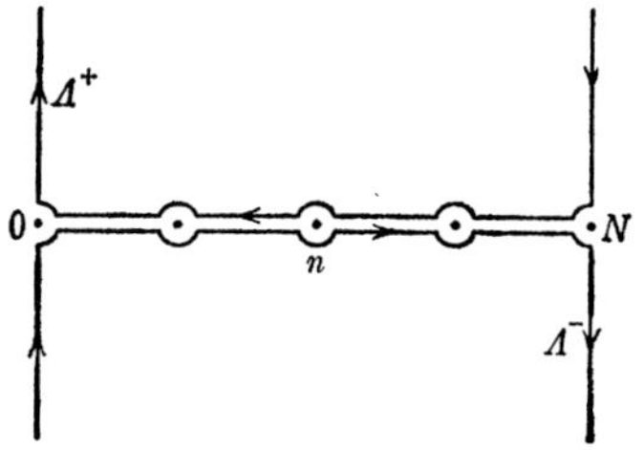

図 2

$$0=\int_{\delta}^{\infty}\frac{\omega(\pm iy)}{e^{2\pi y}-1}i\,dy-\int_{\delta}^{\infty}\frac{\omega(N\pm iy)}{e^{2\pi y}-1}i\,dy$$
$$\mp\sum_{n=0}^{N-1}\int_{n+\delta}^{n+1-\delta}\frac{\omega(x)}{e^{\mp 2\pi ix}-1}dx\mp\frac{1}{4}(\omega(0)+\omega(N))\mp\frac{1}{2}\sum_{n=0}^{N-1}\omega(n)+o(1).$$

これらの二式を辺々引いて $\delta\to 0$ とすれば，(2.24) がえられる.

6. 一般に，フルウィッツにしたがって，$\{a_n\}_{n=0}^{\infty}$ が整数列であるとき，t のベキ級数

$$\varphi(t)=\sum_{n=0}^{\infty}\frac{a_n}{n!}t^n$$

またはそれで表わされた函数 φ は**整的**であるという. 一つの自然数 m に対して $a_n\equiv b_n \pmod{m}$ ($n=0,1,\cdots$) が成り立つとき，つぎの記法を用いる:

$$\sum\frac{a_n}{n!}t^n\equiv\sum\frac{b_n}{n!}t^n \pmod{m}.$$

補助定理 1. p が素数ならば,

$$(2.25)\qquad (e^t-1)^{p-1}\equiv-\sum_{\nu=1}^{\infty}\frac{1}{(\nu p-\nu)!}t^{\nu p-\nu} \pmod{p}.$$

証明. $p=2$ の場合には,

$$e^t-1=\sum_{\nu=1}^{\infty}\frac{1}{\nu!}t^{\nu}\equiv-\sum_{\nu=1}^{\infty}\frac{1}{\nu!}t^{\nu} \pmod{2}.$$

$p\geqq 3$ とすると,

$$(e^t-1)^{p-1}=\sum_{\kappa=0}^{p-1}(-1)^{\kappa}\binom{p-1}{\kappa}e^{(p-1-\kappa)t}$$
$$=\sum_{n=1}^{\infty}\frac{t^n}{n!}\sum_{\kappa=0}^{p-2}(-1)^{\kappa}\binom{p-1}{\kappa}(p-1-\kappa)^n.$$

$p-1-\kappa$ ($\kappa=0,1,\cdots,p-2$) は p と互いに素であるから，フェルマーの定理によって

$$(p-1-\kappa)^{p-1}\equiv 1 \pmod{p}\quad(\kappa=0,1,\cdots,p-2).$$

ゆえに，上記の式の最後の辺で，$t^n/n!$ の係数から成る列は $\mathrm{mod}\,p$ で周期 $p-1$ をもつ. ところで，ウィルソンの定理により $(p-1)!\equiv-1 \pmod{p}$ であるから,

$$(e^t-1)^{p-1}=t^{p-1}+\cdots\equiv(-1)\frac{t^{p-1}}{(p-1)!}+\cdots \pmod{p}.$$

したがって，

$$(e^t-1)^{p-1}\equiv\sum_{p-1\mid n}(-1)\frac{t^n}{n!}=-\sum_{\nu=1}^{\infty}\frac{1}{(\nu p-\nu)!}t^{\nu p-\nu}\quad(\mathrm{mod}\,p).$$

補助定理 2. m が合成数ならば，

$$(2.26)\qquad (e^t-1)^{m-1}\equiv\begin{cases}2\sum_{\nu=1}^{\infty}\frac{1}{(2\nu+1)!}t^{2\nu+1} & (\mathrm{mod}\,4)\quad(m=4),\\ 0 & (\mathrm{mod}\,m)\quad(m>4).\end{cases}$$

証明. $m=4$ のときは，

$$(e^t-1)^3=e^{3t}-3e^{2t}+3e^t-1=\sum_{n=2}^{\infty}\frac{3^n-3\cdot 2^n+3}{n!}t^n$$
$$\equiv\sum_{n=2}^{\infty}\frac{(-1)^n-1}{n!}t^n\equiv 2\sum_{\nu=1}^{\infty}\frac{1}{(2\nu+1)!}t^{2\nu+1}\quad(\mathrm{mod}\,4).$$

$m>4$ が合成数の場合に，$m=ab$, $a<b<m-1$ とすれば，$ab\mid(m-1)!$ である．また，素数 $p>2$ に対して $m=p^2$ とすれば，$m>2p$ であるから，$p^2\mid(m-1)!$ である．いずれにしても，$m\mid(m-1)!$ である．他方において，整的な e^t-1 から出発して帰納法によるために，$(e^t-1)^\kappa/\kappa!$ が整的であると仮定すれば，

$$\frac{(e^t-1)^{\kappa+1}}{(\kappa+1)!}=\int_0^t\frac{(e^t-1)^\kappa}{\kappa!}e^t dt$$

も整的である．ゆえに，一般に $(e^t-1)^{m-1}/(m-1)!$ は整的である．$m\mid(m-1)!$ であるから，$(e^t-1)^{m-1}\equiv 0\ (\mathrm{mod}\,m)$.

以上の準備のもとで，ベルヌイの数の構造を示す**シュタウト・クラウゼンの定理**をあげる：

定理 2.5. N_n をある整数として

$$(2.27)\qquad B_{2n}=N_n-\sum_{p-1\mid 2n}\frac{1}{p}\qquad(n=1,2,\cdots);$$

右辺の和は $2n$ の約数に1を加えた形の素数 p の全体にわたる（$p=2,3$ はつねに関与する）.

証明. 補助定理1, 2によって，

$$\frac{t}{e^t-1}=\frac{\log(1+(e^t-1))}{e^t-1}=\sum_{m=1}^{\infty}\frac{(-1)^{m-1}}{m}(e^t-1)^{m-1}$$
$$=g_1(t)+\frac{-1}{2}\sum_{\nu=1}^{\infty}\frac{t^\nu}{\nu!}+\frac{-1}{4}\cdot 2\sum_{\nu=1}^{\infty}\frac{t^{2\nu+1}}{(2\nu+1)!}+\sum_{p>2}\frac{1}{p}(-1)\sum_{\nu=1}^{\infty}\frac{t^{\nu p-\nu}}{(\nu p-\nu)!}$$
$$=g_2(t)-\frac{t}{2}-\frac{1}{2}\sum_{\nu=1}^{\infty}\frac{t^{2\nu}}{(2\nu)!}-\sum_{p>2}\frac{1}{p}\sum_{\nu=1}^{\infty}\frac{t^{\nu p-\nu}}{(\nu p-\nu)!};$$

ここに g_1, g_2 は整的な函数である．この関係をベルヌイの数の母函数展開の式

(2.2) と比較すれば,

$$B_{2n}=N_n-\frac{1}{2}-\sum_{\substack{p>2\\ \nu p-\nu=2n}}\frac{1}{p}=N_n-\sum_{\substack{p\geqq 2\\ p-1\mid 2n}}\frac{1}{p}.$$

(2.27) をはじめのいくつかについてかきあげると,

$$B_2=\frac{1}{6}=1-\frac{1}{2}-\frac{1}{3},\quad B_4=-\frac{1}{30}=1-\frac{1}{2}-\frac{1}{3}-\frac{1}{5},\quad B_6=\frac{1}{42}=1-\frac{1}{2}-\frac{1}{3}-\frac{1}{7},$$

$$B_8=-\frac{1}{30}=1-\frac{1}{2}-\frac{1}{3}-\frac{1}{5},\qquad B_{10}=\frac{5}{66}=1-\frac{1}{2}-\frac{1}{3}-\frac{1}{11},$$

$$B_{12}=-\frac{691}{2730}=1-\frac{1}{2}-\frac{1}{3}-\frac{1}{5}-\frac{1}{7}-\frac{1}{13},\qquad B_{14}=\frac{7}{6}=2-\frac{1}{2}-\frac{1}{3},$$

$$B_{16}=-\frac{3617}{510}=-6-\frac{1}{2}-\frac{1}{3}-\frac{1}{5}-\frac{1}{17},\qquad \cdots.$$

問 1. $$B_n(z)-B_n=z^n-(n/2)z^{n-1}+\sum_{\nu=1}^{[(n-1)/2]}\binom{n}{2\nu}B_{2\nu}z^{n-2\nu}\qquad (n\geqq 2).$$

問 2. (2.20) を用いても (2.14) がみちびかれる.

問 3. (i) $$\frac{2\cdot(2n)!}{(2\pi)^{2n}}<(-1)^{n-1}B_{2n}\leqq\frac{\pi^2}{6}\,\frac{2\cdot(2n)!}{(2\pi)^{2n}}\qquad (n=1,2,\cdots);$$

(ii) $$\frac{2}{3}\,\frac{2^{2n+1}\cdot(2n)!}{\pi^{2n+1}}<(-1)^nE_{2n}<\frac{2^{2n+2}\cdot(2n)!}{\pi^{2n+1}}\qquad (n=0,1,\cdots).$$

問 4. $$B_{2n}=\frac{(-1)^{n-1}2n}{(2^{2n}-1)\pi^{2n}}\int_0^\infty\frac{x^{2n-1}}{\sinh x}dx\qquad (n=1,2,\cdots).$$

問 5. オイレル・マクローリンの総和公式の剰余項 (2.23) は, つぎの形にも表わされる:

$$R_{nm}=-\frac{1}{(2m)!}\int_0^n f^{(2m)}(x)\mathring{B}_{2m}(x)dx;\qquad \mathring{B}_{2m}(x)\equiv B_{2m}(x-[x]).$$

問 6. N が自然数のとき,

$$\sum_{\nu=1}^{n-1}\nu^N=\frac{n^{N+1}}{N+1}-\frac{n^N}{2}+\frac{1}{N+1}\sum_{\mu=1}^{[N/2]}\binom{N+1}{2\mu}B_{2\mu}n^{N+1-2\mu};$$

あるいは, 形式的に表わすと,

$$\sum_{\nu=1}^{n-1}\nu^N=\frac{1}{N+1}((n+B)^{N+1}-B^{N+1})\equiv\frac{1}{N+1}\sum_{\nu=0}^{N}\binom{N+1}{\nu}B_\nu n^{N+1-\nu}.$$

問　題　1

1. $$|B_{2m}(x)|\leqq(-1)^{m-1}B_{2m}\qquad (0\leqq x\leqq 1;\quad m=1,2,\cdots).$$

2. 区間 (0, 1/2) にある $B_{2m}(x)$ の零点の座標は m とともに増加し, $m\to\infty$ のとき 1/4 に近づく. (レンゼ)

3. ベルヌイの数の母函数による表示は, 形式的につぎの形に表わされる:

$$e^{(B+1)t}-e^{Bt}=t.$$

4. (i) $$\frac{3}{\pi^4}(n+1)(2n+1)<-\frac{B_{2n+2}}{B_{2n}}<\frac{1}{12}(n+1)(2n+1) \qquad (n=1,2,\cdots);$$

(ii) $$\frac{16}{3\pi^2}(n+1)(2n+1)<-\frac{E_{2n+2}}{E_{2n}}<\frac{12}{\pi^2}(n+1)(2n+1) \qquad (n=0,1,\cdots).$$

5. $$\sum_{\nu=0}^{n}\binom{2n}{2\nu}E_{2\nu}=0 \qquad (n=1,2,\cdots).$$

6. 有理数 B_{2n} を既約分数で表わすと，その分母は $p-1\,|\,2n$ をみたす素数 p の全体の積に等しい．

7. $$\sum_{\nu=0}^{n}\frac{1}{\nu+1}=\frac{1}{2}\frac{n+2}{n+1}+\log(n+1)-\int_0^n\frac{x-[x]-1/2}{(x+1)^2}dx.$$

第2章　ガンマ函数

§3. 定義と表示

1. ガンマ函数 Γ には互いに同値ないくつかの定義がある．歴史的には，階乗 $(z-1)!$ を z が自然数と限らない場合へ拡張するという観点から，**オイレル**のゴルドバッハへの手紙（1729）においてはじめてつぎの形に定義された：

(3.1)
$$\Gamma(z)=\lim_{n\to\infty}\frac{[1]_{n-1}}{[z]_n}n^z=\frac{1}{z}\prod_{n=1}^{\infty}\left(1+\frac{1}{n}\right)^z\Big/\left(1+\frac{z}{n}\right);$$

ここで簡単のためつぎの記法を用いる：

(3.2)　$[z]_n=z(z+1)\cdots(z+n-1)$,　特に　$[1]_{n-1}=(n-1)!$.

オイレルはさらに，応用のさいに有用な積分表示を与えた：

(3.3)
$$\Gamma(z)=\int_0^1\left(\log\frac{1}{u}\right)^{z-1}du \qquad (\Re z>0);$$

ここに $(\log u^{-1})^{z-1}=\exp((z-1)\log\log u^{-1})$ において，$\log\log u^{-1}$ は $0<u<1$ で実数値をとる分枝とする．(3.3) はルジャンドルにしたがって**オイレルの第二種の積分**ともよばれる．ここで積分変数の置換 $u=e^{-t}$ をほどこせば，

(3.4)
$$\Gamma(z)=\int_0^{\infty}e^{-t}t^{z-1}dt \qquad (\Re z>0).$$

すなわち，$\Gamma(z)$ は e^{-t} のいわゆるメリンの変換である．

しかし，理論の展開にはつぎの**ワイエルシュトラス**による定義がしばしば有用である：

(3.5)
$$\frac{1}{\Gamma(z)}=ze^{Cz}\prod_{n=1}^{\infty}\left(1+\frac{z}{n}\right)e^{-z/n};$$

ここに C はオイレルによって導入されたいわゆる**オイレルの定数**である：

(3.6)
$$C=\lim_{n\to\infty}\left(\sum_{\nu=1}^{n}\frac{1}{\nu}-\log n\right).$$

定理 3.1. 定義 (3.1)，(3.3)，(3.4)，(3.5) はすべて同値である．

証明. (3.3) と (3.4) の同値性は上に注意した通りである．(3.1) と (3.4) については，まず部分積分を反復して

$$\int_0^1 (1-v)^n v^{z-1} dv = n! \Big/ \prod_{\nu=0}^{n} (z+\nu) \equiv \frac{[1]_n}{[z]_{n+1}}.$$

ここで $v=t/n$ とおいて，定義 (3.1) から出発すると，$\Re z>0$ のとき，

$$\Gamma(z)=\lim_{n\to\infty}\frac{[1]_{n-1}}{[z]_n}n^z=\lim_{n\to\infty}\frac{[1]_n}{[z]_{n+1}}n^z$$
$$=\int_0^\infty e^{-t}t^{z-1}dt-\lim_{n\to\infty}\left(\int_0^n\left(e^{-t}-\left(1-\frac{t}{n}\right)^n\right)t^{z-1}dt+\int_n^\infty e^{-t}t^{z-1}dt\right).$$

ところで，不等式 $1+\tau\leqq e^\tau\leqq(1-\tau)^{-1}$ $(0\leqq\tau<1)$ において $\tau=t/n$ とおけば，$0\leqq t<n$ のとき $(1+t/n)^{-n}\geqq e^{-t}\geqq(1-t/n)^n$，したがって

$$0\leqq e^{-t}-\left(1-\frac{t}{n}\right)^n=e^{-t}\left(1-e^t\left(1-\frac{t}{n}\right)^n\right)\leqq e^{-t}\left(1-\left(1-\frac{t^2}{n^2}\right)^n\right).$$

さらに $(1-t^2/n^2)^n\geqq 1-n\cdot t^2/n^2$ であるから，

$$0\leqq e^{-t}-\left(1-\frac{t}{n}\right)^n\leqq e^{-t}\frac{t^2}{n}.$$

ゆえに，上の式の最後の辺の第二項にある極限値は 0 に等しく，(3.4) がみちびかれる．

また，(3.1) と (3.5) の同値性を示すために，(3.5) から出発すれば，

$$ze^{Cz}\prod_{n=1}^{\infty}\left(1+\frac{z}{n}\right)e^{-z/n}=z\lim_{n\to\infty}\exp\left(\left(\sum_{\nu=1}^{n}\frac{1}{\nu}-\log n\right)z\right)\cdot\prod_{\nu=1}^{n}\left(1+\frac{z}{\nu}\right)e^{-z/\nu}$$
$$=z\lim_{n\to\infty}n^{-z}\prod_{\nu=1}^{n}\left(1+\frac{z}{\nu}\right)=z\prod_{n=1}^{\infty}\left(1+\frac{z}{n}\right)\Big/\left(1+\frac{1}{n}\right)^z.$$

表示 (3.5) からわかるように，$\Gamma(z)^{-1}$ は位数 1 の整函数であって，$z=-n$ $(n=0,1,\cdots)$ に 1 位の極をもつ．

2. 定義 (3.1)，(3.3)，(3.4) のどれからでも容易にわかるように，

(3.7) $$\Gamma(1)=1.$$

また，$n(>1)$ が自然数のとき，例えば (3.4) から部分積分によって

$$\Gamma(n)=[-e^{-t}t^{n-1}]_0^\infty+\int_0^\infty e^{-t}(n-1)t^{n-2}dt=(n-1)\Gamma(n-1).$$

ゆえに，帰納法により

(3.8) $$\Gamma(n)=(n-1)! \qquad (n=1,2,\cdots).$$

ガウスは Γ の代りに，これとつぎの関係にある函数 Π および ψ を導入して

いる：

$$\Pi(z)=\Gamma(z+1), \qquad \psi(z)=\frac{d}{dz}\log\Gamma(z). \tag{3.9}$$

前者については，(3.8) に対応して，$\Pi(n)=n!$ $(n=0, 1, \cdots)$．後者については，(3.5) を対数的に微分することによって，

$$\psi(z)=-C-\sum_{n=0}^{\infty}\left(\frac{1}{z+n}-\frac{1}{n+1}\right). \tag{3.10}$$

これからさらに，つぎの関係がみちびかれる：

$$\Gamma'(1)=\psi(1)=-C; \tag{3.11}$$

$$\psi^{(k)}(z)=(-1)^{k-1}\cdot k!\sum_{n=0}^{\infty}\frac{1}{(z+n)^{k+1}} \qquad (k=1, 2, \cdots). \tag{3.12}$$

定理 3.2. $\Re z>0$ のとき，

$$\psi(z)=\int_0^{\infty}\left(e^{-s}-\frac{1}{(1+s)^z}\right)\frac{ds}{s}; \qquad \text{（ディリクレ）} \tag{3.13}$$

$$\psi(z)=\int_0^{\infty}\left(\frac{e^{-t}}{t}-\frac{e^{-zt}}{1-e^{-t}}\right)dt. \qquad \text{（ガウス）} \tag{3.14}$$

証明.
$$\log u=\int_1^u\frac{dt}{t}=\int_1^u dt\int_0^{\infty}e^{-ts}ds$$
$$=\int_0^{\infty}ds\int_1^u e^{-ts}dt=\int_0^{\infty}\frac{e^{-s}-e^{-us}}{s}ds \qquad (0<u<\infty).$$

ゆえに，(3.4) から順次に

$$\Gamma'(z)=\int_0^{\infty}e^{-u}u^{z-1}\log u\,du=\int_0^{\infty}e^{-u}u^{z-1}du\int_0^{\infty}\frac{e^{-s}-e^{-us}}{s}ds$$
$$=\int_0^{\infty}\frac{ds}{s}\int_0^{\infty}(e^{-s}-e^{-us})e^{-u}u^{z-1}du$$
$$=\int_0^{\infty}\frac{ds}{s}\left(e^{-s}\int_0^{\infty}e^{-u}u^{z-1}du-\int_0^{\infty}e^{-(s+1)u}u^{z-1}du\right)$$
$$=\Gamma(z)\int_0^{\infty}\left(e^{-s}-\frac{1}{(1+s)^z}\right)\frac{ds}{s}.$$

これで (3.13) がえられている．

つぎに，ディリクレの公式 (3.13) で置換 $s=e^t-1$ を行なえば，

$$\psi(z)=\lim_{\delta\to+0}\left(\int_{\delta}^{\infty}\frac{e^{-s}}{s}ds-\int_{\log(1+\delta)}^{\infty}\frac{e^{-zt}}{1-e^{-t}}dt\right).$$

ところで，

$$0<\int_{\log(1+\delta)}^{\delta}\frac{e^{-s}}{s}ds<\int_{\log(1+\delta)}^{\delta}\frac{ds}{s}=\log\frac{\delta}{\log(1+\delta)}\to 0 \quad (\delta\to +0).$$

ゆえに，(3.14) が成り立つ．

定理 3.3. $\Re z>0$ のとき，

$$(3.15)\qquad \psi(z+1)=\log z+\frac{1}{2z}-\int_0^{\infty}\left(\frac{1}{2}\coth\frac{t}{2}-\frac{1}{t}\right)e^{-zt}dt.$$

証明. 定理 3.2 の証明のはじめにある対数函数の表示を利用すると，(3.14) から

$$\psi(z+1)-\log z-\frac{1}{2z}=\int_0^{\infty}\left(\frac{e^{-t}}{t}-\frac{e^{-(z+1)t}}{1-e^{-t}}-\frac{e^{-t}-e^{-zt}}{t}-\frac{e^{-zt}}{2}\right)dt$$

$$=-\int_0^{\infty}\left(\frac{1}{2}\coth\frac{t}{2}-\frac{1}{t}\right)e^{-zt}dt.$$

3. 定理 3.2 から $\log\Gamma$ に対する表示がみちびかれる：

定理 3.4. $\Re z>0$ のとき，

$$(3.16)\quad \log\Gamma(z)=\int_0^{\infty}\left((z-1)e^{-t}-\frac{(1+t)^{-z}-(1+t)^{-1}}{\log(1+t)}\right)\frac{dt}{t};$$

(フェオー)

$$(3.17)\qquad \log\Gamma(z)=\int_0^{\infty}\left(\frac{e^{-zt}-e^{-t}}{1-e^{-t}}+(z-1)e^{-t}\right)\frac{dt}{t}.$$

(マルムステン)

証明. ディリクレの公式 (3.13) を積分することにより

$$\log\Gamma(z)=\int_0^{\infty}\frac{dt}{t}\int_1^{z}(e^{-t}-(1+t)^{-z})dz$$

$$=\int_0^{\infty}\left((z-1)e^{-t}-\frac{(1+t)^{-z}-(1+t)^{-1}}{\log(1+t)}\right)\frac{dt}{t}.$$

ガウスの公式 (3.14) を積分することにより

$$\log\Gamma(z)=\int_0^{\infty}dt\int_1^{z}\left(\frac{e^{-t}}{t}-\frac{e^{-zt}}{1-e^{-t}}\right)dz$$

$$=\int_0^{\infty}\left(\frac{(z-1)e^{-t}}{t}-\frac{e^{-zt}-e^{-t}}{(1-e^{-t})(-t)}\right)dt.$$

問 1.
$$\prod_{n=1}^{\infty}\left(1-\frac{z}{\alpha+n}\right)e^{z/n}=e^{Cz}\frac{\Gamma(\alpha+1)}{\Gamma(\alpha+1-z)}.$$

問 2. $n>1$ を自然数として $\omega_n=e^{2\pi i/n}$ とおけば，

$$-z\prod_{k=1}^{\infty}\left(1-\frac{z}{k^n}\right)=\prod_{\nu=0}^{n-1}\frac{1}{\Gamma(-\omega_n{}^{\nu}z^{1/n})}.$$

問 3. (i) $$\psi(z)\equiv\frac{d}{dz}\log\Gamma(z)=-C+\int_1^\infty\frac{t^{z-1}-1}{t^z(t-1)}dt \qquad (\Re z>0);$$

(ii) $$\psi(n)\equiv\frac{\Gamma'(n)}{\Gamma(n)}=-C+\sum_{\nu=1}^{n-1}\frac{1}{\nu} \qquad (n=1, 2, \cdots).$$

問 4. $$\psi(z)=\int_0^1\left(\frac{1}{-\log u}-\frac{u^{z-1}}{1-u}\right)du \qquad (\Re z>0). \quad (\text{ガウス})$$

問 5. $$\log\Gamma(z)=\int_0^1\left(\frac{u^{z-1}-1}{u-1}-(z-1)\right)\frac{du}{\log u} \qquad (\Re z>0). \quad (\text{ビネ})$$

問 6. (i) $$\psi(y)-\psi(x)=\int_0^1\frac{u^{x-1}-u^{y-1}}{1-u}du \qquad (\Re x, \Re y>0);$$

(ii) $$\log\frac{\Gamma(x+z)\Gamma(y)}{\Gamma(y+z)\Gamma(x)}=\int_0^1\frac{(u^{x-1}-u^{y-1})(1-u^z)}{(1-u)\log u}du$$
$$(\Re x, \Re y, \Re(x+z), \Re(y+z)>0).$$

問 7. (i) $$\int_0^\infty e^{-t}t^{z-1}dt=\lim_{\tau\to 1-0}(1-\tau)^z\sum_{n=1}^\infty n^{z-1}\tau^n \qquad (\Re z>0).$$

(ii) 一般に，$\sum a_n\tau^n$，$\sum b_n\tau^n$ が $|\tau|<1$ で収束し，$b_n\to\infty$ $(n\to\infty)$ ならば，右辺の極限値が存在する限り，$\lim_{\tau\to1-0}(\sum a_n\tau^n/\sum b_n\tau^n)=\lim_{n\to\infty}(a_n/b_n)$.——この事実を利用すると，ガンマ函数の二つの定義 (3.1)，(3.4) の同値性がえられる.

§4. オイレルの定数

1. オイレルの定数 C はすでに (3.6) で定義されている；時には γ とも記される．この極限値が存在することは，直接に

$$\sum_{\nu=1}^{n-1}\frac{1}{\nu}-\log n=\int_1^n\left(\frac{1}{[t]}-\frac{1}{t}\right)dt$$

において，$t\geqq 1$ のとき右辺の被積分函数が $0\leqq 1/[t]-1/t<2/t^2$ をみたすことからもわかる．その十進小数展開の始部は $C=0.5772156649\cdots$.

定理 4.1. つぎの表示が成り立つ：

$$C=\lim_{n\to\infty}\left(\int_0^1\left(1-\left(1-\frac{t}{n}\right)^n\right)\frac{dt}{t}-\int_1^n\left(1-\frac{t}{n}\right)^n\frac{dt}{t}\right)$$
(4.1)
$$=\int_0^1(1-e^{-t})\frac{dt}{t}-\int_1^\infty e^{-t}\frac{dt}{t}=\int_0^1\frac{1-e^{-t}-e^{-1/t}}{t}dt.$$

証明. $$\sum_{\nu=1}^n\frac{1}{\nu}=\sum_{\nu=1}^n\int_0^1(1-x)^{\nu-1}dx=\int_0^1\frac{1-(1-x)^n}{x}dx \qquad \left[x=\frac{t}{n}\right]$$
$$=\int_0^n\left(1-\left(1-\frac{t}{n}\right)^n\right)\frac{dt}{t}$$
$$=\int_0^1\left(1-\left(1-\frac{t}{n}\right)^n\right)\frac{dt}{t}+\log n-\int_1^n\left(1-\frac{t}{n}\right)^n\frac{dt}{t}.$$

これを定義 (3.6) とくらべて, (4.1) のはじめの関係がえられる. つぎに, 定理3.1の証明と同様にして, 第二の関係がみちびかれる. さらに, その第二項の積分変数の置換 $t|1/t$ をほどこせば, 最後の式となる.

(3.11) に注意すれば, 定理3.2から直ちにつぎの定理がえられる:

定理 4.2. つぎの両表示が成り立つ:

$$C=\int_0^{\infty}\left(\frac{1}{1+s}-e^{-s}\right)\frac{ds}{s}; \tag{4.2}$$
(ディリクレ)

$$C=\int_0^{\infty}e^{-t}\left(\frac{1}{1-e^{-t}}-\frac{1}{t}\right)dt. \tag{4.3}$$
(チェザロ)

2. オイレルの定数に対する他の型の表示をみちびくために, ベルヌイの多項式 $B_1(x)=x-1/2$ $(0\leqq x<1)$ を周期 1 をもって接続したものを, 以前のように, $\mathring{B}_1(x)=x-[x]-1/2$ で表わす.

定理 4.3. つぎの表示が成り立つ:

$$C=\frac{1}{2}-\int_0^{\infty}\frac{\mathring{B}_1(x)}{(x+1)^2}dx. \tag{4.4}$$

証明. オイレルの総和公式 (2.21) で $f(x)=1/(x+1)$ とおけば,

$$\frac{1}{2}\left(1+\frac{1}{n+1}\right)+\sum_{\nu=1}^{n-1}\frac{1}{\nu+1}=\log(n+1)-\int_0^{n}\frac{\mathring{B}_1(x)}{(x+1)^2}dx.$$

ゆえに,

$$C=\lim_{n\to\infty}\left(\sum_{\nu=0}^{n}\frac{1}{\nu+1}-\log(n+1)\right)=\frac{1}{2}-\int_0^{\infty}\frac{\mathring{B}_1(x)}{(x+1)^2}dx.$$

定理 4.4. $$S_n=\zeta(n)\equiv\sum_{\nu=1}^{\infty}\frac{1}{\nu^n}\qquad(n=2, 3, \cdots)$$

とおけば, つぎの**オイレルの表示**が成り立つ:

$$C=1-\sum_{n=2}^{\infty}\frac{S_n-1}{n}. \tag{4.5}$$

証明. $$\int_{\nu}^{\nu+1}\frac{\mathring{B}_1(x)}{(x+1)^2}dx=\int_{\nu}^{\nu+1}\frac{x-\nu-1/2}{(x+1)^2}dx$$

$$=\int_{\nu}^{\nu+1}\left(\frac{1}{x+1}-\left(\nu+\frac{3}{2}\right)\frac{1}{(x+1)^2}\right)dx$$

$$=-\log\left(1-\frac{1}{\nu+2}\right)-\frac{1}{\nu+1}\left(1-\frac{1}{2(\nu+2)}\right)$$

$$(\nu=0, 1, \cdots).$$

ゆえに，定理4.3の関係（4.4）によって，

$$C=\frac{1}{2}+\sum_{\nu=0}^{\infty}\left(\log\left(1-\frac{1}{\nu+2}\right)+\frac{1}{\nu+1}-\frac{1}{2(\nu+1)(\nu+2)}\right)$$

$$=\frac{1}{2}+\sum_{\nu=2}^{\infty}\left(\log\left(1-\frac{1}{\nu}\right)+\frac{1}{\nu}\right)+1-\frac{1}{2}\sum_{\nu=0}^{\infty}\left(\frac{1}{\nu+1}-\frac{1}{\nu+2}\right)$$

$$=1+\sum_{\nu=2}^{\infty}\sum_{n=2}^{\infty}\frac{-1}{n\nu^n}=1-\sum_{n=2}^{\infty}\frac{1}{n}\sum_{\nu=2}^{\infty}\frac{1}{\nu^n}=1-\sum_{n=2}^{\infty}\frac{S_n-1}{n}.$$

問 1.
$$C=\int_1^{\infty}\left(\frac{1}{[t]}-\frac{1}{t}\right)dt.$$

問 2.
$$C=\lim_{t\to 1-0}\left((1-t)\sum_{n=1}^{\infty}\frac{t^n}{1-t^n}-\log\frac{1}{1-t}\right).$$

問 3.
$$C=\int_0^1\left(\frac{1}{1-u}+\frac{1}{\log u}\right)du.$$

問 4.
$$C=\sum_{\nu=1}^{n}\frac{1}{\nu}-\log n-\frac{1}{2n}-\int_{n-1}^{\infty}\frac{x-[x]-1}{(x+1)^2}dx \qquad (n=1, 2, \cdots).$$

§5. 基本性質

1. ガンマ函数の主要な性質を列挙する.

定理 5.1. ガンマ函数はつぎの**差分方程式**をみたす:

(5.1)
$$\Gamma(z+1)=z\Gamma(z).$$

証明.
$$\frac{[1]_{n-1}}{[z+1]_{n-1}}n^{z+1}=z\frac{[1]_{n-1}}{[z]_{n-1}}n^z\cdot\frac{n}{z+n}.$$

ここで $n\to\infty$ とすれば，定義の式（3.1）から（5.1）がえられる.

あるいは，$\Re z>0$ として，（3.4）から部積分法により

$$\Gamma(z+1)=\int_0^{\infty}e^{-t}t^z dt=[-e^{-t}t^z]_0^{\infty}+z\int_0^{\infty}e^{-t}t^{z-1}dt=z\Gamma(z).$$

ガンマ函数は解析函数であるから，解析接続の原理にもとづいてこれは一般に成立する.

定理 5.2. つぎの**相反公式**が成り立つ:

(5.2)
$$\Gamma(z)\Gamma(1-z)=\frac{\pi}{\sin\pi z}.$$

証明. 差分方程式（5.1）と正弦の無限乗積表示（2.16）を利用すると，

$\Gamma(z)\Gamma(1-z)=-z\Gamma(z)\Gamma(-z)$

$$=-z\cdot\frac{1}{z}e^{-Cz}\prod_{n=1}^{\infty}\left(1+\frac{z}{n}\right)^{-1}e^{z/n}\cdot\frac{1}{-z}e^{Cz}\prod_{n=1}^{\infty}\left(1-\frac{z}{n}\right)^{-1}e^{-z/n}$$

$$=\frac{1}{z}\prod_{n=1}^{\infty}\left(1-\frac{z^2}{n^2}\right)^{-1}=\frac{\pi}{\sin\pi z}.$$

相反公式 (5.2) で $z=1/2$ とおけば，$\Gamma(1/2)>0$ であるから，

$$\Gamma\left(\frac{1}{2}\right)=\sqrt{\pi}. \tag{5.3}$$

これを差分方程式 (5.1) と組みあわせれば，一般に

$$\Gamma\left(n+\frac{1}{2}\right)=\prod_{\nu=1}^{n}\left(n+\frac{1}{2}-\nu\right)\cdot\Gamma\left(\frac{1}{2}\right)=\frac{(2n)!}{n!\,2^{2n}}\sqrt{\pi}\quad(n=0,1,\cdots). \tag{5.4}$$

ガンマ函数 $\Gamma(z)$ は，(3.1) によっては全有限平面で定義されているが，(3.4) では右辺の積分が $\Re z>0$ でだけ収束する．後者の定義から出発するさいには，定理 5.1, 5.2 はその解析接続を定めるためにも役立つ．これらのどの定理からもわかるように，$\Gamma(z)$ は $|z|<\infty$ において一位の極 $z=-n$ ($n=0,1,\cdots$) 以外では正則な解析函数であって，$\mathrm{Res}(-n)=(-1)^n/n!$.

$\Gamma(z)$ は実軸上で実数値をとる解析函数であるから，一般に $\Gamma(\bar{z})=\overline{\Gamma(z)}$ が成り立つ．ゆえに，y が実数のとき，定理 5.1 と定理 5.2 によって，

$$\begin{aligned}|\Gamma(iy)|^2&=\Gamma(iy)\Gamma(-iy)=\frac{\Gamma(iy)\Gamma(1-iy)}{-iy}\\&=\frac{\pi}{-iy\sin\pi iy}=\frac{\pi}{y\sinh\pi y}.\end{aligned} \tag{5.5}$$

つぎのコーシー，ザールシュッツによる表示も，定義の式 (3.4) を補充(解析接続)するものである：

定理 5.3. $k=0,1,2,\cdots$ のとき，

$$\Gamma(z)=\int_0^{\infty}\left(e^{-t}-\sum_{\kappa=0}^{k}\frac{(-1)^{\kappa}}{\kappa!}t^{\kappa}\right)t^{z-1}dt\quad(-k-1<\Re z<-k). \tag{5.6}$$

証明. (5.6) の右辺の積分に部分積分をほどこせば，

$$\int_0^{\infty}\left(e^{-t}-\sum_{\kappa=0}^{k}\frac{(-1)^{\kappa}}{\kappa!}t^{\kappa}\right)t^{z-1}dt$$

$$=\left[\left(e^{-t}-\sum_{\kappa=0}^{k}\frac{(-1)^{\kappa}}{\kappa!}t^{\kappa}\right)\frac{t^z}{z}\right]_0^{\infty}-\int_0^{\infty}\left(-e^{-t}-\sum_{\kappa=1}^{k}\frac{(-1)^{\kappa}}{(\kappa-1)!}t^{\kappa-1}\right)\frac{t^z}{z}dt$$

$$=\frac{1}{z}\int_0^{\infty}\left(e^{-t}-\sum_{\kappa=0}^{k-1}\frac{(-1)^{\kappa}}{\kappa!}t^{\kappa}\right)t^{z}dt\qquad(-k<\Re(z+1)<-k+1).$$

ゆえに，同様な操作をくりかえして(帰納法)

$$\int_0^\infty\left(e^{-t}-\sum_{\kappa=0}^{k}\frac{(-1)^\kappa}{\kappa!}t^\kappa\right)t^{z-1}dt=\frac{1}{[z]_{k+1}}\int_0^\infty e^{-t}t^{z+k}dt$$

$$=\frac{\Gamma(z+k+1)}{[z]_{k+1}}=\Gamma(z).$$

2. つぎの定理は有用である:

定理 5.4. ガウスの乗法公式が成り立つ:

$$\Gamma(nz)=\frac{n^{nz-1/2}}{(2\pi)^{(n-1)/2}}\prod_{\nu=0}^{n-1}\Gamma\left(z+\frac{\nu}{n}\right)\qquad(n=1,2,\cdots);\tag{5.7}$$

$$\prod_{\nu=0}^{n-1}\Gamma\left(\frac{z+\nu}{n}\right)=\frac{(2\pi)^{(n-1)/2}}{n^{z-1/2}}\Gamma(z).\tag{5.8}$$

証明.

$$f(z)=\frac{n^{nz-1}}{\Gamma(nz)}\prod_{\nu=0}^{n-1}\Gamma\left(z+\frac{\nu}{n}\right)$$

とおけば，(3.1) によって

$$f(z)=n^{nz-1}\prod_{\nu=0}^{n-1}\lim_{k\to\infty}\frac{[1]_{k-1}k^{z+\nu/n}}{[z+\nu/n]_k}\Bigg/\lim_{k\to\infty}\frac{[1]_{nk-1}(nk)^{nz}}{[nz]_{nk}}$$

$$=n^{nz-1}\lim_{k\to\infty}\frac{(k-1)!^n k^{nz+(n-1)/2}n^{nk}}{(nk-1)!(nk)^{nz}}=\lim_{k\to\infty}\frac{(k-1)!^n k^{(n-1)/2}n^{nk-1}}{(nk-1)!}.$$

ゆえに，$f(z)$ は定数(z に無関係)である．したがって，定理 5.2 により

$$\begin{aligned}f(z)&=f\left(\frac{1}{n}\right)=\prod_{\nu=1}^{n-1}\Gamma\left(\frac{\nu}{n}\right)\\&=\left(\prod_{\nu=1}^{n-1}\Gamma\left(\frac{\nu}{n}\right)\Gamma\left(1-\frac{\nu}{n}\right)\right)^{1/2}=\left(\pi^{n-1}\Big/\prod_{\nu=1}^{n-1}\sin\frac{\nu\pi}{n}\right)^{1/2}.\end{aligned}\tag{5.9}$$

ところで，$\varepsilon_n=e^{2\pi i/n}$ とおくと，

$$\sum_{\nu=0}^{n-1}x^\nu=\frac{x^n-1}{x-1}=\prod_{\nu=1}^{n-1}(x-\varepsilon_n{}^\nu).$$

$x\to\pm1$ とすることによって，

$$\begin{aligned}n&=\prod_{\nu=1}^{n-1}(1-\varepsilon_n{}^\nu)=\prod_{\nu=1}^{n-1}\left(-2ie^{\nu\pi i/n}\sin\frac{\nu\pi}{n}\right)\\&=(-2i)^{n-1}e^{(n-1)\pi i/2}\prod_{\nu=1}^{n-1}\sin\frac{\nu\pi}{2}=2^{n-1}\prod_{\nu=1}^{n-1}\sin\frac{\nu\pi}{n}.\end{aligned}\tag{5.10}$$

これを (5.9) の右辺に用いれば，(5.7) がえられる．(5.8) は (5.7) で z の

代りに z/n とおいたものにほかならない.

定理 5.5. つぎの**ルジャンドルの公式**が成り立つ:

$$\Gamma(2z)=\frac{2^{2z-1}}{\pi^{1/2}}\Gamma(z)\Gamma\left(z+\frac{1}{2}\right), \tag{5.11}$$

$$\Gamma\left(\frac{z}{2}\right)\Gamma\left(\frac{z+1}{2}\right)=\frac{\pi^{1/2}}{2^{z-1}}\Gamma(z). \tag{5.12}$$

証明. 定理 5.4 のガウスの公式 (5.7), (5.8) で $n=2$ の場合にあたる.

注意. 相反公式 (5.2) を証明するさいに, 正弦函数の乗積表示を利用した. しかし, 逆にルジャンドルの公式 (5.12) を用いると, 相反公式がみちびかれ, さらに正弦函数の乗積表示がえられる.[1)]

定理 5.6. $x>0$ において函数 $\Gamma(x)$ は狭義に対数的凸である; すなわち, $\log\Gamma(x)$ は x の狭義の凸函数である.

証明. $x>0$ のとき, $(3.12)_{k=1}$ によって,

$$\frac{d^2}{dx^2}\log\Gamma(x)=\psi'(x)=\sum_{n=0}^{\infty}\frac{1}{(x+n)^2}>0.$$

3. つぎの**ボーア・モレループの定理**はガンマ函数の特性を示すものである:

定理 5.7. $x>0$ において定義された正の実数値函数 f が三つの条件

(i) $f(x+1)=xf(x)$;　(ii) $f(1)=1$;　(iii) 対数的凸

をみたすならば, $f=\Gamma$.

証明. Γ が三条件をみたすことは, 定理 5.1, (3.7), 定理 5.6 に示されている. ゆえに, この三条件で f が一意に定まることを示せばよい. まず, (i) により区間 $[0,1]$ で考えればよい. 自然数 $n\geqq 2$ に対して, (iii) により

$$\log f(n)\leqq\frac{x}{x+1}\log f(n-1)+\frac{1}{x+1}\log f(n+x),$$

$$\log f(n+x)\leqq(1-x)\log f(n)+x\log f(n+1).$$

また, (i) により $f(n+x)=f(x)[x]_n$ であり, (i) と (ii) により一般に $f(n)=[1]_{n-1}$ であるから, 上の不等式によって

$$\frac{[1]_{n-1}(n-1)^x}{[x]_n}\leqq f(x)\leqq\frac{[1]_{n-1}n^x}{[x]_n},$$

1) くわしくは, 拙著, 解析概論 II, 広川書店 (1966), p. 226.

$$\left(1-\frac{1}{n}\right)^x\frac{[1]_{n-1}}{[x]_n}n^x\leqq f(x)\leqq\frac{[1]_{n-1}}{[x]_n}n^x;$$

$$f(x)=\lim_{n\to\infty}\frac{[1]_{n-1}}{[x]_n}n^x(=\Gamma(x)).$$

定理 5.8. $x>0$ において定義された正値の函数 f が連続な f' をもち，函数等式 $f(x+1)=xf(x)$ およびある一つの自然数 $n(>1)$ に対する等式

$$\prod_{\nu=0}^{n-1}f\left(\frac{x+\nu}{n}\right)=\frac{(2\pi)^{(n-1)/2}}{n^{x-1/2}}f(x) \tag{5.13}$$

をみたすならば，$f=\Gamma$.

証明. $\varphi(x)=\log(f(x)/\Gamma(x))$ は周期 1 をもつ連続函数であって，(5.13) をガウスの公式 (5.8) と比較すると，

$$\sum_{\nu=0}^{n-1}\varphi\left(\frac{x+\nu}{n}\right)=\varphi(x). \tag{5.14}$$

一般に，(5.14) が n の二つの値 n_1, n_2 に対して成り立てば，積 n_1n_2 に対しても成り立つ．じっさい，(5.14) で $n=n_1$ とし，x の代りに $(x+\rho)/n_2$ とおいた式の両辺を $0\leqq\rho\leqq n_2-1$ にわたって加えると，

$$\sum_{\nu=0}^{n_1n_2-1}\varphi\left(\frac{x+\nu}{n_1n_2}\right)=\sum_{\rho=0}^{n_2-1}\sum_{\nu=0}^{n_1-1}\varphi\left(\frac{x+\rho+\nu n_2}{n_1n_2}\right)=\sum_{\rho=0}^{n_2-1}\varphi\left(\frac{x+\rho}{n_2}\right)=\varphi(x).$$

この注意によって，(5.13) が一つの $n(>1)$ に対して成り立てば，m を任意な自然数として，n の代りに n^m に対しても成り立つ．ゆえに，さらに x で微分することによって，

$$\frac{1}{n^m}\sum_{\nu=0}^{n^m-1}\varphi'\left(\frac{x+\nu}{n^m}\right)=\varphi'(x) \qquad (m=1,2,\cdots).$$

ここで $m\to\infty$ とすれば，φ の周期性により

$$\varphi'(x)=\lim_{m\to\infty}\frac{1}{n^m}\sum_{\nu=0}^{n^m-1}\varphi'\left(\frac{x+\nu}{n^m}\right)=\int_0^1\varphi'(x)dx=[\varphi(x)]_0^1=0.$$

したがって，$\varphi\equiv\text{const}$ となるが，(5.14) により $\varphi\equiv0$, $f\equiv\Gamma$.

注意. 定理 5.8 で f' の連続性を仮定したが，f の連続性だけでは十分でない．例えば，

$$\varphi(x)=\sum_{k=1}^{\infty}\frac{1}{2^k}\sin(2^k\pi x)$$

は $n=2$ に対して (5.14) をみたす周期 1 の連続函数であるが，$\varphi\not\equiv0$; 例えば，$\varphi(1/4)=1/2$. アルチンは，(5.13) がすべての自然数 n に対してみたされるとすれば，f の連続性の仮定ですでに十分なことを示している．

4. 一般に，$F(x,y,y_1,\cdots,y_N)\not\equiv 0$ を $N+2$ 個の変数についての多項式とするとき，

$$F(x,y,y_1,\cdots,y_N)=0,\qquad y_\nu=\frac{d^\nu y}{dx^\nu}\qquad(\nu=1,\cdots,N) \tag{5.15}$$

を**代数的微分方程式**という．y を y_0 ともかく．

$\Gamma(x)$ が代数的微分方程式をみたさないことをヘルダー（1887）が証明して以来，その別証明や一般化がムア（1897），オストロフスキ（1919, 1925），ハウスドルフ（1925）などによってなされている．

$\psi(x)=\Gamma'(x)/\Gamma(x)$ は差分方程式

$$y(x+1)-y(x)=\varphi(x) \tag{5.16}$$

において $\varphi(x)=1/x$ としたものをみたす．そこで，まず $\psi(x)$ が代数的微分方程式をみたさないことを一般化したつぎの定理からはじめる．証明の方法はハウスドルフによる．

定理 5.9. $\varphi(\infty)=0$ をみたす有理函数で φ の相異なる極が決して整数差をもたないならば，$\varphi\equiv 0$ である場合を除くと，ある代数的微分方程式 (5.15) と差分方程式 (5.16) とを同時にみたす函数 y は存在しない．

証明. まず，有理函数は $\varphi\equiv 0$ したがって $y\equiv\text{const}$ のときにだけ差分程式 (5.16) をみたしうることに注意する．じっさい，仮に y が有限な極をもったとすれば，mod 1 で分類されたその極のうちで実部の最小，最大なものをそれぞれ $\alpha,\beta=\alpha+m$（$m\geqq 0$ は整数）とする．(5.16) により $\alpha-1$ および β は φ の極となり，これらの差は整数であるから，仮定に反する．ゆえに，y したがって φ は有限に極をもちえなくて $\varphi\equiv 0$.

さて，(5.15) の左辺を簡単に $F(x,\boldsymbol{y})$ または F ともかく．それはつぎの形の項の和である：

$$A(x)Y(\boldsymbol{y})=A(x)y^{n_0}y_1{}^{n_1}\cdots y_N{}^{n_N};\qquad n_\nu\geqq 0 \text{ は整数，} A \text{ は有理函数.}$$

F の項をその次元 $n_0+n_1+\cdots+n_N$ にしたがってまとめる：

$$F=F_d+F_{d-1}+\cdots+F_0;$$

ここに F_d は最高次元 d の項の和である．y がみたすすべての代数的微分方程式 $F(x,\boldsymbol{y})=0$ のうちで最高次元 d が最小なものを考え，さらにこれらのうちで F_d の相異なる項の個数が最小なものをとる．そして，これらの項の一つ

の係数を1に等しいとおく: $F_d=Y_0(\boldsymbol{y})+A_1(x)Y_1(\boldsymbol{y})+\cdots$.

y が同時に差分方程式 (5.16) をみたすとし,

$$G(x,\boldsymbol{y})=F(x+1,\boldsymbol{y}+\boldsymbol{\varphi})\equiv\sum_{j\geqq 0}\frac{1}{j!}\mathscr{D}^j F(x+1,\boldsymbol{y})$$

とおく; ここに微分演算子

$$\mathscr{D}=\sum_{\nu=0}^{N}\varphi_\nu\frac{\partial}{\partial y_\nu}\qquad\left(\varphi_\nu=\frac{d^\nu\varphi}{dx^\nu}\quad(\nu=0,1,\cdots,N)\right)$$

は次元を1だけ下げる. y は代数的微分方程式 $G(x,\boldsymbol{y})=0$ をもみたし, G の項を次元にしたがってまとめると,

$$G=G_d+G_{d-1}+\cdots+G_0;$$

$$G_d(x,\boldsymbol{y})=F_d(x+1,\boldsymbol{y})=Y_0(\boldsymbol{y})+A_1(x+1)Y_1(\boldsymbol{y})+\cdots.$$

このとき, $G\equiv F$ でなければならない. 仮にそうでなかったとすれば, $G-F$ は項 Y_0 を含まないことになり, したがって F より少ない個数の最高次元 d の項をもつかまたは次元が d より小さい項だけをもつことになり, F のえらび方に反する. ゆえに,

$$F(x,\boldsymbol{y})\equiv\sum_{j\geqq 0}\frac{1}{j!}\mathscr{D}^j F(x+1,\boldsymbol{y}).$$

この関係から次元にしたがって分離すると,

$$F_d(x,\boldsymbol{y})=F_d(x+1,\boldsymbol{y}),\qquad F_{d-1}(x,\boldsymbol{y})=F_{d-1}(x+1,\boldsymbol{y})+\mathscr{D}F_d(x+1,\boldsymbol{y}).$$

第一式は F_d が $\boldsymbol{y}$ の多項式として定係数をもつことを示している. 第二式によって, ある項 Y が F_{d-1} において有理係数 B をもち, $\partial F_d/\partial y_\nu$ において定係数 a_ν をもつとすると,

$$B(x)-B(x+1)=\sum_{\nu=0}^{N}a_\nu\varphi_\nu(x).$$

この右辺は, φ と同様に, ∞ で0となり整数差の極をもたない有理函数である. ゆえに, 証明の最初にのべた注意によって, $B\equiv\text{const}$ であってこの右辺は恒等的に0に等しい. ところで, φ が有限な極をもつとすれば, その主要部を考えるとわかるように, φ_ν $(\nu=0,\cdots,N)$ は一次独立である. ゆえに, $a_\nu=0$ $(\nu=0,\cdots,N)$, すなわち $\partial F_d/\partial y_\nu$ における各項 Y は係数0をもつことになる. これは F_d の $y,y_1,\cdots,y_N$ についてのすべての偏導函数が恒等的に0であるこ

と，すなわち最高次元が $d=0$ であることを示している．これは不合理である．

系． $\psi=\Gamma'/\Gamma$ は代数的微分方程式をみたさない．

つぎに，Γ'/Γ についての結論を Γ 自身に帰着させるためには，y とともにその対数導函数 $z=y_1/y$ も代数的微分方程式をみたすことを示せばよい．明らかに，z とその導函数 $z_\nu=z^{(\nu)}$ $(\nu=1,\cdots,N-1)$ は y_ν/y $(\nu=1,\cdots,N)$ についての多項式であり，逆に y_ν $(\nu=0,1,\cdots,N)$ についての 0 次の同次多項式は z, z_ν $(\nu=1,\cdots,N-1)$ についての多項式である．この事実に注意すると，つぎの定理で証明するように，やっかいな消去の操作がさけられる．

定理 5.10. 代数的微分方程式をみたす函数は，ある等しい次元の項だけをもつ代数的微分方程式をもみたす．

証明． y が代数的微分方程式 $F(x,\boldsymbol{y})=0$ をみたすとする．F は $x,\boldsymbol{y}$ についての多項式と仮定できる．F を $\boldsymbol{y}$ についての次元にしたがってまとめる：次元の最大なものを d，最小なものを δ として

$$F=F_d+F_{d-1}+\cdots+F_\delta.$$

F として次元幅 $d-\delta$ の最小な微分式をとり，さらに階数 N が最小なものの一つとする．このとき，y は代数的微分方程式

$$G\equiv\frac{d}{dx}F=0$$

をもみたす．ここに微分演算子

$$\frac{d}{dx}=\frac{\partial}{\partial x}+\sum_{\nu=0}^{N}y_{\nu+1}\frac{\partial}{\partial y_\nu}$$

は次元を変えないから，

$$G=G_d+G_{d-1}+\cdots+G_\delta,\qquad G_\kappa=\frac{d}{dx}F_\kappa\quad(\kappa=\delta,\cdots,d).$$

次元幅の最小な値が $d-\delta$ であるから，$F_\delta G-FG_\delta\equiv0$．特に G で 1 乗としてだけ現われる y_{N+1} の係数は 0 でなければならない．ゆえに，

$$\frac{\partial}{\partial y_N}\frac{F}{F_\delta}=\frac{1}{{F_\delta}^2}\left(F_\delta\frac{\partial F}{\partial y_N}-F\frac{\partial F_\delta}{\partial y_N}\right)=0.$$

したがって，有理函数 F/F_δ は y_N を含まない二つの多項式 p,q の商である：$qF=pF_\delta$．y は $F=0$ をみたすから，$pF_\delta=0$ をみたす．y は階数が N より低

い方程式 $p=0$ をみたさないから，次元の等しい項だけから成る方程式 $F_\delta=0$ をみたす.

系. Γ は代数的微分方程式をみたさない.

問 1.
$$\binom{m}{n}=\frac{1}{n!}\frac{\Gamma(m+1)}{\Gamma(m-n+1)} \qquad (n=0,1,\cdots).$$

問 2. $\sum_{\mu=1}^m a_\mu=\sum_{\mu=1}^m b_\mu$ のとき，

$$\text{(i)}\quad \lim_{n\to\infty}\prod_{\mu=1}^m\frac{\Gamma(a_\mu+n)}{\Gamma(b_\mu+n)}=1; \qquad \text{(ii)}\quad \prod_{n=1}^\infty\prod_{\mu=1}^m\frac{a_\mu+n}{b_\mu+n}=\prod_{\mu=1}^m\frac{\Gamma(b_\mu+1)}{\Gamma(a_\mu+1)}.$$

問 3.
$$\sum_{n=0}^\infty\frac{1}{\Gamma(z+n+1)}=\frac{e}{\Gamma(z)}\sum_{n=0}^\infty\frac{(-1)^n}{n!(z+n)} \qquad (z\neq 0,-1,-2,\cdots).$$

問 4. $\Gamma(z;n)=[1]_n n^z/[z]_{n+1}$ ($z\neq -n$; $n=0,1,\cdots$) とおけば，

$$\text{(i)}\quad \Gamma(z;n)=\frac{n^z(\Gamma(n+1)}{\Gamma(z+n+1)}\Gamma(z); \qquad \text{(ii)}\quad \frac{n^z\Gamma(n)}{\Gamma(z+n)}\to 1 \quad (n\to\infty).$$

問 5.
$$\prod_{\nu=1}^{n-1}\Gamma\left(\frac{\nu}{n}\right)=\frac{(2\pi)^{(n-1)/2}}{n^{1/2}} \qquad (n=1,2,\cdots).$$

問 6.
$$\psi(nz)=\frac{1}{n}\sum_{\nu=0}^{n-1}\psi\left(z+\frac{\nu}{n}\right)+\log n \qquad (n=1,2,\cdots).$$

問 7. $x>0$ で定義された正値の函数 f が連続な f'' をもち，函数等式 $f(x+1)=xf(x)$ および $f(x/2)f((x+1)/2)=a2^{-x}f(x)$ (a は定数) をみたすならば，$f=\Gamma$.

問 8. $0\leqq t\leqq 1$; $n=1,2,\cdots$ のとき，

$$(n+1)^{t-1}\leqq\exp\left((t-1)\left(\sum_{\nu=1}^n\frac{1}{\nu}-C\right)\right)\leqq\frac{\Gamma(n+t)}{\Gamma(n+1)}\leqq n^{t-1}. \qquad \text{(ガウチ)}$$

問 9. $\Gamma'(z)$ は負の実軸上で区間 $-k-1<x<-k$ ($k=0,1,\cdots$) に一つずつの単一零点をもち，正の実軸上で区間 $1<x<2$ にも一つの単一零点をもつ．それ以外に $\Gamma'(z)$ の零点は存在しない. (エルミト)

問 10. 整数差の極の組をもたない有理函数 φ が多項式でない限り，ある代数的微分方程式と差分方程式 $y(x+1)-y(x)=\varphi(x)$ とを同時にみたす函数は存在しない.

§6. ベータ函数

1. オイレル(1772)，ルジャンドル(1811)によって研究されはじめ，ビネによって命名された**ベータ函数**は，ルジャンドルにしたがって**オイレルの第一種の積分**ともよばれる．それは

$$\text{(6.1)} \qquad B(x,y)=\int_0^1 t^{x-1}(1-t)^{y-1}dt \qquad (\Re x>0,\ \Re y>0)$$

で定義される；ベキ函数は主値を表わすものとする.

積分変数の置換によって，つぎの形にも表わされる：

$$(6.2)\qquad B(x, y)=2\int_0^{\pi/2}\cos^{2x-1}\theta\sin^{2y-1}\theta\,d\theta \qquad (\Re x>0,\ \Re y>0);$$

$$(6.3)\qquad B(x, y)=\frac{1}{2^{x+y-1}}\int_{-1}^{1}(1+u)^{x-1}(1-u)^{y-1}du \quad (\Re x>0,\ \Re y>0).$$

2.

定理 6.1. つぎの函数等式が成り立つ:

$$(6.4)\qquad \begin{gathered} B(x, y)=B(y, x), \qquad xB(x, y+1)=yB(x+1, y), \\ B(x, y)=B(x+1, y)+B(x, y+1), \quad (x+y)B(x, y+1)=yB(x, y). \end{gathered}$$

証明. (6.1) の右辺で積分変数の置換 $t\,|\,1-t$ を行なうと，第一の関係がえられる．つぎに，部分積分によって

$$\begin{aligned} B(x, y+1)&=\int_0^1 t^{x-1}(1-t)^y dt \\ &=\frac{1}{x}[t^x(1-t)^y]_0^1+\frac{y}{x}\int_0^1 t^x(1-t)^{y-1}dt\equiv\frac{y}{x}B(x+1, y). \end{aligned}$$

また，等式 $t^{x-1}(1-t)^{y-1}=t^x(1-t)^{y-1}+t^{x-1}(1-t)^y$ を積分することによって，第三の関係をうる．最後に，第二，第三の関係から

$$yB(x, y)=yB(x+1, y)+yB(x, y+1)=(x+y)B(x, y+1).$$

3. ベータ函数のガンマ函数によるつぎの表示は有用である:

定理 6.2. つぎの関係が成り立つ:

$$(6.5)\qquad B(x, y)=\frac{\Gamma(x)\Gamma(y)}{\Gamma(x+y)}.$$

証明.

$$\begin{aligned} \Gamma(x)\Gamma(y)&=\int_0^\infty e^{-s}s^{x-1}ds\int_0^\infty e^{-t}t^{y-1}dt && [s=u^2,\ t=v^2] \\ &=4\int_0^\infty\int_0^\infty e^{-(u^2+v^2)}u^{2x-1}v^{2y-1}dudv && [u=\sqrt{\rho}\cos\theta,\ v=\sqrt{\rho}\sin\theta] \\ &=2\int_0^\infty e^{-\rho}\rho^{x+y-1}d\rho\int_0^{\pi/2}\cos^{2x-1}\theta\sin^{2y-1}\theta\,d\theta=\Gamma(x+y)B(x, y). \end{aligned}$$

(6.5) の右辺は x, y の解析函数であるから， $B(x, y)$ はこれによって $|x|<\infty$, $|y|<\infty$ にまで解析接続されている.

あるいは，§5.3 におけるガンマ函数の特性を利用して，(6.5) はつぎのようにも証明される．任意に固定された $y>0$ に対して，x の函数

$$\varphi(x)=\Gamma(x+y)B(x, y)$$

を考える．定理5.1および定理6.1の第一と第四の関係によって，

$$\varphi(x+1)=\Gamma(x+y+1)B(x+1,y)=(x+y)\Gamma(x+y)\cdot\frac{x}{x+y}B(x,y)=x\varphi(x).$$

また，

$$\varphi(1)=\Gamma(1+y)\int_0^1(1-t)^{y-1}dt=y\Gamma(y)\cdot\frac{1}{y}=\Gamma(y).$$

定理5.6により $\Gamma(x+y)$ は $x>0$ で対数的凸である．他方において，シュワルツの不等式(§18問2参照)によって，$x>0$ のとき，

$$\begin{aligned}&B(x,y)\frac{\partial^2 B(x,y)}{\partial x^2}-\left(\frac{\partial B(x,y)}{\partial x}\right)^2\\&=\int_0^1 t^{x-1}(1-t)^{y-1}dt\int_0^1 t^{x-1}(1-t)^{y-1}\log^2 t\,dt-\left(\int_0^1 t^{x-1}(1-t)^{y-1}\log t\,dt\right)^2\geqq 0.\end{aligned}$$

ゆえに，$B(x,y)$ したがって $\varphi(x)$ もまた $x>0$ で対数的凸である．定理5.7を $f(x)=\varphi(x)/\varphi(1)$ に対して用いれば，

$$\Gamma(x)=\frac{\varphi(x)}{\varphi(1)}=\frac{1}{\Gamma(y)}\Gamma(x+y)B(x,y);$$

すなわち，(6.5) をうる．この両辺は x,y についての解析函数であるから，(6.5) は一般に成り立つ．

(6.5) で $x=y=1/2$ とおけば，(6.2) を用いて

$$\frac{\Gamma(1/2)^2}{\Gamma(1)}=B\left(\frac{1}{2},\frac{1}{2}\right)=2\int_0^{\pi/2}d\theta=\pi.$$

$\Gamma(1)=1$ であるから，(5.3) がふたたびえられている：$\Gamma(1/2)=\sqrt{\pi}$．

定理 6.3.　$$B(nx,ny)=n^{-ny}B(x,y)\prod_{\nu=1}^{n-1}\frac{B(x+\nu/n,y)}{B(\nu y,y)}.$$

証明. 定理6.2と定理5.4のガウスの公式を併用して右辺をかきかえると，

$$\begin{aligned}&n^{-ny}\frac{\Gamma(x)\Gamma(y)}{\Gamma(x+y)}\prod_{\nu=1}^{n-1}\frac{\Gamma(x+\nu/n)\Gamma((\nu+1)y)}{\Gamma(x+y+\nu/n)\Gamma(\nu y)}\\&=n^{-ny}\Gamma(ny)\prod_{\nu=0}^{n-1}\frac{\Gamma(x+\nu/n)}{\Gamma(x+y+\nu/n)}\\&=n^{-ny}\Gamma(ny)\frac{(2\pi)^{(n-1)/2}n^{1/2-nx}\Gamma(nx)}{(2\pi)^{(n-1)/2}n^{1/2-n(x+y)}\Gamma(nx+ny)}\\&=\frac{\Gamma(nx)\Gamma(ny)}{\Gamma(nx+ny)}=B(nx,ny).\end{aligned}$$

問 1.　$$\Gamma(z)=\lim_{n\to\infty}n^z B(z,n).$$

問 2.　$$B(z,z)=2^{1-2z}B\left(z,\frac{1}{2}\right).$$

問 3.
$$B(z,z)B\left(z+\frac{1}{2},\,z+\frac{1}{2}\right)=\frac{\pi}{2^{4z-1}z}.$$
(ビネ)

問 4.
$$\prod_{n=0}^{\infty}\frac{(n-a)(n+b+c)}{(n+b)(n+c)}\left(1+\frac{a}{n+1}\right)=-\frac{\sin a\pi}{\pi}B(b,c).$$

問 5.
$$\log B(x,y)=\log\frac{x+y}{xy}+\int_0^1\frac{(1-u^x)(1-u^y)}{(1-u)\log u}du \quad (\Re x,\ \Re y,\ \Re(x+y)>-1).$$
(オイレル)

§7. 積分表示

1. ガンマ函数に関連する積分表示は，これまでも各所に現われている．この節では，複素積分によるものを含めて，それらを補充する．

定理 7.1. 複素 ζ 平面上で正の実軸に沿って $+\infty$ から $\delta(>0)$ にいたり，原点のまわりで正の向きに半径 δ の円周をへて，ふたたび正の実軸に沿って $+\infty$ にいたる路を γ で表わすとき(図3)，つぎの**ハンケルの表示**が成り立つ：

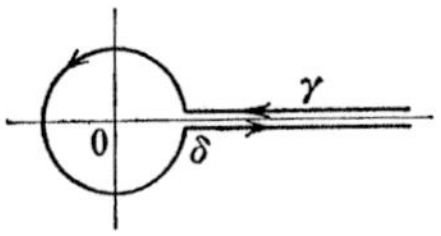

図 3

$$(7.1)\qquad \Gamma(z)=\frac{i}{2\sin\pi z}\int_\gamma e^{-\zeta}(-\zeta)^{z-1}d\zeta;$$

ここに $(-\zeta)^{z-1}=e^{(z-1)\log(-\zeta)}$ において $\log(-\zeta)$ は $\zeta=-\delta$ で実数値となる分枝とする．

証明. 実軸上にある $\zeta>1$ に対して $|e^{-\zeta}(-\zeta)^{z-1}|\leqq e^{-\zeta+|z-1|(\log\zeta+\pi)}$ となるから，証明すべき関係を

$$-2i\sin\pi z\cdot\Gamma(z)=\int_\gamma e^{-\zeta}(-\zeta)^{z-1}d\zeta$$

とかけば，両辺はともに z の整函数である．ゆえに，$\Re z>0$ と仮定してその成立を示せばよい．さて，このとき，

$$\int_\gamma e^{-\zeta}(-\zeta)^{z-1}d\zeta$$
$$=\int_\infty^\delta e^{-\zeta}e^{-i\pi(z-1)}\zeta^{z-1}d\zeta+\int_{-\pi}^{\pi}e^{-\delta e^{i\theta}}(\delta e^{i\theta})^z i\,d\theta+\int_\delta^\infty e^{-\zeta}e^{i\pi(z-1)}\zeta^{z-1}d\zeta$$

において，右辺の第二項は $\delta\to+0$ のとき0に近づく．左辺の値は $\delta>0$ に無関係であるから，

$$\int_\gamma e^{-\zeta}(-\zeta)^{z-1}d\zeta=\int_\infty^0 e^{-\zeta}e^{-i\pi(z-1)}\zeta^{z-1}d\zeta+\int_0^\infty e^{-\zeta}e^{i\pi(z-1)}\zeta^{z-1}d\zeta$$
$$=2i\sin\pi(z-1)\cdot\int_0^\infty e^{-\zeta}\zeta^{z-1}d\zeta=-2i\sin\pi z\cdot\Gamma(z).$$

定理 7.2. 前定理の路 γ の原点に関する対称像を λ で表わせば,

$$\frac{1}{\Gamma(z)}=\frac{1}{2\pi i}\int_{\lambda}e^{\zeta}\zeta^{-z}d\zeta. \tag{7.2}$$

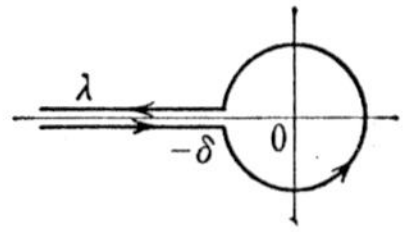

図 4

証明. (7.1) で z の代りに $1-z$ とおき, 積分変数を ζ から $-\zeta$ へ置換すれば,

$$\Gamma(1-z)=-\frac{i}{2\sin\pi(1-z)}\int_{\lambda}e^{\zeta}\zeta^{-z}d\zeta.$$

ここで相反公式 $\Gamma(1-z)\sin\pi(1-z)=\pi/\Gamma(z)$ を用いればよい.

定理 7.3. ζ 平面上で半直線 $\arg\zeta=-\pi-\alpha$ に沿って $\infty e^{i(-\pi-\alpha)}$ から出て $\delta e^{i(-\pi-\alpha)}$ $(\delta>0)$ にいたり, 原点のまわりで正の向きに半径 δ の円周をへて, 半直線 $\arg\zeta=\pi-\alpha$ に沿って $\infty e^{i(\pi-\alpha)}$ にいたる路を λ_α で表わすとき, $-\pi/2<\alpha<\pi/2$ ならば,

$$\frac{1}{\Gamma(z)}=\frac{1}{2\pi i}\int_{\lambda_\alpha}e^{\zeta}\zeta^{-z}d\zeta. \tag{7.3}$$

証明. $\zeta=\xi+i\eta=\rho e^{i\varphi}$ 平面上で負の実軸上の線分 $0\geqq\xi\geqq-R$, $\eta=0$ を原点のまわりに角 $-\alpha$ だけ回転し, これの端点を原点のまわりの半径 R, 開き $|\alpha|$ の円弧で点 $\zeta=-R$ とつなぐ. これらの線分と円弧および負の実軸に沿う半直線 $\xi<-R$, $\eta=0$ とから成る切断線の両岸に沿って, 原点に関して正の向きに進む路を $\lambda_\alpha{}^R$ とすれば(図 5), 定理 7.2 によって

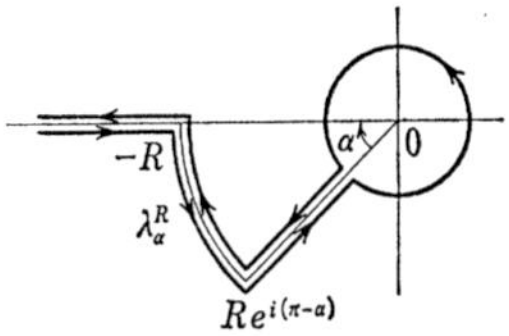

図 5

$$\frac{1}{\Gamma(z)}=\frac{1}{2\pi i}\int_{\lambda_\alpha{}^R}e^{\zeta}\zeta^{-z}d\zeta.$$

右辺の積分への円弧の両岸に沿う部分からの寄与 I_R は, つぎのように評価される:

$$|e^{Re^{i\varphi}}(Re^{i\varphi})^{-(x+iy)}|=e^{R\cos\varphi}R^{-x}e^{y\varphi}\leqq R^{-x}e^{-R\cos\alpha+|y|(\pi+|\alpha|)},$$

$$|I_R|\leqq 2e^{-R\cos\alpha+|y|(\pi+|\alpha|)}R^{-x}R|\alpha|\to 0 \qquad (R\to\infty).$$

半直線の両岸に沿う部分からの寄与 J_R については, 同様に

$$|J_R|\leqq 2\int_R^\infty e^{-\xi+|y|\pi}\xi^{-x}d\xi\to 0 \qquad (R\to\infty).$$

ゆえに, 極限移行 $R\to\infty$ によって, $\lambda_\alpha{}^R$ を λ_α でおきかえることができる.

2. $\Gamma(z)$ の $z\to\infty$ に対する漸近公式(次節)をみちびくさいに有用な $\log\Gamma$ に対する二つの積分表示がビネによってえられている．つぎの二つの定理にあげるのが，それぞれ第一公式，第二公式である．

定理 7.4. $\Re z>0$ のとき，**ビネの第一公式**が成り立つ:

$$\begin{aligned}\log\Gamma(z)&=\left(z-\frac{1}{2}\right)\log z-z+\frac{1}{2}\log(2\pi)\\&\quad+\int_0^\infty\left(\frac{1}{2}\coth\frac{t}{2}-\frac{1}{t}\right)\frac{e^{-zt}}{t}dt.\end{aligned}\tag{7.4}$$

証明. 定理 3.3 の関係を z について 1 から z まで積分すると，

$$\log\Gamma(z+1)=\left(z+\frac{1}{2}\right)\log z-z+1+\int_0^\infty\left(\frac{1}{2}\coth\frac{t}{2}-\frac{1}{t}\right)\frac{e^{-zt}-e^{-t}}{t}dt.$$

左辺で $\Gamma(z+1)=z\Gamma(z)$ を用いれば，

$$\log\Gamma(z)=\left(z-\frac{1}{2}\right)\log z-z+1+\int_0^\infty\left(\frac{1}{2}\coth\frac{t}{2}-\frac{1}{t}\right)\frac{e^{-zt}}{t}dt-I;\tag{7.5}$$

ここで I の値を求めるために，それとならんで J を考える:

$$I=\int_0^\infty\left(\frac{1}{2}\coth\frac{t}{2}-\frac{1}{t}\right)\frac{e^{-t}}{t}dt,\qquad J=\int_0^\infty\left(\frac{1}{2}\coth\frac{t}{2}-\frac{1}{t}\right)\frac{e^{-t/2}}{t}dt.$$

(7.5) で特に $z=1/2$ とおけば，

$$\frac{1}{2}\log\pi=\frac{1}{2}+J-I.\tag{7.6}$$

他方において，I の式の右辺で変数の置換 $t\,|\,t/2$ を行なうと，

$$\begin{aligned}J-I&=\int_0^\infty\left(\frac{1}{2}\left(\coth\frac{t}{2}-\coth\frac{t}{4}\right)+\frac{1}{t}\right)\frac{e^{-t/2}}{t}dt\\&=\int_0^\infty\left(\frac{1}{t}-\frac{1}{2}\operatorname{cosech}\frac{t}{2}\right)\frac{e^{-t/2}}{t}dt.\end{aligned}$$

これと I の式自身とを加えると，定理 3.2 の証明のはじめの部分を参考にして，

$$\begin{aligned}J&=\int_0^\infty\left(\frac{e^{-t/2}-e^{-t}}{t}+\frac{1}{2}\left(e^{-t}\coth\frac{t}{2}-e^{-t/2}\operatorname{cosech}\frac{t}{2}\right)\right)\frac{dt}{t}\\&=\int_0^\infty\left(\frac{e^{-t/2}-e^{-t}}{t}-\frac{e^{-t}}{2}\right)\frac{dt}{t}\\&=\int_0^\infty\left(\frac{d}{dt}\,\frac{e^{-t}-e^{-t/2}}{t}-\frac{e^{-t/2}-e^{-t}}{2t}\right)dt=\frac{1}{2}+\frac{1}{2}\log\frac{1}{2}.\end{aligned}$$

ゆえに，(7.6) から $I=1-(1/2)\log(2\pi)$ となり，これを (7.5) に入れて (7.4)

をうる.

定理 7.5. $\Re z>0$ のとき，**ビネの第二公式**が成り立つ:

$$\log\Gamma(z)=\left(z-\frac{1}{2}\right)\log z-z+\frac{1}{2}\log(2\pi)+2\int_0^\infty\frac{\arctan(t/z)}{e^{2\pi t}-1}dt. \tag{7.7}$$

ここに，$\arctan u$ は線分に沿う積分で定められた分枝とする:

$$\arctan u=\int_0^u\frac{dt}{1+t^2}.$$

証明. 定理 2.4 にあげたプラナの公式 (2.24) で，固定された z ($\Re z>0$) に対して $\omega(\zeta)=1/(z+\zeta)^2$ とおけば，

$$\frac{1}{2}\left(\frac{1}{z^2}+\frac{1}{(z+N)^2}\right)+\sum_{n=1}^{N-1}\frac{1}{(z+n)^2}$$

$$=\int_0^N\frac{d\zeta}{(z+\zeta)^2}+\frac{1}{i}\int_0^\infty\frac{g(t,z+N)-g(t,z)}{e^{2\pi t}-1}dt,$$

$$g(t,z)\equiv\frac{1}{(z+it)^2}-\frac{1}{(z-it)^2}=\frac{-4izt}{(z^2+t^2)^2}.$$

$N\to\infty$ のとき，(3.12) および $g(t,z+N)=O(t/N)$ に注意すれば，

$$\psi'(z)=\frac{1}{2z^2}+\frac{1}{z}+\int_0^\infty\frac{4zt}{(z^2+t^2)^2}\frac{dt}{e^{2\pi t}-1}.$$

これを逐次に積分すれば，積分定数を a, b として，

$$\psi(z)=-\frac{1}{2z}+\log z+a-2\int_0^\infty\frac{t}{(z^2+t^2)(e^{2\pi t}-1)}dt, \tag{7.8}$$

$$\log\Gamma(z)=\left(z-\frac{1}{2}\right)\log z+(a-1)z+b+2\int_0^\infty\frac{\arctan(t/z)}{e^{2\pi t}-1}dt. \tag{7.9}$$

a, b の値を定めるために，この関係を前定理の第一公式 (7.4) と比較すれば，

$$az+b+2\int_0^\infty\frac{\arctan(t/z)}{e^{2\pi t}-1}dt=\frac{1}{2}\log(2\pi)+\int_0^\infty\left(\frac{1}{2}\coth\frac{t}{2}-\frac{1}{t}\right)\frac{e^{-zt}}{t}dt.$$

z が実数で $z\to+\infty$ のとき，右辺の積分は明らかに0に近づく．このとき，$0\leqq\arctan(t/z)\leqq t/z$ であるから，左辺の積分もまた0に近づく．ゆえに，$a=0$，$b=(1/2)\log(2\pi)$．これを (7.9) に入れて (7.7) をうる．

3. つぎの定理もビネの公式と同類の公式を与えるものである:

定理 7.6. $|\arg z|<\pi$ のとき，

$$\log\Gamma(z)=\left(z-\frac{1}{2}\right)\log z-z+\frac{1}{2}\log(2\pi)-\int_0^\infty\frac{\mathring{B}_1(t)}{z+t}dt;$$
(7.10)
$$\mathring{B}_1(t)=t-[t]-\frac{1}{2}.$$

証明. まず，z を正の実数とし，固定された z に対してオイレルの総和公式 (2.21) を $f(t)=\log(z+t)$ に適用すると，

$$\frac{\log(z+n)+\log z}{2}+\sum_{\nu=1}^{n-1}\log(z+\nu)$$
$$=(z+n)\log(z+n)-z\log z-n+\int_0^n\frac{\mathring{B}_1(t)}{z+t}dt.$$

ここで $z=1$ とおいた式をこの式から引くと，

$$\frac{1}{2}\left(\log\frac{z+n}{1+n}+\log z\right)+\sum_{\nu=1}^{n-1}\log\frac{z+\nu}{1+\nu}$$
$$=(z-1)\log(z+n)+(n+1)\log\left(1+\frac{z-1}{n+1}\right)-z\log z$$
$$+\int_0^n\frac{\mathring{B}_1(t)}{z+t}dt-\int_0^n\frac{\mathring{B}_1(t)}{1+t}dt$$

さらに両辺に $(1/2)\log z-(z-1)\log n$ を加えてから，$n\to\infty$ とすれば，

$$\lim_{n\to\infty}\log\frac{[z]_n}{[1]_{n-1}n^z}=z-1-\left(z-\frac{1}{2}\right)\log z+\lim_{n\to\infty}\left(\int_0^n\frac{\mathring{B}_1(t)}{z+t}dt-\int_0^n\frac{\mathring{B}_1(t)}{1+t}dt\right).$$

左辺はガンマ函数の定義の式 (3.1) によって $\log(1/\Gamma(z))$ に等しいから，

(7.11) $$\log\Gamma(z)=\left(z-\frac{1}{2}\right)\log z-z+1-\lim_{n\to\infty}\left(\int_0^n\frac{\mathring{B}_1(t)}{z+t}dt-\int_0^n\frac{\mathring{B}_1(t)}{1+t}dt\right).$$

さて，ベルヌイの多項式については，$\mathring{B}_2'(t)=2\mathring{B}_1(t)$ ((1.5) 参照)，$\mathring{B}_2(n)=\mathring{B}_2(0)=B_2=1/6$，$|\mathring{B}_2(t)|\leqq B_2$ ((1.11) 参照)であるから，

$$\int_0^n\frac{\mathring{B}_1(t)}{z+t}dt=\frac{1}{12}\left(\frac{1}{z+n}-\frac{1}{z}\right)+\frac{1}{2}\int_0^n\frac{\mathring{B}_2(t)}{(z+t)^2}dt,\quad\left|\frac{\mathring{B}_2(t)}{(z+t)^2}\right|\leqq\frac{1}{6|z+t|^2}.$$

ゆえに，$|\arg z|<\pi$ のとき，$n\to\infty$ に対する無限積分が収束し，

(7.12) $$\int_0^\infty\frac{\mathring{B}_1(t)}{z+t}dt=-\frac{1}{12z}+\frac{1}{2}\int_0^\infty\frac{\mathring{B}_2(t)}{(z+t)^2}dt$$

は z の解析函数を表わす．さらに，$z=x+iy=re^{i\theta}$ とおけば，

(7.13) $$\int_0^\infty\frac{dt}{|z+t|^2}=\int_0^\infty\frac{dt}{(x+t)^2+y^2}=\frac{1}{|y|}\operatorname{arccot}\frac{x}{|y|}=\frac{\theta}{r\sin\theta}$$

となるから，(7.12) は $|\arg z|\leqq\pi-\delta(<\pi)$，$z\to\infty$ のとき一様に 0 に近づく．したがって，(7.11) で $z=iy$ とおいてから実数部分を分離することによって，

$$1+\int_0^\infty\frac{\mathring{B}_1(t)}{1+t}dt=\Re\left(\log\Gamma(iy)-\left(iy-\frac{1}{2}\right)\log(iy)+iy+\int_0^\infty\frac{\mathring{B}_1(t)}{iy+t}dt\right)$$

$$=\lim_{y\to+\infty}\left(\log|\Gamma(iy)|+\frac{1}{2}\log y+\frac{\pi}{2}y\right).$$

ここで (5.5) を用いれば，さらに

$$1+\int_0^\infty\frac{\mathring{B}_1(t)}{1+t}dt=\lim_{y\to+\infty}\frac{1}{2}\log\frac{\pi y e^{\pi y}}{y\sinh\pi y}=\frac{1}{2}\log(2\pi).$$

これを (7.11) に入れれば，求める関係 (7.10) となる．

4. ベータ函数については，つぎの表示がある：

定理 7.7. 複素 ζ 平面上で（くわしくは ζ 平面を底面とする $\log(\zeta(\zeta-1))$ のリーマン面上で），実軸上の区間 (0, 1) の一点 A から出発し，順次に 1 を正の向きに，0 を正の向きに，1 を負の向きに，0 を負の向きにまわって A にもどる路を C とすれば（図 6），つぎの**ポッホハンマーの表示**が成り立つ：

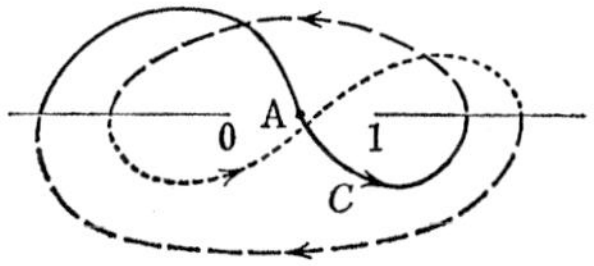

図 6

$$B(x,y)=-\frac{e^{-i\pi(x+y)}}{4\sin\pi x\sin\pi y}\int_C\zeta^{x-1}(1-\zeta)^{y-1}d\zeta; \tag{7.14}$$

ここに $\zeta^{x-1}(1-\zeta)^{y-1}$ は点 A で主値をとる分枝とする．

証明. $\Re x>0$，$\Re y>0$ とすれば，積分路 C を射影が実軸上の区間 $[0,1]$ を二往復する路に縮めることができて，

$$\int_C\zeta^{x-1}(1-\zeta)^{y-1}d\zeta=\int_0^1 t^{x-1}(1-t)^{y-1}dt+\int_1^0 t^{x-1}e^{2\pi iy}(1-t)^{y-1}dt$$

$$+\int_0^1 e^{2\pi ix}t^{x-1}e^{2\pi iy}(1-t)^{y-1}dt+\int_1^0 e^{2\pi ix}t^{x-1}(1-t)^{y-1}dt$$

$$=(1-e^{2i\pi x})(1-e^{2i\pi y})\int_0^1 t^{x-1}(1-t)^{y-1}dt$$

$$=-4e^{i\pi(x+y)}\sin\pi x\sin\pi y\cdot B(x,y).$$

両端の辺は x,y の解析函数であるから，任意な x,y に対して (7.14) が成り立つ．

問 1. $\sigma>0$ とすれば，つぎの**ラプラスの表示**が成り立つ：

$$\frac{1}{\Gamma(z)}=\frac{1}{2\pi i}\int_{\sigma-i\infty}^{\sigma+i\infty}e^{\zeta}\zeta^{-z}d\zeta \qquad (\Re z>0);$$

右辺では主値積分と解する．

問 2.
$$\frac{1}{\Gamma(z)}=\frac{e}{\pi}\int_0^{\pi/2}\cos(\tan\theta-z\theta)\cos^{z-2}\theta\,d\theta \qquad (\Re z>0).$$

問 3. $-\pi/2<\alpha<\pi/2$, $\Re z>0$ のとき，

$$\Gamma(z)e^{i\alpha z}=\int_0^\infty t^{z-1}e^{-te^{-i\alpha}}dt;$$

$$\Gamma(z)\genfrac{}{}{0pt}{}{\cos}{\sin}\alpha z=\int_0^\infty t^{z-1}e^{-t\cos\alpha}\genfrac{}{}{0pt}{}{\cos}{\sin}(t\sin\alpha)dt. \qquad \text{（オイレル）}$$

問 4.
$$\psi(z)=\log z-\frac{1}{2z}-2\int_0^\infty\frac{t}{(t^2+z^2)(e^{2\pi t}-1)}dt \qquad (\Re z>0).$$

問 5.
$$\frac{1}{B(x,y)}=\frac{(x+y-1)2^{x+y-1}}{\pi}\int_0^{\pi/2}\cos^{x+y-2}\theta\cos(x-y)\theta\,d\theta \qquad (\Re(x+y)>1).$$

§8. 漸近公式

1. $\Gamma(z)$ の $z\to\infty$ に対する漸近的な性状を表わす公式の原形は，スターリングによって与えられた．それをすこし一般にしたのが，つぎの定理である：

定理 8.1. $z\to\infty$ のとき，

$$\text{(8.1)} \qquad \Gamma(z)\sim z^{z-1/2}e^{-z}\sqrt{2\pi} \qquad (|\arg z|<\pi);$$

ここに $\sim$ は両辺の比の極限値が1に等しいことを表わす．特に，x が正の実数ならば，

$$\text{(8.2)} \qquad \Gamma(x)=x^{x-1/2}e^{-x}\sqrt{2\pi}\exp\frac{\theta(x)}{12x}, \qquad 0<\theta(x)<1.$$

証明. 定理 7.6 によって，$|\arg z|<\pi$ のとき，

$$\frac{\Gamma(z)}{z^{z-1/2}e^{-z}\sqrt{2\pi}}=\exp\left(-\int_0^\infty\frac{\mathring{B}_1(t)}{z+t}dt\right).$$

さらに，(7.13) によって，(7.12) の右辺は $|\arg z|<\pi$, $z\to\infty$ のとき0に近づく．ゆえに，(8.1) が成り立つ．

特に，$x>0$ の場合には，再び (7.12)，(7.13) により

$$\left|-\int_0^\infty\frac{\mathring{B}_1(t)}{x+t}dt-\frac{1}{12x}\right|<\frac{B_2}{2}\int_0^\infty\frac{dt}{(x+t)^2}=\frac{1}{12x}.$$

ゆえに，(8.2) が成り立つ．

ビネの第一公式 (7.4) において，$((1/2)\coth(t/2)-1/t)/t$ は t のすべての実数値にわたって有界である．したがって，この公式から

$$\log\Gamma(z)=\left(z-\frac{1}{2}\right)\log z-z+\frac{1}{2}\log(2\pi)+O\left(\frac{1}{\Re z}\right) \quad (\Re z>0,\ z\to\infty) \tag{8.3}$$

がえられる．次項でみるように，この評価はさらに一般化される．

2. 一般に，$1/z$ についての(収束するとは限らない)ベキ級数

$$\sum_{n=0}^{\infty}\frac{c_n}{z^n}\equiv c_0+\frac{c_1}{z}+\cdots+\frac{c_n}{z^n}+\cdots \tag{8.4}$$

に対して，∞ を境界点とする領域 D および D で広義の一様に

$$f(z)-\sum_{\nu=0}^{n}\frac{c_\nu}{z^\nu}=o\left(\frac{1}{|z|^n}\right) \qquad (z\to\infty;\ n=0,1,\cdots) \tag{8.5}$$

をみたす函数 f が存在するならば，スティルチェスやポアンカレにしたがって，(8.4) を D における f の**漸近級数**または**漸近展開**といい，つぎの記号で表わす:

$$f(z)\sim\sum_{n=0}^{\infty}\frac{c_n}{z^n} \qquad (z\in D). \tag{8.6}$$

さらに，$f(z)=p(z)+q(z)g(z)$，$g(z)\sim\sum d_n/z^n$ であるとき，$f(z)\sim p(z)+q(z)\sum d_n/z^n$ と記し，この右辺をも f の漸近級数とよぶ．

定理 8.2. 漸近級数の意味で，$\log\Gamma(z)$ は**スターリング級数**に展開される:

$$\begin{aligned}\log\Gamma(z)&=\left(z-\frac{1}{2}\right)\log z-z+\frac{1}{2}\log(2\pi)+\phi(z),\\ \phi(z)&\sim\sum_{n=1}^{\infty}\frac{B_{2n}}{2n(2n-1)}\frac{1}{z^{2n-1}} \qquad (\Re z>0).\end{aligned} \tag{8.7}$$

証明. 定理 7.5 にあげたビネの第二公式 (7.7) によって，

$$\phi(z)=2\int_0^\infty\frac{\arctan(t/z)}{e^{2\pi t}-1}dt.$$

$\arctan(t/z)$ の有限項までの展開をつくり，(2.20) を用いると，

$$\begin{aligned}\phi(z)&=2\int_0^\infty\left(\sum_{\nu=1}^{n}\frac{(-1)^{\nu-1}}{2\nu-1}\frac{t^{2\nu-1}}{z^{2\nu-1}}+\frac{(-1)^n}{z^{2n-1}}\int_0^t\frac{\tau^{2n}}{\tau^2+z^2}d\tau\right)\frac{dt}{e^{2\pi t}-1}\\ &=\sum_{\nu=1}^{n}\frac{B_{2\nu}}{2\nu(2\nu-1)}\frac{1}{z^{2\nu-1}}+\frac{2(-1)^n}{z^{2n-1}}\int_0^\infty\frac{dt}{e^{2\pi t}-1}\int_0^t\frac{\tau^{2n}}{\tau^2+z^2}d\tau.\end{aligned}$$

任意な $\delta>0$ に対して，$|\arg z|\leqq\pi/2-\delta$ のとき，

$$K_z\equiv\sup_{\tau>0}\left|\frac{z^2}{\tau^2+z^2}\right|\leqq\operatorname{cosec}2\delta;$$

$$\left|\int_0^\infty\frac{dt}{e^{2\pi t}-1}\int_0^t\frac{\tau^{2n}}{\tau^2+z^2}d\tau\right|\leqq\frac{K_z}{|z|^2}\int_0^\infty\frac{dt}{e^{2\pi t}-1}\int_0^t\tau^{2n}d\tau$$

$$=\frac{K_z}{|z|^2}\frac{1}{2n+1}\int_0^\infty\frac{t^{2n+1}}{e^{2\pi t}-1}dt=\frac{K_z}{|z|^2}\frac{(-1)^nB_{2n+2}}{(2n+1)4(n+1)}=O\left(\frac{1}{|z|^2}\right).$$

これで (8.7) がえられている．

あるいは，定理 7.6 を利用してつぎのようにも証明される．すなわち，(7.10) によって，

$$\phi(z)=-\int_0^\infty\frac{\mathring{B}_1(t)}{z+t}dt.$$

定理 1.1 によって，$\mathring{B}_\mu{}'(t)=\mu\mathring{B}_{\mu-1}(t)$，$B_\mu(0)=B_\mu$ であるから，この右辺で部分積分を反復すると，

$$\phi(z)=\sum_{\nu=1}^{n+1}\frac{B_{2\nu}}{2\nu(2\nu-1)}\frac{1}{z^{2\nu-1}}-\frac{1}{2(n+1)}\int_0^\infty\frac{\mathring{B}_{2n+2}(t)}{(z+t)^{2n+2}}dt.$$

$0\leqq t<\infty$，$\Re z>0$ のとき，$|z+t|\geqq\max(|z|,t)\geqq(|z|+t)/2$ となるから，

$$\int_0^\infty\frac{dt}{|z+t|^{2n+2}}\leqq2^{2n+2}\int_0^\infty\frac{dt}{(|z|+t)^{2n+2}}=\frac{2^{2n+2}}{2n+1}\frac{1}{|z|^{2n+1}};$$

$$\phi(z)-\sum_{\nu=1}^{n}\frac{B_{2\nu}}{2\nu(2\nu-1)}\frac{1}{z^{2\nu-1}}=O\left(\frac{1}{|z|^{2n+1}}\right).$$

3. つぎに，特殊な型の積分について，それに含まれるパラメターの値が大きくなるときの漸近性状を求めるための一つの方法として，いわゆる**鞍点法**について説明しよう．

簡単のため，実変数の実数値函数の場合を考える．問題は，t 区間 $[\alpha,\beta]$ にわたる $e^{-x\varphi(t)}$ の積分において，$x\to\infty$ のときの漸近的な評価を求めることである．区間 $[\alpha,\beta]$ でつねに $\varphi(t)\geqq0$ であり，その内点 τ で $\varphi(\tau)=0$ となるほかは $\varphi(t)>0$ であるとする．このとき，$e^{-x\varphi(t)}$ は十分大きい x に対して τ の小近傍以外ではほぼ 0 に等しい．ゆえに，任意に固定された $\varepsilon>0$ に対して近似式

$$\int_\alpha^\beta e^{-t\varphi(t)}dt\doteqdot\int_{\tau-\varepsilon}^{\tau+\varepsilon}e^{-x\varphi(t)}dt\qquad(x\to\infty)$$

が成り立つであろう．ε を x に関連させて適当にえらぶことによって，この式の左辺をその右辺で近似しようというのが，鞍点法の原理である．これはすでにラプラス，リーマ

ンに現われている思想であるが，デバイがそれをハンケル函数に有効に利用してから注目されるようになったものである．これについては，さらに§39.3以下を参照されたい．

定理 8.3. $[\alpha,\beta]$ で定義された $\varphi(t),\phi(t)$ について，$\phi(t)$ および $\phi(t)e^{-x\varphi(t)}$ が各 x に対して $[\alpha,\beta]$ で可積であり，$\varphi(t)$ は $\tau\in(\alpha,\beta)$ で最小値をとり，τ を含まない任意な部分閉区間でのその下限が $\varphi(\tau)$ より大きく，τ のある近傍で連続な $\varphi''(t)$ が存在して $\varphi''(\tau)>0$ をみたし，さらに $\phi(t)$ は τ で連続であって $\phi(\tau)\neq 0$ とする．以上の仮定のもとで，つぎの漸近公式が成り立つ:

$$\int_\alpha^\beta \phi(t)e^{-x\varphi(t)}dt\sim\phi(\tau)e^{-x\varphi(\tau)}\sqrt{\frac{2\pi}{x\varphi''(\tau)}} \qquad (x\to\infty). \tag{8.8}$$

証明. 仮定によって $\varphi'(\tau)=0$ であるから，τ の近傍で

$$\varphi(t)=\varphi(\tau)+\frac{\varphi''(\sigma)}{2}(t-\tau)^2 \qquad (\tau\gtrless\sigma\gtrless t). \tag{8.9}$$

他方で，任意な $\varepsilon>0$ に対して適当な正数 $\delta=\delta(\varepsilon)(<\min(\tau-\alpha,\beta-\tau))$ をとれば，

$$|\phi(t)-\phi(\tau)|<\varepsilon, \qquad |\varphi''(t)-\varphi''(\tau)|<\varepsilon \qquad (|t-\tau|<\delta);$$

あらかじめ $\varepsilon<\varphi''(\tau)$ としておけば，$0<\varphi''(\tau)-\varepsilon<\varphi''(t)<\varphi''(\tau)+\varepsilon$. 同様に，必要に応じて ϕ の代りに $-\phi$ を考えればよいから，$\phi(\tau)>\varepsilon$ とする．さらに，δ を適当にえらんでおけば，$|t-\tau|\leqq\delta$ で (8.9) が成り立つ．ゆえに，$|t-\tau|\geqq\delta$ での $\varphi(t)$ の下限と $\varphi(\tau)$ との差を $\kappa=\kappa(\delta)>0$ とおけば，

$$\begin{aligned}e^{x\varphi(\tau)}\int_\alpha^\beta\phi(t)e^{-x\varphi(t)}dt&=\int_\alpha^\beta\phi(t)e^{-x(\varphi(t)-\varphi(\tau))}dt\\&=\int_{\tau-\delta}^{\tau+\delta}\phi(t)e^{-x(\varphi(t)-\varphi(\tau))}dt+O(e^{-\kappa x});\end{aligned}$$

ここに $|\sigma-\tau|<\delta$ である．最後の辺の第一項は両限界

$$(\phi(\tau)\pm\varepsilon)\int_{\tau-\delta}^{\tau+\delta}e^{-x(\varphi''(\tau)\mp\varepsilon)(t-\tau)^2/2}dt$$

の間にある．ところで，$x\to\infty$ のとき，

$$\begin{aligned}\int_{\tau-\delta}^{\tau+\delta}e^{-x(\varphi''(\tau)\mp\varepsilon)(t-\tau)^2/2}dt&=\sqrt{\frac{2}{x(\varphi''(\tau)\mp\varepsilon)}}\int_{-\delta\sqrt{x(\varphi''(\tau)\mp\varepsilon)/2}}^{\delta\sqrt{x(\varphi''(\tau)\mp\varepsilon)/2}}e^{-v^2}dv\\&\sim\sqrt{\frac{2}{x(\varphi''(\tau)\mp\varepsilon)}}\int_{-\infty}^{\infty}e^{-v^2}dv=\sqrt{\frac{2\pi}{x(\varphi''(\tau)\mp\varepsilon)}}.\end{aligned}$$

ε は任意であるから，これで (8.8) がえられている．

定理8.3において，φ に滑らかさの条件をおけば，もっと精密な結果がみちびかれる:

定理 8.4. 前定理の仮定のほかに，$\varphi(t)$ および $\phi(t)$ が τ のまわりでベキ級数に展開できると仮定し，$\varphi(t)-\varphi(\tau)=(\varphi''(\tau)/2)s^2$ とおいて t を s の函数とみなしたものを $t=\tau+\chi(s)$ $(\chi(0)=0,\ \chi'(0)=1)$ で表わす．さらに，

$$\Psi(s)=\phi(t)\frac{dt}{ds}=\phi(\tau+\chi(s))\chi'(s)$$

とおく．このとき，任意な自然数 n に対して

(8.10)
$$\int_\alpha^\beta \phi(t)e^{-x\varphi(t)}dt$$
$$=e^{-x\varphi(\tau)}\sum_{\nu=0}^{n-1}\Gamma\left(\nu+\frac{1}{2}\right)\frac{\Psi^{(2\nu)}(0)}{(2\nu)!}\left(\frac{x\varphi''(\tau)}{2}\right)^{-\nu-1/2}+O(x^{-n-1/2}) \qquad (x\to\infty).$$

証明. 簡単のため $\rho=\varphi''(\tau)/2>0$ とおけば，0に近い $\delta>0$ に対して
$$e^{x\varphi(\tau)}\int_{\tau-\delta}^{\tau+\delta}\phi(t)e^{-x\varphi(t)}dt=\int_{-\delta(1+o(1))}^{\delta(1+o(1))}\Psi(s)e^{-x\rho s^2}ds.$$
この右辺で積分区間を $(-\delta,\delta)$ となおしたものを評価すればよい．$\Psi(s)$ は s のベキ級数として表わせるから，
$$\int_{-\delta}^{\delta}\Psi(s)e^{-x\rho s^2}ds$$
$$=\sum_{\mu=0}^{2n-1}\frac{\Psi^{(\mu)}(0)}{\mu!}\int_{-\delta}^{\delta}s^\mu e^{-x\rho s^2}ds+\frac{1}{(2n)!}\int_{-\delta}^{\delta}\Psi^{(2n)}(\theta s)s^{2n}e^{-x\rho s^2}ds$$
$$=\sum_{\nu=0}^{n-1}\frac{\Psi^{(2\nu)}(0)}{(2\nu)!}\int_{-\delta}^{\delta}s^{2\nu}e^{-x\rho s^2}ds+\frac{1}{(2n)!}\int_{-\delta}^{\delta}\Psi^{(2n)}(\theta s)s^{2n}e^{-x\rho s^2}ds \qquad (0<\theta<1).$$
最後の辺の各項については，
$$\int_{-\delta}^{\delta}s^{2\nu}e^{-x\rho s^2}ds=(x\rho)^{-\nu-1/2}\int_0^{x\rho\delta^2}\sigma^{\nu-1/2}e^{-\sigma}d\sigma \qquad [x\rho s^2=\sigma]$$
$$=(x\rho)^{-\nu-1/2}\left(\Gamma\left(\nu+\frac{1}{2}\right)-\int_{x\rho\delta^2}^{\infty}\sigma^{\nu-1/2}e^{-\sigma}d\sigma\right),$$
$$\int_{x\rho\delta^2}^{\infty}\sigma^{\nu-1/2}e^{-\sigma}d\sigma<e^{-x\rho\delta^2/2}\int_0^\infty\sigma^{\nu-1/2}e^{-\sigma/2}d\sigma=O(e^{-x\rho\delta^2/2});$$
$$\int_{-\delta}^{\delta}\Psi^{(2n)}(\theta s)s^{2n}e^{-x\rho s^2}ds=O(1)\int_{-\delta}^{\delta}s^{2n}e^{-x\rho s^2}ds=O(x^{-n-1/2}).$$
ゆえに，(8.10) がえられる：
$$\int_{-\delta}^{\delta}\Psi(s)e^{-x\rho s^2}ds=\sum_{\nu=0}^{n-1}\Gamma\left(\nu+\frac{1}{2}\right)\frac{\Psi^{(2\nu)}(0)}{(2\nu)!}(x\rho)^{-\nu-1/2}+O(x^{-n-1/2}).$$
特にガンマ函数
$$\Gamma(x+1)=\int_0^\infty u^xe^{-u}du=x^{x+1}e^{-x}\int_0^\infty e^{-x(t-1-\log t)}dt \qquad [u=xt]$$
については，(8.10) において
$$\alpha=0,\ \beta=\infty; \qquad \phi(t)=1,\ \varphi(t)=t-1-\log t; \qquad \tau=1,\ \varphi''(\tau)=1;$$
$$\varphi(t)-\varphi(\tau)=t-1-\log t\equiv\sum_{\nu=1}^{\infty}\frac{(-1)^\nu}{\nu!}(t-1)^\nu=\frac{1}{2}s^2,$$
$$t-1=\chi(s)=s+\frac{1}{3}s^2+\frac{1}{36}s^3+\cdots,$$
$$\Psi(s)=\chi'(s)=1+\frac{2}{3}s+\frac{1}{12}s^2+\cdots,$$
(8.11)
$$\Gamma(x+1)=x^{x+1}e^{-x}\sqrt{\frac{2\pi}{x}}\left(1+\frac{1}{12x}+O\left(\frac{1}{x^2}\right)\right)$$
$$=\sqrt{2\pi x}\,x^xe^{-x}\left(1+\frac{1}{12x}+O\left(\frac{1}{x^2}\right)\right) \qquad (x\to\infty).$$

これは定理 8.1 の評価 (8.2) とほぼ一致している. 定理 8.3 からは (8.1) に相当する $\Gamma(x+1)\sim\sqrt{2\pi x}\,x^x e^{-x}$ がえられるだけである.

問 1. n が自然数のとき, つぎの**スターリングの公式**が成り立つ:

$$n!=n^n\sqrt{2\pi n}\,e^{-n+\theta_n/12n}\sim n^n e^{-n}\sqrt{2\pi n} \qquad (0<\theta_n<1;\ n\to\infty).$$

問 2. x が有界で $|y|\to\infty$ のとき,

$$|\Gamma(x+iy)|\sim\sqrt{2\pi}\,|y|^{x-1/2}e^{-\pi|y|/2}.$$

問 3. $\Re z\to+\infty$ のとき,

$$\Gamma(z)=z^{z-1/2}e^{-z}\sqrt{2\pi}\left(1+\frac{1}{12z}+\frac{1}{288z^2}-\frac{1}{51840z^3}-\frac{1}{2488320z^4}+O\left(\frac{1}{|z|^5}\right)\right).$$

問 4. $\Re z>0$ のとき, $\log\Gamma(z)$ は収束級数をもってつぎの形に表わされる:

$$\log\Gamma(z)=\left(z-\frac{1}{2}\right)\log z-z+\frac{1}{2}\log(2\pi)+\phi(z),$$

$$\phi(z)=\frac{1}{2}\sum_{n=1}^{\infty}\frac{1}{n}\frac{1}{[z+1]_n}\int_0^{\infty}(2u-1)[u]_n du. \qquad \text{(ビネ)}$$

問 5.

$$\int_0^{\pi}\sin^{2x}t\,dt\sim\sqrt{\frac{\pi}{x}} \qquad (x\to\infty).$$

§9. 定積分の計算

1. ある種の定積分はガンマ函数やベータ函数を用いて具体的に計算できる. 例えば, ガンマ函数の積分表示 (3.4) から簡単な変数の置換によってつぎの公式がみちびかれる:

$$\text{(9.1)}\qquad \int_0^{\infty}x^{p-1}e^{-mx}dx=\frac{\Gamma(p)}{m^p} \qquad (m>0,\ \Re p>0),$$

$$\text{(9.2)}\qquad \int_0^{\infty}x^{2p-1}e^{-x^2}dx=\frac{1}{2}\Gamma(p) \qquad (\Re p>0).$$

また, (6.2) をかきかえることによって,

$$\text{(9.3)}\qquad \int_0^{\pi/2}\cos^{m-1}x\sin^{n-1}x\,dx=\frac{1}{2}B\left(\frac{m}{2},\frac{n}{2}\right) \qquad (\Re m,\Re n>0).$$

$n\geqq-1$ が整数のとき, (9.3) を用いると,

$$\text{(9.4)}\qquad \begin{aligned}\int_0^{\pi/2}\sin^{n+1}2\theta\tan^k\theta\,d\theta&=2^{n+1}\int_0^{\pi/2}\sin^{n+1+k}\theta\cos^{n+1-k}\theta\,d\theta\\&=2^nB\left(\frac{n+k}{2}+1,\frac{n-k}{2}+1\right)=\frac{2^n}{(n+1)!}\Gamma\left(\frac{n+k}{2}+1\right)\Gamma\left(\frac{n-k}{2}+1\right)\end{aligned}$$

$$(|\Re k|<n+2).$$

他方において, $n\geqq0$ が整数のとき,

$$2^n\cos^n\theta=(e^{i\theta}+e^{-i\theta})^n=\sum_{\nu=0}^{n}\binom{n}{\nu}e^{i(n-\nu)\theta}e^{-i\nu\theta}=\sum_{\nu=0}^{n}\binom{n}{\nu}\cos(n-2\nu)\theta;$$

$$2^{n+1}\int_0^{\pi/2}\cos^n\theta\cos k\theta\,d\theta=\sin\frac{\pi(n+k)}{2}\sum_{\nu=0}^{n}(-1)^\nu\binom{n}{\nu}\frac{1}{(n+k)/2-\nu}.$$

ところで，部分分数に展開するかまたは帰納法でたしかめられるように，差分法におけるつぎの公式がある：

$$\frac{n!}{[x]_{n+1}}=\sum_{\nu=0}^{n}(-1)^\nu\binom{n}{\nu}\frac{1}{x+\nu}.$$

$x=-(n+k)/2$ とおいてこの式を用いると，

$$2^{n+1}\int_0^{\pi/2}\cos^n\theta\cos k\theta\,d\theta=(-1)^n\cdot n!\sin\frac{\pi(n+k)}{2}\Big/\prod_{\nu=0}^{n}\left(\frac{n+k}{2}-\nu\right)$$

$$=(-1)^n\cdot n!\sin\frac{\pi(n+k)}{2}\cdot\Gamma\left(-\frac{n-k}{2}\right)\Big/\Gamma\left(\frac{n+k}{2}+1\right).$$

ゆえに，相反公式 (5.2) を用いることによって，

$$(9.5)\quad \frac{2^{n+1}}{\pi}\int_0^{\pi/2}\cos^n\theta\cos k\theta\,d\theta=n!\Big/\left(\Gamma\left(\frac{n+k}{2}+1\right)\Gamma\left(\frac{n-k}{2}+1\right)\right).$$

さらに，ルジャンドルの公式 (5.11) を利用すると，

$$(9.6)\quad \begin{aligned}&\frac{2}{\sqrt{\pi}}\int_0^{\pi/2}\cos^n\theta\cos k\theta\,d\theta\\&=\Gamma\left(\frac{n+1}{2}\right)\Gamma\left(\frac{n+2}{2}\right)\Big/\left(\Gamma\left(\frac{n+k}{2}+1\right)\Gamma\left(\frac{n-k}{2}+1\right)\right).\end{aligned}$$

2. 直接にガンマ函数と関連するものではないが，ここでコーシーによる積分公式を準備する：

定理 9.1. 区間 $[0,\pi]$ で可積な函数 f が $f(\pi-\theta)=f(\theta)$ をみたすならば，

$$(9.7)\quad \int_0^\pi f(\theta)e^{\pm ik\theta}d\theta=2e^{\pm ik\pi/2}\int_0^{\pi/2}f\left(\frac{\pi}{2}-\theta\right)\cos k\theta\,d\theta.$$

証明. $\displaystyle\int_0^\pi f(\theta)e^{\pm ik\theta}d\theta=\int_0^{\pi/2}f(\theta)e^{\pm ik\theta}d\theta+\int_{\pi/2}^{\pi}f(\pi-\theta)e^{\pm ik\theta}d\theta$

$$=\int_0^{\pi/2}f\left(\frac{\pi}{2}-\theta\right)(e^{\pm ik(\pi/2-\theta)}+e^{\pm ik(\pi/2+\theta)})d\theta=2e^{\pm ik\pi/2}\int_0^{\pi/2}f\left(\frac{\pi}{2}-\theta\right)\cos k\theta\,d\theta.$$

さて，(9.7) はつぎの関係と同値である：

$$(9.8)\quad \int_0^\pi f(\theta)\begin{matrix}\cos\\ \sin\end{matrix}k\theta\,d\theta=2\begin{matrix}\cos\\ \sin\end{matrix}\frac{k\pi}{2}\int_0^{\pi/2}f\left(\frac{\pi}{2}-\theta\right)\cos k\theta\,d\theta.$$

(9.5) で n の代りに $2n$，$2n-1$ とおいた式と公式 (9.8) を用いると，

$$\frac{1}{\pi}\int_0^{\pi}\sin^{2n}\theta\cos k\theta\,d\theta=\frac{(2n)!\cos(k\pi/2)}{2^{2n}\Gamma(n+k/2+1)\Gamma(n-k/2+1)},$$

(9.9)

$$\frac{1}{\pi}\int_0^{\pi}\sin^{2n-1}\theta\sin k\theta\,d\theta=\frac{(2n-1)!\sin(k\pi/2)}{2^{2n-1}\Gamma(n+k/2+1)\Gamma(n-k/2+1)}.$$

3. 複素積分を併用する定積分の計算法を例示する.

まず，エルミト・スティチェスによるつぎの公式をみちびく:

$$(9.10)\quad \int_0^{\infty}e^{-x^p\cos\alpha}x^q\begin{matrix}\cos\\ \sin\end{matrix}(x^p\sin\alpha)dx=\frac{1}{p}\Gamma\left(\frac{q+1}{p}\right)\begin{matrix}\cos\\ \sin\end{matrix}\frac{(q+1)\alpha}{p}$$

$$\left(q>\begin{matrix}-1\\ -1-p\end{matrix},\ p>0,\ -\frac{\pi}{2}<\alpha<\frac{\pi}{2}\right).$$

これを示すために，$0<\alpha<\pi/2$ と仮定してよい．さらに，まず $q>-1$ とすれば，函数 $e^{-\zeta}\zeta^{(q+1)/p-1}$ は扇形 $|\zeta|<R,\ 0<\arg\zeta<\alpha$ で正則であって，$\zeta\to0$ のとき1位より低い無限大となるにすぎない．ゆえに，コーシーの積分定理によって，

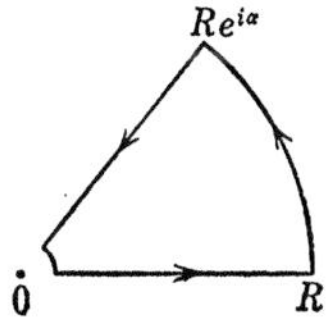

図 7

$$0=\int_0^R e^{-t}t^{(q+1)/p-1}dt+\int_0^{\alpha}e^{-Re^{i\theta}}(Re^{i\theta})^{(q+1)/p-1}iRe^{i\theta}d\theta$$

$$+\int_R^0 e^{-te^{i\alpha}}(te^{i\alpha})^{(q+1)/p-1}e^{i\alpha}dt.$$

$R\to\infty$ とすれば，右辺の第二項は0に近づくから，

$$\int_0^{\infty}e^{-te^{i\alpha}}t^{(q+1)/p-1}dt=e^{-i(q+1)\alpha/p}\int_0^{\infty}e^{-t}t^{(q+1)/p-1}dt=\Gamma\left(\frac{q+1}{p}\right)e^{-i(q+1)\alpha/p}.$$

この左辺で積分変数の置換 $t=x^p$ をほどこし，両辺の実虚部を分離すれば，(9.10) がえられる；下側の関係は $q>-1-p$ まで接続される．

つぎに，(9.10) で $\alpha=\pm\pi/2$ となった場合を考える．一般性を失なうことなく $p=1$ とし，q の代りに $z-1$ とかくことにする．そのとき，等式がつぎの形で成り立つ:

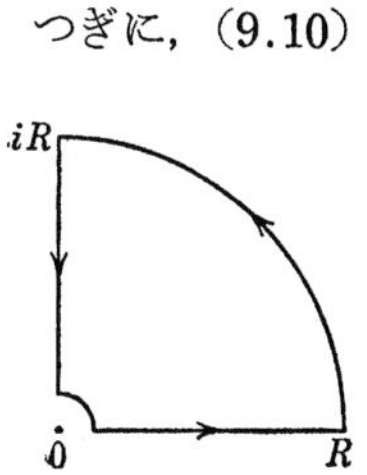

図 8

$$(9.11)\qquad \int_0^{\infty}t^{z-1}e^{it}dt=\Gamma(z)e^{i\pi z/2}\quad(0<\Re z<1).$$

函数 $\zeta^{z-1}e^{-\zeta}$ を四分円 $|\zeta|<R,\ 0<\arg\zeta<\pi/2$ の周に沿って積分することによって，

$$0=\int_0^R t^{z-1}e^{-t}dt+iR^z\int_0^{\pi/2}e^{iz\theta-Re^{i\theta}}d\theta+e^{i\pi z/2}\int_R^0 t^{z-1}e^{-it}dt.$$

右辺の第二項を評価するために，$z=x+iy$，$x<k<1$ とおけば，

$$\left|iR^z\int_0^{\pi/2}e^{iz\theta-Re^{i\theta}}d\theta\right|\leqq R^x e^{|y|\pi/2}\left(\int_0^{\pi/2-R^{-k}}+\int_{\pi/2-R^{-k}}^{\pi/2}\right)e^{-R\cos\theta}d\theta$$

$$<e^{|y|\pi/2}\left(\frac{\pi}{2}R^x e^{-R\sin R^{-k}}+R^{x-k}\right)\to 0\qquad(R\to\infty).$$

したがって，

$$\int_0^\infty t^{z-1}e^{-it}dt=e^{-i\pi z/2}\int_0^\infty t^{z-1}e^{-t}dt=\Gamma(z)e^{-i\pi z/2}.$$

ここで，z を実数と仮定して実虚部を分離すれば，

$$\int_0^\infty t^{z-1}\frac{\cos}{\sin}t\,dt=\Gamma(z)\frac{\cos}{\sin}\frac{\pi z}{2}. \tag{9.12}$$

これをまとめなおせば，(9.11) となる．(9.11) の両辺は z の解析函数であるから，それは一般に $0<\Re z<1$ に対して成り立つ．

注意. (9.12) の下側の関係は $-1<\Re z<1$ に対して成り立つ．

4. つぎの定理はディリクレによる：

定理 9.2. $x_1\cdots x_n$ 空間で $x_\nu\geqq 0$ $(\nu=1,\cdots,n)$，$\sum_{\nu=1}^n x_\nu\leqq 1$ によって定められる範囲を G で表わすとき，$f(t)$ が区間 $[0,1]$ で連続，$p_\nu>0$ $(\nu=1,\cdots,n)$ ならば，

$$\int\cdots\int_G f\left(\sum_{\nu=1}^n x_\nu\right)\prod_{\nu=1}^n x_\nu^{p_\nu-1}dx_\nu$$
$$=\left(\prod_{\nu=1}^n\Gamma(p_\nu)\Big/\Gamma\left(\sum_{\nu=1}^n p_\nu\right)\right)\int_0^1 f(t)t^{\sum_{\nu=1}^n p_\nu-1}dt. \tag{9.13}$$

証明. $\displaystyle\int_0^{1-\xi}dx_1\int_0^{1-\xi-x_1}f(x_1+x_2+\xi)x_1^{p_1-1}x_2^{p_2-1}dx_2\qquad\left[x_2=\frac{x_1(1-\tau)}{\tau}\right]$

$$=\int_0^{1-\xi}dx_1\int_{x_1/(1-\xi)}^1 f\left(\frac{x_1}{\tau}+\xi\right)x_1^{p_1+p_2-1}(1-\tau)^{p_2-1}\tau^{-p_2-1}d\tau$$

$$=\int_0^1 d\tau\int_0^{(1-\xi)\tau}f\left(\frac{x_1}{\tau}+\xi\right)x_1^{p_1+p_2-1}(1-\tau)^{p_2-1}\tau^{-p_2-1}dx_1\qquad[x_1=\tau t]$$

$$=\int_0^1 d\tau\int_0^{1-\xi}f(t+\xi)\tau^{p_1-1}(1-\tau)^{p_2-1}t^{p_1+p_2-1}dt$$

$$=\frac{\Gamma(p_1)\Gamma(p_2)}{\Gamma(p_1+p_2)}\int_0^{1-\xi}f(t+\xi)t^{p_1+p_2-1}dt.$$

ここで $\xi=x_3+\cdots+x_n$ とおき，同様に進めば(帰納法!)，(9.13) に達する.

例えば，楕円体 $x^2/a^2+y^2/b^2+z^2/c^2\leqq 1$ $(a,b,c>0)$ の $x,y,z\geqq 0$ にある部分を D で表わせば，$p,q,r>0$ のとき，

$$\iiint_D x^{2p-1}y^{2q-1}z^{2r-1}dxdydz \qquad [x=a\sqrt{u},\ y=b\sqrt{v},\ z=c\sqrt{w}]$$
$$=\frac{a^{2p}b^{2q}c^{2r}}{8}\iiint_{\substack{u,v,w\geqq 0\\ u+v+w\leqq 1}} u^{p-1}v^{q-1}w^{r-1}dudvdw$$
$$=\frac{a^{2p}b^{2q}c^{2r}}{8}\frac{\Gamma(p)\Gamma(q)\Gamma(r)}{\Gamma(p+q+r)}\int_0^1 t^{p+q+r-1}dt=\frac{a^{2p}b^{2q}c^{2r}}{8}\frac{\Gamma(p)\Gamma(q)\Gamma(r)}{\Gamma(p+q+r+1)}.$$

つぎの等式もディリクレの公式 (9.13) と同類のものである:

$$\text{(9.14)}\qquad \begin{aligned}&\int_0^1\int_0^1 f(xy)(1-x)^{\alpha-1}y^{\alpha}(1-y)^{\beta-1}dxdy\\ &=B(\alpha,\beta)\int_0^1 f(t)(1-t)^{\alpha+\beta-1}dt.\end{aligned}$$

これを示すには，左辺で変数の置換 $x=t/y$ を行なうと，

$$\int_0^1 dy\int_0^y f(t)\left(1-\frac{t}{y}\right)^{\alpha-1}y^{\alpha-1}(1-y)^{\beta-1}dt$$
$$=\int_0^1 f(t)dt\int_t^1 (y-t)^{\alpha-1}(1-y)^{\beta-1}dy \qquad [y=t+u(1-t)]$$
$$=\int_0^1 f(t)dt\int_0^1 u^{\alpha-1}(1-u)^{\beta-1}(1-t)^{\alpha+\beta-1}du=B(\alpha,\beta)\int_0^1 f(t)(1-t)^{\alpha+\beta-1}dt.$$

問 1. $$\int_0^1\frac{dx}{\sqrt{1-x^{1/\nu}}}=\frac{\sqrt{\pi}\,\Gamma(\nu+1)}{\Gamma(\nu+1/2)} \qquad (\Re\nu>0).$$

問 2. $$\int_0^\pi\frac{d\theta}{(3-\cos\theta)^{1/2}}=\frac{\Gamma(1/4)^2}{4\sqrt{\pi}}.$$

問 3. $$\int_0^\infty\frac{t^{x-1}}{(1+t)^{x+y}}dt=B(x,y) \qquad (\Re x,\Re y>0).$$

問 4. $$\int_0^\infty\frac{\sin x^\lambda}{x^\lambda}dx=\frac{1}{\lambda-1}\Gamma\left(\frac{1}{\lambda}\right)\sin\frac{\pi(\lambda-1)}{2\lambda} \qquad (\Re\lambda>1).$$

問 5. $f(z)$ が $z=0$ のまわりで正則ならば，$|\Re\nu|<2$ のとき，

(i) $$\frac{d}{dz}\int_0^{\pi/2}\int_0^{\pi/2}f(z\sin2\varphi\cos\phi)\tan^\nu\varphi\cdot z\sin2\varphi\cos\nu\phi\,d\varphi d\phi=\frac{\pi}{2}f(z);$$

(ii) $$\int_0^{\pi/2}\int_0^{\pi/2}f'(z\sin2\varphi\cos\phi)\tan^\nu\varphi\cdot z\sin2\varphi\cos\nu\phi\,d\varphi d\phi=\frac{\pi}{2}(f(z)-f(0)).$$

問 6. $f(z)$ が $z=0$ のまわりで正則ならば，$|\Re\nu|<1$ のとき，

(i) $$\frac{d}{dz}\int_0^{\pi/2}\int_0^{\pi/2}f(z\sin2\varphi\cos\phi)\tan^\nu\varphi\cdot z\sin\varphi\cos^\nu\phi\,d\varphi d\phi=\frac{\pi}{2}f(z)\sec\frac{\pi\nu}{2};$$

（ii） $\int_0^{\pi/2}\int_0^{\pi/2} f'(z\sin 2\varphi\cos\phi)\tan^\nu\varphi\cdot z\sin\varphi\cos^\nu\phi\, d\varphi d\phi = \frac{\pi}{2}(f(z)-f(0))\sec\frac{\pi\nu}{2}.$

問 7. $a, b, c, \alpha, \beta, \gamma, p, q, r>0$ のとき，$x, y, z\geqq 0$，$(x/a)^\alpha+(y/b)^\beta+(z/c)^\gamma\leqq 1$ で定められる範囲を D で表わせば，$[0,1]$ で連続な $f(t)$ に対して

$$\iiint_D f\left(\left(\frac{x}{a}\right)^\alpha-\left(\frac{y}{b}\right)^\beta+\left(\frac{z}{c}\right)^\gamma\right)x^{p-1}y^{q-1}z^{r-1}dxdydz$$

$$=\frac{a^pb^qc^r}{\alpha\beta\gamma}\frac{\Gamma(p/\alpha)\Gamma(q/\beta)\Gamma(r/\gamma)}{\Gamma(p/\alpha+q/\beta+r/\gamma)}\int_0^1 f(t)t^{p/\alpha+q/\beta+r/\gamma-1}dt.$$

問　題　2

1. $$\lim_{n\to\infty} n^z \Big/ \prod_{\nu=1}^{n}\left(1+\frac{z}{\nu}\right)=\Gamma(z+1).$$

2. $$\lim_{\tau\to 1-0}(1-\tau)^z\sum_{n=1}^{\infty}\tau^{n^{1/z}}=\Gamma(z+1) \qquad (\Re z>0).$$

3. $$\psi(z)+C=\int_0^\infty \frac{e^{-t}-e^{-zt}}{1-e^{-t}}dt=\int_0^1\frac{1-u^{z-1}}{1-u}du \qquad (\Re z>0).$$ （ルジャンドル）

4.（i） $$\int_0^1 \frac{u^{2z-1}}{1+u}du=\frac{1}{2}\left(\psi\left(z+\frac{1}{2}\right)-\psi(z)\right) \qquad (\Re z>0);$$

（ii） $$\psi(1)-\psi\left(\frac{1}{2}\right)=2\log 2.$$

5. $$\int_0^1 \frac{u^{2x-1}-u^{2y-1}}{(1+u)\log u}du=\log\frac{\Gamma(x+1/2)\Gamma(y)}{\Gamma(x)\Gamma(y+1/2)} \qquad (\Re x>0,\ \Re y>0).$$

6. $$\prod_{n=1}^{\infty}\left(1+(-1)^n\frac{2z}{n}\right)=\frac{\pi^{1/2}}{\Gamma(1+z)\Gamma(1/2-z)}.$$

7. $$\psi(1-z)-\psi(z)=\pi\cot\pi z.$$

8. $$\left|\Gamma\left(\frac{1}{2}+iy\right)\right|^2=\pi\,\mathrm{sech}\,\pi y$$ （y は実数）.

9. $$\prod_{\nu=1}^{8}\Gamma\left(\frac{\nu}{3}\right)=\frac{640}{3^6}\left(\frac{\pi}{\sqrt{3}}\right)^3.$$

10. $$\prod_{n=1}^{\infty}\frac{n(a+b+n)}{(a+n)(b+n)}=\frac{\Gamma(a+1)\Gamma(b+1)}{\Gamma(a+b+1)}.$$

11. $$2^{t-1}\leqq\Gamma(1+t)\leqq 1 \qquad (0\leqq t\leqq 1).$$

12. $$2\log\Gamma(z)+\log\frac{\sin\pi z}{\pi}=\int_0^\infty\left(\frac{\sinh(1/2-z)t}{\sinh(t/2)}-(1-2z)e^{-t}\right)\frac{dt}{t} \qquad (0<\Re z<1).$$ （クンマー）

13. $$2\log\Gamma(x)+\log\frac{\sin\pi x}{\pi}=\frac{2}{\pi}\sum_{n=1}^{\infty}\frac{1}{n}(C+\log(2\pi n))\sin 2n\pi x \qquad (0<x<1).$$ （クンマー）

14. $$\int_z^{z+1}\log\Gamma(t)dt=z\log z-z+\frac{1}{2}\log(2\pi).$$

15. $$B(a,b)B(a+b,c)=B(b,c)B(b+c,a).$$

16. $$\sum_{n=0}^{\infty}B(a+n,b)=B(a,b-1) \qquad (\Re b>1).$$

17. $$B(x,y)=\sum_{n=0}^{\infty}(-1)^n\binom{y-1}{n}\frac{1}{x+n}\qquad(\Re x,\ \Re y>0).$$

18. $$\frac{1}{\Gamma(z)}=\frac{2}{\pi}\frac{\cos}{\sin}\frac{\pi z}{2}\int_0^{\infty}t^{-z}\frac{\cos}{\sin}t\,dt\qquad\left(0<\Re z<\frac{1}{2}\right).$$

19. $$B(x,kx)\sim\sqrt{2\pi}\,\frac{x^{-1/2}}{(1+k)^x}\left(\frac{k}{1+k}\right)^{kx-1/2}\qquad(k>0;\ x\to+\infty).$$

20. $x>0$, $y>0$ のとき，$\rho=\sqrt{x^2+xy+y^2}$ とおけば，

$$B(x,y)=\sqrt{2\pi}\,\frac{x^{x-1/2}y^{y-1/2}}{(x+y)^{x+y-1/2}}\exp\left(2\rho\int_0^{\infty}\arctan\frac{\rho^3(t+t^3)}{xy(x+y)}\cdot\frac{dt}{e^{2\pi\rho t}-1}\right).$$

21. $$\frac{1}{B(x,y)}=\frac{2^x}{\sin\pi y}\int_0^{\pi/2}\cos^{x-1}\theta\cos(x+2y-1)\theta\,d\theta\qquad(\Re x>0).$$

22. $x>0$ のとき，$\log\Gamma(x)$ の漸近展開(スターリング級数)(定理 8.2，(8.7))において，すべての n に対して $\phi(x)$ の値はその漸近展開の第 n 部分和と第 $n+1$ 部分和との間にある．特に，$\phi(x)=\theta/12x$，$0<\theta\equiv\theta(x)<1$.

23. $$\sum_{n=0}^{\infty}\frac{(-1)^n}{n!}\frac{1}{z+n+1}=z\sum_{n=0}^{\infty}\frac{(-1)^n}{n!}\frac{1}{z+n}-\frac{1}{e}\qquad(\Re z>0).$$

24. $$\int_0^1 x^{m-1}\log^{p-1}\frac{1}{x}dx=\frac{\Gamma(p)}{m^p}\qquad(m>0,\ \Re p>0).$$

25. $$\int_0^{\pi/2}\cos^{\alpha}\theta\sin^{\beta}\theta\,d\theta=\frac{1}{2}\Gamma\left(\frac{\alpha+1}{2}\right)\Gamma\left(\frac{\beta+1}{2}\right)\Big/\Gamma\left(\frac{\alpha+\beta}{2}+1\right)\qquad(\Re\alpha,\ \Re\beta>-1).$$

26. $$\int_0^1\frac{dx}{\sqrt{1-x^{1/4}}}=\frac{128}{35}.$$

27. (i) $$\int_{-1}^1\frac{(1+x)^{2p-1}(1-x)^{2q-1}}{(1+x^2)^{p+q}}dx=2^{p+q-2}B(p,q)\qquad(\Re p,\ \Re q>0);$$

(ii) $$\int_{-\pi/4}^{\pi/4}\left(\frac{\cos\theta+\sin\theta}{\cos\theta-\sin\theta}\right)^{\cos 2\alpha}d\theta=\frac{\pi}{2}\operatorname{cosec}(\pi\cos^2\alpha)$$

$$(\Im\alpha=0,\ \cos 2\alpha\neq\pm1).$$

28. $|\kappa|<1$，$\Re\alpha>-1$，$\Re\beta>-1$，$\Re(\alpha+\beta)>-1$ のとき，

$$\int_0^{\pi/2}\frac{\cos^{\alpha}\theta\sin^{\beta}\theta}{(1-\kappa\sin^2\theta)^{1/2}}d\theta=\frac{\Gamma(\alpha/2+1/2)\Gamma(\beta/2+1/2)}{\sqrt{\pi}\,\Gamma(\alpha/2+\beta/2+1/2)}\int_0^{\pi/2}\frac{\cos^{\alpha+\beta}\theta}{(1-\kappa\sin^2\theta)^{(\beta+1)/2}}d\theta.$$

29. $$\lim_{R\to+\infty}R^{p+1}\int_0^{\infty}e^{-x^p}\cos Rx\,dx=\Gamma(p+1)\sin\frac{\pi p}{2}\qquad(p>0).$$

30. $p,q,\alpha,\beta>0$ のとき，

$$\iint_{x\geqq0,\ y\geqq0,\ x^{\alpha}+y^{\beta}\leqq1}x^py^q\,dxdy=\frac{1}{(p+1)\beta+(q+1)\alpha}B\left(\frac{p+1}{\alpha},\frac{q+1}{\beta}\right).$$

第3章　リーマンのツェータ函数

§10. 定義と積分表示

1. $\{a_n\}_{n=1}^{\infty}$ を一つの複素数列，$\{\lambda_n\}_{n=1}^{\infty}$ を $+\infty$ へ定発散する狭義の増加実数列とするとき，一般に

$$\sum_{n=1}^{\infty} a_n e^{-\lambda_n s} \tag{10.1}$$

を**ディリクレ級数**という．特に $\lambda_n=\log n$ のとき，**特殊ディリクレ級数**という；それはつぎの形に表わされる：

$$\sum_{n=1}^{\infty} \frac{a_n}{n^s} \qquad (n^s=e^{s\log n},\ \Im\log n=0). \tag{10.2}$$

特殊ディリクレ級数によって定義された函数

$$\zeta(s)=\sum_{n=1}^{\infty}\frac{1}{n^s} \tag{10.3}$$

を**リーマンのツェータ函数**という．

(10.3) の右辺は複素 $s=\sigma+it$ 平面の半平面 $\sigma\equiv\Re s>1$ で広義の一様に収束し，したがってそこで正則な函数を表わす．これから解析接続を行なうことによって，解析函数としての ζ が定められる．

ツェータ函数はガンマ函数と密接な関係にある．

定理 10.1. つぎの等式が成り立つ：

$$\Gamma(s)\zeta(s)=\int_0^{\infty}\frac{x^{s-1}}{e^x-1}dx \qquad (\Re s>1). \tag{10.4}$$

これはつぎの定理 10.2 あるいは後の定理 13.1 の系としてえられる：

定理 10.2. $\Re s>\sigma_0>0$ で収束する特殊ディリクレ級数 (10.2) で定義される函数を f とし，

$$g(x)=\sum_{n=1}^{\infty} a_n e^{-nx} \tag{10.5}$$

とおけば，

$$\Gamma(s)f(s)=\int_0^{\infty} g(x)x^{s-1}dx \qquad (\Re s>\sigma_0). \tag{10.6}$$

証明. (10.2) の第 ν 部分和を f_ν, (10.5) の右辺の第 n 部分和を g_n で表わす. 部分総和法によって,

$$g_n(x)=\sum_{\nu=1}^{n}(f_\nu(u)-f_{\nu-1}(u))\nu^u e^{-\nu x} \qquad (f_0(u)\equiv 0)$$

$$=\sum_{\nu=1}^{n-1}f_\nu(u)(\nu^u e^{-\nu x}-(\nu+1)^u e^{-(\nu+1)x})+f_n(u)n^u e^{-nx}.$$

$u>\sigma_0$ とすれば, τ の函数 $\tau^u e^{-\tau x}$ は $0\leqq\tau\leqq u/x$ で増加, $u/x\leqq\tau<\infty$ で減少し, さらに $\max\tau^u e^{-\tau x}=(e^{-1}u)^u x^{-u}$. $\{f_\nu(u)\}$ は有界であるから, $0<x<1$ のとき,

$$g_n(x)x^{s-1}=O(x^{s-u-1}).$$

また, $x\geqq 1$ のときは, 明らかに

$$g_n(x)x^{s-1}=O(e^{-x}).$$

これらの評価は n について一様に成り立つ. ゆえに, $\Re s>u>\sigma_0$ とすれば,

$$\Gamma(s)f_n(s)=\sum_{\nu=1}^{n}a_\nu\nu^{-s}\int_0^\infty e^{-t}t^{s-1}dt=\int_0^\infty g_n(x)x^{s-1}dx$$

において $n\to\infty$ とすることによって, (10.6) がえられる.

注意. (10.6) の右辺は g のいわゆる**メリン変換**である. 定理 10.1 は $1/(e^x-1)$ のメリン変換が $\Gamma\zeta$ であることを示している.

定理 10.3. つぎの等式が成り立つ:

$$(10.7) \qquad (1-2^{1-s})\zeta(s)=\sum_{n=1}^{\infty}\frac{(-1)^{n-1}}{n^s}=\frac{1}{\Gamma(s)}\int_0^\infty\frac{x^{s-1}}{e^x+1}dx \qquad (\Re s>0).$$

証明. まず, ζ の定義の式 (10.3) によって,

$$(1-2^{1-s})\zeta(s)=\sum_{n=1}^{\infty}\frac{1}{n^s}-2\sum_{n=1}^{\infty}\frac{1}{(2n)^s}=\sum_{n=1}^{\infty}\frac{(-1)^{n-1}}{n^s}.$$

この右辺は $\Re s>0$ で収束する. つぎに, 定理 10.1 (定理 10.2) の証明におけると同様にして,

$$\Gamma(s)\sum_{n=1}^{\infty}\frac{(-1)^{n-1}}{n^s}=\sum_{n=1}^{\infty}(-1)^{n-1}\int_0^\infty x^{s-1}e^{-nx}dx$$

$$=\int_0^\infty x^{s-1}\sum_{n=1}^{\infty}(-1)^{n-1}e^{-nx}dx=\int_0^\infty\frac{x^{s-1}}{e^x+1}dx.$$

この最後の無限積分は $\Re s>0$ で収束する.

表示 (10.7) からわかるように, $\zeta(s)$ は $\Re s>0$ へ解析接続される. ただし, $s=1$ では留数1の1位の極をもつ.

2. ζ に対するリーマンの積分表示をみちびくために, 楕円シータ函数

$$\vartheta_3(z;q)=\sum_{n=-\infty}^{\infty}q^{n^2}e^{2niz} \qquad (|q|<1)$$

において, $\vartheta_3(0;q)$ を $x=\pi^{-1}\log q^{-1}$ $(0<q<1)$ の函数とみなしたものをあらためて $\vartheta(x)$ で表わす:

$$\vartheta(x)=\sum_{n=-\infty}^{\infty}e^{-\pi n^2x}=1+2\sum_{n=1}^{\infty}e^{-\pi n^2x} \qquad (x>0). \tag{10.8}$$

これはそれ自身としても有用なつぎの函数等式をみたす:

$$\vartheta(x)=x^{-1/2}\vartheta(x^{-1}); \tag{10.9}$$

項末の注意参照. したがって,

$$\lim_{x\to+0}x^{1/2}(\vartheta(x)-1)=\lim_{x\to+0}\vartheta(x^{-1})=1. \tag{10.10}$$

また, 明らかに

$$0<\vartheta(x)-1<2\sum_{n=1}^{\infty}e^{-\pi nx}\leqq\frac{2}{1-e^{-\pi}}e^{-\pi x} \qquad (x\geqq1). \tag{10.11}$$

定理 10.4. つぎの**リーマンの表示**が成り立つ:

$$\pi^{-s/2}\Gamma\left(\frac{s}{2}\right)\zeta(s)=\frac{1}{s(s-1)}+\int_1^{\infty}\frac{x^{s/2}+x^{(1-s)/2}}{2x}(\vartheta(x)-1)dx \qquad (|s|<\infty). \tag{10.12}$$

証明. まず, $\Re s>1$ とすれば,

$$\pi^{-s/2}\Gamma\left(\frac{s}{2}\right)\zeta(s)=\sum_{n=1}^{\infty}(n^2\pi)^{-s/2}\Gamma\left(\frac{s}{2}\right)=\sum_{n=1}^{\infty}\int_0^{\infty}e^{-\pi n^2x}x^{s/2-1}dx$$

$$=\lim_{N\to\infty}\int_0^{\infty}\sum_{n=1}^{N}e^{-\pi n^2x}x^{s/2-1}dx.$$

(10.10), (10.11) に注意すれば, $x^{s/2-1}(\vartheta(x)-1)$ の区間 $(0,\infty)$ にわたる積分は $\Re s>1$ のとき収束する. ゆえに,

$$\pi^{-s/2}\Gamma\left(\frac{s}{2}\right)\zeta(s)=\lim_{N\to\infty}\left(\frac{1}{2}\int_0^{\infty}x^{s/2-1}(\vartheta(x)-1)dx-\int_0^{\infty}\sum_{n=N+1}^{\infty}e^{-\pi n^2x}x^{s/2-1}dx\right).$$

右辺の第二の積分については, $\Re s>2$ のとき,

$$\left|\int_0^\infty \sum_{n=N+1}^\infty e^{-\pi n^2 x} x^{s/2-1} dx\right| < \int_0^\infty \sum_{n=N+1}^\infty e^{-\pi(N+1)nx} x^{\Re s/2-1} dx$$

$$= \int_0^\infty \frac{e^{-\pi(N+1)^2 x}}{1-e^{-\pi(N+1)x}} x^{\Re s/2-1} dx < \frac{1}{\pi(N+1)} \int_0^\infty e^{-\pi N(N+2)x} x^{\Re s/2-2} dx$$

$$= \frac{(\pi N(N+2))^{1-\Re s/2}}{\pi(N+1)} \Gamma\left(\frac{\Re s}{2}-1\right) \to 0 \qquad (N\to\infty).$$

したがって，$\Re s>2$ のとき，(10.9) を利用して

$$\pi^{-s/2}\Gamma\left(\frac{s}{2}\right)\zeta(s) = \frac{1}{2}\int_0^\infty x^{s/2-1}(\vartheta(x)-1)dx$$

$$= \frac{1}{2}\int_0^1 x^{s/2-1}(-1+x^{-1/2}+x^{-1/2}(\vartheta(x^{-1})-1))dx + \frac{1}{2}\int_1^\infty x^{s/2-1}(\vartheta(x)-1)dx$$

$$= -\frac{1}{s} + \frac{1}{s-1} + \frac{1}{2}\int_\infty^1 x^{-s/2+1}\cdot x^{1/2}(\vartheta(x)-1)(-x^{-2})dx$$

$$+ \frac{1}{2}\int_1^\infty x^{s/2-1}(\vartheta(x)-1)dx.$$

これで (10.12) が $\Re s>2$ に対してえられている．(10.11) に注意すれば，その右辺の積分は s の整函数であるから，(10.12) は一般に成り立つ．

定理 10.4 にもとづいて，$\zeta(s)$ は $|s|<\infty$ で有理型な函数にまで解析接続される．

注意． シータ函数についての等式 (10.9) はつぎのように証明される． 周期 1 をもつ t の函数

$$f(t) = \sum_{n=-\infty}^\infty e^{-\pi(n+t)^2 x}$$

をフーリエ級数に展開する：

$$f(t) = \sum_{n=-\infty}^\infty c_n e^{2\pi i n t}, \qquad c_n = \int_0^1 f(t) e^{-2\pi i n t} dt.$$

フーリエ係数を計算するさいに項別積分が許されるから，

$$c_n = \sum_{\nu=-\infty}^\infty \int_0^1 e^{-\pi(\nu+t)^2 x - 2\pi i n t} dt = \sum_{\nu=-\infty}^\infty \int_\nu^{\nu+1} e^{-\pi t^2 x - 2\pi i n t} dt$$

$$= \int_{-\infty}^\infty e^{-\pi t^2 x - 2\pi i n t} dt = e^{-\pi n^2/x} \int_{-\infty}^\infty e^{-\pi x (t+in/x)^2} dt = e^{-\pi n^2/x}\cdot x^{-1/2};$$

$$\vartheta(x) = f(0) = \sum_{n=-\infty}^\infty c_n = x^{-1/2} \sum_{n=-\infty}^\infty e^{-\pi n^2/x} = x^{-1/2}\vartheta(x^{-1}).$$

3． つぎの定理は，ζ に対する複素積分による**リーマンの表示**である：

定理 10.5． z 平面上で正の実軸の上岸に沿って ∞ から δ $(0<\delta<2\pi)$ にい

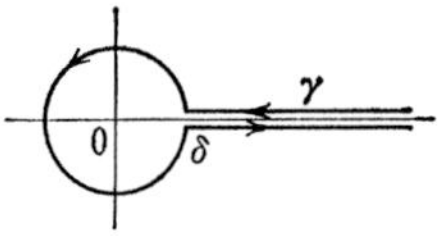

図 9

たり，原点のまわりの半径 δ の円周をへて，正の実軸の下岸に沿って ∞ にいたる路を γ とすれば，

$$(10.13)\quad \zeta(s)=-\frac{\Gamma(1-s)}{2\pi i}\int_\gamma \frac{(-z)^{s-1}}{e^z-1}dz \qquad (|s|<\infty);$$

ここに，$(-z)^{s-1}=e^{(s-1)\log(-z)}$ において $\log(-z)$ は $z=-\delta$ で実数値をとる分枝とする．

証明． 路 γ にわたる $(-z)^{s-1}/(e^z-1)$ $(|\arg(-z)|\leqq\pi)$ の積分を考える．$\Re s>0$ のとき，$\delta\to+0$ とすることができるから，

$$\int_\gamma \frac{(-z)^{s-1}}{e^z-1}dz=(e^{i\pi(s-1)}-e^{-i\pi(s-1)})\int_0^\infty \frac{x^{s-1}}{e^x-1}dx.$$

ゆえに，定理 10.1 とガンマ函数の相反公式 (5.2) によって，$\Re s>0$ に対して (10.13) をうる．(10.13) の右辺の積分は $|s|<\infty$ で正則な函数を表わすから，(10.13) は一般に成り立つ．

系． $\zeta(s)$ は $|s|<\infty$ において留数 1 の 1 位の極 $s=1$ をもつほかは正則である．

証明． (10.13) からわかるように，$\zeta(s)$ は高々 $s=1,2,\cdots$ に極をもつ $|s|<\infty$ で有理型な函数である．定義 (10.3) によって，$\zeta(s)$ は $\Re s>1$ で正則である．$s=1$ が留数 1 の 1 位の極であることはすでに注意した通りである．

問 1．
$$(1-2^{-s})\zeta(s)=\sum_{n=1}^\infty \frac{1}{(2n-1)^s} \qquad (\Re s>1).$$

問 2．
$$\zeta(s)=s\int_0^1\left[\frac{1}{x}\right]x^{s-1}dx \qquad (\Re s>1).$$

問 3． z 平面上で正の実軸の上岸に沿って ∞ から δ $(0<\delta<\pi)$ にいたり，原点のまわりの半径 δ の円周をへて，正の実軸の下岸に沿って ∞ にいたる路を γ とすれば，

$$\zeta(s)=\frac{\Gamma(1-s)}{2\pi i(2^{1-s}-1)}\int_\gamma \frac{(-z)^{s-1}}{e^z+1}dz \qquad (|s|<\infty).$$

§ 11. 主要性質

1． ζ に対する**フルウィッツの表示**からはじめる：

定理 11.1． つぎの表示が成り立つ：

$$(11.1)\qquad \zeta(s)=\frac{2\Gamma(1-s)}{(2\pi)^{1-s}}\sin\frac{\pi s}{2}\sum_{n=1}^\infty \frac{1}{n^{1-s}} \qquad (\Re s<0).$$

証明. Nを自然数とし，定理 10.5 の積分路 γ の $|z|<(2N+1)\pi$ に含まれる部分を γ_N で表わす．さらに，$|z|=(2N+1)\pi$ 上を正の実軸上岸の点から原点を正の向きに一周する路を k_N で表わす．留数定理によって，

$$\frac{1}{2\pi i}\left(\int_{k_N}-\int_{\gamma_N}\right)\frac{(-z)^{s-1}}{e^z-1}dz=\sum_{n=1}^{N}(\mathrm{Res}(2n\pi i)+\mathrm{Res}(-2n\pi i)).$$

$\Re s<0$ に対しては，$N\to\infty$ のとき k_N にわたる積分は 0 に近づく．$\mathrm{Res}(\pm 2n\pi i)=(\mp 2n\pi)^{s-1}e^{\mp i\pi(s-1)/2}$ であるから，定理 10.5 のリーマンの表示から (11.1) がえられる．

定理 11.2. つぎの**リーマンの関係**が成り立つ：

$$\zeta(1-s)=\frac{2}{(2\pi)^s}\Gamma(s)\zeta(s)\cos\frac{\pi s}{2}. \tag{11.2}$$

証明. (11.1) の右辺の和は $\zeta(1-s)$ にほかならない．ゆえに，ガンマ函数の相反公式 (5.2) によって，$\Re s<0$ に対して (11.2) がえられる．両辺は解析函数であるから，これは一般に成り立つ．

定理 11.3. つぎの相反性が成り立つ：

$$\pi^{-s/2}\Gamma\left(\frac{s}{2}\right)\zeta(s)=\pi^{-(1-s)/2}\Gamma\left(\frac{1-s}{2}\right)\zeta(1-s). \tag{11.3}$$

証明. 定理 10.4 から直接にわかる．

2. 次節でみるように，$\zeta(s)$ は $\Re s>1$ に零点をもたない．ゆえに，リーマンの関係 (11.2) により，$\zeta(s)$ の $\Re s<0$ にある零点は，$\Gamma(s)^{-1}\sec(\pi s/2)$ の零点，すなわち $s=-2,-4,\cdots$ にある；これは定理 10.4 にもとづいて，$\pi^{-s/2}\Gamma(s/2)\zeta(s)-1/s(s-1)$ が整函数であることからもわかる．したがって，それら以外の $\zeta(s)$ の零点はすべて帯状面分 $0\leqq\Re s\leqq 1$ に含まれている．

これらの零点がことごとく直線 $\Re s=1/2$ 上にあるというのが，いわゆる**リーマンの予想**であるが，現在なお未解決のままである．

問 1. 定理 11.2 にあげたリーマンの関係 (11.2) から定理 11.3 にあげた相反性がみちびかれる．

問 2.
$$\zeta(0)=-\frac{1}{2}.$$

問 3. m が自然数のとき，

$$\zeta(2m)=(-1)^{m-1}\frac{(2\pi)^{2m}}{2}\frac{B_{2m}}{(2m)!},\qquad \zeta(1-2m)=-\frac{B_{2m}}{2m}.$$

§12. 解析数論への応用

1. リーマンのツェータ函数は，解析数論において，ことに素数分布と関連して，重要な役割を果たす．

慣例にしたがって，素数を一般に p で表わす．

定理 12.1. つぎの**オイレルの関係**が成り立つ：

$$\frac{1}{\zeta(s)}=\prod_{p}\left(1-\frac{1}{p^s}\right)\qquad(\Re s>1). \tag{12.1}$$

証明. $s>1$ を実数と仮定してよい；解析接続！ 素数を増加の順にならべた列を $\{p_n\}_{n=1}^{\infty}$ とする．まず，素因子 $p_1=2$ を含まないすべての自然数から成る列を $\{m_{1n}\}_{n=1}^{\infty}$ とすれば，

$$\left(1-\frac{1}{p_1{}^s}\right)\zeta(s)=\sum_{n=1}^{\infty}\frac{1}{n^s}-\sum_{n=1}^{\infty}\frac{1}{(p_1n)^s}=\sum_{n=1}^{\infty}\frac{1}{m_{1n}{}^s}.$$

つぎに，素因子 $p_1=2$, $p_2=3$ を含まないすべての自然数から成る列を $\{m_{2n}\}_{n=1}^{\infty}$ とすれば，

$$\left(1-\frac{1}{p_1{}^s}\right)\left(1-\frac{1}{p_2{}^s}\right)\zeta(s)=\sum_{n=1}^{\infty}\frac{1}{m_{1n}{}^s}-\sum_{n=1}^{\infty}\frac{1}{(p_2m_{1n})^s}=\sum_{n=1}^{\infty}\frac{1}{m_{2n}{}^s}.$$

一般に，素因子 $p_1, p_2, \cdots, p_k$ を含まないすべての自然数から成る増加列を $\{m_{kn}\}_{n=1}^{\infty}$ とすれば，帰納的にわかるように，

$$\prod_{\kappa=1}^{k}\left(1-\frac{1}{p_\kappa{}^s}\right)\cdot\zeta(s)=\sum_{n=1}^{\infty}\frac{1}{m_{k-1,n}{}^s}-\sum_{n=1}^{\infty}\frac{1}{(p_km_{k-1,n})^s}=\sum_{n=1}^{\infty}\frac{1}{m_{kn}{}^s}.$$

特に $m_{k1}=1$, $m_{k2}\geqq p_k+1>k$. したがって，

$$\left|\prod_{\kappa=1}^{k}\left(1-\frac{1}{p_\kappa{}^s}\right)\cdot\zeta(s)-1\right|<\sum_{n=k}^{\infty}\frac{1}{n^s}.$$

$k\to\infty$ とすれば，この右辺は0に近づくから，

$$1=\zeta(s)\prod_{n=1}^{\infty}\left(1-\frac{1}{p_n{}^s}\right)\equiv\zeta(s)\prod_{p}\left(1-\frac{1}{p^s}\right).$$

定理12.1にもとづいて，$\zeta(s)$ は $s=1$ で極をもつから，乗積 $\prod(1-p^{-1})$ は0に発散する．したがって，級数 $\sum p^{-1}$ は $+\infty$ へ定発散する．

2. 一般に，m, n を互いに素な任意な自然数とするとき，函数等式

$$f(mn)=f(m)f(n)\qquad(f(1)=1) \tag{12.2}$$

をみたす整数論的函数 f は**乗法的**であるという.

定理 12.1 はつぎの定理の特殊な場合 ($f(n)\equiv 1$) にあたっている:

定理 12.2. f が乗法的ならば,

$$\sum_{n=1}^{\infty}\frac{f(n)}{n^s}=\prod_{p}\sum_{j=0}^{\infty}\frac{f(p^j)}{p^{js}}. \tag{12.3}$$

証明. n の素因数分解を $n=\prod_{i=1}^{k}q_i^{e_i}$ とすれば, (12.3) の右辺を特殊ディリクレ級数の形にかきなおすとき, $1/n^s$ の項は

$$\prod_{i=1}^{k}\frac{f(q_i^{e_i})}{q_i^{e_is}}=\frac{f(n)}{n^s}$$

という形でだけ現われる.

3. よく利用される整数論的函数を列挙する:

$$\varphi(n)=\sum_{\substack{(t,n)=1\\ t<n}}1 \quad \left(\textbf{オイレルの函数};\ n \text{ と素な自然数 } t<n \text{ の個数}\right), \tag{12.4}$$

$$\sigma_\alpha(n)=\sum_{t\mid n}t^\alpha \quad \left(\text{特に, } \tau(n)=\sigma_0(n) \text{ は } n \text{ の約数の個数, } \sigma(n)=\sigma_1(n) \text{ は } n \text{ の約数の総和}\right), \tag{12.5}$$

$$\nu(n)=\sum_{p\mid n}1 \quad (n \text{ の相異なる素因数の個数}), \tag{12.6}$$

$$\mu(n)=\begin{cases}1 & (n=1),\\ 0 & (p^2\mid n),\\ (-1)^{\nu(n)} & (\text{その他})\end{cases} \quad (\textbf{メービウスの函数}), \tag{12.7}$$

$$\lambda(n)=\begin{cases}1 & (n=1),\\ (-1)^q & \left(n>1;\ q \text{ は重複度に応じて数えた } n \text{ の素因数の個数}\right)\end{cases} \quad (\textbf{リウビルの函数}), \tag{12.8}$$

$$\Lambda(n)=\begin{cases}\log p & (n=p^m),\\ 0 & (\text{その他})\end{cases} \quad (\textbf{マンゴルトの函数}). \tag{12.9}$$

定義からすぐわかるように, $\varphi, \sigma_\alpha, 2^\nu, \lambda$ はすべて乗法的な整数論的函数である. 特に, オイレルの函数については, $\varphi(p^m)=p^m-p^{m-1}=p^m(1-1/p)$ $(m\geqq 1)$ であるから,

$$\varphi(n)=n\prod_{p\mid n}\left(1-\frac{1}{p}\right).$$

他方において, 一般に

$$\sum_{t\mid n}a_t=A_n \tag{12.10}$$

とすれば, n の素因子を $p, q, r, \cdots$ で表わすとき,

$$a_n=\sum_{t\mid n}a_t-\Big(\sum_{t\mid n/p}a_t+\sum_{t\mid n/q}a_t+\cdots\Big)+\Big(\sum_{t\mid n/pq}a_t+\sum_{t\mid n/pr}a_t+\cdots\Big)$$

$$-\Big(\sum_{t\mid n/pqr}a_t+\cdots\Big)+\cdots\pm\sum_{t\mid n/pqr\cdots}a_t=\sum_{t\mid n}\mu(t)A_{n/t};$$

$$a_n=\sum_{t\mid n}\mu(t)A_{n/t}=\sum_{t\mid n}\mu\Big(\frac{n}{t}\Big)A_t. \tag{12.11}$$

(12.11) は (12.10) に対する**メービウスの反転公式**にほかならない.

4. 一般に，二つの特殊ディリクレ級数の乗法については，一方が絶対収束する限り，

$$\sum_{n=1}^{\infty}\frac{a_n}{n^s}\cdot\sum_{n=1}^{\infty}\frac{b_n}{n^s}=\sum_{n=1}^{\infty}\frac{c_n}{n^s},\qquad c_n=\sum_{t\mid n}a_tb_{n/t}\qquad(n=1,2,\cdots).$$

定理 12.3. $\sum a_n/n^s$ $(\Re s>\sigma_0)$ が収束するならば，

$$\zeta(s)\sum_{n=1}^{\infty}\frac{a_n}{n^s}=\sum_{n=1}^{\infty}\Big(\sum_{t\mid n}a_t\Big)\frac{1}{n^s}\qquad(\Re s>\max(1,\sigma_0)).$$

証明. 単に乗積級数をつくっただけである.

系.

$$\zeta(s)^2=\sum_{n=1}^{\infty}\frac{\tau(n)}{n^s}\qquad(\Re s>1).$$

定理 12.4. $\sum_{t\mid n}a_t=A_n$ $(n=1,2,\cdots)$ のとき，

$$\sum_{n=1}^{\infty}\frac{A_n}{n^s}\cdot\sum_{n=1}^{\infty}\frac{\mu(n)}{n^s}=\sum_{n=1}^{\infty}\frac{a_n}{n^s}.$$

証明. 左辺の乗積級数をつくり，メービウスの反転公式 (12.11) を用いればよい.

系.

$$\zeta(s)\sum_{n=1}^{\infty}\frac{\mu(n)}{n^s}=1\qquad(\Re s>1).$$

定理 12.5. つぎの二つの等式は互いに同値である：

$$\zeta(s)\sum_{n=1}^{\infty}\frac{a_n}{n^s}=\sum_{n=1}^{\infty}\frac{A_n}{n^s},\qquad\sum_{n=1}^{\infty}\frac{a_nz^n}{1-z^n}=\sum_{n=1}^{\infty}A_nz^n.$$

証明. 左方の等式からは，定理 12.3 でみたように，$A_n=\sum_{t\mid n}a_t$. 右方の等式の左辺をかきかえると，

$$\sum_{n=1}^{\infty}\frac{a_nz^n}{1-z^n}=\sum_{t=1}^{\infty}a_t\sum_{j=1}^{\infty}z^{tj}=\sum_{n=1}^{\infty}z^n\sum_{t\mid n}a_t.$$

5. つぎの定理は定理 12.1 の応用である：

定理 12.6. つぎの等式が成り立つ：

(i) $$\sum_{n=1}^{\infty}\frac{\varphi(n)}{n^s}=\frac{\zeta(s-1)}{\zeta(s)} \qquad (\Re s>2);$$

(ii) $$\sum_{n=1}^{\infty}\frac{\sigma_\alpha(n)}{n^s}=\zeta(s)\zeta(s-\alpha) \qquad (\Re s>\max(1,\alpha+1));$$

(iii) $$\sum_{n=1}^{\infty}\frac{2^{\nu(n)}}{n^s}=\frac{\zeta(s)^2}{\zeta(2s)} \qquad (\Re s>1);$$

(iv) $$\sum_{n=1}^{\infty}\frac{\lambda(n)}{n^s}=\frac{\zeta(2s)}{\zeta(s)} \qquad (\Re s>1).$$

証明. $\varphi, \sigma_\alpha, 2^\nu, \lambda$ が乗法的であることに注意して，定理 12.2 と定理 12.1 のオイレルの関係 (12.1) とを利用する.

(i) $$\sum_{n=1}^{\infty}\frac{\varphi(n)}{n^s}=\prod_p\left(1+\sum_{j=1}^{\infty}\frac{\varphi(p^j)}{p^{js}}\right)=\prod_p\left(1+\sum_{j=1}^{\infty}\frac{p^j-p^{j-1}}{p^{js}}\right)$$
$$=\prod_p\left(1+\frac{p^{1-s}-p^{-s}}{1-p^{1-s}}\right)=\prod_p\frac{1-p^{-s}}{1-p^{1-s}}=\frac{\zeta(s-1)}{\zeta(s)}.$$

(ii) $$\sum_{n=1}^{\infty}\frac{\sigma_\alpha(n)}{n^s}=\prod_p\sum_{j=0}^{\infty}\frac{\sigma_\alpha(p^j)}{p^{js}}=\prod_p\sum_{j=0}^{\infty}\frac{1-p^{(j+1)\alpha}}{1-p^\alpha}\frac{1}{p^{js}}$$
$$=\prod_p\frac{1}{(1-p^{-s})(1-p^{\alpha-s})}=\zeta(s)\zeta(s-\alpha).$$

(iii) $$\sum_{n=1}^{\infty}\frac{2^{\nu(n)}}{n^s}=\prod_p\left(1+\sum_{j=1}^{\infty}\frac{2}{p^{js}}\right)=\prod_p\frac{1-p^{-2s}}{(1-p^{-s})^2}=\frac{\zeta(s)^2}{\zeta(2s)}.$$

(iv) $$\sum_{n=1}^{\infty}\frac{\lambda(n)}{n^s}=\prod_p\sum_{j=0}^{\infty}\frac{(-1)^j}{p^{js}}=\prod_p\frac{1-p^{-s}}{1-p^{-2s}}=\frac{\zeta(2s)}{\zeta(s)}.$$

定理 12.7. つぎの等式が成り立つ:

(i) $\displaystyle\sum_{n=2}^{\infty}\frac{\Lambda(n)}{n^s\log n}=\log\zeta(s)$; (ii) $\displaystyle\sum_{n=1}^{\infty}\frac{\Lambda(n)}{n^s}=-\frac{\zeta'(s)}{\zeta(s)}$ $(\Re s>1)$.

証明. オイレルの関係 (12.1) によって

$$\log\zeta(s)=-\sum_p\log\left(1-\frac{1}{p^s}\right)=\sum_p\sum_{j=1}^{\infty}\frac{1}{jp^{js}}=\sum_{n=2}^{\infty}\frac{\Lambda(n)}{n^s\log n}.$$

s で微分することにより第二の等式をうる; $\Lambda(1)=0$.

問 1. 自然数 n の最大な奇因数を $u(n)$ とすれば,

$$\sum_{n=0}^{\infty}\frac{u(n)}{n^s}=\frac{1-2^{1-s}}{1-2^{-s}}\zeta(s-1) \qquad (\Re s>2).$$ (チェザロ)

問 2. つぎの二つの等式は同値である:

$$(1-2^{1-s})\zeta(s)\sum_{n=1}^{\infty}\frac{a_n}{n^s}=\sum_{n=1}^{\infty}\frac{A_n}{n^s},\qquad \sum_{n=1}^{\infty}\frac{a_n z^n}{1+z^n}=\sum_{n=1}^{\infty}A_n z^n.$$

問 3. オイレルの関係 (12.1) を直接に対数微分することによって，定理 12.7 (ii) がみちびかれる．

問 4.
$$\log n!=\sum_{p\leqq n}\log p\sum_{m}\left[\frac{n}{p^m}\right].$$

§13. 一般化ツェータ函数

1. $\zeta(s)$ はパラメター a を導入することによって，つぎのように一般化される：

$$\zeta(s;a)=\sum_{n=0}^{\infty}(a+n)^{-s}\qquad(\Re s>1). \tag{13.1}$$

ここに a はもちろん 0 または負の整数でないとする．特に a が実数で区間 $(0,1)$ に含まれると，諸性質が簡単となる；このときには，$(a+n)^{-s}=e^{-s\log(a+n)}$ において $\arg(a+n)=0$ ととられる．定義から明らかに $\zeta(s;1)=\zeta(s)$.

定理 13.1. つぎの関係が成り立つ：

$$\Gamma(s)\zeta(s;a)=\int_0^{\infty}\frac{e^{-ax}x^{s-1}}{1-e^{-x}}dx\qquad(\Re s>1,\ \Re a>0). \tag{13.2}$$

証明. $\Gamma(s)\zeta(s;a)=\lim\limits_{N\to\infty}\sum\limits_{n=0}^{N}\int_0^{\infty}e^{-(a+n)x}x^{s-1}dx$

$$=\lim_{N\to\infty}\left(\int_0^{\infty}\frac{e^{-ax}x^{s-1}}{1-e^{-x}}dx-\int_0^{\infty}\frac{e^{-(a+N+1)x}x^{s-1}}{1-e^{-x}}dx\right);$$

$$\left|\int_0^{\infty}\frac{e^{-(a+N+1)x}x^{s-1}}{1-e^{-x}}dx\right|<\int_0^{\infty}e^{-(\Re a+N)x}x^{\Re s-2}dx=\frac{\Gamma(\Re s-1)}{(\Re a+N)^{1-\Re s}}\to 0\quad(N\to\infty).$$

2. 定理 10.5 にあげたリーマンの表示は，つぎのように一般化される：

定理 13.2. 定理 10.5 の積分路 γ をもって，

$$\zeta(s;a)=-\frac{\Gamma(1-s)}{2\pi i}\int_{\gamma}\frac{e^{-az}(-z)^{s-1}}{1-e^{-z}}dz\quad(\Re a>0;\ |s|<\infty). \tag{13.3}$$

証明. (13.3) の右辺の積分は s の整函数であるから，$\Re s>1$ と仮定してよい．このとき，定理 10.5 の証明と同様にして，

$$\int_{\gamma}\frac{e^{-az}(-z)^{s-1}}{1-e^{-z}}dz=(e^{i\pi(s-1)}-e^{-i\pi(s-1)})\int_0^{\infty}\frac{e^{-ax}x^{s-1}}{1-e^{-x}}dx$$

$$=-2i\sin\pi s\cdot\Gamma(s)\zeta(s;a)=-\frac{2\pi i}{\Gamma(1-s)}\zeta(s;a).$$

系. $\zeta(s;a)$ $(\Re a>0)$ は $|s|<\infty$ において留数 1 の 1 位の極 $s=1$ をもつほかは正則である.

証明. (13.3) からわかるように, $\zeta(s;a)$ は高々 $s=1,2,\cdots$ に極をもつ $|s|<\infty$ で有理型な函数である. 定義 (13.1) によって, $\zeta(s;a)$ は $\Re s>1$ で正則である. 他方で, $e^{-az}/(1-e^{-z})$ の 1 位の極 $z=0$ における留数は 1 に等しいから,

$$\lim_{s\to1}\frac{\zeta(s;a)}{\Gamma(1-s)}=-\frac{1}{2\pi i}\int_\gamma\frac{e^{-az}}{1-e^{-z}}dz=-1.$$

$\Gamma(1-s)$ は $s=1$ で留数 -1 の 1 位の極をもつから, $\zeta(s;a)$ はそこで留数 1 の 1 位の極をもつ.

3. つぎの定理は定理 11.1 の一般化である:

定理 13.3. つぎの**フルウィッツの表示**が成り立つ:

$$(13.4)\quad \zeta(s;a)=\frac{2\Gamma(1-s)}{(2\pi)^{1-s}}\left(\sin\frac{\pi s}{2}\sum_{n=1}^{\infty}\frac{\cos 2n\pi a}{n^{1-s}}+\cos\frac{\pi s}{2}\sum_{n=1}^{\infty}\frac{\sin 2n\pi a}{n^{1-s}}\right)$$

$$(0<a\leqq1;\ \Re s<0).$$

証明. 定理 11.1 の証明とまったく同様である. $0<a\leqq1$ であるから, 円周 k_N: $|z|=(2N+1)\pi$ 上で $e^{-az}/(1-e^{-z})$ が一様に有界であること, $e^{-az}(-z)^{s-1}\div(1-e^{-z})$ の留数について $\mathrm{Res}(\pm2n\pi i)=(\mp2n\pi)^{s-1}e^{\mp i\pi(s-1)/2\mp2i\pi na}$ となることに注意すればよい.

定理 13.4. つぎの**エルミトの表示**が成り立つ:

$$(13.5)\quad \zeta(s;a)=\frac{a^{-s}}{2}+\frac{a^{1-s}}{s-1}+2\int_0^\infty\frac{(a^2+y^2)^{-s/2}}{e^{2\pi y}-1}\sin\left(s\arctan\frac{y}{a}\right)dy$$

$$(0<a\leqq1).$$

証明. まず $\Re s>1$ と仮定し, プラナの定理 2.4 を $\omega(z)=(a+z)^{-s}$ として適用すれば,

$$\frac{1}{2}(a^{-s}+(a+N)^{-s})+\sum_{n=1}^{N-1}(a+n)^{-s}$$
$$=\frac{1}{i}\int_0^\infty\frac{(a+N+iy)^{-s}-(a+iy)^{-s}-(a+N-iy)^{-s}+(a-iy)^{-s}}{e^{2\pi y}-1}dy$$
$$+\int_0^N(a+x)^{-s}dx.$$

$\Re s>1$ であるから, ここで $N\to\infty$ とすれば,

$$\frac{a^{-s}}{2}+\sum_{n=1}^{\infty}(a+n)^{-s}=\frac{1}{i}\int_0^{\infty}\frac{-(a+iy)^{-s}+(a-iy)^{-s}}{e^{2\pi y}-1}dy-\frac{a^{1-s}}{1-s}.$$

$-(a+iy)^{-s}+(a-iy)^{-s}=2i(a^2+y^2)^{-s/2}\sin(s\arctan(y/a))$ であるから，(13.5) がえられている．(13.5) の右辺の積分は s の整函数を表わすから，この等式は一般に成り立つ．

問 1.
$$\zeta\left(s;\frac{1}{2}\right)=(2^s-1)\zeta(s).$$

問 2.
$$\Gamma(s)\zeta\left(s;\frac{1}{2}\right)=2^s\int_0^{\infty}\frac{e^{-x}x^{s-1}}{1-e^{-2x}}dx \qquad (\Re s>1).$$

問 3.
$$\zeta(0;a)=\frac{1}{2}-a.$$

問 4.
$$\zeta'(0;a)=\left(a-\frac{1}{2}\right)\log a-a+2\int_0^{\infty}\frac{\arctan(y/a)}{e^{2\pi y}-1}dy$$
$$=\log\Gamma(a)-\frac{1}{2}\log(2\pi).$$

問 5.
$$\lim_{s\to 1}\left(\zeta(s;a)-\frac{1}{s-1}\right)=-\psi(a)=-\frac{\Gamma'(a)}{\Gamma(a)}.$$

問　題　3

1. $\zeta(s)$ $(s>1)$ は対数的凸函数である：
$$\log\zeta\left(\frac{s_1+s_2}{2}\right)\leqq\frac{1}{2}(\log\zeta(s_1)+\log\zeta(s_2)) \qquad (s_1,\ s_2>1).$$

2.
$$\sum_{n=1}^{\infty}\frac{t^n}{n^s}=\frac{1}{\Gamma(s)}\int_0^{\infty}\frac{tx^{s-1}}{e^x-t}dx \qquad (|t|<1,\ \Re s>0).$$
$$\sim\frac{\Gamma(1-s)}{(1-t)^{1-s}} \qquad (0<\Re s<1;\ t\to 1-0).$$

3.
$$f(t)=\left[s(s-1)\pi^{-s/2}\Gamma\left(\frac{s}{2}\right)\zeta(s)\right]^{s=1/2+it}$$

とおけば，$f(t)$ は偶函数であって，あらためて複素変数とみなされた t の整函数であり，その原点のまわりのテイラー展開は実係数をもつ．さらに，
$$f(t)=1-\left(\frac{1}{4}+t^2\right)\int_1^{\infty}x^{-3/4}\cos\frac{t\log x}{2}(\vartheta(x)-1)dx.$$

4. (i) $\displaystyle\sum_{n=1}^{\infty}\frac{\tau(n)}{n^s}=\zeta(s)^2$ $(\Re s>1)$;　　(ii) $\displaystyle\sum_{n=1}^{\infty}\frac{\sigma(n)}{n^s}=\zeta(s)\zeta(s-1)$ $(\Re s>2)$.

5. (i)
$$\zeta(s)^2=\sum_{n=1}^{\infty}\frac{\varphi(n)}{n^{s+1}}\cdot\sum_{n=1}^{\infty}\frac{\sigma(n)}{n^{s+1}} \qquad (\Re s>1);$$

(ii)
$$\zeta(s)=\sum_{n=1}^{\infty}\frac{2^{\nu(n)}}{n^s}\cdot\sum_{n=1}^{\infty}\frac{\lambda(n)}{n^s} \qquad (\Re s>1).$$

6. $$\Sigma_\alpha(n)=\sum_{t=1}^{n}\sigma_\alpha(t)=\sum_{t=1}^{n}\left[\frac{n}{t}\right]t^\alpha$$

とおけば,

（i） $$\left|\frac{\Sigma_\alpha(n)}{n^{\alpha+1}}-\frac{\zeta(\alpha+1)}{\alpha+1}\right|\leqq\frac{2\zeta(\alpha)-1}{n}\qquad(\alpha>1;\ n=1,2,\cdots);$$

（ii） $$\lim_{n\to\infty}\frac{\Sigma_\alpha(n)}{n^{\alpha+1}}=\frac{\zeta(\alpha+1)}{\alpha+1}\qquad(\Re\alpha>0).$$

7. $$\zeta(-m;a)=\frac{B_{m+2}{}'(a)}{(m+1)(m+2)}=\frac{B_{m+1}(a)}{m+1}\qquad(m=0,1,2,\cdots).$$

8. （i） $\lim_{s\to1}\left(\zeta(s)-\frac{1}{s-1}\right)=C$;　　（ii） $\zeta'(0)=-\frac{1}{2}\log(2\pi)$.

9. $$(2^s-1)\zeta(s)=\frac{s2^{s-1}}{s-1}+2\int_0^\infty\frac{(1/4+y^2)^{-s/2}}{e^{2\pi y}-1}\sin(s\arctan 2y)dy.$$ （イェンゼン）

10. $$\zeta(s)=\frac{2^{s-1}}{s-1}-2\int_0^\infty\frac{(1+y^2)^{-s/2}}{e^{\pi y}+1}\sin(s\arctan y)dy.$$ （イェンゼン）

第4章　超幾何函数

§14. 超幾何級数

1. 以前に (3.2) で導入された記法

$$[\lambda]_n=\lambda(\lambda+1)\cdots(\lambda+n-1)\equiv\frac{\Gamma(\lambda+n)}{\Gamma(\lambda)} \tag{14.1}$$

を用いる．係数にパラメター α, β, γ を含む z のベキ級数で定義された函数

$$\begin{aligned} &F(\alpha,\beta;\gamma;z)\\ &=\sum_{n=0}^{\infty}\frac{[\alpha]_n[\beta]_n}{n![\gamma]_n}z^n\equiv\frac{\Gamma(\gamma)}{\Gamma(\alpha)\Gamma(\beta)}\sum_{n=0}^{\infty}\frac{\Gamma(\alpha+n)\Gamma(\beta+n)}{n!\Gamma(\gamma+n)}z^n \end{aligned} \tag{14.2}$$

を**超幾何函数**という；右辺のベキ級数を**超幾何級数**という．γ はつねに零または負の整数でないと仮定される．

α あるいは β が零または負の整数ならば，$F(\alpha,\beta;\gamma;z)$ は z の多項式に退化する．その他の場合には，(14.2) の右辺の収束半径は1に等しい：

$$\lim_{n\to\infty}\left|\frac{[\alpha]_n[\beta]_n}{n![\gamma]_n}\Big/\frac{[\alpha]_{n+1}[\beta]_{n+1}}{(n+1)![\gamma]_{n+1}}\right|=\lim_{n\to\infty}\left|\frac{(n+1)(\gamma+n)}{(\alpha+n)(\beta+n)}\right|=1.$$

2. $F(\alpha,\beta;\gamma;1)$ について考える．一般に，$\Gamma(\lambda+n)/\Gamma(n)\sim n^{\lambda}$ $(n\to\infty)$ であるから，

$$\frac{\Gamma(\alpha+n)\Gamma(\beta+n)}{n!\Gamma(\gamma+n)}\sim\frac{1}{n^{\gamma-\alpha-\beta+1}}\qquad(n\to\infty). \tag{14.3}$$

ゆえに，$z=1$ のとき，超幾何級数が収束するための条件は，$\Re(\gamma-\alpha-\beta)>0$. このとき，アーベルの連続定理によって，

$$F(\alpha,\beta;\gamma;1)=\lim_{x\to1-0}F(\alpha,\beta;\gamma;x).$$

さて，$F(\alpha,\beta;\gamma;1)$ と $F(\alpha,\beta;\gamma+1;1)$ の展開係数の間には

$$\begin{aligned} &\gamma(\gamma-\alpha-\beta)\frac{[\alpha]_n[\beta]_n}{n![\gamma]_n}\\ &=(\gamma-\alpha)(\gamma-\beta)\frac{[\alpha]_n[\beta]_n}{n![\gamma+1]_n}+\gamma\left(n\frac{[\alpha]_n[\beta]_n}{n![\gamma]_n}-(n+1)\frac{[\alpha]_{n+1}[\beta]_{n+1}}{(n+1)![\gamma]_{n+1}}\right) \end{aligned}$$

が成り立つ．ゆえに，すぐ上の関係を $n=0,1,\cdots$ にわたって加え，(14.3) に注意することによって，

$$F(\alpha,\beta;\gamma;1)=\frac{(\gamma-\alpha)(\gamma-\beta)}{\gamma(\gamma-\alpha-\beta)}F(\alpha,\beta;\gamma+1;1)\quad(\Re(\gamma-\alpha-\beta)>0).$$

これから帰納法によって，任意な自然数 m に対して

$$F(\alpha,\beta;\gamma;1)=\prod_{\mu=0}^{m-1}\frac{(\gamma-\alpha+\mu)(\gamma-\beta+\mu)}{(\gamma+\mu)(\gamma-\alpha-\beta+\mu)}\cdot F(\alpha,\beta;\gamma+m;1)\quad(\Re(\gamma-\alpha-\beta)>0).$$

この右辺の第一因子は，$m\to\infty$ のとき $\Gamma(\gamma)\Gamma(\gamma-\alpha-\beta)/\Gamma(\gamma-\alpha)\Gamma(\gamma-\beta)$ に近づく．また，$F(\alpha,\beta;\gamma+m;1)-1$ の各項 $[\alpha]_n[\beta]_n/n![\gamma+m]_n$ は $m\to\infty$ のとき0に近づき，$n\to\infty$ のとき $O(1/n^{\Re(\gamma-\alpha-\beta)+m+1})$ である．ゆえに，つぎの**クンマーの関係**が成り立つ：

$$F(\alpha,\beta;\gamma;1)=\frac{\Gamma(\gamma)\Gamma(\gamma-\alpha-\beta)}{\Gamma(\gamma-\alpha)\Gamma(\gamma-\beta)}\quad(\Re(\gamma-\alpha-\beta)>0);\tag{14.4}$$

なお，§17.1参照.

3. 超幾何函数は二階線形同次微分方程式をみたしている：

定理 14.1. 超幾何函数 $w=F(\alpha,\beta;\gamma;z)$ はつぎのいわゆる**ガウスの超幾何微分方程式**をみたす：

$$z(1-z)\frac{d^2w}{dz^2}+(\gamma-(\alpha+\beta+1)z)\frac{dw}{dz}-\alpha\beta w=0.\tag{14.5}$$

証明. dw/dz および d^2w/dz^2 を (14.1) から項別微分によって求め，(14.5) の左辺に入れればよい．

超幾何方程式 (14.5) は $z=0,1,\infty$ に確定特異点をもつフックス型の微分方程式である．

特異点 $z=0$ における特性指数，すなわち決定方程式の二根は，$0,1-\gamma$ である．(14.2) は指数0に対応する級数解である．γ が整数でないとき，これと独立な一つの解は

$$w=z^{1-\gamma}F(\alpha+1-\gamma,\beta+1-\gamma;2-\gamma;z)\tag{14.6}$$

で与えられる．じっさい，(14.5) から $z^{\gamma-1}w$ に対する微分方程式を求めれば，パラメターが $\alpha+1-\gamma,\ \beta+1-\gamma,\ 2-\gamma$ の超幾何方程式となる．あるいは，この事実は $w=z^{1-\gamma}(1+\sum_{n=1}^{\infty}c_nz^n)$ を (14.5) に入れて直接に係数を定めることによってもたしかめられる．γ が整数のときには，対数項をもつ解が現われる．例えば，$\gamma=1$ のとき，(14.5) の $|z|<1$ での基本系は $F(\alpha,\beta;1;z)$ および

$$\Gamma(\alpha)\Gamma(\beta)F(\alpha,\beta;1;z)\log z$$
$$+\sum_{n=1}^{\infty}\sum_{\nu=1}^{n}\left(\frac{1}{\alpha+\nu-1}+\frac{1}{\beta+\nu-1}-\frac{2}{\nu}\right)\cdot\frac{\Gamma(\alpha+n)\Gamma(\beta+n)}{n!^2}z^n.$$

4. 超幾何函数の定義の式 (14.2) から直接にたしかめられるように, つぎの等式が成り立つ:

$$F(\alpha,\beta;\gamma;z)=F(\beta,\alpha;\gamma;z), \tag{14.7}$$

$$F(\alpha+1,\beta;\gamma;z)-F(\alpha,\beta;\gamma;z)=\frac{\beta}{\gamma}zF(\alpha+1,\beta+1;\gamma+1;z), \tag{14.8}$$

$$\frac{d}{dz}F(\alpha,\beta;\gamma;z)=\frac{\alpha\beta}{\gamma}F(\alpha+1,\beta+1;\gamma+1;z). \tag{14.9}$$

一般に, パラメター λ を含む z の函数 $\Omega(\lambda,z)$ があるとき, 二つの函数 $\Omega(\lambda+1,z)$ および $\Omega(\lambda-1,z)$ を $\Omega(\lambda,z)$ に**隣接する函数**という. $\Omega(\lambda,z)$ からこれらの隣接する函数をつくる操作を**昇降演算子**という. 特に

$$\mathcal{T}_\lambda^+\Omega(\lambda,z)=\Omega(\lambda+1,z),\qquad \mathcal{T}_\lambda^-\Omega(\lambda,z)=\Omega(\lambda-1,z) \tag{14.10}$$

とおき, $\mathcal{T}_\lambda^+$, $\mathcal{T}_\lambda^-$ を $\Omega(\lambda,z)$ に対するそれぞれ**上昇演算子**, **下降演算子**という.

例えば, 超幾何函数 $F(\alpha,\beta;\gamma;z)$ に対して, (14.8) はつぎの形に表わされる:

$$\mathcal{T}_\alpha^+-1=\frac{\beta}{\gamma}z\mathcal{T}_{\alpha\beta\gamma}^{+++}\equiv\frac{\beta}{\gamma}z\mathcal{T}_\alpha^+\mathcal{T}_\beta^+\mathcal{T}_\gamma^+.$$

さて, 超幾何函数に対する昇降演算子の具体的な形は, つぎのように与えられる:

定理 14.2. z に関する微分演算子を $\mathcal{D}\equiv d/dz$ で表わすとき, $F(\alpha,\beta;\gamma;z)$ に対する昇降演算子はつぎの形をもつ:

$$\mathcal{T}_\alpha^+=1+\frac{z}{\alpha}\mathcal{D},\qquad \mathcal{T}_\alpha^-=\frac{\gamma-\alpha-\beta z}{\gamma-\alpha}+\frac{z(1-z)}{\gamma-\alpha}\mathcal{D}, \tag{14.11}$$

$$\mathcal{T}_\beta^+=1+\frac{z}{\beta}\mathcal{D},\qquad \mathcal{T}_\beta^-=\frac{\gamma-\beta-\alpha z}{\gamma-\beta}+\frac{z(1-z)}{\gamma-\beta}\mathcal{D}; \tag{14.12}$$

$$\mathcal{T}_\gamma^+=\frac{\gamma(\gamma-\alpha-\beta)}{(\gamma-\alpha)(\gamma-\beta)}+\frac{\gamma(1-z)}{(\gamma-\alpha)(\gamma-\beta)}\mathcal{D},\qquad \mathcal{T}_\gamma^-=1+\frac{z}{\gamma-1}\mathcal{D}. \tag{14.13}$$

証明. いずれの場合にも, 右辺を直接に (14.2) に対して項別にほどこしたものが, 左辺をほどこした式と一致することをたしかめればよい.

あるいは, (14.8) と (14.9) をくらべると,

$$(14.14)\quad F(\alpha+1,\beta;\gamma;z)=F(\alpha,\beta;\gamma;z)+\frac{z}{\alpha}\frac{d}{dz}F(\alpha,\beta;\gamma;z).$$

これは (14.11) の第一の関係が成り立つことを示している．つぎに，(14.14) で α の代りに $\alpha-1$ とおいた式とこれを z で微分した式とをつくれば，

$$F(\alpha,\beta;\gamma;z)=F(\alpha-1,\beta;\gamma;z)+\frac{z}{\alpha-1}F'(\alpha-1,\beta;\gamma;z),$$

$$F'(\alpha,\beta;\gamma;z)=\frac{\alpha}{\alpha-1}F'(\alpha-1,\beta;\gamma;z)+\frac{z}{\alpha-1}F''(\alpha-1,\beta;\gamma;z).$$

これらの二つの式と $F(\alpha-1,\beta;\gamma;z)$ がみたす微分方程式

$$z(1-z)F''(\alpha-1,\beta;\gamma;z)+(\gamma-(\alpha+\beta)z)F'(\alpha-1,\beta;\gamma;z)$$
$$-(\alpha-1)\beta F(\alpha-1,\beta;\gamma;z)=0$$

とから $F'(\alpha-1,\beta;\gamma;z)$，$F''(\alpha-1,\beta;\gamma;z)$ を消去すれば，

$$F(\alpha-1,\beta;\gamma;z)=\frac{\gamma-\alpha-\beta z}{\gamma-\alpha}F(\alpha,\beta;\gamma;z)+\frac{z(z-1)}{\gamma-\alpha}F'(\alpha,\beta;\gamma;z).$$

ゆえに，(14.11) の第二の関係が成り立つ． パラメター α,β についての対称性 (14.7) に注意すれば，(14.12) は (14.11) と同値な関係である．同様に，(14.13) の第二の関係が直接にえられてしまえば，(14.13) の第一の関係はそれを用いてみちびかれる．すなわち，(14.13) の第二の関係で γ の代りに $\gamma+1$ とおいた式

$$F(\alpha,\beta;\gamma;z)=F(\alpha,\beta;\gamma+1;z)+\frac{z}{\gamma}F'(\alpha,\beta;\gamma+1;z)$$

とこれを z で微分した式ならびに $F(\alpha,\beta;\gamma+1;z)$ に対する微分方程式から $F'(\alpha,\beta;\gamma+1;z)$，$F''(\alpha,\beta;\gamma+1;z)$ を消去すれば，(14.13) の第一の関係がえられる．

系． $F(\alpha,\beta;\gamma;z)$ とそれに隣接する6個の函数のうちの任意な二つとの間には，多項式を係数とする一次同次式の関係が成り立つ．

証明． $F(\alpha,\beta;\gamma;z)$ に対して (14.11)，(14.12)，(14.13) にあげた6個の昇降演算子をほどこしたもののうちの任意な二つから $\mathcal{D}F(\alpha,\beta;\gamma;z)$ を消去すればよい．

このような従属関係は ${}_6C_2=15$ 個つくられる．一例をあげれば，

$$(14.15)\quad \alpha\mathcal{T}_\alpha^+F(\alpha,\beta;\gamma;z)-\beta\mathcal{T}_\beta^+F(\alpha,\beta;\gamma;z)=(\alpha-\beta)F(\alpha,\beta;\gamma;z).$$

5. 超幾何函数は三つのパラメター α, β, γ を含んでいる．これらを特殊化することによって，いろいろな初等函数がえられる．

例えば，両辺の展開を直接に比較してわかるように，

(14.16) $(1+z)^{\alpha}=F(-\alpha, \beta; \beta; -z), \qquad \log(1+z)=zF(1, 1; 2; -z),$

(14.17) $$e^{z}=\lim_{\beta\to\infty} F\left(1, \beta; 1; \frac{z}{\beta}\right).$$

ここでさらに，つぎの同類の関係をあげておこう：

(14.18) $$F\left(\frac{\lambda}{2}, -\frac{\lambda}{2}; \frac{1}{2}; z^2\right)=\cos(\lambda \arcsin z),$$

(14.19) $$F\left(1+\frac{\lambda}{2}, 1-\frac{\lambda}{2}; \frac{3}{2}; z^2\right)=\frac{\sin(\lambda \arcsin z)}{\lambda z(1-z^2)^{1/2}}.$$

まず，(14.18) を示すために，その左辺の函数がみたす微分方程式をつくる：

$$z^2(1-z^2)\frac{d^2w}{d(z^2)^2}+\left(\frac{1}{2}-z^2\right)\frac{dw}{d(z^2)}+\left(\frac{\lambda}{2}\right)^2 w=0.$$

$2dw/d(z^2)$ を掛けて z^2 について積分すると，

$$z^2(1-z^2)\left(\frac{dw}{d(z^2)}\right)^2=\left(\frac{\lambda}{2}\right)^2(C^2-w^2) \qquad (C^2 \text{ は積分定数}).$$

変数分離してさらに積分すると，一般解として

$$w=A\cos(\lambda \arcsin z)+B\sin(\lambda \arcsin z).$$

(14.18) の左辺は z の偶函数であって，$z=0$ のとき 1 となるから，$A=1$，$B=0$. ゆえに，(14.18) が成り立つ．

(14.18) の両辺を z について微分して，(14.7) の関係を利用すると，(14.19) がえられる．

問 1. 超幾何級数 $F(\alpha, \beta; \gamma; x)$ (くわしくは，その展開)において，α, β, γ が実数ならば，$x=1$ では $\alpha+\beta<\gamma$ のとき絶対収束し，$\alpha+\beta\geqq\gamma$ のとき発散する．また，$x=-1$ では $\alpha+\beta<\gamma$ のとき絶対収束し，$\gamma\leqq\alpha+\beta<\gamma+1$ のとき条件収束し，$\alpha+\beta\geqq\gamma+1$ のとき発散する．

問 2. (i) $\gamma F(\alpha, \beta; \gamma; z)=\beta F(\alpha, \beta+1; \gamma+1; z)+(\gamma-\beta)F(\alpha, \beta; \gamma+1; z);$

(ii) $$z\frac{d}{dz}F(\alpha, \beta; \gamma; z)=(1-\gamma)(F(\alpha, \beta; \gamma; z)-F(\alpha, \beta; \gamma-1; z)).$$

問 3. 超幾何微分方程式はつぎの形にもかける：

$$\vartheta(\vartheta+\gamma-1)w=z(\vartheta+\alpha)(\vartheta+\beta)w, \qquad \vartheta\equiv z\frac{d}{dz}.$$

問 4. 超幾何微分方程式はつぎの形にもかける：

$$\left(1+\frac{z}{\alpha-1}\mathscr{D}\right)\left(1-\frac{\beta z}{\gamma-\alpha}+\frac{z(1-z)}{\gamma-\alpha}\mathscr{D}\right)w=w, \qquad \mathscr{D}\equiv\frac{d}{dz}.$$

問 5. (i) $\arcsin z=zF\left(\frac{1}{2}, \frac{1}{2}; \frac{3}{2}; z^2\right);$ (ii) $\arctan z=zF\left(\frac{1}{2}, 1; \frac{3}{2}; z^2\right);$

(iii) $$\cosh z=\lim_{\alpha, \beta\to\infty} F\left(\alpha, \beta; \frac{1}{2}; \frac{z^2}{4\alpha\beta}\right).$$

問 6. (i)　$$F\left(\frac{1+\lambda}{2}, \frac{1-\lambda}{2}; \frac{3}{2}; z^2\right)=\frac{\sin(\lambda \arcsin z)}{\lambda z};$$

(ii)　$$F\left(\frac{1+\lambda}{2}, \frac{1-\lambda}{2}; \frac{1}{2}; z^2\right)=\frac{\cos(\lambda \arcsin z)}{(1-z^2)^{1/2}}.$$

問 7.　$$F\left(2\alpha, 2\beta; \alpha+\beta+\frac{1}{2}; z\right)=F\left(\alpha, \beta; \alpha+\beta+\frac{1}{2}; 4z(1-z)\right) \qquad \left(|z|<\frac{1}{2}\right).$$

(クンマー)

問 8.　$$F\left(\alpha, \beta; \alpha+\beta+\frac{1}{2}; z\right)^2=\sum_{n=0}^{\infty}\frac{[2\alpha]_n[2\beta]_n[\alpha+\beta]_n}{n!\,[2\alpha+2\beta]_n[\alpha+\beta+1/2]_n}z^n \qquad (|z|<1).$$

§15. リーマンの P 方程式

1. 複素平面上で三個の確定特異点 $0; 1; \infty$ をもつ以外は正則であって，これらの特異点での特性指数がそれぞれ $\alpha, \alpha'; \beta, \beta'; \gamma, \gamma'$ である二階のフックス型微分方程式は，ただ一つ定まり，つぎの形に与えられる：

(15.1)
$$\frac{d^2w}{dz^2}+\frac{(\gamma+\gamma'+1)z+\alpha+\alpha'-1}{z(z-1)}\frac{dw}{dz} +\frac{\gamma\gamma' z^2+(\beta\beta'-\alpha\alpha'-\gamma\gamma')z+\alpha\alpha'}{z^2(z-1)^2}w=0;$$

ここでもちろん，特性指数の間にはつぎのフックスの関係が成り立っているとする：

(15.2)
$$\alpha+\alpha'+\beta+\beta'+\gamma+\gamma'=1.$$

a, b, c を相異なる(有限な)三点とし，一次変換

$$z\,\Big|\,\frac{b-c}{b-a}\,\frac{z-a}{z-c}$$

によって $z=0, 1, \infty$ を $z=a, b, c$ にうつせば，a, b, c を確定特異点とするフックス型の方程式がえられる：

(15.3)
$$\frac{d^2w}{dz^2}+\left(\frac{1-\alpha-\alpha'}{z-a}+\frac{1-\beta-\beta'}{z-b}+\frac{1-\gamma-\gamma'}{z-c}\right)\frac{dw}{dz} +\left(\frac{\alpha\alpha'(a-b)(a-c)}{z-a}+\frac{\beta\beta'(b-c)(b-a)}{z-b}+\frac{\gamma\gamma'(c-a)(c-b)}{z-c}\right) \times\frac{w}{(z-a)(z-b)(z-c)}=0.$$

この変換で特性指数は不変に保たれる．　これを**リーマンの P 方程式**という．具体的な形はパッペリッツによって与えられたので，**パッペリッツの方程式**と

もよばれる．微分方程式（15.3）の一般解をリーマンにしたがって

$$w=P\begin{Bmatrix} a & b & c & \\ \alpha & \beta & \gamma & z \\ \alpha' & \beta' & \gamma' & \end{Bmatrix} \tag{15.4}$$

で表わし，**リーマンの $\boldsymbol{P}$ 函数**という．

ガウスの超幾何方程式（14.5）は（15.1）の特別な場合にあたっている．すなわち，（14.5）は $0; 1; \infty$ を確定特異点とし，特性指数がそれぞれ $0, 1-\gamma$; $0, \gamma-\alpha-\beta$; α, β であるから，その一般解はつぎの形に表わされる：

$$P\begin{Bmatrix} 0 & 1 & \infty & \\ 0 & 0 & \alpha & z \\ 1-\gamma & \gamma-\alpha-\beta & \beta & \end{Bmatrix}. \tag{15.5}$$

2. リーマンの P 函数については，つぎの関係がいちじるしい：

$$\left(\frac{z-a}{z-c}\right)^p\left(\frac{z-b}{z-c}\right)^q P\begin{Bmatrix} a & b & c & \\ \alpha & \beta & \gamma & z \\ \alpha' & \beta' & \gamma' & \end{Bmatrix}=P\begin{Bmatrix} a & b & c & \\ \alpha+p & \beta+q & \gamma-p-q & z \\ \alpha'+p & \beta'+q & \gamma'-p-q & \end{Bmatrix}, \tag{15.6}$$

$$P\begin{Bmatrix} a & b & c & \\ \alpha & \beta & \gamma & z \\ \alpha' & \beta' & \gamma' & \end{Bmatrix}=P\begin{Bmatrix} l(a) & l(b) & l(c) & \\ \alpha & \beta & \gamma & l(z) \\ \alpha' & \beta' & \gamma' & \end{Bmatrix} \qquad \left(\begin{matrix} l(z)=\dfrac{Az+B}{Cz+D}, \\ AD\neq BC \end{matrix}\right). \tag{15.7}$$

まず，w に対する方程式（15.3）で従属変数の置換 $W=((z-a)^p(z-b)^q/(z-c)^{p+q})w$ を行なうとき，W に対して（15.6）の右辺に対する方程式がえられることから（15.6）の成立がたしかめられる．しかし，むしろ P 方程式が三つの特異点とそこでの特性指数によって一意に確定することに注意すれば，（15.6）の関係は自明であろう．すなわち，$(z-a)^p(z-b)^q/(z-c)^{p+q}$ を掛けることによって，特異点 a, b, c の座標は変わらず，指数にはそれぞれ $p, q, -p-q$ が加わるからである．

つぎに，（15.7）についても同様であって，独立変数の一次変換によって，特異点の座標は同じ一次変換を受けるが，指数は不変に保たれる．

さて，（15.6）と（15.7）を組み合わせると，

$$\begin{aligned} P\begin{Bmatrix} a & b & c & \\ \alpha & \beta & \gamma & z \\ \alpha' & \beta' & \gamma' & \end{Bmatrix} &=\left(\frac{z-a}{z-c}\right)^\alpha\left(\frac{z-b}{z-c}\right)^\beta P\begin{Bmatrix} a & b & c & \\ 0 & 0 & \gamma+\alpha+\beta & z \\ \alpha'-\alpha & \beta'-\beta & \gamma'+\alpha+\beta & \end{Bmatrix} \\ &=\left(\frac{z-a}{z-c}\right)^\alpha\left(\frac{z-b}{z-c}\right)^\beta P\begin{Bmatrix} 0 & 1 & \infty & \\ 0 & 0 & \gamma+\alpha+\beta & \dfrac{b-c}{b-a}\dfrac{z-a}{z-c} \\ \alpha'-\alpha & \beta'-\beta & \gamma'+\alpha+\beta & \end{Bmatrix}. \end{aligned} \tag{15.8}$$

この最後の辺にある P 函数は，（15.5）において α, β, γ, z がそれぞれ $\gamma+\alpha+\beta$, $\gamma'+\alpha+\beta$, $1+\alpha-\alpha'$, $((b-c)/(b-a))(z-a)/(z-c)$ となった場合にあたっている．すなわち，リ

ーマンの P 方程式は独立変数と従属変数の簡単な置換によって，その特殊な場合である超幾何方程式に帰着される.

3. 前項の関係（15.8）にもとづいて，リーマンの P 方程式（15.3）の一つの解が，$\alpha-\alpha'$ が負の整数でない限り，超幾何函数を用いて

$$\left(\frac{z-a}{z-c}\right)^{\alpha}\left(\frac{z-b}{z-c}\right)^{\beta}F\left(\alpha+\beta+\gamma,\ \alpha+\beta+\gamma';\ 1+\alpha-\alpha';\ \frac{b-c}{b-a}\,\frac{z-a}{z-c}\right) \tag{15.9}$$

で与えられる．以下，しばらくは $\alpha-\alpha'$, $\beta-\beta'$, $\gamma-\gamma'$ は整数でないと仮定する；指数が整数差をもつと，微分方程式の一般解には対数項が現われるのがふつうである.

さて，P 方程式で α と α' または β と β' を交換しても影響がない．これらの交換によって，(15.9) を含めて4個の同類の解がえられる.

つぎに，(a,α,α')，(b,β,β')，(c,γ,γ') の三つの組相互の交換によっても影響がない．その順列は $3!=6$ 個だけあるから，全体として $4\times6=24$ 個の解がえられることになる.

ところで，P 方程式は2階線形同次であるから，存在領域を共有するどの3個の解の間にも一次従属の関係があるはずである．実は，定数因子を度外視すると，24個のうちの4個ずつが同じものであり，異なる解は本質的には6個だけである．6個のうちの2個ずつがそれぞれ $0, 1, \infty$ のまわりの基本系をつくっている.

4. すでにみたように，超幾何方程式（14.5）の確定特異点0のまわりの基本系は，(14.2) と (14.6) で与えられる.

直接の計算によることもできるが，(15.7)，(15.6) の関係を超幾何函数 (15.5) に適用することによって，残りの確定特異点1および ∞ における基本系が簡単に求められる.

まず，(15.7) によって

$$P\begin{Bmatrix} 0 & 1 & \infty & \\ 0 & 0 & \alpha & z \\ 1-\gamma & \gamma-\alpha-\beta & \beta & \end{Bmatrix}=P\begin{Bmatrix} 1 & 0 & \infty & \\ 0 & 0 & \alpha & \zeta \\ 1-\gamma & \gamma-\alpha-\beta & \beta & \end{Bmatrix},\qquad \zeta=1-z.$$

これは超幾何方程式が置換 $\zeta=1-z$ によって，パラメター $\alpha, \beta, \alpha+\beta+1-\gamma$ をもつ方程式

$$\zeta(1-\zeta)\frac{d^2w}{d\zeta^2}+(\alpha+\beta+1-\gamma-(\alpha+\beta+1)\zeta)\frac{dw}{d\zeta}-\alpha\beta w=0$$

に変換されることを示している．ゆえに，もとの方程式の確定特異点1のまわりの基本系は，つぎの形に表わされる：

$$(15.10)\qquad \begin{aligned}&F(\alpha,\beta;\alpha+\beta+1-\gamma;1-z),\\&(1-z)^{\gamma-\alpha-\beta}F(\gamma-\alpha,\gamma-\beta;\gamma+1-\alpha-\beta;1-z).\end{aligned}$$

つぎに，(15.7) と (15.6) によって，

$$P\begin{Bmatrix}0 & 1 & \infty & \\ 0 & 0 & \alpha & z\\ 1-\gamma & \gamma-\alpha-\beta & \beta & \end{Bmatrix}=P\begin{Bmatrix}\infty & 1 & 0 & \\ 0 & 0 & \alpha & \zeta\\ 1-\gamma & \gamma-\alpha-\beta & \beta & \end{Bmatrix}$$

$$=\zeta^{\alpha}P\begin{Bmatrix}\infty & 1 & 0 & \\ \alpha & 0 & 0 & \zeta\\ 1-\gamma+\alpha & \gamma-\alpha-\beta & \beta-\alpha & \end{Bmatrix},\qquad \zeta=\frac{1}{z}.$$

したがって，上と同様な理由にもとづいて，もとの方程式の確定特異点 ∞ のまわりの基本系は(定数因子を付加して)，つぎの形に表わされる：

$$(15.11)\qquad \begin{aligned}&(-z)^{-\alpha}F(\alpha,\alpha+1-\gamma;\alpha+1-\beta;z^{-1}),\\&(-z)^{-\beta}F(\beta,\beta+1-\gamma;\beta+1-\alpha;z^{-1}).\end{aligned}$$

問 1. $\beta+\beta'+\gamma+\gamma'=1/2$ (フックスの関係)が成り立つとき，

$$P\begin{Bmatrix}0 & 1 & \infty & \\ 0 & \beta & \gamma & z^2\\ 1/2 & \beta' & \gamma' & \end{Bmatrix}=P\begin{Bmatrix}1 & -1 & \infty & \\ \beta & \beta & 2\gamma & z\\ \beta' & \beta' & 2\gamma' & \end{Bmatrix}.$$

問 2.
$$z^p(z-1)^qP\begin{Bmatrix}0 & 1 & \infty & \\ \alpha & \beta & \gamma & z\\ \alpha' & \beta' & \gamma' & \end{Bmatrix}=P\begin{Bmatrix}0 & 1 & \infty & \\ \alpha+p & \beta+q & \gamma-p-q & z\\ \alpha'+p & \beta'+q & \gamma'-p-q & \end{Bmatrix}.$$

問 3.
$$F(1,B;C;z)=\frac{1}{1-z}F\left(1,C-B;C;\frac{z}{z-1}\right).\qquad \text{(スティルチェス)}$$

§16. 合流型函数

1. ガウスの超幾何微分方程式 (14.5) すなわち

$$(16.1)\qquad z(1-z)\frac{d^2w}{dz^2}+(\gamma-(\alpha+\beta+1)z)\frac{dw}{dz}-\alpha\beta w=0$$

は三つの確定特異点 0, 1, ∞ をもつ．ここで変数の置換 $z\,|\,z/\beta$ を行なうと，

$$z\left(1-\frac{z}{\beta}\right)\frac{d^2w}{dz^2}+\left(\gamma-\frac{\alpha+\beta+1}{\beta}z\right)\frac{dw}{dz}-\alpha w=0$$

となり，特異点は $0, \beta, \infty$ にある．

そこで，特異点 β を ∞ に合流させる．すなわち，極限移行 $\beta\to\infty$ をほどこす．それによってえられる方程式

(16.2)
$$z\frac{d^2w}{dz^2}+(\gamma-z)\frac{dw}{dz}-\alpha w=0$$

を**合流型超幾何微分方程式**または**クンマーの方程式**という．これに対して 0 は確定特異点であるが，合流した特異点 ∞ は不確定特異点である．

超幾何函数において，上に対応する極限移行をほどこすと，

(16.3)
$$\begin{aligned}F(\alpha;\gamma;z)&\equiv\lim_{\beta\to\infty}F\left(\alpha,\beta;\gamma;\frac{z}{\beta}\right)\\&=\sum_{n=0}^{\infty}\frac{[\alpha]_n}{n![\gamma]_n}z^n\equiv\frac{\Gamma(\gamma)}{\Gamma(\alpha)}\sum_{n=0}^{\infty}\frac{\Gamma(\alpha+n)}{n!\Gamma(\gamma+n)}z^n\end{aligned}$$

がえられる．これを**合流型超幾何函数**という．γ はつねに零または負の整数でないと仮定される．

(16.3) が (16.2) をみたすことは，直接の計算によってもたしかめられる．γ が自然数でないとき，(16.3) と独立な (16.2) の一つの解は

(16.4)
$$w=z^{1-\gamma}F(\alpha+1-\gamma;2-\gamma;z).$$

γ が自然数のときには，対数項を含む解が現われる．この場合の基本系としては，$F(\alpha;\gamma;z)$ と $F(\alpha;\gamma;z)\log z+\hat{F}(\alpha;\gamma;z)$ をとることができる．ここに

$$\begin{aligned}\hat{F}(\alpha;\gamma;z)=&(-1)^{\gamma}\cdot(\gamma-1)!\sum_{n=0}^{\gamma-2}\frac{(-1)^n\cdot(\gamma-n-2)!}{[\alpha-\gamma+n]_n}z^{1-\gamma+n}\\&+\sum_{n=0}^{\infty}\frac{[\alpha]_n}{n![\gamma]_n}\left(\sum_{\nu=0}^{n-1}\left(\frac{1}{\alpha+\nu}-\frac{1}{\gamma+\nu}-\frac{1}{1+\nu}\right)\right)z^n;\end{aligned}$$

ただし，$\gamma=1$ のときには右辺の第一項(空な和)は 0 と解される．

2. 超幾何函数ならびにその合流型函数は，つぎの形に表わされる函数の特殊なものとみなされる：

(16.5)
$$\begin{aligned}{}_pF_q(\alpha_1,\cdots,\alpha_p;\gamma_1,\cdots,\gamma_q;z)&\equiv{}_pF_q\left[\begin{matrix}\alpha_1&\cdots&\alpha_p\\\gamma_1&\cdots&\gamma_q\end{matrix}\middle|z\right]\\&=\sum_{n=0}^{\infty}\frac{[\alpha_1]_n\cdots[\alpha_p]_n}{[\gamma_1]_n\cdots[\gamma_q]_n}\frac{z^n}{n!};\end{aligned}$$

ここに p, q は非負の整数である．この形の函数を**ポッホハンマーの一般化超幾何函数**という．特に，

$$F(\alpha,\beta;\gamma;z)={}_2F_1(\alpha,\beta;\gamma;z),\qquad F(\alpha;\gamma;z)={}_1F_1(\alpha;\gamma;z).$$

$\vartheta=zd/dz$ とおき，$\max(p, q+1)$ 階の線形同次微分方程式

$$(16.6)\qquad \vartheta(\vartheta+\gamma_1-1)\cdots(\vartheta+\gamma_q-1)w=z(\vartheta+\alpha_1)\cdots(\vartheta+\alpha_p)w$$

に対して原点のまわりの形式解 $z^\lambda\sum_{n=1}^{\infty}c_nz^n$ を定めると，決定方程式は

$$(16.7)\qquad \lambda(\lambda+\gamma_1-1)\cdots(\lambda+\gamma_q-1)=0$$

となり，特性指数 $\lambda_0=0$，$\lambda_j=1-\gamma_j$ $(j=1,\cdots,q)$ に対応して

$$(16.8)\qquad w_j=z^{\lambda_j}\sum_{n=0}^{\infty}\frac{[\lambda_j+\alpha_1]_n\cdots[\lambda_j+\alpha_p]_n}{[\lambda_j+1]_n[\lambda_j+\gamma_1]_n\cdots[\lambda_j+\gamma_q]_n}z^n\quad (j=0,1,\cdots,q);$$

ただし，右辺の係数は ∞ または不定にならないとする．

(16.8) において特に w_0 は ${}_pF_q(\alpha_1,\cdots,\alpha_p;\gamma_1,\cdots,\gamma_q;z)$ にほかならない．$j\geqq1$ に対しても右辺の係数の分母の因子 $[\lambda_j+\gamma_j]_n$ は $[1]_n=n!$ に等しくて，

$$(16.9)\qquad \begin{aligned}w_j=z^{1-\gamma_j}F(&\alpha_1,\cdots,\alpha_p;2-\gamma_j,1+\gamma_1-\gamma_j,\cdots,\\&1+\gamma_{j-1}-\gamma_j,1+\gamma_{j+1}-\gamma_j,\cdots,1+\gamma_q-\gamma_j)\quad (j=1,\cdots,q).\end{aligned}$$

(16.8) の右辺が有限級数となる場合を除くと，その収束半径は

$$0\ \ (p>q+1),\qquad 1\ \ (p=q+1),\qquad \infty\ \ (p<q+1).$$

このようにして，$p\leqq q+1$ のとき，(16.8) の右辺で係数が ∞ または不定とならない限り，一般化方程式 (16.6) の $q+1$ 個の解がえられる．なお，$p>q+1$ のときには，発散級数が現われるが，漸近展開の意味で有用である．

3. 定理 14.2 にあげた超幾何函数に対する昇降演算子に対応して，合流型函数 $F(\alpha;\gamma;z)$ に対する**昇降演算子**がつぎの形に求められる：

$$(16.10)\qquad \mathcal{T}_\alpha^+=1+\frac{z}{\alpha}\mathcal{D},\qquad \mathcal{T}_\alpha^-=\frac{\gamma-\alpha-z}{\gamma-\alpha}+\frac{z}{\gamma-\alpha}\mathcal{D};$$

$$(16.11)\qquad \mathcal{T}_\gamma^+=\frac{\gamma}{\gamma-\alpha}-\frac{\gamma}{\gamma-\alpha}\mathcal{D},\qquad \mathcal{T}_\gamma^-=1+\frac{z}{\gamma-1}\mathcal{D}.$$

これらは定義の式 (16.3) を用いて直接にたしかめられる．あるいは，本節のはじめにのべた合流の操作を定理 14.2 にほどこしてもよい．例えば，(16.10) の第一の関係については，

$$\mathcal{T}_\alpha^+ = \lim_{\beta\to\infty}\left(1+\frac{z/\beta}{\alpha}\mathcal{D}_{z/\beta}\right) = 1+\frac{z}{\alpha}\mathcal{D}_z.$$

4. 合流型超幾何方程式 (16.2) に従属変数の置換 $w \mid e^{z/2}z^{-\gamma/2}w$ をほどこせば，自己随伴化(一階導函数の項が消去)されて

$$\frac{d^2w}{dz^2}+\left(-\frac{1}{4}+\frac{\gamma-2\alpha}{2z}-\frac{\gamma(\gamma-2)}{4z^2}\right)w=0$$

となる．ここで $\alpha=m-k+1/2,\ \gamma=2m+1$ とおけば，

(16.12) $$\frac{d^2w}{dz^2}+\left(-\frac{1}{4}+\frac{k}{z}-\frac{m^2-1/4}{z^2}\right)w=0.$$

これを**ホイッテイカーの微分方程式**という．

あるいは，確定特異点 0; b; ∞ で指数 α,α'; β,β'; γ,γ' をもつフックス型の方程式

$$\frac{d^2w}{dz^2}+\frac{(\gamma+\gamma'+1)z+(\alpha+\alpha'-1)b}{z(z-b)}\frac{dw}{dz}$$
$$+\frac{\gamma\gamma'z^2+(\beta\beta'-\alpha\alpha'-\gamma\gamma')bz+\alpha\alpha'b^2}{z^2(z-b)^2}w=0$$

で $\alpha=1/2+m,\ \alpha'=1/2-m,\ \beta=b-k,\ \beta'=k,\ \gamma=-b,\ \gamma'=0$ とおけば，

$$\frac{d^2w}{dz^2}+\frac{1-b}{z-b}\frac{dw}{dz}+\frac{(k(b-k)-1/4+m^2)bz+(1/4-m^2)b^2}{z^2(z-b)^2}w=0$$

となる．ここで合流 $b\to\infty$ を行なえば，

$$\frac{d^2w}{dz^2}+\frac{dw}{dz}+\frac{kz+1/4-m^2}{z^2}w=0.$$

さらに，従属変数の置換 $w \mid e^{-z/2}w$ によって自己随伴化すれば，ホイッテイカーの方程式 (16.12) となる．

この方程式は 0 を確定特異点，∞ を不確定特異点としている．$2m$ が負の整数でないとき，その一つの解は

(16.13) $$M_{km}(z)=e^{-z/2}z^{1/2+m}{}_1F_1\left(\frac{1}{2}+m-k;1+2m;z\right) \qquad (|z|<\infty)$$

で与えられる．さらに，$2m$ が整数でないとき，(16.12) の基本系は $M_{km}(z)$，$M_{k,-m}(z)$ で与えられる．あるいは，

(16.14) $$W_{km}(z)=\frac{\Gamma(-2m)}{\Gamma(1/2-m-k)}M_{km}(z)+\frac{\Gamma(2m)}{\Gamma(1/2+m-k)}M_{k,-m}(z)$$

とおけば，$W_{k,-m}(z)=W_{km}(z)$ となるが，$k\neq 0$ のとき，$W_{km}(z)$，$W_{-k,m}(-z)$ が（16.12）の基本系となる.

5. 合流型函数については，クンマーによってつぎの第一，第二**変換公式**がみちびかれている：

$$(16.15)\qquad {}_1F_1(\alpha;\gamma;z)=e^z{}_1F_1(\gamma-\alpha;\gamma;-z);$$

$$(16.16)\qquad {}_1F_1(\alpha;2\alpha;2z)=e^z{}_0F_1\left(\alpha+\frac{1}{2};\frac{z^2}{4}\right).$$

これらはいろいろな方法で証明される．まず，（16.15）については，

$$e^{-z}{}_1F_1(\alpha;\gamma;z)=\sum_{n=0}^{\infty}\frac{(-z)^n}{n!}\cdot\sum_{n=0}^{\infty}\frac{[\alpha]_n}{n![\gamma]_n}z^n$$

$$=\sum_{n=0}^{\infty}z^n\sum_{\nu=0}^{n}\frac{(-1)^{n-\nu}}{(n-\nu)!}\frac{[\alpha]_\nu}{\nu![\gamma]_\nu}=\sum_{n=0}^{\infty}\frac{(-1)^n z^n}{n!}\sum_{\nu=0}^{n}\frac{[-n]_\nu[\alpha]_\nu}{\nu![\gamma]_\nu}.$$

ところで，（14.4）を用いると，

$$\sum_{\nu=0}^{n}\frac{[-n]_\nu[\alpha]_\nu}{\nu![\gamma]_\nu}=F(\alpha,-n;\gamma;1)=\frac{\Gamma(\gamma)\Gamma(\gamma-\alpha+n)}{\Gamma(\gamma-\alpha)\Gamma(\gamma+n)}=\frac{[\gamma-\alpha]_n}{[\gamma]_n};$$

$$e^{-z}{}_1F_1(\alpha;\gamma;z)=\sum_{n=0}^{\infty}\frac{[\gamma-\alpha]_n}{n![\gamma]_n}(-z)^n={}_1F_1(\gamma-\alpha;\gamma;-z).$$

これで（16.15）がえられている．あるいは，むしろ合流型微分方程式を利用する方が簡単であろう．それを示すために，$w=e^z{}_1F_1(\gamma-\alpha;\gamma;-z)$ とおけば，${}_1F_1(\gamma-\alpha;\gamma;-z)$ に対する微分方程式から w に対する方程式がえられる：

$$0=-z(e^{-z}w)''-(\gamma+z)(e^{-z}w)'-(\gamma-\alpha)e^{-z}w$$
$$=-e^{-z}(zw''+(\gamma-z)w'-\alpha w).$$

これは ${}_1F_1(\alpha;\gamma;z)$ に対する微分方程式と同値である．（16.15）の両辺はともにこの方程式の原点のまわりの指数0に対応する解であって，原点で値1をもつから，（16.15）が成り立つ．（16.16）についても同様である．例えば，あらためて

$$\zeta=\frac{z^2}{4},\qquad w=e^z{}_0F_1\left(\alpha+\frac{1}{2};\frac{z^2}{4}\right)$$

とおけば，${}_0F_1$ に対する微分方程式を利用して

$$0=\left(\zeta\frac{d^2}{d\zeta^2}+\left(\alpha+\frac{1}{2}\right)\frac{d}{d\zeta}-1\right)(e^{-z}w)$$

$$=\frac{z^2}{4}\left(\frac{4}{z^2}\frac{d^2(e^{-z}w)}{dz^2}-\frac{4}{z^3}\frac{d(e^{-z}w)}{dz}\right)+\left(\alpha+\frac{1}{2}\right)\frac{2}{z}\frac{d(e^{-z}w)}{dz}-e^{-z}w$$

$$=\frac{e^{-z}}{z}\left(z\frac{d^2w}{dz^2}+(2\alpha-2z)\frac{dw}{dz}-2\alpha w\right).$$

この関係は ${}_1F_1(\alpha;2\alpha;2z)$ に対する微分方程式と同値である.

注意. (16.13) にもとづいて, (16.15) をつぎの形にかくこともできる:

(16.17)　$$z^{-1/2-m}M_{km}(z)=(-z)^{-1/2-m}M_{-k,m}(-z).$$

問 1. 合流型函数 ${}_1F_1(\alpha;\gamma;z)$ に対する微分方程式は

$$\vartheta(\vartheta+\gamma-1)w=z(\vartheta+\alpha)w \qquad \left(\vartheta\equiv z\mathscr{D};\ \mathscr{D}\equiv\frac{d}{dz}\right).$$

問 2. (i) ${}_1F_1(\alpha;\alpha;z)={}_0F_0(z)=e^z,\qquad {}_2F_1(\alpha,\beta;\beta;z)={}_1F_0(\alpha;z)=(1-z)^{-\alpha};$

(ii)　$${}_0F_1\left(\frac{1}{2};\left(\frac{z}{2}\right)^2\right)=\cosh z,\qquad z\,{}_0F_1\left(\frac{3}{2};\left(\frac{z}{2}\right)^2\right)=\sinh z.$$

問 3. **誤差函数**を $\operatorname{erf} z=(2/\sqrt{\pi})\int_0^z e^{-t^2}dt$ で表わすとき,

(i)　$${}_1F_1\left(\frac{1}{2};\frac{3}{2};-z^2\right)=\frac{\sqrt{\pi}}{2z}\operatorname{erf} z;$$

(ii)　$${}_1F_1\left(-\frac{1}{2};\frac{1}{2};-z^2\right)=e^{-z^2}+\sqrt{\pi}\,z\operatorname{erf} z.$$

問 4. ホイッテイカー函数 $M_{km}(z)$ のパラメター k に関する昇降演算子は

$$\mathscr{T}_k^{\pm}=\frac{1}{1/2+m\pm k}\left(z\left(\mathscr{D}\mp\frac{1}{2}\right)\pm k\right) \qquad \left(\mathscr{D}\equiv\frac{d}{dz}\right).$$

問 5. 函数 $e^tF(\alpha;\gamma;-zt)$ は函数列 $\{F(\alpha,-n;\gamma;z)\}_{n=0}^{\infty}$ に対する母函数である:

$$e^tF(\alpha;\gamma;-zt)=\sum_{n=0}^{\infty}F(\alpha,-n;\gamma;z)\frac{t^n}{n!}.$$

問 6. **誤差函数** $\operatorname{erfc} z=1-\operatorname{erf} z=(2/\sqrt{\pi})\int_z^{\infty}e^{-t^2}dt$ に対して, ホイッテイカー函数によるつぎの表示が成り立つ:

$$\operatorname{erfc} z=\pi^{-1/2}e^{-z^2/2}z^{-1/2}W_{-1/4,-1/4}(z^2).$$

§17. 積分表示

1. §7 にあげたガンマ函数, ベータ函数に対する積分表示と類似な表示が, 超幾何函数に対してもみちびかれる. まず, つぎの定理からはじめる:

定理 17.1. $\Re\gamma>\Re\alpha>0$ とすれば,

(17.1)　$$F(\alpha,\beta;\gamma;z)=\frac{\Gamma(\gamma)}{\Gamma(\alpha)\Gamma(\gamma-\alpha)}\int_0^1 t^{\alpha-1}(1-t)^{\gamma-\alpha-1}(1-zt)^{-\beta}dt \qquad (|z|<1).$$

証明. 仮定によって，(17.1) の右辺で $(1-zt)^{-\beta}$ を二項展開して項別に積分することができる．それによって，右辺を z のベキ級数に表わしたときの z^n の係数は

$$\frac{\Gamma(\gamma)}{\Gamma(\alpha)\Gamma(\gamma-\alpha)}\int_0^1 t^{\alpha-1}(1-t)^{\gamma-\alpha-1}\frac{\Gamma(\beta+n)}{\Gamma(\beta)\cdot n!}t^n dt$$
$$=\frac{\Gamma(\gamma)}{\Gamma(\alpha)\Gamma(\gamma-\alpha)}\frac{\Gamma(\beta+n)}{\Gamma(\beta)\cdot n!}\frac{\Gamma(\alpha+n)\Gamma(\gamma-\alpha)}{\Gamma(\gamma+n)}$$
$$=\frac{\Gamma(\gamma)}{\Gamma(\alpha)\Gamma(\beta)}\frac{\Gamma(\alpha+n)\Gamma(\beta+n)}{n!\Gamma(\gamma+n)}.$$

ゆえに，$F(\alpha,\beta;\gamma;z)$ の定義 (14.2) と比較して (17.1) をうる．

さて，§14.2 で注意したように，超幾何級数は $\Re(\gamma-\alpha-\beta)>0$ のとき収束する．したがって，さらに $\Re\gamma>\Re\alpha>0$ ならば，(17.1) で $z=1$ とおくことができる．それによって，再びクンマーの関係 (14.4) がえられる．(14.4) の両辺はパラメターに関する解析函数であるから，制限 $\Re\gamma>\Re\alpha>0$ を除いてよい．

つぎにあげるのは**ポッホハンマーの表示**である：

定理 17.2. ζ 平面上で定理 7.7 における積分路 C (図6)をとれば，

$$F(\alpha,\beta;\gamma;z)=-\frac{1}{4e^{\pi i\gamma}\sin\pi\alpha\sin\pi(\gamma-\alpha)}\frac{1}{B(\alpha,\gamma-\alpha)}\cdot\int_C \zeta^{\alpha-1}(1-\zeta)^{\gamma-\alpha-1}(1-z\zeta)^{-\beta}d\zeta. \tag{17.2}$$

証明. $\Re\gamma>\Re\alpha>0$, $|z|<1$ とすれば，右辺の積分における積分路 C を射影が実軸上の区間 $[0,1]$ を二往復する路に縮めることができる．そのとき，

$$\int_C \zeta^{\alpha-1}(1-\zeta)^{\gamma-\alpha-1}(1-z\zeta)^{-\beta}d\zeta$$
$$=\int_0^1 t^{\alpha-1}(1-t)^{\gamma-\alpha-1}(1-zt)^{-\beta}dt+\int_1^0 t^{\alpha-1}e^{2\pi i(\gamma-\alpha)}(1-t)^{\gamma-\alpha-1}(1-zt)^{-\beta}dt$$
$$+\int_0^1 e^{2\pi i\alpha}t^{\alpha-1}e^{2\pi i(\gamma-\alpha)}(1-t)^{\gamma-\alpha-1}(1-zt)^{-\beta}dt$$
$$+\int_1^0 e^{2\pi i\alpha}t^{\alpha-1}(1-t)^{\gamma-\alpha-1}(1-zt)^{-\beta}dt$$
$$=(1-e^{2\pi i\alpha})(1-e^{2\pi i(\gamma-\alpha)})\int_0^1 t^{\alpha-1}(1-t)^{\gamma-\alpha-1}(1-zt)^{-\beta}dt.$$

この最後の辺の積分は，定理17.1によって，$B(\alpha,\gamma-\alpha)F(\alpha,\beta;\gamma;z)$ に等しいから，(17.2) がえられる．この等式の両辺はパラメターについて解析函数であるから，これは一般に成り立つ．

(17.2) の左辺にある $F(\alpha,\beta;\gamma;z)$ は，超幾何級数 (14.2) によってはまず $|z|<1$ に対して定義されている．しかし，その右辺は z 平面の正の実軸に沿って1から ∞ まで截られた領域で正則な解析函数を表わす．ゆえに，(17.2) は $F(\alpha,\beta;\gamma;z)$ の解析接続を与えている．

2. つぎにあげるのは**バーンズの積分表示**である；その原型はピンケルレ(1888)，メリン(1895) にみられる：

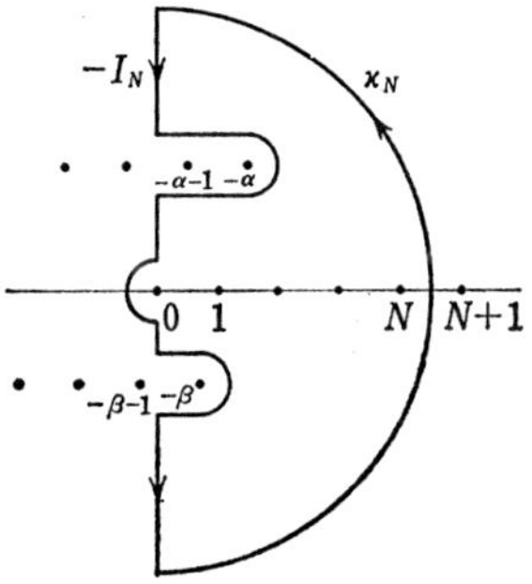

図 10

定理 17.3. ζ 平面上で虚軸に沿って $-i\infty$ から $+i\infty$ にいたる路を(必要に応じて)点 $-\alpha-n$，$-\beta-n$ ($n=0,1,\cdots$) が左側に，点 n ($n=0,1,\cdots$) が右側にあるように修正して，これを I で表わすとき，

$$\text{(17.3)}\quad \begin{aligned}&\frac{\Gamma(\alpha)\Gamma(\beta)}{\Gamma(\gamma)}F(\alpha,\beta;\gamma;z)\\&=\frac{1}{2\pi i}\int_I\frac{\Gamma(\alpha+\zeta)\Gamma(\beta+\zeta)\Gamma(-\zeta)}{\Gamma(\gamma+\zeta)}(-z)^\zeta d\zeta\quad(|\arg(-z)|<\pi).\end{aligned}$$

ここに $(-z)^\zeta=e^{\zeta\log(-z)}$ において，$\log(-z)$ は $|z|<1$ の負の実軸上で実数値をとる分枝とする．

証明. $N>\max(|\alpha|,|\beta|)$ を自然数とするとき，$|\zeta|<N+1/2$ に含まれる I の部分 I_N および右半円周 κ_N: $|\zeta|=N+1/2$, $\Re\zeta>0$ 上で (17.3) の右辺にある被積分函数は正則である(図10参照)．I_N と κ_N で囲まれた部分にあるその極 $\zeta=n$ ($n=0,1,\cdots,N$) における留数は

$$\mathrm{Res}(n)=-\frac{\Gamma(\alpha+n)\Gamma(\beta+n)}{\Gamma(\gamma+n)}\frac{(-1)^n}{n!}(-z)^n=-\frac{\Gamma(\alpha+n)\Gamma(\beta+n)}{n!\,\Gamma(\gamma+n)}z^n.$$

コーシーの留数定理によって，

$$\frac{1}{2\pi i}\left(\int_{I_N}-\int_{\kappa_N}\right)\frac{\Gamma(\alpha+\zeta)\Gamma(\beta+\zeta)\Gamma(-\zeta)}{\Gamma(\gamma+\zeta)}(-z)^\zeta d\zeta=-\sum_{n=0}^{N}\mathrm{Res}(n).$$

$\zeta\in\kappa_N$ のとき，ガンマ函数の相反公式 (5.2) とスターリングの漸近公式 (8.1) によって，

$$\frac{\Gamma(\alpha+\zeta)\Gamma(\beta+\zeta)\Gamma(-\zeta)}{\Gamma(\gamma+\zeta)}(-z)^\zeta=\frac{\Gamma(\alpha+\zeta)\Gamma(\beta+\zeta)}{\Gamma(\gamma+\zeta)\Gamma(1+\zeta)}\frac{-\pi}{\sin\pi\zeta}(-z)^\zeta$$
$$\sim\left(\frac{\zeta}{e}\right)^{\alpha+\beta-\gamma-1}\frac{-\pi}{\sin\pi\zeta}(-z)^\zeta\quad(N\to\infty).$$

さらに，$\zeta=(N+1/2)e^{i\varphi}$ とおけば，

$$\left|\frac{(-z)^\zeta}{\sin\pi\zeta}\right|\leqq\exp\left(\left(N+\frac{1}{2}\right)\left(\log|z|\cdot\cos\varphi-\arg(-z)\cdot\sin\varphi\right)\right)$$
$$\cdot\left(\sinh^2\left(\pi\left(N+\frac{1}{2}\right)\sin\varphi\right)+\sin^2\left(\pi\left(N+\frac{1}{2}\right)\cos\varphi\right)\right)^{-1/2}$$
$$=O\left(\exp\left(\left(N+\frac{1}{2}\right)(\log|z|\cdot\cos\varphi-\arg(-z)\cdot\sin\varphi-\pi|\sin\varphi|)\right)\right)$$
$$=\begin{cases}O\left(\exp\left(\left(N+\frac{1}{2}\right)\frac{1}{\sqrt{2}}\log|z|\right)\right) & \left(0\leqq|\varphi|\leqq\frac{\pi}{4}\right),\\ O\left(\exp\left(\left(N+\frac{1}{2}\right)(|\arg(-z)|)-\pi)\right) & \left(\frac{\pi}{4}<|\varphi|\leqq\frac{\pi}{2}\right).\end{cases}$$

ゆえに，$|z|<1$，$|\arg(-z)|<\pi$ のとき，$(-z)^\zeta/\sin\pi\zeta$ は $\zeta\in\kappa_N$，$N\to\infty$ に対して指数的に 0 に近づく．したがって，上記の留数公式で $N\to\infty$ とすることによって，

$$\lim_{N\to\infty}\frac{1}{2\pi i}\int_{I_N}\frac{\Gamma(\alpha+\zeta)\Gamma(\beta+\zeta)\Gamma(-\zeta)}{\Gamma(\gamma+\zeta)}(-z)^\zeta d\zeta$$
$$=\lim_{N\to\infty}\sum_{n=0}^{N}\frac{\Gamma(\alpha+n)\Gamma(\beta+n)}{n!\Gamma(\gamma+n)}z^n=\frac{\Gamma(\alpha)\Gamma(\beta)}{\Gamma(\gamma)}F(\alpha,\beta;\gamma;z).$$

上の評価からわかるように，I_N 上の積分は I 上の(単に主値積分としてではなく，ふつうの意味で存在する)積分に近づく．ゆえに，(17.3) が成り立つ．

注意． 上の証明からわかるように，パラメターについては，被積分函数が重複極をもたないこと，すなわち，$\alpha-\beta$ が整数でなく，α および β が非正の整数でないことが仮定されている．

さらに，上の $|\varphi|=\pi/2$ に対する評価からわかるように，I 上の無限積分は $|\arg(-z)|<\pi$ において広義の一様に収束するから，(17.3) の右辺は正の実軸に沿って 1 から ∞ まで截られた z 平面で正則な函数を表わす．したがって，

(17.3) はこの截線平面への $F(\alpha,\beta;\gamma;z)$ の解析接続を与えている.

3. 合流型函数に対しても, 対応する積分表示がみちびかれる. 証明は対応する上記の定理と同様であるから, 結果だけを列挙しておこう. 形式的には, (16.3) に応じて, z の代りに z/β とおいてから $\beta\to\infty$ としたものとなっている.

定理 17.4. $\Re\gamma>\Re\alpha>0$ とすれば,

$$F(\alpha;\gamma;z)=\frac{\Gamma(\gamma)}{\Gamma(\alpha)\Gamma(\gamma-\alpha)}\int_0^1 t^{\alpha-1}(1-t)^{\gamma-\alpha-1}e^{zt}dt \qquad (|z|<1). \tag{17.4}$$

注意. $F(\alpha;\gamma;z)$ が解析接続されているとすれば, 制限 $|z|<1$ は除いてよい.

定理 17.5. 定理17.2と同じ積分路 C をもって,

$$\begin{aligned}&F(\alpha;\gamma;z)\\&=-\frac{1}{4e^{\pi i\gamma}\sin\pi\alpha\sin\pi(\gamma-\alpha)}\frac{1}{B(\alpha,\gamma-\alpha)}\int_C \zeta^{\alpha-1}(1-\zeta)^{\gamma-\alpha-1}e^{z\zeta}d\zeta.\end{aligned} \tag{17.5}$$

定理 17.6. 定理17.3と同じ積分路 I (ただし, β についての制限は不要) をもって,

$$F(\alpha;\gamma;z)=\frac{\Gamma(\gamma)}{\Gamma(\alpha)}\frac{1}{2\pi i}\int_I \frac{\Gamma(\alpha+\zeta)\Gamma(-\zeta)}{\Gamma(\gamma+\zeta)}(-z)^{\zeta}d\zeta \qquad \left(|\arg(-z)|<\frac{\pi}{2}\right). \tag{17.6}$$

4. 積分公式を利用すると, **クンマーの変換公式**が簡単にみちびかれる. これらの変換公式は超幾何函数の解析接続を与えるものともみなされる:

定理 17.7. 超幾何微分方程式の確定特異点0のまわりの二つの解に対して

$$\begin{aligned}F(\alpha,\beta;\gamma;z)&=(1-z)^{\gamma-\alpha-\beta}F(\gamma-\alpha,\gamma-\beta;\gamma;z)\\&=(1-z)^{-\alpha}F\left(\alpha,\gamma-\beta;\gamma;\frac{z}{z-1}\right),\end{aligned} \tag{17.7}$$

$$\begin{aligned}&z^{1-\gamma}F(\alpha+1-\gamma,\beta+1-\gamma;2-\gamma;z)\\&=z^{1-\gamma}(1-z)^{\gamma-\alpha-\beta}F(1-\alpha,1-\beta;2-\gamma;z)\\&=z^{1-\gamma}(1-z)^{\gamma-\alpha-1}F\left(\alpha+1-\gamma,1-\beta;2-\gamma;\frac{z}{z-1}\right).\end{aligned} \tag{17.8}$$

証明. 積分公式 (17.1) で積分変数の置換 $t=1-\tau$ をほどこしてから, 再び公式 (17.1) を利用すれば,

$$F(\alpha,\beta;\gamma;z)=\frac{\Gamma(\gamma)}{\Gamma(\alpha)\Gamma(\gamma-\alpha)}(1-z)^{-\beta}\int_0^1\tau^{\gamma-\alpha-1}(1-\tau)^{\alpha-1}\left(1-\frac{z}{z-1}\tau\right)^{-\beta}d\tau$$

$$=\frac{\Gamma(\gamma)}{\Gamma(\alpha)\Gamma(\gamma-\alpha)}(1-z)^{-\beta}\frac{\Gamma(\gamma-\alpha)\Gamma(\alpha)}{\Gamma(\gamma)}F\left(\gamma-\alpha,\beta;\gamma;\frac{z}{z-1}\right)$$

$$=(1-z)^{-\beta}F\left(\beta,\gamma-\alpha;\gamma;\frac{z}{z-1}\right).$$

α と β を交換すれば，左辺の対称性にもとづいて，

$$F(\alpha,\beta;\gamma;z)=(1-z)^{-\alpha}F\left(\alpha,\gamma-\beta;\gamma;\frac{z}{z-1}\right).$$

つぎに，これらの二つの式の右辺を相等しいとおいた式で，あらためて β の代りに $\gamma-\beta$，z の代りに $z/(z-1)$ とおけば，

$$F(\alpha,\beta;\gamma;z)=(1-z)^{\gamma-\alpha-\beta}F(\gamma-\beta,\gamma-\alpha;\gamma;z).$$

α,β についての対称性に注意すると，これで (17.7) がえられている．つぎに，(17.7) で α,β,γ の代りにそれぞれ $\alpha+1-\gamma$, $\beta+1-\gamma$, $2-\gamma$ とおくことによって，(17.8) がえられる．

注意． 定理の両関係は直接に微分方程式にもとづいて証明することもできる．例えば，(17.7) のはじめの等式の両辺は原点で指数 0 をもつ(展開の初項が 1 である)から，$w=(1-z)^{\gamma-\alpha-\beta}F(\gamma-\alpha,\gamma-\beta;\gamma;z)$ が $F(\alpha,\beta;\gamma;z)$ に対する微分方程式 (14.5) をみたすことがたしかめられればよい．それを示すために，$(1-z)^{\gamma-\alpha-\beta}w=F(\gamma-\alpha,\gamma-\beta;\gamma;z)$ に対する方程式をかきあげれば，

$$z(1-z)((1-z)^{\gamma-\alpha-\beta}w)''+(\gamma-(2\gamma-\alpha-\beta+1)z)((1-z)^{\gamma-\alpha-\beta}w)'$$
$$-(\gamma-\alpha)(\gamma-\beta)(1-z)^{\gamma-\alpha-\beta}w=0.$$

この左辺を計算すると，(14.5) となる．同様に，(17.7) のあとの等式については，$w=(1-z)^{-\alpha}F(\alpha,\gamma-\beta;\gamma;z/(z-1))$ が $F(\alpha,\beta;\gamma;z)$ に対する方程式 (14.5) をみたすことがたしかめられればよい．そのために，

$$\zeta=\frac{z}{z-1},\qquad w=(1-\zeta)^{\alpha}F(\alpha,\gamma-\beta;\gamma;\zeta)$$

とおき，$(1-\zeta)^{-\alpha}w=F(\alpha,\gamma-\beta;\gamma;\zeta)$ に対する方程式をかきあげれば，

$$\left(\zeta(1-\zeta)\frac{d^2}{d\zeta^2}+(\gamma-(\alpha+\gamma-\beta+1)\zeta)\frac{d}{d\zeta}-\alpha(\gamma-\beta)\right)(1-\zeta)^{-\alpha}w=0;$$

$$\zeta(1-\zeta)^2\frac{d^2w}{d\zeta^2}+(\gamma-(-\alpha+\gamma-\beta+1)\zeta)(1-\zeta)\frac{dw}{d\zeta}+\alpha\beta w=0.$$

ここで独立変数を z にもどせば，(14.5) となる．

定理 17.8． 超幾何方程式の確定特異点 1 および ∞ のまわりの二つずつの解に対して

$$
\begin{aligned}
&F(\alpha, \beta; \alpha+\beta+1-\gamma; 1-z)\\
(17.9)\quad &= z^{1-\gamma}F(\alpha+1-\gamma, \beta+1-\gamma; \alpha+\beta+1-\gamma; 1-z)\\
&= z^{-\alpha}F\left(\alpha, \alpha+1-\gamma; \alpha+\beta+1-\gamma; \frac{z-1}{z}\right),
\end{aligned}
$$

$$
\begin{aligned}
&(1-z)^{\gamma-\alpha-\beta}F(\gamma-\alpha, \gamma-\beta; \gamma+1-\alpha-\beta; 1-z)\\
(17.10)\quad &= z^{1-\gamma}(1-z)^{\gamma-\alpha-\beta}F(1-\alpha, 1-\beta; \gamma+1-\alpha-\beta; 1-z)\\
&= z^{\beta-\gamma}(1-z)^{\gamma-\alpha-\beta}F\left(\gamma-\beta, 1-\beta; \gamma+1-\alpha-\beta; \frac{z-1}{z}\right);
\end{aligned}
$$

$$
\begin{aligned}
&(-z)^{-\alpha}F\left(\alpha, \alpha+1-\gamma; \alpha+1-\beta; \frac{1}{z}\right)\\
&= (-z)^{\beta-\gamma}(1-z)^{\gamma-\alpha-\beta}F\left(1-\beta, \gamma-\beta; \alpha+1-\beta; \frac{1}{z}\right)\\
(17.11)\quad &\\
&= (1-z)^{-\alpha}F\left(\alpha, \gamma-\beta; \alpha+1-\beta; \frac{1}{1-z}\right)\\
&= (-z)^{1-\gamma}(1-z)^{\gamma-\alpha-1}F\left(\alpha+1-\gamma, 1-\beta; \alpha+1-\beta; \frac{1}{1-z}\right),
\end{aligned}
$$

$$
\begin{aligned}
&(-z)^{-\beta}F\left(\beta, \beta+1-\gamma; \beta+1-\alpha; \frac{1}{z}\right)\\
&= (-z)^{\alpha-\gamma}(1-z)^{\gamma-\beta-\alpha}F\left(1-\alpha, \gamma-\alpha; \beta+1-\alpha; \frac{1}{z}\right)\\
(17.12)\quad &\\
&= (1-z\ {}^{-\beta}F\left(\beta, \gamma-\alpha; \beta+1-\alpha; \frac{1}{1-z}\right)\\
&= (-z)^{1-\gamma}(1-z)^{\gamma-\beta-1}F\left(\beta+1-\gamma, 1-\alpha; \beta+1-\alpha; \frac{1}{1-z}\right).
\end{aligned}
$$

証明. (15.10); (15.11) にあげた基本系について, 定理 17.7 の関係に対して対応するパラメターと独立変数の変換を行なうだけでよい.

問 1. 複素 ζ 平面上で, 定理 7.7 における積分路 C を原点のまわりで z 倍に伸縮回転してえられる路を C_z で表わせば,

$$
\begin{aligned}
&z^{1-\gamma}F(\alpha+1-\gamma, \beta+1-\gamma; 2-\gamma; z)\\
&= -\frac{1}{4e^{i\pi\gamma}\sin\pi\beta\sin\pi(\gamma-\beta)}\frac{1}{B(\beta+1-\gamma, 1-\beta)}\int_{C_z}\zeta^{\beta-\gamma}(1-\zeta)^{\gamma-\alpha-1}(z-\zeta)^{-\beta}d\zeta.
\end{aligned}
$$

問 2. $\Re\alpha>0$, $\Re\beta>0$ のとき,

$$
F\left(\alpha, \beta; \frac{1}{2}; z\right) = \frac{1}{\Gamma(\alpha)\Gamma(\beta)}\int_0^\infty\int_0^\infty e^{-u-v}u^{\alpha-1}v^{\beta-1}\cosh 2\sqrt{zuv}\,dudv \qquad (|z|<1).
$$

問 3. ζ 平面上で虚軸に沿って $-i\infty$ から $+i\infty$ にいたる路を，（必要に応じて）点 $-\alpha-n$ ($n=0,1,\cdots$) が左側に，点 n ($n=0,1,\cdots$) が右側にあるように修正し，これを I で表わすとき，

$$\Gamma(\alpha)(1-z)^{-\alpha}=\frac{1}{2\pi i}\int_I \Gamma(\alpha+\zeta)\Gamma(-\zeta)(-z)^\zeta d\zeta \qquad (|\arg(-z)|<\pi).$$

問 4. 超幾何函数はつぎの関係によって $|z|>1$ へ解析接続される：

$$\frac{\Gamma(\alpha)\Gamma(\beta)}{\Gamma(\gamma)}F(\alpha,\beta;\gamma;z)=\frac{\Gamma(\alpha)\Gamma(\beta-\alpha)}{\Gamma(\gamma-\alpha)}(-z)^{-\alpha}F\left(\alpha,\alpha+1-\gamma;\alpha+1-\beta;\frac{1}{z}\right)$$
$$+\frac{\Gamma(\beta)\Gamma(\alpha-\beta)}{\Gamma(\gamma-\beta)}(-z)^{-\beta}F\left(\beta,\beta+1-\gamma;\beta+1-\alpha;\frac{1}{z}\right).$$

問 5. ζ 平面上で虚軸への平行線 $\Re\zeta=-k$ に沿って $-k-i\infty$ から $-k+i\infty$ にいたる路を，（必要に応じて）点 $-\alpha-n$, $-\beta-n$ ($n=0,1,\cdots$) が左側に，点 $\gamma+n$, $\delta+n$ ($n=0,1,\cdots$) が右側にあるように修正し，これを I_k で表わすとき，

$$\frac{\Gamma(\alpha+\gamma)\Gamma(\alpha+\delta)\Gamma(\beta+\gamma)\Gamma(\beta+\delta)}{\Gamma(\alpha+\beta+\gamma+\delta)}=\frac{1}{2\pi i}\int_{I_k}\Gamma(\alpha+\zeta)\Gamma(\beta+\zeta)\Gamma(\gamma-\zeta)\Gamma(\delta-\zeta)d\zeta.$$

問 6. つぎの**ガウスの変換公式**が成り立つ：

$$\frac{\Gamma(\alpha)\Gamma(\beta)}{\Gamma(\gamma)}F(\alpha,\beta;\gamma;z)=\frac{\Gamma(\alpha)\Gamma(\beta)\Gamma(\gamma-\alpha-\beta)}{\Gamma(\gamma-\alpha)\Gamma(\gamma-\beta)}F(\alpha,\beta;\alpha+\beta-\gamma+1;1-z)$$
$$+\Gamma(\alpha+\beta-\gamma)(1-z)^{\gamma-\alpha-\beta}F(\gamma-\alpha,\gamma-\beta;\gamma-\alpha-\beta+1;1-z).$$

問 7. n が自然数のとき，点 0, 1 を正の向きに一周する路を C とすれば，

$$F(\alpha;n;z)=\frac{(n-1)!}{(1-e^{-2\pi i\alpha})\Gamma(\alpha)\Gamma(n-\alpha)}\int_C \zeta^{\alpha-1}(1-\zeta)^{n-\alpha-1}e^{z\zeta}d\zeta.$$

問 8. いわゆる**不完全ガンマ函数** $\gamma(p,z)=\int_0^z t^{p-1}e^{-t}dt$ ($\Re p>0$) に対して

$$\gamma(p,z)=\frac{z^p}{p}F(p;p+1;-z).$$

問題 4

1.
$$\sum_{n=0}^{\infty}\binom{\alpha}{n}^2=\frac{\Gamma(1+2\alpha)}{\Gamma(1+\alpha)^2} \qquad \left(\Re\alpha>-\frac{1}{2}\right).$$

2.
$$\sum_{n=0}^{\infty}\frac{(-1)^n}{n!}\frac{1}{z+n}\prod_{\nu=0}^{n}(\alpha-\nu)=\frac{\alpha}{B(z,\alpha)} \qquad (\Re\alpha>0).$$

3.
$$\gamma F(\alpha,\beta;\gamma;z)=\gamma F(\alpha-1,\beta;\gamma;z)+\beta zF(\alpha,\beta+1;\gamma+1;z).$$

4.
$$\frac{d^n}{dz^n}F(\alpha,\beta;\gamma;z)=\frac{[\alpha]_n[\beta]_n}{[\gamma]_n}F(\alpha+n,\beta+n;\gamma+n;z).$$

5. $\vartheta=zd/dz$ とおくとき，微分方程式 $z(\vartheta+\alpha)(\vartheta+\beta)w-(\vartheta-\gamma)(\vartheta-\delta)w=0$ の一つの解は $w=z^\gamma F(\alpha+\gamma,\beta+\gamma;\gamma-\delta+1;z)$.

6. $z(1-z)w''+(1/2)(\alpha+\beta+1)(1-2z)w'-\alpha\beta w=0$ の $|2z-1|<1$ における一組の基本系は

$$F\left(\frac{\alpha}{2}, \frac{\beta}{2}; \frac{1}{2}; (1-2z)^2\right), \qquad (1-2z)F\left(\frac{\alpha+1}{2}, \frac{\beta+1}{2}; \frac{3}{2}; (1-2z)^2\right).$$

7. (i)
$$(1+z)^\alpha+(1-z)^\alpha=2F\left(-\frac{\alpha}{2}, -\frac{\alpha-1}{2}; \frac{1}{2}; z^2\right);$$

(ii)
$$(1+z)^\alpha-(1-z)^\alpha=2\alpha zF\left(\frac{\alpha+1}{2}, \frac{\alpha+2}{2}; \frac{3}{2}; z^2\right).$$

8.
$$\log\frac{1+z}{1-z}=2zF\left(\frac{1}{2}, 1; \frac{3}{2}; z^2\right).$$

9. (i)
$$\int_0^{\pi/2}\frac{d\theta}{\sqrt{1-k^2\sin^2\theta}}=\frac{\pi}{2}F\left(\frac{1}{2}, \frac{1}{2}; 1; k^2\right);$$

(ii)
$$\int_0^{\pi/2}\sqrt{1-k^2\sin^2\theta}\,d\theta=\frac{\pi}{2}F\left(-\frac{1}{2}, \frac{1}{2}; 1; k^2\right).$$

10. (i) $z(1-z)F'(\alpha, \beta; \gamma; z)-(\beta-\gamma+\alpha z)F(\alpha, \beta; \gamma; z)=(\gamma-\beta)F(\alpha, \beta-1; \gamma; z)$;

(ii) $\gamma(1-z)F'(\alpha, \beta; \gamma; z)-\gamma(\alpha+\beta-\gamma)F(\alpha, \beta; \gamma; z)=(\gamma-\alpha)(\gamma-\beta)F(\alpha, \beta; \gamma+1; z)$.

11.
$$F\left(2\alpha, 2\beta; \alpha+\beta+\frac{1}{2}; \frac{\sin^2}{\cos^2}\theta\right)=F\left(\alpha, \beta; \alpha+\beta+\frac{1}{2}; \sin^2 2\theta\right) \qquad \left(\begin{matrix}|\theta| \\ |\theta-\pi/2|\end{matrix}<\frac{\pi}{2}\right).$$

12. 複素平面上で $m+1$ 個の確定特異点 $a_1, \cdots, a_m, \infty$ をもつ以外は正則であって，これらの特異点での特性指数がそれぞれ $r_1, \cdots, r_m, r$ である一階のフックス型微分方程式は

$$\frac{dw}{dz}-\sum_{\mu=1}^{m}\frac{r_\mu}{z-a_\mu}w=0;$$

ただし，フックスの関係 $r_1+\cdots+r_\mu+r=0$ がみたされているとする．

13. 前問の方程式の一般解は

$$w=C\prod_{\mu=1}^{m}(z-a_\mu)^{r_\mu}.$$

14. (i)
$$\frac{d^2w}{dz^2}+\frac{r}{z}\frac{dw}{dz}=0$$

の一般解は　$w=Az^{-r+1}+B$ $(r\neq 1)$，$w=A\log z+B$ $(r=1)$；

(ii)
$$\frac{d}{dz}\left(\frac{dw}{dz}+\frac{r}{z}w\right)=0$$

の一般解は　$w=Az^{-r}+Bz$ $(r\neq -1)$，$w=Az+Bz\log z$ $(r=-1)$．

15. (i)
$$P\begin{Bmatrix} 0 & 1 & \infty & \\ \alpha & \beta & \gamma & z \\ \alpha' & \beta' & \gamma' & \end{Bmatrix}=P\begin{Bmatrix} 0 & 1 & \infty & \\ \gamma & \alpha & \beta & \dfrac{1}{1-z} \\ \gamma' & \alpha' & \beta' & \end{Bmatrix};$$

(ii)
$$P\begin{Bmatrix} 0 & 1 & \infty & \\ 0 & \gamma & 0 & z^3 \\ 1/3 & 1/3-\gamma & 1/3 & \end{Bmatrix}=P\begin{Bmatrix} 1 & e^{2\pi i/3} & e^{4\pi i/3} & \\ \gamma & \gamma & \gamma & z \\ 1/3-\gamma & 1/3-\gamma & 1/3-\gamma & \end{Bmatrix}.$$

16.
$${}_0F_1\left(\frac{1}{2}; -\left(\frac{z}{2}\right)^2\right)=\cos z, \qquad z\,{}_0F_1\left(\frac{3}{2}; -\left(\frac{z}{2}\right)^2\right)=\sin z.$$

17.
$$M_{0m}(z)=z^{1/2+m}{}_0F_1\left(\frac{1}{2}+m; \frac{z^2}{16}\right).$$

18. ホイッテイカーの微分方程式

$$\frac{d^2w}{dz^2}+\left(-\frac{1}{4}+\frac{k}{z}-\frac{m^2-1/4}{z^2}\right)w=0$$

はつぎの形に表わされる:

$$\left(\left(z\mathcal{D}\mp\frac{z}{2}\pm k-1\right)\left(z\mathcal{D}\pm\frac{z}{2}\mp k\right)+\left(k(k\mp1)-\left(m^2-\frac{1}{4}\right)\right)\right)w=0 \quad \left(\mathcal{D}=\frac{d}{dz}\right).$$

19. (i) ホイッテイカーの微分方程式において $k=\pm m+1/2$ のとき，解の基本系は

$$e^{-z/2}z^{\pm m+1/2}, \qquad e^{-z/2}z^{\pm m+1/2}\int e^z z^{\mp 2m-1}dz;$$

(ii) また，$k=\pm m-1/2$ のときの基本系は

$$e^{z/2}z^{\mp m+1/2}, \qquad e^{-z/2}z^{\mp m+1/2}\int e^{-z}z^{\pm 2m-1}dz.$$

20.

$$\frac{d^2w}{dz^2}+\left(\alpha+\frac{\beta}{z}+\frac{\gamma}{z^2}\right)w=0 \qquad (\alpha\beta\neq0)$$

の一般解は

$$w=AW_{-\beta/2\sqrt{-\alpha},\,\sqrt{1/4-\gamma}}(2\sqrt{-\alpha}\,z)+BW_{\beta/2\sqrt{-\alpha},\,\sqrt{1/4-\gamma}}(-2\sqrt{-\alpha}\,z).$$

21.

$$z^\alpha e^{-z}=\frac{1}{2\pi i}\int_{-i\infty}^{i\infty}\Gamma(\alpha-\zeta)z^\zeta d\zeta \qquad \left(\Re\alpha>0,\ |\arg z|<\frac{\pi}{2}\right).$$

22. 定理7.7の積分路 C をもって，つぎの積分表示が成り立つ:

$$\cos(2\lambda\arcsin z)=\frac{\sqrt{\pi}\,i}{2\sin 2\pi\lambda\cdot\Gamma(\lambda)\Gamma(1/2-\lambda)}\int_C\zeta^{\lambda-1}(1-\zeta)^{-1/2-\lambda}(1-z^2\zeta)^\lambda d\zeta.$$

23. 複素 ζ 平面上で正の実軸に沿って $+\infty$ から $\delta(>0)$ にいたり，原点のまわりで正の向きに半径 δ の円周をへて，再び正の実軸に沿って $+\infty$ にいたる路を γ とするとき，

$$W_{km}(z)=-\frac{\Gamma(k+1/2-m)}{2\pi i}e^{-z/2}z^k\int_\gamma(-\zeta)^{-k-1/2+m}\left(1+\frac{\zeta}{z}\right)^{k-1/2+m}e^{-\zeta}d\zeta$$

とおけば，γ に関して0と反対側にある z に対して，$w=W_{km}(z)$ はホイッテイカーの微分方程式をみたす． ——**注意．** W_{km} は実は(16.14)で定義された函数と一致する．

24.

$$W_{km}(z)=\frac{e^{-z/2}z^k}{\Gamma(1/2-k+m)}\int_0^\infty t^{-k-1/2+m}\left(1+\frac{t}{z}\right)^{k-1/2+m}e^{-t}dt$$

$$\left(\Re(k-m)<\frac{1}{2},\ |\arg z|<\pi\right).$$

25. 不完全ガンマ函数 $\gamma(p,z)$ に対して

$$\gamma(p,z)\equiv\int_0^z t^{p-1}e^{-t}dt=\Gamma(p)-e^{-z/2}z^{(p-1)/2}W_{(p-1)/2,\,p/2}(z) \qquad (\Re p>0).$$

26. 対数積分函数 $\mathrm{li}\,z$ に対して

$$\mathrm{li}\,z\equiv\int_0^z\frac{dt}{\log t}=-(-\log z)^{-1/2}z^{1/2}W_{-1/2,0}(-\log z).$$

第5章　直交多項式

§18. 正規直交化

1. 実変数 x の基礎区間 (a, b) $(-\infty \leqq a < b \leqq +\infty)$ で定義された複素数値函数を考える．この区間で可測であって絶対値の平方が可積である函数の全体を，ふつうのように $\boldsymbol{L}^2 \equiv \boldsymbol{L}^2(a, b)$ で表わす．この章では，主として多項式ないしはそれに準ずる連続函数をとりあつかうから，函数族 $\boldsymbol{L}^2$ に属することについては，殆んど自明である．

$f, g \in \boldsymbol{L}^2$ のとき，それらの**内積**を

$$(f, g) = \int_a^b f(x)\bar{g}(x)dx \tag{18.1}$$

で定義する；ここに $\bar{g}$ は $\bar{g}(x) = \overline{g(x)}$ によって定められる g の共役値函数である．定義から明らかなように，λ を任意な定数とするとき，

$$\begin{gathered} \overline{(g, f)} = (f, g), \qquad (\lambda f, g) = \lambda(f, g), \\ (f, g_1 + g_2) = (f, g_1) + (f, g_2). \end{gathered} \tag{18.2}$$

$(f, g) = 0$ のとき，f は g と**直交する**という．$\|f\| = (f, f)^{1/2}$ を f の**ノルム**といい，$\|f\| = 1$ のとき f は**正規化**されているという．

ノルムについては，つねに $\|f\| \geqq 0$ であり，$\|f\| = 0$ となるのは殆んどいたるところ（測度0の集合を除いて）$f = 0$ であるときに限る．特に，連続函数の範囲では，$\|f\| = 0$ と $f = 0$ とは同値である．また，任意な定数 α に対して $\|\alpha f\| = |\alpha|\,\|f\|$．さらに，いわゆる三角不等式 $\|f + g\| \leqq \|f\| + \|g\|$（ミンコフスキの不等式）が成り立つ．

一般に，負でない整数 m, n に対して**クロネッカーの記号**

$$\delta_{mn} = \begin{cases} 1 & (m = n), \\ 0 & (m \neq n) \end{cases} \tag{18.3}$$

を導入する．函数列 $\{\varphi_n\}_{n=0}^{\infty}$ に対して

$$(\varphi_m, \varphi_n) = \delta_{mn} \qquad (m, n = 0, 1, \cdots) \tag{18.4}$$

が成り立つとき，これは**正規直交系**をなすという．

他方で，有限個の函数 $f_0, \cdots, f_m$ に対して $\sum_{\mu=0}^{m} \alpha_\mu f_\mu = 0$ が殆んどいたるところ成り立つのは（定数）係数 $\alpha_0, \cdots, \alpha_m$ がすべて0であるときに限るならば，これらの函数は**一次独立**であるという．無限列 $\{f_n\}_{n=0}^{\infty}$ については，それからの任意な有限個が一次独立であるとき，**一次独立**であるという．一次独立でないとき，**一次従属**という．

一般に，区間 (a,b) で $\{\varphi_n\}_{n=0}^{\infty}$ が正規直交系をなすならば，この函数列は一次独立である．じっさい，$\sum_{\mu=0}^{m}\alpha_\mu\varphi_\mu=0$ が成り立つとすれば，

$$0=\left(\sum_{\mu=0}^{m}\alpha_\mu\varphi_\mu,\varphi_n\right)=\sum_{\mu=0}^{m}\alpha_\mu(\varphi_\mu,\varphi_n)=\alpha_n \qquad (n=0,\cdots,m).$$

さて，区間 (a,b) で与えられた函数列 $\{f_n\}_{n=0}^{\infty}\subset \boldsymbol{L}^2(a,b)$ が一次独立なとき，各 n に対して $f_0,\cdots,f_n$ の一次結合 φ_n をつくり，$\{\varphi_n\}_{n=0}^{\infty}$ が正規直交系をなすようにできる．それを示すために，**シュミットの操作**が用いられる．まず，未定の定数係数 $c_0,c_1,\cdots$ をもって

$$\text{(18.5)}\qquad \varphi_0=c_0f_0,\qquad \varphi_n=c_n\left(f_n-\sum_{\nu=0}^{n-1}(f_n,\varphi_\nu)\varphi_\nu\right)\qquad (n=1,2,\cdots)$$

とおけば，各 n に対して φ_n は $f_0,\cdots,f_n$ の一次結合となる．そこで，$\psi_0=f_0$，$\psi_n=f_n-\sum_{\nu=0}^{n-1}(f_n,\varphi_\nu)\varphi_\nu$ $(n=1,2,\cdots)$ とおけば，ψ_n も $f_0,\cdots,f_n$ の一次結合である．ψ_n の式で f_n の係数は1であるから，一次独立性の仮定によって $\|\psi_n\|>0$．ゆえに，定数 c_n を $1=\|\varphi_n\|=|c_n|\,\|\psi_n\|$ が成り立つように定めることができる．このようにして正規化された函数系 $\{\varphi_n\}$ は直交系をなす．じっさい，まず $\|\varphi_0\|=1$ に注意すると，$(\varphi_1,\varphi_0)=c_1((f_1,\varphi_0)-(f_1,\varphi_0)(\varphi_0,\varphi_0))=0$．帰納法によるために，正規化された $\varphi_0,\cdots,\varphi_{n-1}$ が互いに直交すると仮定すれば，

$$(\varphi_n,\varphi_m)=c_n((f_n,\varphi_m)-(f_n,\varphi_m))=0 \qquad (m=0,\cdots,n-1).$$

2. 与えられた函数系から正規直交化でえられる系の単独性に関する定理をあげる：

定理 18.1. 一次独立な函数列 $\{f_n\}_{n=0}^{\infty}\subset\boldsymbol{L}^2$ が与えられたとき，各 n に対して適当な一次結合

$$\varphi_n=\sum_{\nu=0}^{n}c_{n\nu}f_\nu \qquad (n=0,1,\cdots)$$

をつくり，$\{\varphi_n\}_{n=0}^{\infty}$ が正規直交系をなすようにできる．しかも，c_{nn} が正の実数であるという付帯条件のもとで，このような正規直交系は一意に定まる．

証明. このような系 $\{\varphi_n\}$ の存在はすでに前項で示されている．その単独性を示すために，$\{\hat{\varphi}_n\}$ も同じ性質をもつとする．各 m に対して f_m は $\varphi_0,\cdots,\varphi_m$ の一次結合としても，$\hat{\varphi}_0,\cdots,\hat{\varphi}_m$ の一次結合としても表わされるから，

$$(\varphi_n,f_m)=(\hat{\varphi}_n,f_m)=0 \qquad (m=0,\cdots,n-1).$$

他方で，適当に定数 α をえらべば，$\chi_n=\hat{\varphi}_n-\alpha\varphi_n$ は $f_0,\cdots,f_{n-1}$ の一次結合となる．したがって，

$$(\chi_n,\chi_n)=(\hat{\varphi}_n-\alpha\varphi_n,\chi_n)=(\hat{\varphi}_n,\chi_n)-\alpha(\varphi_n,\chi_n)=0$$

となるから，殆んどいたるところ $\chi_n=0$ すなわち $\hat{\varphi}_n=\alpha\varphi_n$．ここで φ_n およ

び $\hat{\varphi}_n$ は正規化されているから，$|\alpha|=1$．さらに，定理にいう付帯条件にもとづいて $\alpha=1$.

さて，シュミットの正規直交化の方法では，φ_n ($n=0,1,\cdots$) が帰納的に定められている．実は，各 φ_n を $f_0,\cdots,f_n$ により具体的に表わす式が求められる．そのための準備として，$n+1$ 変数 $\boldsymbol{t}=(t_0,\cdots,t_n)$ についての**エルミト形式**

$$H[\boldsymbol{t}]=\sum_{\mu,\nu=0}^{n} a_{\mu\nu}t_\mu\overline{t_\nu},\qquad a_{\nu\mu}=\overline{a_{\mu\nu}}\qquad (\mu,\nu=0,\cdots,n) \tag{18.6}$$

を考える．これはつねに実数値をとる．その係数行列を A，$n+1$ 次の単位行列を E で表わす：

$$A=\begin{bmatrix} a_{00} & a_{01} & \cdots & a_{0n} \\ a_{10} & a_{11} & \cdots & a_{1n} \\ \cdots & \cdots & \cdots & \cdots \\ a_{n0} & a_{n1} & \cdots & a_{nn} \end{bmatrix},\qquad E=\begin{bmatrix} 1 & 0 & \cdots & 0 \\ 0 & 1 & \cdots & 0 \\ \cdots & \cdots & \cdots & \cdots \\ 0 & 0 & \cdots & 1 \end{bmatrix}.$$

一般に，$\boldsymbol{t}\neq\boldsymbol{0}(\equiv(0,\cdots,0))$ である限り $H[\boldsymbol{t}]>0$ のとき，$H[\boldsymbol{t}]$ は**正値**エルミト形式であるという．$H[\boldsymbol{t}]$ が正値ならば，その特性方程式

$$\det(A-\lambda E)\equiv\begin{vmatrix} a_{00}-\lambda & a_{01} & \cdots & a_{0n} \\ a_{10} & a_{11}-\lambda & \cdots & a_{1n} \\ \cdots & \cdots & \cdots & \cdots \\ a_{n0} & a_{n1} & \cdots & a_{nn}-\lambda \end{vmatrix} \tag{18.7}$$

の根，すなわち行列 A の**固有値**はすべて正の実数である．じっさい，$n+1$ 次の代数方程式 (18.7) の任意な一根を λ とすれば，$\boldsymbol{t}$ に関する連立一次方程式

$$\sum_{\mu=0}^{n} a_{\mu\nu}t_\mu=\lambda t_\nu \qquad (\nu=0,\cdots,n) \tag{18.8}$$

は解 $\boldsymbol{t}\neq\boldsymbol{0}$ をもつ．それをもって (18.8) の各方程式に順次に $\overline{t_\nu}$ を掛けて加えると，

$$H[\boldsymbol{t}]=\lambda\sum_{\nu=0}^{n}|t_\nu|^2. \tag{18.9}$$

ゆえに，$H[\boldsymbol{t}]$ の正値の仮定により λ は正の実数である．

特性方程式 (18.7) の $n+1$ 根を $\lambda_0,\cdots,\lambda_n$ で表わせば，λ の $n+1$ 次の多項式 $\det(A-\lambda E)$ の定数項は $\lambda_0\cdots\lambda_n$ に等しい．他方で，この定数項は $\det A$ であるから，

$$\det A=\lambda_0\cdots\lambda_n. \tag{18.10}$$

特に，正値エルミト形式の係数行列式 $\det A$ の値は正である．

さて，以上の準備のもとで，あらためてエルミト形式

$$H_n[\boldsymbol{t}]=\int_a^b\left|\sum_{\nu=0}^{n} t_\nu f_\nu(x)\right|^2dx\equiv\sum_{\mu,\nu=0}^{n} a_{\mu\nu}t_\mu\overline{t_\nu} \tag{18.11}$$

を考える．その係数 $a_{\mu\nu}=(f_\mu,f_\nu)(=\overline{a_{\nu\mu}})$ ($\mu,\nu=0,\cdots,n$) をもってつくられた (18.11) の係数行列式

$$D_n=\begin{vmatrix} (f_0,f_0) & \cdots & (f_0,f_n) \\ \cdots & \cdots & \cdots \\ (f_n,f_0) & \cdots & (f_n,f_n) \end{vmatrix} \tag{18.12}$$

を $f_0, \cdots, f_n$ の**グラムの行列式**という． $f_0, \cdots, f_n$ が一次独立ならば，エルミト形式 (18.11) は正値であるから，$D_n>0$.

定理 18.2. 一次独立な函数列 $\{f_n\}_{n=0}^{\infty}\subset \boldsymbol{L}^2$ が与えられたとき，(18.12) をもって

$$\varphi_0=\frac{1}{\sqrt{D_0}}f_0, \tag{18.13}$$

$$\varphi_n=\frac{1}{\sqrt{D_{n-1}D_n}}\begin{vmatrix}(f_0,f_0) & \cdots & (f_0,f_{n-1}) & f_0\\ \cdots & \cdots & \cdots & \cdots\\ (f_n,f_0) & \cdots & (f_n,f_{n-1}) & f_n\end{vmatrix}\quad (n=1,2,\cdots)$$

とおけば，$\{\varphi_n\}_{n=0}^{\infty}$ は正規直交系をなす．

証明. 各 n に対して φ_n は $f_0,\cdots,f_n$ の一次結合であり，その f_n の係数は $\sqrt{D_{n-1}/D_n}>0$. そして，$m=0,\cdots,n$ に対して($D_{-1}=1$ とみなして)

$$(\varphi_n,f_m)=\frac{1}{\sqrt{D_{n-1}D_n}}\begin{vmatrix}(f_0,f_0) & \cdots & (f_0,f_{n-1}) & (f_0,f_m)\\ \cdots & \cdots & \cdots & \cdots\\ (f_n,f_0) & \cdots & (f_n,f_{n-1}) & (f_n,f_m)\end{vmatrix}=\delta_{mn}\sqrt{\frac{D_n}{D_{n-1}}}.$$

ゆえに，すぐ上に注意したことによって，

$$(\varphi_n,\varphi_m)=0\quad (m=0,\cdots,n-1),\qquad (\varphi_n,\varphi_n)=\left(\varphi_n,\sqrt{\frac{D_{n-1}}{D_n}}f_n\right)=1.$$

定理 18.1 に注意すれば，(18.13) がその定理で一意に定まる正規直交系にほかならない．

3. 区間 (a,b) で正値の連続函数 ρ が与えられたとき，函数列 $\{\sqrt{\rho}\,\varphi_n\}_{n=0}^{\infty}$ が直交系をなすならば，函数列 $\{\varphi_n\}$ は**荷重**(重み) ρ に関して**直交系**をなすという．すなわち，そのための定義の条件は

$$(\sqrt{\rho}\,\varphi_m,\sqrt{\rho}\,\varphi_n)\equiv\int_a^b\rho(x)\varphi_m(x)\overline{\varphi_n}(x)dx=0\qquad (m\neq n). \tag{18.14}$$

さて，二変数 x,t の函数 $F(x,t)$ の t についてのテイラー展開が

$$F(x,t)=\sum_{n=0}^{\infty}f_n(x)t^n \tag{18.15}$$

となるとき，$F(x,t)$ を函数列 $\{f_n\}_{n=0}^{\infty}$ の**母函数**という． ときには，(18.15) の右辺で便宜上 t^n の代りに $(2t)^n$，$t^n/n!$ などが用いられることもある．

定理 18.3. 母函数展開 (18.15) で与えられる $\{f_n\}_{n=0}^{\infty}$ が (a,b) において荷

重 ρ に関して直交系をなすために必要十分な条件は，

$$(\sqrt{\rho(x)}\,F(x,s),\sqrt{\rho(x)}\,F(x,t))\equiv\int_a^b\rho(x)F(x,s)\bar{F}(x,t)dx$$

が積 st だけの函数となることである．

証明． (18.15) から直接に

$$\int_a^b\rho(x)F(x,s)\bar{F}(x,t)dx=\int_a^b\rho(x)\sum_{m=0}^{\infty}f_m(x)s^m\sum_{n=0}^{\infty}\overline{f_n}(x)t^ndx$$

$$=\sum_{m,n=0}^{\infty}(\sqrt{\rho}\,f_m,\sqrt{\rho}\,f_n)s^mt^n.$$

直交性の条件 $(\sqrt{\rho}\,f_m,\sqrt{\rho}\,f_n)=0$ $(m\neq n;\ m,n=0,1,\cdots)$ はこの式の右辺が $\sum_{n=0}^{\infty}\|\sqrt{\rho}\,f_n\|^2(st)^n$ となることと同値である．

4. $u=u(x)$ に対するパラメター λ を含む自己随伴な二階線形同次微分方程式

(18.16) $$L[u]+\lambda\rho u\equiv\frac{d}{dx}\left(p(x)\frac{du}{dx}\right)-q(x)u+\lambda\rho(x)u=0$$

を考える．簡単のため基礎区間 $[a,b]$ において p,q,ρ および p' は連続とし，さらに $p>0$, $\rho>0$ と仮定する．同次な境界条件

(18.17) $$\alpha_1u(a)-\alpha u'(a)=0,\qquad\beta_1u(b)-\beta u'(b)=0$$

のもとで，(18.16) の解は一般には（λ の一般な値に対しては）$u=0$ に限る．特にこの境界値問題が(定数因子を除いて定まる)解 $u\neq0$ をもつような λ の値を**固有値**，解 u を**固有函数**という．この型の境界値問題に対して固有値と固有函数の組を求める問題を**シュツルム・リウビルの固有値問題**という．

微分方程式論で知られているように，シュツルム・リウビルの固有値問題の固有値はすべて単一である．すなわち，各固有値に対応して一次独立な二つの函数が存在することはない．また，微分方程式 (18.16) の係数が実函数ならば，固有値はすべて実数である．したがって，境界条件の係数も実数ならば，このとき固有函数は実函数にとれる．

さらに，つぎの定理が成り立つ：

定理 18.4. シュツルム・リウビルの実係数の固有値問題 (18.16)，(18.17) では，異なる固有値に属する固有函数は荷重 ρ に関して直交する．すなわち，固有値 λ_m,λ_n に属する固有函数を u_m,u_n とすれば，

(18.18) $$(\sqrt{\rho}\,u_m,\sqrt{\rho}\,u_n)\equiv\int_a^b\rho(x)u_m(x)u_n(x)dx=0\qquad(\lambda_m\neq\lambda_n).$$

証明. 微分方程式 (18.16) から

$$0=u_n(L[u_m]+\lambda_m\rho u_m)-u_m(L[u_n]+\lambda_n\rho u_n)$$
$$=(p(u_m'u_n-u_mu_n'))'+(\lambda_m-\lambda_n)\rho u_mu_n.$$

これを積分すると，境界条件 (18.17) によって，

$$(\lambda_m-\lambda_n)\int_a^b \rho u_mu_ndx=-[p(u_m'u_n-u_mu_n')]_a^b=0.$$

注意. 固有函数は必ずしも実数値函数でなくてもよい；そのときには，(18.18) の右辺で u_n の代りに $\overline{u_n}$ とかけばよい.

なお，この章でとりあつかう微分方程式では，区間の端点で p が 0 となったり，p', q, ρ が ∞ となったりするが，定理 18.4 の結果はこれらの場合にも成り立つ.

5. 区間 (a,b) において函数列 $\{x^n\}_{n=0}^{\infty}$ を荷重 $\rho(>0)$ に関して直交化して $\{\sqrt{\rho}\,\varphi_n\}_{n=0}^{\infty}$ がえられたとすれば，

$$\int_a^b \rho(x)\varphi_n(x)x^\nu dx=0 \quad (\nu=0,\cdots,n-1;\ n=1,2,\cdots). \tag{18.19}$$

$\rho>0$ であるから，φ_n は $f_n\equiv\rho\varphi_n$ と零点を共有する．このような函数の零点の分布については，つぎの定理がある：

定理 18.5. (a,b) で連続な実函数 $f\not\equiv 0$ が

$$\int_a^b f(x)x^\nu dx=0 \qquad (\nu=0,\cdots,n-1) \tag{18.20}$$

をみたすならば，f は (a,b) で少なくとも n 個の符号変化の点をもつ.

証明. f の (a,b) における符号変化の点の全体を ξ_μ $(\mu=1,\cdots,m)$ とすれば，$f(x)\prod_{\mu=1}^m(x-\xi_\mu)$ は定符号をもつ．仮に $m<n$ とすれば，仮定によって

$$\int_a^b f(x)\prod_{\mu=1}^m(x-\xi_\mu)dx=0;\qquad f(x)\prod_{\mu=1}^m(x-\xi_\mu)\equiv 0,\qquad f(x)\equiv 0.$$

なお，シュツルム・リウビルの問題の固有函数の零点の分布に関しては，シュツルムの振動定理としてくわしい結果が知られている.

問 1. $\{e^{i(-1)^n[(n+1)/2]x}/\sqrt{2\pi}\}_{n=0}^{\infty}$ $(i=\sqrt{-1})$ は区間 $(-\pi,\pi)$ で正規直交系をなす.

問 2. つぎの**シュワルツの積分不等式**が成り立つ：$|(f_0,f_1)|^2\leqq\|f_0\|^2\|f_1\|^2$．等号が現われるのは，$f_0$ と f_1 が一次従属なときに限る.

問 3. $u=u(x)$ に対する自己随伴な二階線形微分方程式 (18.16) は，変数の置換

$$t=\frac{1}{l}\int_a^x\sqrt{\frac{\rho}{p}}\,dx,\qquad v=\sqrt[4]{p\rho}\,u;\qquad \kappa=l\sqrt{\lambda},\qquad l=\frac{1}{\pi}\int_a^b\sqrt{\frac{\rho}{p}}\,dx$$

によってつぎの方程式にうつる:

$$\frac{d^2v}{dt^2}-r(t)v+\kappa^2v=0\quad(0\leqq t\leqq\pi);\qquad r(t)=\frac{1}{\sqrt[4]{p\rho}}\frac{d^2}{dt^2}\sqrt[4]{p\rho}+l^2\frac{q}{\rho}.$$

問 4. $r(t)$ が $[0,\pi]$ で連続なとき, シュツルム・リウビルの固有値問題 $d^2v/dt^2-r(t)v+\kappa^2v=0$ $(0\leqq t\leqq\pi)$, $v'(0)-hv(0)=0$, $v'(\pi)+kv(\pi)=0$ の正の固有値と固有函数の組を, 適当な n_0 をもって $\{\kappa_n; v_n(t)\}_{n=n_0}^{\infty}$ で表わせば, $n\to\infty$ のとき, つぎの漸近公式が成り立つ:

$$\kappa_n=n+\left(h+k+\frac{1}{2}\int_0^\pi r(t)dt\right)\frac{1}{\pi n}+o\left(\frac{1}{n}\right),$$

$$v_n(t)=C_n\left(\cos nt+\sin nt\cdot R(t)\frac{1}{n}+o\left(\frac{1}{n}\right)\right);$$

ここに C_n は定数因子であって,

$$R(t)=h+\frac{1}{2}\int_0^t r(t)dt-\frac{t}{\pi}\left(h+k+\frac{1}{2}\int_0^\pi r(t)dt\right).$$

§19. 直交多項式系

1. 区間 (a,b) とそこで正値の連続函数 ρ とが与えられるごとに, 函数列 $\{\sqrt{\rho}\,x^n\}_{n=0}^{\infty}$ を正規直交化することによって, $\{\sqrt{\rho}\,p_n\}_{n=0}^{\infty}$ という形の函数系がえられる. ここに $p_n=p_n(x)$ は n 次の多項式である. ここでは, 正規化の条件をすこし修正された形で用いることにする. すなわち, 与えられた正数列 $\{\gamma_n\}_{n=0}^{\infty}$ に対して, $\{\sqrt{\rho}\,p_n/\sqrt{\gamma_n}\}_{n=0}^{\infty}$ がこれまでの意味で正規直交系をなすという条件をおく:

$$(19.1)\qquad \int_a^b\rho(x)p_m(x)p_n(x)dx=\delta_{mn}\gamma_n\qquad(m,n=0,1,\cdots).$$

この章では, このようにしてえられる区間 (a,b) で荷重 ρ に関する直交多項式系 $\{p_n\}$ について考える. ここでとりあつかわれる系 $\{p_n\}$ はすべて初等函数で表わされる母函数をもち, さらにシュツルム・リウビルの固有値問題の固有函数系ともみなされる. しかも, これらの固有値問題の微分方程式は超幾何微分方程式のパラメターを特殊化したものにあたっている.

以上のような事情にもとづいて, 多項式系 $\{p_n\}$ を, 正規直交化によるほか, 母函数展開や固有値問題によって, あるいは直接に超幾何級数をもって定義することもできる.

2. ルジャンドルにより導入された**ルジャンドルの多項式系** $\{P_n\}_{n=0}^{\infty}$ は, 区間 $(-1,1)$ で $\{x^n\}_{n=0}^{\infty}$ を荷重 1 に関して直交化することによってえられる. 正

規化の条件は

$$(19.2)\qquad \int_{-1}^{1} P_n(x)^2 dx = \frac{2}{2n+1}.$$

$P_n(x)$ の x^n の係数は正であるとする.

定理 19.1. $\{P_n\}_{n=0}^{\infty}$ はつぎの母函数展開をもつ:

$$(19.3)\qquad \frac{1}{\sqrt{1-2xt+t^2}} = \sum_{n=0}^{\infty} P_n(x) t^n.$$

証明. (19.3) で定められる P_n は x の n 次の多項式であって, x^n の係数は正である. その左辺の母函数に対しては,

$$\int_{-1}^{1} \frac{1}{\sqrt{1-2xs+s^2}} \frac{1}{\sqrt{1-2xt+t^2}} dx = \frac{1}{\sqrt{st}} \log \frac{1+\sqrt{st}}{1-\sqrt{st}}$$
$$= \sum_{n=0}^{\infty} \frac{2}{2n+1} (st)^n.$$

ゆえに, 定理 18.3 により $\{P_n\}$ は直交系をなし, さらに正規化条件 (19.2) をみたす. したがって, (19.3) で定められる $\{P_n\}$ はルジャンドルの多項式系と一致する.

系. $P_n(\pm 1) = (\pm 1)^n.$

証明. 母函数展開で $x=\pm 1$ とおけば,

$$\sum_{n=0}^{\infty} P_n(\pm 1) t^n = \frac{1}{\sqrt{1 \mp 2t + t^2}} = \frac{1}{1 \mp t} = \sum_{n=0}^{\infty} (\pm 1)^n t^n.$$

定理 19.2. $u = P_n(x)$ は**ルジャンドルの微分方程式**

$$(19.4)\qquad \frac{d}{dx}\left((1-x^2)\frac{du}{dx}\right) + n(n+1)u = 0$$

をみたす. さらに, (有限)超幾何級数をもって

$$(19.5)\qquad P_n(x) = F\left(-n, n+1; 1; \frac{1-x}{2}\right). \qquad \text{(マーフィ)}$$

証明. (19.3) にあげた母函数 $F(x,t) = 1/\sqrt{1-2xt+t^2}$ に対して

$$\sum_{n=0}^{\infty} ((1-x^2)P_n''(x) - 2xP_n'(x) + n(n+1)P_n(x))t^n$$
$$= (1-x^2)\frac{\partial^2 F}{\partial x^2} - 2x\frac{\partial F}{\partial x} + t\frac{\partial^2 (tF)}{\partial t^2} = 0.$$

ゆえに, $(1-x^2)u'' - 2xu' + n(n+1)u = 0$ すなわち (19.4) が成り立つ. つぎ

に，この方程式で独立変数の置換 $x=1-2z$ を行なえば，($x\in(-1,1)$ と $z\in(0,1)$ とが対応し，)

$$z(1-z)\frac{d^2u}{dz^2}+(1-2z)\frac{du}{dz}+n(n+1)u=0.$$

これは $F(-n,n+1;1;z)$ に対する方程式であるから，その多項式解として，

$$P_n(x)=cF\left(-n,n+1;1;\frac{1-x}{2}\right)\qquad (c\text{ は定数}).$$

ここで $x=1$ とおけば，$1=c\cdot 1$ すなわち $c=1$.

3. チェビシェフにより導入された**チェビシェフの多項式系** $\{T_n\}_{n=0}^{\infty}$ は，区間 $(-1,1)$ で $\{x^n\}_{n=0}^{\infty}$ を荷重 $1/\sqrt{1-x^2}$ に関して直交化することによってえられる．正規化の条件は

$$\int_{-1}^{1}\frac{1}{\sqrt{1-x^2}}T_n(x)^2dx=\begin{cases}\pi & (n=0),\\ \pi/2^{2n-1} & (n\geqq 1).\end{cases}\tag{19.6}$$

$T_n(x)$ の x^n の係数は正であるとする．

定理 19.3. $\{T_n\}_{n=0}^{\infty}$ はつぎの母函数展開をもつ：

$$\frac{1-t^2}{1-2xt+t^2}=\sum_{n=0}^{\infty}T_n(x)(2t)^n.\tag{19.7}$$

証明. (19.7) で定められる T_n は x の n 次の多項式であって，x^n の係数は正である．その左辺の母函数に対しては

$$\int_{-1}^{1}\frac{1}{\sqrt{1-x^2}}\frac{1-s^2}{1-2xs+s^2}\frac{1-t^2}{1-2xt+t^2}dx=\frac{\pi}{2}\frac{2-st}{1-st}=\pi+\sum_{n=1}^{\infty}\frac{\pi}{2}(st)^n.$$

ゆえに，(19.7) で定められる $\{T_n\}$ に対して，荷重 $1/\sqrt{1-x^2}$ に関する直交性と正規化の条件 (19.6) がえられる．

注意. ときには，$2^{n-1}T_n$ $(n\geqq 1)$ の代りに単に T_n とかかれる．

系.
$$T_n(\pm 1)=\begin{cases}1 & (n=0),\\ (\pm 1)^n/2^{n-1} & (n\geqq 1).\end{cases}$$

証明. 母函数展開で $x=\pm 1$ とおけば，

$$\sum_{n=0}^{\infty}T_n(\pm 1)(2t)^n=\frac{1-t^2}{1\mp 2t+t^2}=\frac{1\pm t}{1\mp t}=1+\sum_{n=0}^{\infty}2(\pm 1)^n t^n.$$

定理 19.4. $u=T_n(x)$ は**チェビシェフの微分方程式**

$$\frac{d}{dx}\left(\sqrt{1-x^2}\frac{du}{dx}\right)+\frac{n^2}{\sqrt{1-x^2}}u=0\tag{19.8}$$

をみたす．さらに，超幾何級数をもって

$$(19.9)\qquad T_n(x)=\frac{1}{2^{n-1}}F\left(n,-n;\frac{1}{2};\frac{1-x}{2}\right)\qquad (n\geqq 1).$$

証明. 母函数 (19.7) を用いると，

$$\sum_{n=0}^{\infty}((1-x^2)T_n''(x)-xT_n'(x)+n^2T_n(x))(2t)^n$$

$$=\left((1-x^2)\frac{\partial^2}{\partial x^2}-x\frac{\partial}{\partial x}+t\frac{\partial}{\partial t}\left(t\frac{\partial}{\partial t}\right)\right)\frac{1-t^2}{1-2xt+t^2}=0.$$

ゆえに，$(1-x^2)u''-xu'+n^2u=0$ すなわち (19.8) が成り立つ．つぎに，独立変数の置換 $x=1-2z$ を行なえば，

$$z(1-z)\frac{d^2u}{dz^2}+\left(\frac{1}{2}-z\right)\frac{du}{dz}+n^2u=0.$$

これは $F(n,-n;1/2;z)$ に対する方程式である． 定理 19.3 系の関係を利用して $z=0$ すなわち $x=1$ のときの値を比較することによって，(19.9) がえられる．

4. ラゲルにより導入された**ラゲルの多項式系** $\{L_n\}_{n=0}^{\infty}$ は，区間 $(0,\infty)$ で $\{x^n\}_{n=0}^{\infty}$ を荷重 e^{-x} に関して直交化することによってえられる．正規化の条件は

$$(19.10)\qquad \int_0^{\infty}e^{-x}L_n(x)^2dx=n!^2.$$

$(-1)^nL_n(x)$ の x^n の係数は正であるとする．

定理 19.5. $\{L_n\}_{n=0}^{\infty}$ はつぎの母函数展開をもつ：

$$(19.11)\qquad \frac{e^{-xt/(1-t)}}{1-t}=\sum_{n=0}^{\infty}L_n(x)\frac{t^n}{n!}.$$

証明. $$\int_0^{\infty}e^{-x}\frac{e^{-xs/(1-s)}}{1-s}\frac{e^{-xt/(1-t)}}{1-t}dx=\frac{1}{1-st}=\sum_{n=0}^{\infty}(st)^n.$$

注意. ときには，$L_n/n!$ の代りに単に L_n とかかれる．

系. $$L_n(0)=n!,\qquad L_n'(0)=-n!n.$$

証明. $$\sum_{n=0}^{\infty}L_n(0)\frac{t^n}{n!}=\frac{1}{1-t}=\sum_{n=0}^{\infty}t^n,$$

$$\sum_{n=0}^{\infty}L_n'(0)\frac{t^n}{n!}=-\frac{t}{(1-t)^2}=\sum_{n=0}^{\infty}(-n)t^n.$$

定理 19.6. $u=L_n(x)$ は**ラゲルの微分方程式**

$$\frac{d}{dx}\left(xe^{-x}\frac{du}{dx}\right)+ne^{-x}u=0 \tag{19.12}$$

をみたす．さらに，合流型超幾何級数をもって

$$L_n(x)=n!F(-n;1;x). \tag{19.13}$$

証明.
$$\sum_{n=0}^{\infty}(xL_n''(x)+(1-x)L_n'(x)+nL_n(x))\frac{t^n}{n!}$$
$$=\left(x\frac{\partial^2}{\partial x^2}+(1-x)\frac{\partial}{\partial x}+t\frac{\partial}{\partial t}\right)\frac{e^{-xt/(1-t)}}{1-t}=0.$$

ゆえに，$xu''+(1-x)u'+nu=0$ すなわち (19.12) が成り立つ．これは函数 $F(-n;1;x)$ に対する方程式である．定理 19.5 系に注意すると，(19.13) がえられる．

5. エルミトにより導入された**エルミトの多項式系** $\{H_n\}_{n=0}^{\infty}$ は，区間 $(-\infty,\infty)$ で $\{x^n\}_{n=0}^{\infty}$ を荷重 e^{-x^2} に関して直交化することによってえられる．正規化の条件は

$$\int_{-\infty}^{\infty}e^{-x^2}H_n(x)^2dx=\sqrt{\pi}\,n!2^n. \tag{19.14}$$

$H_n(x)$ の x^n の係数は正であるとする．

定理 19.7. $\{H_n\}_{n=0}^{\infty}$ はつぎの母函数展開をもつ:

$$e^{2xt-t^2}=\sum_{n=0}^{\infty}H_n(x)\frac{t^n}{n!}. \tag{19.15}$$

証明.
$$\int_{-\infty}^{\infty}e^{-x^2}e^{2xs-s^2}e^{2xt-t^2}dx=\sqrt{\pi}\,e^{2st}=\sum_{n=0}^{\infty}\frac{\sqrt{\pi}\,2^n}{n!}(st)^n.$$

注意. ときには，$H_n(x/\sqrt{2})/n!(-\sqrt{2})^n$ ないしは $H_n(x/\sqrt{2})/n!(\sqrt{2})^n$ を単に $H_n(x)$ とかく．

系.
$$H_{2m}(0)=(-1)^m\frac{(2m)!}{m!},\qquad H_{2m}'(0)=0,$$
$$H_{2m+1}(0)=0,\qquad H_{2m+1}'(0)=(-1)^m2\frac{(2m+1)!}{m!}\qquad (m=0,1,\cdots).$$

証明.
$$\sum_{n=0}^{\infty}H_n(0)\frac{t^n}{n!}=e^{-t^2}=\sum_{m=0}^{\infty}(-1)^m\frac{t^{2m}}{m!},$$
$$\sum_{n=0}^{\infty}H_n'(0)\frac{t^n}{n!}=2te^{-t^2}=\sum_{m=0}^{\infty}(-1)^m2\frac{t^{2m+1}}{m!}.$$

注意. $$H_{2m+1}(0)=H_{2m}'(0)=0 \qquad (m=0,1,\cdots).$$

定理 19.8. $u=H_n(x)$ **はエルミトの微分方程式**

$$\frac{d}{dx}\left(e^{-x^2}\frac{du}{dx}\right)+2ne^{-x^2}u=0 \tag{19.16}$$

をみたす．さらに，合流型超幾何級数をもって

$$\begin{aligned} H_{2m}(x)&=(-1)^m\frac{(2m)!}{m!}F\left(-m;\frac{1}{2};x^2\right),\\ H_{2m+1}(x)&=(-1)^m 2\frac{(2m+1)!}{m!}xF\left(-m;\frac{3}{2};x^2\right) \end{aligned} \qquad (m=0,1,\cdots). \tag{19.17}$$

証明.
$$\sum_{n=0}^{\infty}(H_n''(x)-2xH_n'(x)+2nH_n(x))\frac{t^n}{n!}$$
$$=\left(\frac{\partial^2}{\partial x^2}-2x\frac{\partial}{\partial x}+2t\frac{\partial}{\partial t}\right)e^{2xt-t^2}=0.$$

ゆえに，$u''-2xu'+2nu=0$ すなわち (19.16) が成り立つ．独立変数の置換 $x^2=z$ を行なえば，

$$z\frac{d^2u}{dz^2}+\left(\frac{1}{2}-z\right)\frac{du}{dz}+\frac{n}{2}u=0.$$

これは $F(-n/2;1/2;z)$ に対する方程式である． $n=2m$ のとき，定理 19.7 系の第一式に注意すると，(19.17) の第一式がえられる． $n=2m+1$ のときには，(16.4) ($\alpha=-n/2,\ \gamma=1/2$) にあげた第二の解 $z^{1/2}F(-n/2+1/2;3/2;z)$ をとる． $H_{2m+1}(0)=0$ および定理 19.7 系の第一式に注意すると，(19.17) の第二式がえられる．

6. この節にあげた多項式系は，いずれも初等函数を母函数としている． このような函数系 $\{p_n\}_{n=0}^{\infty}$ に対して，$n\to\infty$ のときの漸近状態をみちびくためのダルブーによる一般的な方法について説明しよう．その具体例については，§20.8 に示すであろう．

独立変数 x を固定して考えるから，これをあからさまに出さないで，母函数展開

$$F(t)=\sum_{n=0}^{\infty}A_nt^n \tag{19.18}$$

によって列 $\{A_n\}$ が定められているとし， 右辺の収束円を $|t|<1$ とする． $|t|=1$ 上での $F(t)$ の特異性を考慮して，適当な函数

$$f(t)=\sum_{n=0}^{\infty}a_nt^n \tag{19.19}$$

をとるとき，$F(t)-f(t)$ が $|t|=1$ 上で $\tau\equiv\arg t$ について m 回連続的に微分可能にな

ったとする．そうすると，$\{A_n-a_n\}_{n=0}^{\infty}$ は m 回連続的微分可能な函数 $\Omega(e^{i\tau})=F(e^{i\tau})-f(e^{i\tau})$ のフーリエ係数であるから，

(19.20) $$A_n=a_n+O(n^{-m}) \qquad (n\to\infty).$$

じっさい，部分積分法によって，

$$A_n-a_n=\frac{1}{2\pi}\int_{-\pi}^{\pi}\Omega(e^{i\tau})e^{-in\tau}d\tau$$
$$=\frac{1}{(in)^m}\frac{1}{2\pi}\int_{-\pi}^{\pi}\frac{d^m\Omega(e^{i\tau})}{d\tau^m}e^{-in\tau}d\tau=O(n^{-m}).$$

(19.19) として係数列の漸近性状が知られているような f をえらべば，(19.20) によって $\{A_n\}$ の漸近性状がえられるわけである．

問 1. ルジャンドルの多項式系 $\{P_n\}$ に対して

$$\frac{1-t^2}{(1-2xt+t^2)^{3/2}}=\sum_{n=0}^{\infty}(2n+1)P_n(x)t^n.$$

問 2. $$P_n(x)=\sum_{\nu=0}^{n}\frac{(-1)^n\cdot(n+\nu)!}{\nu!^2(n-\nu)!}\left(\frac{1-x}{2}\right)^{\nu}.$$

問 3. チェビシェフの多項式系 $\{T_n\}$ に対して

$$\frac{d^2u}{d\theta^2}+n^2u=0 \qquad (u=T_n(\cos\theta)).$$

§20. ルジャンドルの多項式

1. 定理 19.1 にあげたルジャンドルの多項式系 $\{P_n\}_{n=0}^{\infty}$ の母函数

(20.1) $$F(x,t)=\frac{1}{\sqrt{1-2xt+t^2}}$$

に対しては，$F(-x,-t)=F(x,t)$ が成り立つから，

(20.2) $$P_n(-x)=(-1)^nP_n(x).$$

すなわち，$P_n(x)$ は n の偶，奇に応じて偶函数，奇函数である．その多項式としての具体的な形はつぎの定理で与えられる：

定理 20.1. $$P_n(x)=\frac{1}{2^n}\sum_{\nu=0}^{[n/2]}(-1)^{\nu}\frac{(2n-2\nu)!}{\nu!(n-\nu)!(n-2\nu)!}x^{n-2\nu}$$

(20.3) $$=\frac{1}{n!2^n}\frac{d^n}{dx^n}(x^2-1)^n \qquad \textbf{(ロドリグの表示)}$$

$$=\frac{1}{2^n}\sum_{\nu=0}^{n}\binom{n}{\nu}^2(x-1)^{\nu}(x+1)^{n-\nu}.$$

証明. 母函数 (20.1) を直接に展開すれば，

$$F(x,t)=\sum_{m=0}^{\infty}(-1)^m\binom{-1/2}{m}(2xt-t^2)^m$$

$$=\sum_{m=0}^{\infty}(-1)^m\binom{-1/2}{m}\sum_{\nu=0}^{m}(-1)^\nu\binom{m}{\nu}(2xt)^{m-\nu}t^{2\nu}$$

$$=\sum_{m=0}^{\infty}\sum_{\nu=0}^{m}(-1)^\nu\frac{1}{2^{m+\nu}}\frac{(2m)!}{\nu!(m-\nu)!m!}x^{m-\nu}t^{m+\nu} \qquad [m+\nu=n]$$

$$=\sum_{n=0}^{\infty}t^n\sum_{0\leqq 2\nu\leqq n}(-1)^\nu\frac{1}{2^n}\frac{(2n-2\nu)!}{\nu!(n-2\nu)!(n-\nu)!}x^{n-2\nu}.$$

これで (20.3) のはじめの関係がえられている．$(x^2-1)^n$ を x のベキに展開した式を x について n 回微分することによって，第二の関係もえられる．また，このロドリグの表示で $(x^2-1)^n=(x-1)^n(x+1)^n$ とみなして微分法についてのライプニッツの公式を用いれば，最後の表示となる．

2. 定理18.5にもとづいて，$P_n(x)$ は区間 $(-1,1)$ に n 個の(必然的に単一な)零点をもつ．区間 $(-1,1)$ では，$P_n(x)$ はよく $x=\cos\theta$ とおいて θ の函数とみなされる．

定理 20.2. $\dfrac{1}{\sin\theta}\dfrac{d}{d\theta}\left(\sin\theta\dfrac{dP_n(\cos\theta)}{d\theta}\right)+n(n+1)P_n(\cos\theta)=0.$

証明. 微分方程式 (19.4) で $x=\cos\theta$ とおいたものである．

定理 20.3. $P_n(\cos\theta)=\dfrac{1}{2^{2n}}\displaystyle\sum_{\nu=0}^{n}\dfrac{(2\nu)!(2n-2\nu)!}{\nu!^2(n-\nu)!^2}\cos(n-2\nu)\theta$

$$=\frac{(2n)!}{n!^2 2^{2n}}e^{in\theta}F\left(\frac{1}{2},-n;\frac{1}{2}-n;e^{-2i\theta}\right) \tag{20.4}$$

$$=\frac{(-1)^n}{n!}\operatorname{cosec}^{n+1}\theta\frac{d^n\sin\theta}{d(\cot\theta)^n}.$$

証明. $(1-2t\cos\theta+t^2)^{-1/2}=(1-te^{-i\theta})^{-1/2}(1-te^{i\theta})^{-1/2}$

$$=\sum_{\nu=0}^{\infty}\binom{-1/2}{\nu}(-te^{-i\theta})^\nu\cdot\sum_{\mu=0}^{\infty}\binom{-1/2}{\mu}(-te^{i\theta})^\mu$$

の右辺の乗積級数における t^n の係数を求めると，

$$P_n(\cos\theta)=\frac{1}{2^{2n}}\sum_{\nu=0}^{n}\frac{(2\nu)!(2n-2\nu)!}{\nu!^2(n-\nu)!^2}e^{i(n-2\nu)\theta}.$$

この右辺は (20.4) の第二の表示となっている．ここで両辺の実数部分を比較すると，第一の表示となる．他方において，

$$\sin\theta\sum_{n=0}^{\infty}t^nP_n(\cos\theta)=\sin\theta(1-2t\cos\theta+t^2)^{-1/2}$$
$$=(1+(\cot\theta-t\,\mathrm{cosec}\,\theta)^2)^{-1/2}.$$

ゆえに，$\cot\varphi=\cot\theta-t\,\mathrm{cosec}\,\theta$ とおけば，この右辺は $\sin\varphi$ となり，

$$n!\sin\theta\cdot P_n(\cos\theta)=\left[\frac{d^n}{dt^n}\sin\varphi\right]^{t=0}=\left[\left(-\mathrm{cosec}\,\theta\frac{d}{d\cot\varphi}\right)^n\sin\varphi\right]^{t=0}$$
$$=(-1)^n\mathrm{cosec}^n\theta\frac{d^n\sin\theta}{d(\cot\theta)^n}.$$

系. $$|P_n(x)|<1\qquad(-1<x<1;\ n=1,2,\cdots).$$

証明. 定理の最初の表示から $|P_n(\cos\theta)|\leqq P_n(1)=1$. しかも，$n\geqq1$ のとき $|P_n(\cos\theta)|=1$ となるのは，$|\cos\theta|=1$ のときに限る．

注意. すでにみたように(定理 19.1 とその系参照)，$P_n(\pm1)=(\pm1)^n$; $P_0(x)\equiv1$.

3. ルジャンドルの多項式系 $\{P_n\}_{n=0}^{\infty}$ については，多くの**漸化式**がある．それらはいろいろな方法でみちびかれる．

定理 20.4. $P_n(x)$ に対する昇降演算子は

$$\mathcal{T}_n^+=x-\frac{1-x^2}{n+1}\mathcal{D},\qquad\mathcal{T}_n^-=x+\frac{1-x^2}{n}\mathcal{D}\qquad\left(\mathcal{D}\equiv\frac{d}{dx}\right).\tag{20.5}$$

あるいは，$P_n'(x)$ について解いた形でかきあげると，

$$\begin{aligned}(1-x^2)P_n'(x)&=(n+1)(xP_n(x)-P_{n+1}(x))\\&=-n(xP_n(x)-P_{n-1}(x)).\end{aligned}\tag{20.6}$$

証明. 母函数 (20.1) を利用すれば，

$$\sum_{n=0}^{\infty}((1-x^2)P_n'(x)-(n+1)(xP_n(x)-P_{n+1}(x)))t^n$$
$$=\left((1-x^2)\frac{\partial}{\partial x}-x\frac{\partial}{\partial t}t+\frac{\partial}{\partial t}\right)F(x,t)=0,$$
$$\sum_{n=0}^{\infty}((1-x^2)P_n'(x)+n(xP_n(x)-P_{n-1}(x)))t^n$$
$$=\left((1-x^2)\frac{\partial}{\partial x}+xt\frac{\partial}{\partial t}-t\frac{\partial}{\partial t}t\right)F(x,t)=0.$$

あるいは，ロドリグの表示 (20.3) を用いて，

$$P_n'(x)=\frac{1}{n!2^n}\frac{d^{n+1}}{dx^{n+1}}(x^2-1)^n=\frac{1}{n!2^n}\frac{d^n}{dx^n}(2nx(x^2-1)^{n-1})$$

$$=\frac{2n}{n!2^n}\left(x\frac{d^n}{dx^n}(x^2-1)^{n-1}+n\frac{d^{n-1}}{dx^{n-1}}(x^2-1)^{n-1}\right);$$

(20.7) $$P_n{}'(x)=xP_{n-1}{}'(x)+nP_{n-1}(x).$$

この式の各項に x^2-1 を掛けて x で微分すれば，ルジャンドルの微分方程式を考慮することにより

(20.8) $$nP_n(x)=(x^2-1)P_{n-1}{}'(x)+nxP_{n-1}(x).$$

ここで n の代りに $n+1$ とかいた式 $(20.8)_{n+1}$ は，(20.6) の第一の関係にほかならない．また，(20.7) と (20.8) から $P_{n-1}{}'$ を消去すれば，(20.6) の第二の関係がえられる．

注意． $\mathcal{T}^-_{n+1}\mathcal{T}^+_n u=u$, $\mathcal{T}^+_{n-1}\mathcal{T}^-_n u=u$ をつくれば，これらはいずれもルジャンドルの微分方程式となる．

定理 20.5. $$P_1(x)-xP_0(x)=0,$$

(20.9) $$(n+1)P_{n+1}(x)-(2n+1)xP_n(x)+nP_{n-1}(x)=0 \qquad (n\geqq 1).$$

証明． (20.6) の後半の等式にほかならない； $0P_{-1}(x)=0$ と解される．あるいは，むしろ直接に，母函数 (20.1) に対して $(x-t)F=(1-2xt+t^2)\partial F/\partial t$ が成り立つことに注意すれば，

$$(x-t)\sum_{n=0}^{\infty}P_n(x)t^n=(1-2xt+t^2)\sum_{n=1}^{\infty}nP_n(x)t^{n-1}.$$

この両辺を t のベキ級数に表わしたときの t^n の係数を比較すれば，(20.9) がえられる．

定理 20.6. $$(2n+1)P_n(x)=P_{n+1}{}'(x)-P_{n-1}{}'(x);$$

(20.10) $$P_n{}'(x)=\sum_{\nu=0}^{[(n-1)/2]}(2n-4\nu-1)P_{n-2\nu-1}(x).$$

証明． $(20.6)_{n+1}$, $(20.6)_{n-1}$ および (20.9) によって

$$(1-x^2)(P_{n+1}{}'(x)-P_{n-1}{}'(x))$$
$$=-(n+1)(xP_{n+1}(x)-P_n(x))-n(xP_{n-1}(x)-P_n(x))$$
$$=(2n+1)P_n(x)-x((n+1)P_{n+1}+nP_{n-1}(x))$$
$$=(1-x^2)(2n+1)P_n(x).$$

これではじめの関係がえられている．この関係を

$$P_n{}'(x)=(2n-1)P_{n-1}(x)+P_{n-2}{}'(x)$$

とおいて帰納法を用いると，(20.10) がみちびかれる．

4. 一般に，函数 f がルジャンドルの多項式系 $\{P_n\}_{n=0}^{\infty}$ によって

$$f(x)=\sum_{n=0}^{\infty}a_nP_n(x) \qquad (-1\leqq x\leqq 1) \tag{20.11}$$

という形に展開され，右辺の級数が一様に収束するとする．このとき，$\{P_n\}$ の直交性と正規化の条件により展開係数がつぎの式で定められる：

$$a_n=\frac{2n+1}{2}\int_{-1}^{1}f(x)P_n(x)dx \qquad (n=0,1,\cdots).$$

ここで，f が特に多項式の場合について，この展開の係数を求める．$N\geqq 0$ を整数として $f(x)=x^N$ を考えれば十分であろう．ロドリグの表示 (20.3) を用いれば，n 回部分積分を行なうことによって，

$$\frac{2n+1}{2}\int_{-1}^{1}x^NP_n(x)dx=\frac{2n+1}{2}\frac{1}{n!2^n}\int_{-1}^{1}x^N\frac{d^n}{dx^n}(x^2-1)^ndx$$

$$=\frac{2n+1}{2}\frac{1}{n!2^n}(-1)^n\frac{N!}{(N-n)!}\int_{-1}^{1}x^{N-n}(x^2-1)^ndx.$$

最後の積分は $N-n$ が奇数のとき 0 であり，$N-n$ が偶数のときには

$$(-1)^n\int_{-1}^{1}x^{N-n}(x^2-1)^ndx=2\int_{0}^{1}x^{N-n}(1-x^2)^ndx \qquad [x^2=t]$$

$$=\int_0^1 t^{(N-n-1)/2}(1-t)^ndt=B\left(\frac{N-n+1}{2},n+1\right)$$

$$=2^{2n+1}\frac{(N-n)!(N/2+n/2)!n!}{(N/2-n/2)!(N+n+1)!};$$

$$\frac{2n+1}{2}\int_{-1}^{1}x^NP_n(x)dx$$

$$=\begin{cases}(2n+1)2^n\dfrac{N!(N/2+n/2)!}{(N+n+1)!(N/2-n/2)!} & (n=N,N-2,\cdots),\\ 0 & (n=N-1,N-3,\cdots).\end{cases} \tag{20.12}$$

ゆえに，展開はルジャンドル自身が求めたように，

$$x^N=N!\sum_{\nu=0}^{[N/2]}(2N-4\nu+1)\frac{2^{N-2\nu}\cdot(N-\nu)!}{\nu!(2N-2\nu+1)!}P_{N-2\nu}(x). \tag{20.13}$$

一般な函数 $f\in \boldsymbol{L}(-1,1)$ に対しては，このようにしてつくられた (20.11) の右辺の級数は収束するとは限らず，収束しても $f(x)$ を表わすとは限らない．その意味で，フーリエ展開の場合にならって，いわゆる**ルジャンドル展開**を

(20.14) $$f(x)\sim\sum_{n=0}^{\infty}a_nP_n(x)$$

で表わす．この右辺のルジャンドル級数については，いろいろな結果がえられている．§25参照.

5.

定理 20.7. つぎの**クリストッフェルの公式**が成り立つ：

(20.15)
$$\begin{aligned}&\sum_{\nu=0}^{n}(2\nu+1)P_\nu(x)P_\nu(y)\\&=\frac{n+1}{y-x}(P_n(x)P_{n+1}(y)-P_{n+1}(x)P_n(y)).\end{aligned}$$

証明. 定理20.5にあげた漸化式によって

$$(2\nu+1)xP_\nu(x)=(\nu+1)P_{\nu+1}(x)+\nu P_{\nu-1}(x),$$
$$(2\nu+1)yP_\nu(y)=(\nu+1)P_{\nu+1}(y)+\nu P_{\nu-1}(y).$$

これらの式に $P_\nu(y)$, $-P_\nu(x)$ を掛けて加え，ν について 0 から n まで加えればよい.

定理 20.8. 整数 $n\geqq 0$ が与えられたとき，

(20.16) $$\int_{-1}^{1}p_n(x)x^\nu dx=1\qquad(\nu=0,\cdots,n)$$

をみたす n 次の多項式 p_n がただ一つ存在し，しかも

(20.17) $$p_n(x)=\sum_{\nu=0}^{n}\frac{2\nu+1}{2}P_\nu(x)=\frac{n+1}{2}\,\frac{P_n(x)-P_{n+1}(x)}{1-x}.$$

証明. 単独性を示すために，p もまた条件をみたすとすれば，

$$\begin{aligned}&\int_{-1}^{1}|p(x)-p_n(x)|^2dx\\&=\int_{-1}^{1}p(x)(\bar{p}(x)-\bar{p}_n(x))dx-\int_{-1}^{1}p_n(x)(\bar{p}(x)-\bar{p}_n(x))dx\\&=\bar{p}(1)-\bar{p}_n(1)-(\bar{p}(1)-\bar{p}_n(1))=0.\end{aligned}$$

ゆえに，$p=p_n$. つぎに，

$$p_n(x)=\sum_{\nu=0}^{n}\pi_\nu P_\nu(x)$$

とおく．あらためて任意な n 次の多項式 q に対して

$$q(x)=\sum_{\nu=0}^{n}\rho_\nu P_\nu(x)$$

とおけば，仮定によって

$$\sum_{\nu=0}^{n}\frac{2}{2\nu+1}\pi_\nu\rho_\nu=\int_{-1}^{1}p_n(x)q(x)dx=q(1)=\sum_{\nu=0}^{n}\rho_\nu.$$

これが ρ_ν について恒等的に成り立つことから

$$\pi_\nu=\frac{2\nu+1}{2}\qquad(\nu=0,\cdots,n).$$

これで (20.17) のはじめの等式が示されている． 第二の等式はクリストッフェルの公式で $y=1$ とおいたものにほかならない．

注意． 上の証明でも利用したように， 定理の仮定 (20.16) は任意な n 次の多項式 q に対して

$$\int_{-1}^{1}p_n(x)q(x)dx=q(1)$$

が成り立つことと同値である． それを用いると，証明の最後の部分はつぎのようにしても示される．すなわち，

$$(1-x)p_n(x)=\sum_{\nu=0}^{n+1}\sigma_\nu P_\nu(x)$$

とおく． これに $P_0(x),\cdots,P_{n-1}(x)$ を掛けて積分することによって， $\sigma_\nu=0$ ($\nu=0,\cdots,n-1$). さらに，

$$(1-x)p_n(x)=\sigma_nP_n(x)+\sigma_{n+1}P_{n+1}(x)$$

で $x=\pm1$ とおくと，

$$P_n(\pm1)=(\pm1)^n,\qquad\left(p_n(1)=\sum_{\nu=0}^{n}\frac{2\nu+1}{2}=\frac{(n+1)^2}{2}\right),$$

$$p_n(-1)=\sum_{\nu=0}^{n}\frac{2\nu+1}{2}(-1)^\nu=(-1)^n\frac{n+1}{2};$$

$$0=\sigma_n+\sigma_{n+1},\qquad 2(-1)^n\frac{n+1}{2}=(-1)^n\sigma_n+(-1)^{n+1}\sigma_{n+1};$$

$$\sigma_n=-\sigma_{n+1}=\frac{n+1}{2}.$$

定理 20.9． 定理 20.8 の多項式系 $\{p_n\}_{n=0}^{\infty}$ はつぎの直交性の条件をみたす：

(20.18)
$$\int_{-1}^{1}(1-x)p_m(x)p_n(x)dx=\delta_{mn}\frac{n+1}{2}.$$

証明． p_n の定義の条件によって

$$\int_{-1}^{1}(1-x)x^mp_n(x)dx=[(1-x)x^m]^{x=1}=0\quad(m=0,\cdots,n-1).$$

また，(20.17) を用いて

$$\int_{-1}^{1}(1-x)p_n(x)^2dx=\frac{n+1}{2}\int_{-1}^{1}(P_n(x)-P_{n+1}(x))\sum_{\nu=0}^{n}\frac{2\nu+1}{2}P_\nu(x)dx$$

$$=\frac{n+1}{2}\cdot\frac{2n+1}{2}\int_{-1}^{1}P_n(x)^2dx=\frac{n+1}{2}.$$

これで (20.18) がえられている.

6. ルジャンドルの多項式に関する**極値性**をあげる.

定理 20.10. n 次の項の係数が 1 に等しい n 次の多項式のうちで，区間 $(-1,1)$ におけるノルムが最小なものは，c_nP_n $(c_n=n!^2 2^{2n}/(2n)!)$ に限る.

証明. このような多項式 p は

$$p(x)=c_nP_n(x)+\sum_{\nu=0}^{n-1}d_\nu P_\nu(x)$$

という形に表わされるから,

$$\|p\|^2=\int_{-1}^{1}|p(x)|^2dx=\frac{2c_n{}^2}{2n+1}+\sum_{\nu=0}^{n-1}\frac{2|d_\nu|^2}{2\nu+1}.$$

これは $d_\nu=0$ $(\nu=0,\cdots,n-1)$ すなわち $p=c_nP_n$ のときに限って，その最小値 $2c_n{}^2/(2n+1)$ に達する.

定理 20.11. 区間 $(-1,1)$ において $\|p\|=1$ をみたす n 次の多項式 p に対してつねに

$$|p(x)|\leqq\frac{n+1}{\sqrt{2}}\qquad(-1\leqq x\leqq 1).\tag{20.19}$$

ここで等号が成り立つのは，定理 20.8 の多項式 p_n をもって

$$p(x)=\varepsilon\frac{\sqrt{2}}{n+1}p_n(\pm x),\qquad x=\pm 1\qquad(|\varepsilon|=1)\tag{20.20}$$

の場合に限る.

証明.
$$p(x)=\sum_{\nu=0}^{n}\tau_\nu P_\nu(x)$$

とおけば,

$$1=\|p\|^2=\sum_{\nu=0}^{n}|\tau_\nu|^2\frac{2}{2\nu+1}.$$

コーシーの不等式によって,

$$|p(x)|^2\leqq\sum_{\nu=0}^{n}|\tau_\nu|^2\frac{2}{2\nu+1}\cdot\sum_{\nu=0}^{n}\frac{2\nu+1}{2}P_\nu(x)^2=\sum_{\nu=0}^{n}\frac{2\nu+1}{2}P_\nu(x)^2.$$

定理 20.3 系により $|P_\nu(x)|\leqq 1$ $(-1\leqq x\leqq 1)$ であるから，評価 (20.19) が成り立つ．さらに，$x=x_0$ で等号が現われたとすれば，

$$\tau_\nu=\eta\frac{2\nu+1}{2}P_\nu(x_0),\qquad P_\nu(x_0)=\pm 1\quad(\nu=0,\cdots,n);\qquad \sum_{\nu=0}^{n}|\tau_\nu|^2\frac{2}{2\nu+1}=1$$

でなければならない．したがって，

$$x_0=\pm 1;\qquad |\eta|^2\sum_{\nu=0}^{n}\frac{2\nu+1}{2}=1,\qquad |\eta|=\frac{\sqrt{2}}{n+1};\qquad \tau_\nu=\eta(\pm 1)^\nu\frac{2\nu+1}{2}.$$

ゆえに，(20.20) の形をうる．

定理 20.12. 区間 $(-1,1)$ で $\|\sqrt{1-x}\,p\|=1$ をみたす n 次の多項式 p に対してつねに

$$(20.21)\qquad |p(1)|\leqq\frac{(n+1)(n+2)}{2\sqrt{2}},\qquad |p(-1)|\leqq\frac{\sqrt{(n+1)(n+2)}}{2}.$$

等号が成り立つのは，定理 20.8 の多項式 p_ν をもって，それぞれつぎの場合に限る：

$$(20.22)\qquad \begin{aligned} p(x)&=\varepsilon\frac{2\sqrt{2}}{(n+1)(n+2)}\sum_{\nu=0}^{n}(\nu+1)p_\nu(x),\\ p(x)&=\varepsilon\frac{2}{\sqrt{(n+1)(n+2)}}\sum_{\nu=0}^{n}(-1)^\nu p_\nu(x)\end{aligned}\qquad (|\varepsilon|=1).$$

証明.
$$p(x)=\sum_{\nu=0}^{n}\tau_\nu p_\nu(x)$$

とおけば，定理 20.9 により

$$1=\|\sqrt{1-x}\,p\|^2=\sum_{\nu=0}^{n}|\tau_\nu|^2\frac{\nu+1}{2}.$$

コーシーの不等式によって，

$$|p(x)|^2\leqq\sum_{\nu=0}^{n}|\tau_\nu|^2\frac{\nu+1}{2}\cdot\sum_{\nu=0}^{n}\frac{2}{\nu+1}|p_\nu(x)|^2=\sum_{\nu=0}^{n}\frac{2}{\nu+1}|p_\nu(x)|^2.$$

定理 20.8 の証明の注意でも示したように，

$$p_\nu(1)=\frac{(\nu+1)^2}{2},\qquad p_\nu(-1)=(-1)^\nu\frac{\nu+1}{2}$$

であるから，評価 (20.21) が成り立つ．そこでの限界が達せられるのは，

$$\tau_\nu=\eta\frac{2}{\nu+1}p_\nu(\pm 1)\quad(\nu=0,\cdots,n);\qquad \sum_{\nu=1}^{n}|\tau_\nu|^2\frac{\nu+1}{2}=1$$

の場合に限る．これからそれぞれ

$$\tau_\nu=\eta(\nu+1),\ |\eta|=\frac{2\sqrt{2}}{(n+1)(n+2)};\quad \tau_\nu=\eta(-1)^\nu,\ |\eta|=\frac{2}{\sqrt{(n+1)(n+2)}}.$$

7. ルジャンドルの多項式に対する**積分表示**をあげる．

定理 20.13. (i) 複素 ζ 平面上で点 z を正の向きに一周する路を C とすれば，

$$P_n(z)=\frac{1}{2^{n+1}\pi i}\int_C\frac{(\zeta^2-1)^n}{(\zeta-z)^{n+1}}d\zeta. \tag{20.23}$$

(ii) 複素 ζ 平面上で二点 $z\pm\sqrt{z^2-1}$ を正の向きに一周する路を K とすれば，

$$P_n(z)=\frac{1}{2\pi i}\int_K\frac{\zeta^n}{\sqrt{1-2z\zeta+\zeta^2}}d\zeta. \tag{20.24}$$

証明. (i) ロドリグの表示 (20.3) によって

$$P_n(z)=\frac{1}{n!2^n}\frac{d^n}{dz^n}(z^2-1)^n.$$

正則函数 $(1/n!2^n)(z^2-1)^n$ の n 階導函数に対するコーシーの積分表示をかきあげたものが，(20.23) にほかならない．

(ii) 母函数展開の式 (19.3) から，$|\zeta|>|z\mp\sqrt{z^2-1}|$ のとき，

$$\frac{1}{\sqrt{1-2z\zeta+\zeta^2}}=\frac{1}{\zeta\sqrt{1-2z\zeta^{-1}+\zeta^{-2}}}=\sum_{n=0}^{\infty}\frac{P_n(z)}{\zeta^{n+1}}.$$

これを左辺の函数の $\zeta=0$ のまわりのローラン展開とみなして，その係数表示をつくったものが (20.24) である．

定理 20.14. ラプラスの表示が成り立つ：

$$P_n(z)=\frac{1}{\pi}\int_0^\pi(z+\sqrt{z^2-1}\cos\varphi)^n d\varphi. \tag{20.25}$$

証明. 右辺の被積分函数が周期 2π の偶函数であることに注意し，定理 20.1 の最後の表示を用いると，

$$\frac{1}{\pi}\int_0^\pi(z+\sqrt{z^2-1}\cos\varphi)^n d\varphi$$
$$=\frac{1}{2\pi}\int_{-\pi}^{\pi}\left(\sqrt{\frac{z+1}{2}}+\sqrt{\frac{z-1}{2}}e^{i\varphi}\right)^n\left(\sqrt{\frac{z+1}{2}}+\sqrt{\frac{z-1}{2}}e^{-i\varphi}\right)^n d\varphi$$

$$=\frac{1}{2\pi}\int_{-\pi}^{\pi}\sum_{h=0}^{n}\binom{n}{h}\left(\frac{z+1}{2}\right)^{(n-h)/2}\left(\frac{z-1}{2}\right)^{h/2}e^{ih\varphi}$$

$$\cdot\sum_{k=0}^{n}\binom{n}{k}\left(\frac{z+1}{2}\right)^{(n-k)/2}\left(\frac{z-1}{2}\right)^{k/2}e^{-ik\varphi}d\varphi$$

$$=\sum_{\nu=0}^{n}\binom{n}{\nu}^2\left(\frac{z+1}{2}\right)^{n-\nu}\left(\frac{z-1}{2}\right)^{\nu}=P_n(z).$$

あるいは，定理20.13の表示（20.24）によることもできる．$z=\cos\theta$ とおき，積分路 K を二点 $e^{\pm i\theta}$ を結ぶ二重線分に縮める．被積分函数は点 $e^{\pm i\theta}$ をまわるとき符号を変えるから，$\zeta=\cos\theta+i\tau\sin\theta$ とおけば，

$$P_n(\cos\theta)=\frac{1}{2\pi i}\int_{|\zeta|=\rho>1}\frac{\zeta^n}{\sqrt{1-2\zeta\cos\theta+\zeta^2}}d\zeta$$

$$=\frac{1}{\pi i}\int_{-1}^{1}\frac{(\cos\theta+i\tau\sin\theta)^n}{\sqrt{\sin^2\theta\cdot(1-\tau^2)}}i\sin\theta\,d\tau=\frac{1}{\pi}\int_{-1}^{1}(\cos\theta+i\tau\sin\theta)^n\frac{d\tau}{\sqrt{1-\tau^2}}.$$

ここで $\cos\theta=z$, $\tau=\cos\varphi$ とおけば，

$$P_n(z)=\frac{1}{\pi}\int_0^{\pi}(z+\sqrt{z^2-1}\cos\varphi)^n d\varphi.$$

解析接続の原理によって，これは一般に成り立つ．なお，定理26.3参照．

定理 20.15. $P_n(z)=\dfrac{(-1)^n}{n!\sqrt{\pi}}\displaystyle\int_{-\infty}^{\infty}e^{-(1-z^2)t^2}\frac{\partial^n e^{-z^2t^2}}{\partial z^n}dt.$ （グレイシャー）

証明. $\displaystyle\sum_{n=0}^{\infty}P_n(z)h^n=\frac{1}{\sqrt{1-2zh+h^2}}=\frac{1}{\sqrt{\pi}}\int_{-\infty}^{\infty}e^{-(1-2zh+h^2)t^2}dt$

$$=\frac{1}{\sqrt{\pi}}\int_{-\infty}^{\infty}e^{-(1-z^2)t^2-(z-h)^2t^2}dt$$

$$=\frac{1}{\sqrt{\pi}}\int_{-\infty}^{\infty}e^{-(1-z^2)t^2}\sum_{n=0}^{\infty}\frac{h^n}{n!}\left[\frac{\partial^n e^{-(z-h)^2t^2}}{\partial h^n}\right]^{h=0}dt$$

$$=\frac{1}{\sqrt{\pi}}\int_{-\infty}^{\infty}e^{-(1-z^2)t^2}\sum_{n=0}^{\infty}\frac{h^n}{n!}\left(-\frac{\partial}{\partial z}\right)^n e^{-z^2t^2}dt$$

$$=\sum_{n=0}^{\infty}h^n\frac{(-1)^n}{n!\sqrt{\pi}}\int_{-\infty}^{\infty}e^{-(1-z^2)t^2}\frac{\partial^n e^{-z^2t^2}}{\partial z^n}dt.$$

h^n の係数を比較すれば，定理の表示をうる．

つぎの定理にあげる表示は，ディリクレが与えたものをメーラーが変形したものである：

定理 20.16. ディリクレ・メーラーの表示が成り立つ：

$$(20.26)\quad \begin{aligned} P_n(\cos\theta) &= \frac{2}{\pi}\int_0^\theta \frac{\cos(n+1/2)\phi}{\sqrt{2(\cos\phi-\cos\theta)}}d\phi \\ &= \frac{2}{\pi}\int_\theta^\pi \frac{\sin(n+1/2)\phi}{\sqrt{2(\cos\theta-\cos\phi)}}d\phi \end{aligned} \qquad (0<\theta<\pi).$$

証明. 定理 20.13 の表示 (20.24) で $z=\cos\theta$ とおき，K として $e^{\pm i\theta}$ を結ぶ二重円弧 $|\zeta|=1$，$-\theta\leqq\arg\zeta\leqq\theta$ をとる．$\zeta=e^{i\phi}$ とおけば，

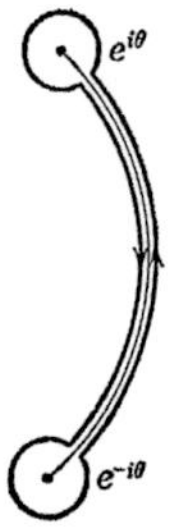

図 11

$$P_n(\cos\theta)=\frac{1}{\pi i}\int_{-\theta}^\theta \frac{e^{in\phi}}{\sqrt{1-2e^{i\phi}\cos\theta+e^{2i\phi}}}e^{i\phi}i\,d\phi.$$

この右辺は (20.26) の第一の表示と一致する． ここで置換 $\theta\,|\,\pi-\theta$, $\phi\,|\,\pi-\phi$ を行なって $P_n(-\cos\theta)=(-1)^nP_n(\cos\theta)$ に注意するか，あるいは直接に， K として二重円弧 $|\zeta|=1$, $\theta\leqq\arg\phi\leqq2\pi-\theta$ をとって上と同様にすれば，第二の表示をうる．なお，演習§26 例題3参照．

注意. (20.26) の両表示の平均をつくると，

$$P_n(\cos\theta)=\frac{1}{\pi\sqrt{2}}\left(\int_0^\theta\frac{\cos(n+1/2)\phi}{\sqrt{\cos\phi-\cos\theta}}d\phi+\int_\theta^\pi\frac{\sin(n+1/2)\phi}{\sqrt{\cos\theta-\cos\phi}}d\phi\right).$$

両表示の差の半分をつくり，n を $n-1$ でおきかえると，

$$0=\frac{1}{\pi\sqrt{2}}\left(\int_0^\theta\frac{\cos(n-1/2)\phi}{\sqrt{\cos\phi-\cos\theta}}d\phi-\int_\theta^\pi\frac{\sin(n-1/2)\phi}{\sqrt{\cos\theta-\cos\phi}}d\phi\right).$$

これらの二式の和および差をつくってえられるつぎの公式が，ディリクレが与えた原型である：

$$(20.27)\quad \begin{aligned} P_n(\cos\theta) &= \frac{\sqrt{2}}{\pi}\left(\int_0^\theta\frac{\cos n\phi\cos(\phi/2)}{\sqrt{\cos\phi-\cos\theta}}d\phi+\int_\theta^\pi\frac{\cos n\phi\sin(\phi/2)}{\sqrt{\cos\theta-\cos\phi}}d\phi\right) \\ &= \frac{\sqrt{2}}{\pi}\left(-\int_0^\theta\frac{\sin n\phi\sin(\phi/2)}{\sqrt{\cos\phi-\cos\theta}}d\phi+\int_\theta^\pi\frac{\sin n\phi\cos(\phi/2)}{\sqrt{\cos\theta-\cos\phi}}d\phi\right). \end{aligned}$$

8. §19.6 で説明したダルブーの方法を用いて，$\{P_n\}_{n=0}^\infty$ に対して $n\to\infty$ のときの漸近状態をみちびくことができる：

定理 20.17. $m\geqq0$ を整数とするとき，

$$(20.28)\quad \begin{aligned} P_n(\cos\theta) &= (-1)^n\sqrt{\frac{2}{\sin\theta}}\sum_{\mu=0}^m\binom{-1/2}{\mu}\binom{\mu-1/2}{n}\cdot\frac{1}{(2\sin\theta)^\mu} \\ &\quad\cdot\cos\left(\left(n-\mu+\frac{1}{2}\right)\theta-(1+2\mu)\frac{\pi}{4}\right)+O(n^{-m-3/2}) \end{aligned}$$

$$(0<\theta<\pi)\quad (n\to\infty).$$

証明. 母函数 (20.1) で $x=\cos\theta$ とおけば,

$$F(\cos\theta,t)=\frac{1}{\sqrt{1-2t\cos\theta+t^2}}=\frac{1}{\sqrt{(t-e^{i\theta})(t-e^{-i\theta})}}.$$

$t-e^{\pm i\theta}$ のベキによる F の展開をつくるために,

$$\sqrt{t-e^{\pm i\theta}}=e^{\pm i(\theta+\pi)/2}\sqrt{1-te^{\mp i\theta}}$$

とおき, 右辺の根号は $t=0$ で1となる分枝とする. (したがって, $b>0$ ならば, $t=e^{i\theta}-b$ のときの $\sqrt{t-e^{i\theta}}$, $t=e^{-i\theta}-b$ のときの $\sqrt{t-e^{-i\theta}}$ は虚部がそれぞれ正, 負の純虚数となる.) さて,

$$F(\cos\theta,t)=\frac{1}{\sqrt{t-e^{\pm i\theta}}}(t-e^{\pm i\theta}+(e^{\pm i\theta}-e^{\mp i\theta}))^{-1/2}$$

$$=\frac{e^{\pm 3i\pi/4}}{\sqrt{2\sin\theta}}\frac{1}{\sqrt{t-e^{\pm i\theta}}}\sum_{n=0}^{\infty}\binom{-1/2}{n}\left(\frac{t-e^{\pm i\theta}}{e^{\pm i\theta}-e^{\mp i\theta}}\right)^n.$$

ゆえに,

(20.29)
$$f_m(\cos\theta,t)=\frac{1}{\sqrt{2\sin\theta}}\sum_{\mu=0}^{m}\binom{-1/2}{\mu}\left(e^{3i\pi/4}\frac{(t-e^{i\theta})^{\mu-1/2}}{(e^{i\theta}-e^{-i\theta})^{\mu}}+e^{-3i\pi/4}\frac{(t-e^{-i\theta})^{\mu-1/2}}{(e^{-i\theta}-e^{i\theta})^{\mu}}\right)$$

とおけば, $F(\cos\theta,t)-f_m(\cos\theta,t)$ は $|t|=1$ 上で $\arg t$ について m 回連続微分可能である. (20.29) を t のベキに展開したものを

$$f_m(\cos\theta,t)=\sum_{n=0}^{\infty}p_{mn}(\cos\theta)t^n$$

とおけば,

$$p_{mn}(\cos\theta)=\frac{1}{\sqrt{2\sin\theta}}\sum_{\mu=0}^{m}\binom{-1/2}{\mu}\binom{\mu-1/2}{n}\left(\frac{e^{3i\pi/4-i(\theta+\pi)/2+i\mu(\theta+\pi)-in(\theta+\pi)}}{(e^{i\theta}-e^{-i\theta})^{\mu}}+\frac{e^{-3i\pi/4+i(\theta+\pi)/2-i\mu(\theta+\pi)+in(\theta+\pi)}}{(e^{-i\theta}-e^{i\theta})^{\mu}}\right)$$

$$=\sqrt{\frac{2}{\sin\theta}}\sum_{\mu=0}^{m}\binom{-1/2}{\mu}\binom{\mu-1/2}{n}\frac{(-1)^n}{(2\sin\theta)^{\mu}}\cos\left(\left(n-\mu+\frac{1}{2}\right)\theta-(1+2\mu)\frac{\pi}{4}\right).$$

まず, $0<\theta<\pi$ のとき(広義の一様に),

(20.30)
$$P_n(\cos\theta)=p_{mn}(\cos\theta)+O(n^{-m}).$$

ところで,

$$p_{m+1,n}(\cos\theta)-p_{mn}(\cos\theta)$$
$$=\sqrt{\frac{2}{\sin\theta}}\binom{-1/2}{m+1}\binom{m+1/2}{n}\frac{(-1)^n}{(2\sin\theta)^{m+1}}\cos\left(\left(n-m-\frac{1}{2}\right)\theta-(3+2m)\frac{\pi}{4}\right)$$
$$=O\left(\left|\binom{m+1/2}{n}\right|\right)=O(n^{-m-3/2})$$

であるから，(20.30) を m の代りに $m+1$ として用いると，

$$P_n(\cos\theta)=p_{m+1,n}(\cos\theta)+O(n^{-m-1})$$
$$=p_{mn}(\cos\theta)+O(n^{-m-3/2})+O(n^{-m-1})=p_{mn}(\cos\theta)+O(n^{-m-1}).$$

これを再び m の代りに $m+1$ として用いると，

$$P_n(\cos\theta)=p_{m+1,n}(\cos\theta)+O(n^{-m-2})$$
$$=p_{mn}(\cos\theta)+O(n^{-m-3/2})+O(n^{-m-2})=p_{mn}(\cos\theta)+O(n^{-m-3/2}).$$

以上によって，漸近公式 (20.28) がえられている．

系. $\omega_n=(n+1/2)\theta-\pi/4$ とおけば，$n\to\infty$ のとき，

(20.31)
$$P_n(\cos\theta)=\sqrt{\frac{2}{n\pi\sin\theta}}\left(\cos\omega_n+\frac{1}{8n}(\cot\theta\sin\omega_n-2\cos\omega_n)\right)+O(n^{-5/2}).$$

問 1. ルジャンドルの多項式 $P_n(x)$ は n 個の単一零点をもち，それらはすべて実軸上の区間 $(-1,1)$ に含まれる．

問 2. (i)
$$\int_{-1}^{1}(1-x^2)P_n'(x)^2dx=\frac{2n(n+1)}{2n+1};$$

(ii)
$$\int_{-1}^{1}xP_n(x)P_{n+1}(x)dx=\frac{2(n+1)}{(2n+1)(2n+3)}.$$

問 3. 一般に，$P_n(x)$ における x^n の係数を $k_n=(2n)!/n!2^n$ とおけば，$m\leqq n$ のとき，

$$P_m(x)P_n(x)=\sum_{\nu=0}^{m}\frac{k_\nu k_{m-\nu}k_{n-\nu}}{k_{m+n-\nu}}\,\frac{2m+2n-4\nu+1}{2m+2n-2\nu+1}P_{m+n-2\nu}(x).$$

問 4.
$$\sum_{\nu=0}^{n}(2\nu+1)P_\nu(x)^2=(n+1)(P_n(x)P_{n+1}'(x)-P_{n+1}(x)P_n'(x)).$$

問 5.
$$nP_n(x)=xP_n'(x)-P_{n-1}'(x) \qquad (n\geqq 1).$$

問 6. 区間 $(-1,1)$ で $\|\sqrt{1+x}\,p\|=1$ をみたす n 次の多項式 p に対して，つぎの精確な評価が成り立つ：

$$|p(1)|\leqq\frac{\sqrt{(n+1)(n+2)}}{2},\qquad |p(-1)|\leqq\frac{(n+1)(n+2)}{2\sqrt{2}}.$$

問 7.
$$P_n(\cos\theta)=(-1)^nF\left(-n,n+1;1;\cos^2\frac{\theta}{2}\right)$$
$$=\cos^{2n}\frac{\theta}{2}\cdot F\left(-n,-n;1;-\tan^2\frac{\theta}{2}\right). \qquad \text{(マーフィ)}$$

問 8. (i) $P_n\left(\frac{z+z^{-1}}{2}\right)=\frac{(2n)!}{n!^2 2^{2n}}z^n F\left(\frac{1}{2}, -n; \frac{1}{2}-n; \frac{1}{z^2}\right)$;

(ii) $P_n(z)=\frac{(2n)!}{n!^2 2^{2n}}z^n F\left(-\frac{n}{2}, \frac{1-n}{2}; \frac{1}{2}-n; \frac{1}{z^2}\right)$;

(iii) $P_n(z)=z^n F\left(-\frac{n}{2}, \frac{1-n}{2}; 1; 1-\frac{1}{z^2}\right)$.

問 9. (i) $x>1$ のとき，$\{P_n(x)\}_{n=0}^{\infty}$ は狭義の増加列である.
(ii) n が偶数のとき，

$$\sum_{\nu=0}^{n} P_\nu(x)>0 \qquad (-\infty<x<\infty);$$

n が奇数のとき，

$$\sum_{\nu=0}^{n} P_\nu(x)\gtreqqless 0 \qquad (x\gtreqqless -1).$$

問 10. (i, j) 要素が $1/(i+j-1)$ に等しい n 次の行列式を $\varDelta$ で表わせば，

$$\varDelta=\prod_{\nu=1}^{n-1}\nu!^4 \Big/ \prod_{\nu=1}^{2n-1}\nu!. \qquad \text{(ヒルベルト)}$$

問 11. $P_n(\cos\theta)=\sqrt{\frac{2}{n\pi\sin\theta}}\cos\left(\left(n+\frac{1}{2}\right)\theta-\frac{\pi}{4}\right)+O(n^{-3/2}) \qquad (n\to\infty)$.

§21. チェビシェフの多項式

1. 定理 19.3 にあげたチェビシェフの多項式系 $\{T_n\}_{n=0}^{\infty}$ の母函数

$$F(x, t)=\frac{1-t^2}{1-2xt+t^2} \tag{21.1}$$

に対しては，$F(-x, -t)=F(x, t)$ が成り立つから，

$$T_n(-x)=(-1)^n T_n(x). \tag{21.2}$$

$T_0(x)=1$ であるが，T_n $(n\geqq 1)$ の具体的な形はつぎの定理で与えられる:

定理 21.1. $n\geqq 1$ のとき，

$$\begin{aligned} T_n(x)&=(-1)^n\frac{(n-1)!}{(2n-1)!}\sqrt{1-x^2}\frac{d^n}{dx^n}(1-x^2)^{n-1/2} \\ &=(-1)^n\frac{(2n)!}{2^{2n-1}}\sum_{\nu=0}^{n}\frac{(-1)^\nu}{(2\nu)!(2n-2\nu)!}(1-x)^{n-\nu}(1+x)^\nu. \end{aligned} \tag{21.3}$$

証明.
$$t_n(x)=\sqrt{1-x^2}\frac{d^n}{dx^n}(1-x^2)^{n-1/2}$$

とおけば，t_n は n 次の多項式である. $(1-x^2)^{n-1/2}$ の $n-1$ 階までの導函数は ± 1 で 0 となるから，任意な $m(<n)$ 次の多項式 p に対して部分積分を行なうことにより

$$\int_{-1}^{1} p(x) t_n(x) \frac{dx}{\sqrt{1-x^2}} = \int_{-1}^{1} p(x) \frac{d^n}{dx^n}(1-x^2)^{n-1/2} dx$$

$$= (-1)^{m+1} \int_{-1}^{1} p^{(m+1)}(x) \frac{d^{n-m-1}}{dx^{n-m-1}}(1-x^2)^{n-1/2} dx = 0.$$

ゆえに，§19.3 にあげた $\{T_n\}$ の直交性の定義により定理 18.3 にもとづいて $T_n(x)$ は $t_n(x)$ の定数倍である．ところで，$T_n(x)$ の x^n の係数は母函数の式 (19.7) からわかるように 1 に等しく(定理 21.4 のあとの注意参照)，$t_n(x)$ のそれは $(-1)^n \cdot (2n-1)!/(n-1)!$ に等しい．したがって，(21.3) の第一の表示が成り立つ．つぎに，ライプニッツの公式によって

$$\frac{d^n}{dx^n}(1-x^2)^{n-1/2} = \sum_{\nu=0}^{n} \binom{n}{\nu} (-1)^\nu \left(n-\frac{1}{2}\right) \cdots \left(n-\nu+\frac{1}{2}\right)(1-x)^{n-\nu-1/2}$$

$$\cdot \left(n-\frac{1}{2}\right) \cdots \left(\nu+\frac{1}{2}\right)(1+x)^{\nu-1/2}.$$

これを入れると，第二の表示がえられる．

2.

定理 21.2.　$T_0(\cos\theta) = 1, \quad T_n(\cos\theta) = \frac{1}{2^{n-1}} \cos n\theta \quad (n \geqq 1).$

証明. 母函数展開の式 (19.7) により

$$\sum_{n=0}^{\infty} T_n(\cos\theta)(2t)^n = \frac{1-t^2}{1-2\cos\theta \cdot t + t^2} = \Re \frac{1+e^{i\theta}t}{1-e^{i\theta}t} = 1 + 2\sum_{n=1}^{\infty} \cos n\theta \cdot t^n.$$

定理 21.3.

$$T_n(x) = \frac{1}{2^{n-1}} \sum_{\nu=0}^{[n/2]} (-1)^\nu \binom{n}{2\nu} x^{n-2\nu}(1-x^2)^\nu$$

$$= \frac{n}{2^{n-1}} \sum_{\nu=0}^{n} (-1)^\nu 2^\nu \frac{(n+\nu-1)!}{(2\nu)!(n-\nu)!}(1-x)^\nu \qquad (n \geqq 1). \tag{21.4}$$

証明.

$$\cos n\theta = \Re(\cos\theta + i\sin\theta)^n = \Re \sum_{\mu=0}^{n} i^\mu \binom{n}{\mu} \cos^{n-\mu}\theta \sin^\mu\theta$$

$$= \sum_{\nu=0}^{[n/2]} (-1)^\nu \binom{n}{2\nu} \cos^{n-2\nu}\theta \sin^{2\nu}\theta.$$

これを定理 21.2 の表示に入れ，$x = \cos\theta$ とおけば，第一の表示をうる．第二の表示は (19.9) の右辺の超幾何級数をかきあげたものにほかならない．

3. **漸化式**をあげる．

定理 21.4. $T_n(x)$ に対する昇降演算子は

$$
(21.5)\qquad \begin{aligned} \mathcal{T}_n^+ &= \frac{x}{2} - \frac{1-x^2}{2n}\mathcal{D} \quad (n \geqq 1), \\ \mathcal{T}_n^- &= 2x - \frac{2(1-x^2)}{n}\mathcal{D} \quad (n \geqq 2) \end{aligned} \qquad \left(\mathcal{D} \equiv \frac{d}{dx}\right).
$$

あるいは，函数自身を用いてかきあげれば，

$$
(21.6)\qquad \begin{aligned} 2nT_{n+1}(x) &= nxT_n(x) - (1-x^2)T_n'(x) \qquad (n \geqq 1), \\ nT_{n-1}(x) &= 2nxT_n(x) + 2(1-x^2)T_n'(x) \qquad (n \geqq 2). \end{aligned}
$$

証明. 母函数 (21.1) を利用すれば，

$$
\sum_{n=0}^{\infty}(2nT_{n+1}(x) - nxT_n(x) + (1-x^2)T_n'(x))(2t)^n
$$

$$
= \left(\frac{\partial}{\partial t} - xt\frac{\partial}{\partial t} + (1-x^2)\frac{\partial}{\partial x}\right)F(x,t) - \frac{F(x,t)-1}{t} = 0,
$$

$$
\sum_{n=0}^{\infty}(nT_{n-1}(x) - 2nxT_n(x) - 2(1-x^2)T_n'(x))(2t)^n
$$

$$
= \left(2t\frac{\partial}{\partial t}t - 2tx\frac{\partial}{\partial t} - 2(1-x^2)\frac{\partial}{\partial x}\right)F(x,t) = -2t.
$$

あるいは，むしろ定理 21.2 の表示を用いる方が簡単である：

$$
2nT_{n+1}(\cos\theta) - n\cos\theta \cdot T_n(\cos\theta) + (1-\cos^2\theta)\frac{d}{d\cos\theta}T_n(\cos\theta)
$$

$$
= 2^{-n+1}(n\cos(n+1)\theta - n\cos\theta\cos n\theta + \sin\theta \cdot n\sin n\theta) = 0,
$$

$$
nT_{n-1}(\cos\theta) - 2n\cos\theta \cdot T_n(\cos\theta) - 2(1-\cos^2\theta)\frac{d}{d\cos\theta}T_n(\cos\theta)
$$

$$
= 2^{-n+2}(n\cos(n-1)\theta - n\cos\theta \cdot \cos n\theta - \sin\theta \cdot n\sin n\theta) = 0.
$$

注意. (21.6) の第二式は $n=1$ のときは，つぎの形に修正される(実は $T_0(x)=1$, $T_1(x)=x$):

$$
T_0(x) = 2xT_1(x) + 2(1-x^2)T_1'(x) - 1.
$$

また，一般に，$\mathcal{T}_{n+1}^-\mathcal{T}_n^+u = u$ または $\mathcal{T}_{n-1}^+\mathcal{T}_n^-u = u$ をつくれば，チェビシェフの微分方程式となる.

定理 21.5. $T_1(x) - xT_0(x) = 0, \qquad T_2(x) - xT_1(x) + \dfrac{1}{4}T_0(x) = -\dfrac{1}{4},$

$$
(21.7)\qquad T_{n+1}(x) - xT_n(x) + \frac{1}{4}T_{n-1}(x) = 0 \qquad (n \geqq 2).
$$

証明. $n \geqq 2$ の場合は，(21.6) の二式から T_n' を消去すればよい．$n=1$ の

場合には，すぐ上の注意にしたがって修正すればよい．最初の関係は $T_0(x)=1$，$T_1(x)=x$ から明らかであろう．あるいは，直接に定理 21.4 の証明にならって，母函数または定理 21.2 の表示からもたしかめられよう．

注意． 定理 21.5 から明らかなように，$T_n(x)$ を多項式の形に表わしたとき，x^n の係数は 1 に等しい．もっとも，この事実はすでに（21.3）から直接に，（21.6）のはじめの関係から帰納法によってもわかるであろう．

4． 定理 18.5 からわかるように，$T_n(x)$ は区間（$-1,1$）に n 個の単一零点をもつ．実は，それらの零点は定理 21.2 の表示から明らかなように，

$$x_\nu = x_\nu^{(n)} \equiv \cos\frac{2\nu+1}{2n}\pi \qquad (\nu=0,1,\cdots,n-1). \tag{21.8}$$

定理 21.6． 任意な $n-1$ 次の多項式 p に対して，つぎの**補間公式**が成り立つ：

$$p(x)=\frac{2^{n-1}}{n}T_n(x)\sum_{\nu=0}^{n-1}(-1)^\nu\sqrt{1-x_\nu^2}\,p(x_\nu)\frac{1}{x-x_\nu}; \tag{21.9}$$

ここに x_ν は（21.8）で与えられ，$\sqrt{1-x_\nu^2}=\sin((2\nu+1)\pi/2n)>0$.

証明． $T_n(x)=\prod_{\nu=0}^{n}(x-x_\nu)$ であるから，ラグランジュの補間公式によって

$$p(x)=\sum_{\nu=0}^{n-1}\frac{p(x_\nu)}{T_n'(x_\nu)}\frac{T_n(x)}{x-x_\nu}.$$

$T_n'(x_\nu)$ の値を定めるために，$x=\cos\theta$ とおけば，

$$T_n(x)=\frac{1}{2^{n-1}}\cos n\theta, \qquad T_n'(x)=\frac{n}{2^{n-1}}\frac{\sin n\theta}{\sin\theta} \qquad (x=\cos\theta). \tag{21.10}$$

したがって，$\theta_\nu=(2\nu+1)\pi/2n$ とおくと，

$$T_n'(x_\nu)=T_n'(\cos\theta_\nu)=\frac{n}{2^{n-1}}\frac{\sin n\theta_\nu}{\sin\theta_\nu}=\frac{n}{2^{n-1}}\frac{(-1)^\nu}{\sqrt{1-x_\nu^2}}.$$

5． T_n, T_n' についての**極値性**についてのべるために，まずつぎの評価をあげる：

定理 21.7． $-1\leqq x\leqq 1$ において，$n=1,2,\cdots$ のとき，

$$|T_n(x)|\leqq\frac{1}{2^{n-1}}, \qquad |T_n'(x)|\leqq\frac{n^2}{2^{n-1}}. \tag{21.11}$$

等号が成り立つのは，それぞれつぎの場合に限る：

$$x=\cos\frac{\nu\pi}{n} \quad (\nu=0,1,\cdots,n), \qquad x=\pm1.$$

ただし，$n=1$ のときには，第二の評価ではいたるところ等号が成り立つ．

証明. (21.11) の第一の評価については，(21.10) の第一式から，等号に関する部分をもこめてえられる．つぎに，

$$\left|\frac{\sin n\theta}{\sin\theta}\right|=\left|\cos(n-1)\theta+\cos\theta\frac{\sin(n-1)\theta}{\sin\theta}\right|\leqq 1+\left|\frac{\sin(n-1)\theta}{\sin\theta}\right|$$

から帰納法でわかるように，$|\sin n\theta/\sin\theta|\leqq n$．$n>1$ である限り，ここで等号は $|\cos\theta|=1$ の場合に限る．(21.10) の第二式から (21.11) の第二の評価がえられる．$|\cos\theta|=1$ には $x=\pm1$ が対応する．

定理 21.8. 各自然数 n に対して，n 次の項の係数が 1 に等しい n 次の多項式 p のうちで，区間 $[-1,1]$ における $|p|$ の最大値が最小なものは T_n に限る．

証明. p と同時に $\Re p$ も許容される多項式であって，$|\Re p|\leqq|p|$．ゆえに，p は実係数をもつと仮定してよい．定理 21.7 で示したように，$|T_n(x)|$ の最大値は $x_\nu=\cos(\nu\pi/n)$ $(\nu=0,\cdots,n)$ で達せられ，$1/2^{n-1}$ に等しい．いま，許容される多項式 p に対して $\max_{|x|\leqq1}|p(x)|\leqq1/2^{n-1}$ であったとすれば，

$$(-1)^\nu(T_n(x_\nu)-p(x_\nu))=\frac{1}{2^{n-1}}-(-1)^\nu p(x_\nu)\geqq0\quad(\nu=0,\cdots,n).$$

ゆえに，高々 $n-1$ 次の多項式 T_n-p が少なくとも n 個の零点をもつことになる．したがって，$p=T_n$．

定証 21.9. $n-1$ 次の多項式 p が $[-1,1]$ で $\sqrt{1-x^2}|p(x)|\leqq1$ をみたすならば，

$$|p(x)|\leqq n\qquad(-1\leqq x\leqq1).\tag{21.12}$$

等号が成り立つのは，つぎの場合に限る：

$$p(x)=\varepsilon\frac{2^{n-1}}{n}T_n'(x);\qquad|\varepsilon|=1,\qquad x=\pm1.$$

証明. x_ν を (21.8) によって定めれば，まず $-x_0=x_{n-1}<x<x_0$ すなわち $|x|<\cos(\pi/2n)$ のとき，仮定により

$$\sqrt{1-x^2}>\sin\frac{\pi}{2n}>\frac{2}{\pi}\,\frac{\pi}{2n}=\frac{1}{n};\qquad|p(x)|\leqq\frac{1}{\sqrt{1-x^2}}<n.$$

$x_0\leqq x\leqq1$ のとき，仮定と定理 21.6 の補間公式 (21.9) により

$$|p(x)|\leqq\left|\frac{2^{n-1}}{n}\sum_{\nu=0}^{n-1}\frac{T_n(x)}{x-x_\nu}\right|=\frac{2^{n-1}}{n}|T_n'(x)|.$$

ゆえに，(21.11) の第二の評価によって $|p(x)|\leqq n$ をうる．等号成立の条件は

$$(-1)^{\nu}\sqrt{1-x_{\nu}^{2}}\,p(x_{\nu})=\varepsilon,\qquad |\varepsilon|=1\qquad (\nu=0,\cdots,n-1);$$

$$p(x)=\varepsilon\frac{2^{n-1}}{n}T_n(x)\sum_{\nu=0}^{n-1}\frac{1}{x-x_{\nu}}=\varepsilon\frac{2^{n-1}}{n}T_n'(x);\qquad x=1.$$

$-1\leqq x\leqq x_{n-1}$ のときも同様である．

問 1.
$$T_n(x)=\frac{1}{2^n}((x+\sqrt{x^2-1})^n+(x-\sqrt{x^2-1})^n)\qquad (n\geqq 1).$$

問 2.
$$x^n=\sum_{\nu=0}^{[n/2]}\binom{n}{\nu}2^{-2\nu}T_{n-2\nu}(x).$$

問 3. $T_n(x)$
$$=\frac{n!^2 2^n}{(2n+1)!}\left((2n+1)P_n(x)+\sum_{\nu=0}^{[n/2]}(2n-4\nu+1)\prod_{\mu=0}^{\nu-1}\frac{n^2-(n-2\mu+1)^2}{n^2-(n-2\mu-2)^2}\cdot P_{n-2\nu}(x)\right).$$

問 4. f が $[-1,1]$ でその n 階までの導函数とともに連続ならば，
$$\int_{-1}^{1}f(x)\frac{T_n(x)}{\sqrt{1-x^2}}dx=\frac{(n-1)!}{(2n-1)!}\int_{-1}^{1}f^{(n)}(x)\frac{(1-x^2)^n}{\sqrt{1-x^2}}dx\qquad (n\geqq 1).$$

問 5. 最高ベキの係数が1に等しい $n(\geqq 1)$ 次の多項式 p から成る族と与えられた区間 $[\alpha,\beta]$ に対して
$$\min_{\{p\}}\max_{\alpha\leqq x\leqq\beta}|p(x)|=2\left(\frac{\beta-\alpha}{4}\right)^n.$$

問 6. 区間 $[\alpha,\beta]$ で一様に0に収束する最高ベキの係数が1に等しい多項式列が存在するために必要十分な条件は，$\beta-\alpha<4$.

問 7. $n-1$ 次の多項式 p が $[-1,1]$ で $\sqrt{1-x^2}|p(x)|\leqq 1$ をみたすならば，その x^{n-1} の係数 $c[p]$ に対して $|c[p]|\leqq 2^{n-1}$.　等号はつぎの形の函数に限って成り立つ：$p(x)=\varepsilon(2^{n-1}/n)T_n'(x)$, $|\varepsilon|=1$.

問 8. n 次の正弦多項式 $g(\theta)=\sum_{\nu=1}^{n}b_{\nu}\sin\nu\theta$ が $|g(\theta)|\leqq 1$ をみたすならば，$|g(\theta)\div\sin\theta|\leqq n$. 等号が成り立つのは $g(\theta)=\varepsilon\sin n\theta$, $|\varepsilon|=1$, $\theta\equiv 0\ (\mathrm{mod}\,\pi)$ の場合に限る．

(M. リース)

§22. ラゲルの多項式，ソニンの多項式

1. 定理 19.5 にあげたラゲルの多項式系 $\{L_n\}_{n=0}^{\infty}$ の母函数を，ソニンにしたがって一般化することによって，

(22.1)
$$\frac{e^{-zt/(1-t)}}{(1-t)^{1+\alpha}}=\sum_{n=0}^{\infty}S_n^{\alpha}(z)t^n$$

で定義される多項式系 $\{S_n^{\alpha}\}_{n=0}^{\infty}$ を導入する．これを一般化されたラゲルの多項式系または**ソニンの多項式系**という．時には，$L_n^{(\alpha)}$ などともかかれる．

定義から明らかに

$$L_n(x)=n!S_n^0(x). \tag{22.2}$$

定理 19.5 の証明と（19.10）に対応して，つぎの直交性がみられる：

定理 22.1. $\Re\alpha>-1$ のとき，

$$\int_0^\infty x^\alpha e^{-x}S_m^\alpha(x)S_n^\alpha(x)dx=\delta_{mn}\frac{\Gamma(n+1+\alpha)}{n!}. \tag{22.3}$$

証明. $\displaystyle\sum_{m,n=0}^\infty s^mt^n\int_0^\infty x^\alpha e^{-x}S_m^\alpha(x)S_n^\alpha(x)dx$

$$=\frac{1}{(1-s)^{1+\alpha}(1-t)^{1+\alpha}}\int_0^\infty x^\alpha\exp\left(-\frac{(1-st)x}{(1-s)(1-t)}\right)dx$$

$$=\frac{\Gamma(1+\alpha)}{(1-st)^{1+\alpha}}=\sum_{n=0}^\infty\Gamma(1+\alpha)\binom{n+\alpha}{n}(st)^n=\sum_{n=0}^\infty\frac{\Gamma(n+1+\alpha)}{n!}(st)^n.$$

定理 18.5 にもとづいて，α が実数のとき，$S_n^\alpha(x)$ の零点はすべて単一であって，実区間 $(0,\infty)$ に含まれている．また，定理 19.5 系に対応して

$$\begin{aligned}S_n^\alpha(0)&=\binom{n+\alpha}{n}=\frac{\Gamma(n+1+\alpha)}{n!\Gamma(1+\alpha)},\\ S_n^{\alpha\prime}(0)&=-\binom{n+\alpha}{n-1}=-\frac{\Gamma(n+1+\alpha)}{(n-1)!\Gamma(2+\alpha)}.\end{aligned} \tag{22.4}$$

定理 22.2.

$$\frac{d}{dz}\left(z^{1+\alpha}e^{-z}\frac{dw}{dz}\right)+nz^\alpha e^{-z}w=0 \qquad (w=S_n^\alpha(z)), \tag{22.5}$$

$$S_n^\alpha(z)=\frac{\Gamma(n+1+\alpha)}{n!\Gamma(1+\alpha)}F(-n;1+\alpha;z). \tag{22.6}$$

証明. 定理 19.6 とまったく同様である．

定理 22.3.

$$S_n^\alpha(z)=\sum_{\nu=0}^n\frac{(-1)^\nu}{\nu!}\binom{n+\alpha}{n-\nu}z^\nu=\frac{1}{n!}z^{-\alpha}e^z\frac{d^n}{dz^n}(z^{n+\alpha}e^{-z}). \tag{22.7}$$

証明. 第一の表示は（22.6）の右辺を展開したものである．あるいは，(22.1) の母函数を直接に展開してもみちびかれる：

$$\frac{e^{-zt/(1-t)}}{(1-t)^{1+\alpha}}=\sum_{\nu=0}^\infty\frac{(-z)^\nu}{\nu!}\frac{t^\nu}{(1-t)^{\nu+1+\alpha}}=\sum_{\nu=0}^\infty\frac{(-z)^\nu}{\nu!}\sum_{n=\nu}^\infty\binom{-\nu-1-\alpha}{n-\nu}(-1)^{n-\nu}t^n$$

$$=\sum_{\nu=0}^\infty\frac{(-z)^\nu}{\nu!}\sum_{n=\nu}^\infty\binom{n+\alpha}{n-\nu}t^n=\sum_{n=0}^\infty t^n\sum_{\nu=0}^n\frac{(-1)^\nu}{\nu!}\binom{n+\alpha}{n-\nu}z^\nu.$$

第二の表示については，右辺の微分をライプニッツの公式によって実行したものを第一の表示と比較すればよい．

系．
$$L_n(x)=\sum_{\nu=0}^{n}(-1)^{\nu}\frac{n!}{\nu!}\binom{n}{\nu}x^{\nu}=e^{x}\frac{d^n}{dx^n}(x^n e^{-x}).$$

表示（22.7）からわかるように，$S_n^{\alpha}(z)$ はパラメター α についても多項式である．

2. ソニンの多項式は添字 n のほかにパラメター α を含むから，多様な**漸化式**がみちびかれる．

定理 22.4. $S_n^{\alpha}(z)$ に対して n および α に関する昇降演算子は

(22.8)　$$\mathcal{T}_n^{+}=\frac{n+1+\alpha-z}{n+1}+\frac{z}{n+1}\mathcal{D},\qquad \mathcal{T}_n^{-}=\frac{n}{n+\alpha}-\frac{z}{n+\alpha}\mathcal{D};$$

(22.9)　$$\mathcal{T}_{\alpha}^{+}=1-\mathcal{D},\qquad \mathcal{T}_{\alpha}^{-}=\frac{\alpha}{n+\alpha}+\frac{z}{n+\alpha}\mathcal{D}\qquad\left(\mathcal{D}\equiv\frac{d}{dz}\right).$$

証明． 表示（22.6）を用いれば，合流型超幾何函数に対する公式（16.10），（16.11）から容易にえられる．例えば，

$$\mathcal{T}_n^{+}S_n^{\alpha}(z)=S_{n+1}^{\alpha}(z)=\frac{\Gamma(n+2+\alpha)}{(n+1)!\,\Gamma(1+\alpha)}F(-n-1;1+\alpha;z)$$
$$=\frac{\Gamma(n+2+\alpha)}{(n+1)!\,\Gamma(1+\alpha)}\left(\frac{1+\alpha+n-z}{1+\alpha+n}+\frac{z}{1+\alpha+n}\mathcal{D}\right)F(-n;1+\alpha;z)$$
$$=\left(\frac{n+1+\alpha-z}{n+1}+\frac{z}{n+1}\mathcal{D}\right)S_n^{\alpha}(z).$$

あるいは，母函数（22.1）を用いて直接に，定理 20.4 または定理 21.4 の証明にならってもよい．

系．　$xL_n'(x)=L_{n+1}(x)-(n+1-x)L_n(x)=nL_n(x)-n^2L_{n-1}(x).$

証明． $S_n^{\alpha}(z)$ に対する（22.8）の両関係を $L_n(x)=n!S_n^{0}(x)$ に対してかきあげたものである．

定理 22.5.
$$S_1^{\alpha}(z)-(1+\alpha-z)S_0^{\alpha}(z)=0,$$

(22.10)　$$(n+1)S_{n+1}^{\alpha}(z)-(2n+1+\alpha-z)S_n^{\alpha}(z)+(n+\alpha)S_{n-1}^{\alpha}(z)=0\qquad(n\geqq 1).$$

証明． （22.8）の両関係から $\mathcal{D}$ を消去すればよい．あるいは直接に，（22.1）の母函数を $F(z,t)$ で表わすとき，

$$(1-t)^2\frac{\partial F}{\partial t}=((1+\alpha)(1-t)-z)F$$

が成り立つことに注意し，両辺の t^n の係数を比較してもよい．

系.
$$L_1(x)-(1-x)L_0(x)=0,$$
$$L_{n+1}(x)-(2n+1-x)L_n(x)+n^2L_{n-1}(x)=0 \qquad (n\geqq 1).$$

定理 22.6.
$$S_n^\alpha(z)=S_{n-1}^\alpha(z)+S_n^{\alpha-1}(z).$$

証明. (22.8)および(22.9)の第二の関係から $\mathcal{D}$ を消去すれば，$1=\mathcal{T}_n^-+\mathcal{T}_\alpha^-$．あるいは，母函数 (22.1) により

$$\sum_{n=0}^{\infty}S_n^{\alpha-1}(z)t^n=\frac{e^{-zt/(1-t)}}{(1-t)^\alpha}=(1-t)\frac{e^{-zt/(1-t)}}{(1-t)^{1+\alpha}}=(1-t)\sum_{n=0}^{\infty}S_n^\alpha(z)t^n;$$

この両辺の t^n の係数を比較してもよい．

定理 22.7. つぎの**加法公式**が成り立つ：

$$S_n^{\alpha+\beta+1}(x+y)=\sum_{\nu=0}^{n}S_\nu^\alpha(x)S_{n-\nu}^\beta(y). \qquad (22.11)$$

証明.
$$\frac{e^{-(x+y)t/(1-t)}}{(1-t)^{2+\alpha+\beta}}=\frac{e^{-xt/(1-t)}}{(1-t)^{1+\alpha}}\cdot\frac{e^{-yt/(1-t)}}{(1-t)^{1+\beta}}$$

の両辺における t^n の係数を比較すればよい．

定理 22.8. つぎの**クリストッフェルの公式**が成り立つ：

$$\begin{aligned}&\sum_{\nu=0}^{n}\frac{\nu!}{\Gamma(\nu+1+\alpha)}S_\nu^\alpha(x)S_\nu^\alpha(y)\\&=\frac{(n+1)!}{\Gamma(n+1+\alpha)(x-y)}(S_n^\alpha(x)S_{n+1}^\alpha(y)-S_{n+1}^\alpha(x)S_n^\alpha(y)).\end{aligned} \qquad (22.12)$$

証明. 漸化式 (22.10) で n の代りに ν とおき，さらに z を x, y とおいてえられる両式にそれぞれ $\nu!S_\nu^\alpha(y)/\Gamma(\nu+1+\alpha)$，$-\nu!S_\nu^\alpha(x)/\Gamma(\nu+1+\alpha)$ を掛けて加えると，

$$\begin{aligned}&(x-y)\frac{\nu!}{\Gamma(\nu+1+\alpha)}S_\nu^\alpha(x)S_\nu^\alpha(y)\\&=\frac{(\nu+1)!}{\Gamma(\nu+1+\alpha)}(S_\nu^\alpha(x)S_{\nu+1}^\alpha(y)-S_{\nu+1}^\alpha(x)S_\nu^\alpha(y))\\&\quad-\frac{\nu!}{\Gamma(\nu+\alpha)}(S_{\nu-1}^\alpha(x)S_\nu^\alpha(y)-S_\nu^\alpha(x)S_{\nu-1}^\alpha(y));\end{aligned}$$

ただし，$\nu=0$ に対する右辺の第二項は0とする．これを $\nu=0,\cdots,n$ にわたっ

て加えればよい.

系. $\displaystyle\sum_{\nu=0}^{n}\frac{1}{\nu!^2}L_\nu(x)L_\nu(y)=\frac{1}{n!^2(x-y)}(L_n(x)L_{n+1}(y)-L_{n+1}(x)L_n(y)).$

定理 22.9. 整数 $n\geqq 0$ と実数 $\alpha>-1$ が与えられたとき,

$$\int_0^\infty p_n^\alpha(x)x^{\nu+\alpha}e^{-x}dx=\delta_{0\nu} \qquad (\nu=0,\cdots,n) \tag{22.13}$$

をみたす n 次の多項式 p_n^α がただ一つ存在し, しかも

$$\begin{aligned} p_n^\alpha(x)&=\frac{1}{\Gamma(1+\alpha)}\sum_{\nu=0}^{n}S_\nu^\alpha(x)\\ &=\frac{n+1+\alpha}{\Gamma(1+\alpha)x}\Big(S_n^\alpha(x)-\frac{n+1}{n+1+\alpha}S_{n+1}^\alpha(x)\Big). \end{aligned} \tag{22.14}$$

証明. 単独性を示すために, p も条件をみたすとすれば,

$$\begin{aligned} &\int_0^\infty|p(x)-p_n^\alpha(x)|^2x^\alpha e^{-x}dx\\ &=\int_0^\infty p(x)(\overline{p}(x)-\overline{p}_n^\alpha(x))x^\alpha e^{-x}dx-\int_0^\infty p_n^\alpha(x)(\overline{p}(x)-\overline{p}_n^\alpha(x))x^\alpha e^{-x}dx\\ &=\overline{p}(1)-\overline{p}_n^\alpha(1)-(\overline{p}(1)-\overline{p}_n^\alpha(1))=0. \end{aligned}$$

ゆえに, $p=p_n^\alpha$. つぎに,

$$p_n^\alpha(x)=\sum_{\nu=0}^{n}\pi_\nu S_\nu^\alpha(x)$$

とおく. 任意な n 次の多項式 $q(x)=\sum_{\nu=0}^{n}\rho_\nu S_\nu^\alpha(x)$ に対して, 仮定 (22.13) により

$$\sum_{\nu=0}^{n}\Gamma(1+\alpha)\binom{\nu+\alpha}{\nu}\pi_\nu\rho_\nu=\int_0^\infty p_n^\alpha(x)q(x)x^\alpha e^{-x}dx=q(0)=\sum_{\nu=0}^{n}\binom{\nu+\alpha}{\nu}\rho_\nu.$$

これが ρ_ν について恒等的に成り立つことから

$$\pi_\nu=\frac{1}{\Gamma(1+\alpha)} \qquad (\nu=0,\cdots,n).$$

これで, (22.14) のはじめの等式がえられている. 第二の等式は (22.12) で $y=0$ とおいたものにあたっている.

注意. 最後の部分も, 定理 20.8 の証明直後の注意にならって, 直接にもたしかめられる.

6. ソニンの多項式に対してつぎの**積分表示**がある:

定理 22.10. 負の実軸に沿って $-\infty$ から $-\delta(<0)$ にいたり，原点のまわりの半径 δ の円周をへて，負の実軸に沿って $-\delta$ から $-\infty$ にいたる路を C とすれば，

$$S_n^\alpha(z)=\frac{\Gamma(n+1+\alpha)}{n!2\pi i}\int_C\left(1-\frac{z}{\zeta}\right)^n\frac{e^\zeta}{\zeta^{1+\alpha}}d\zeta. \tag{22.15}$$

証明. α についての解析性にもとづいて，$-(n+1)<\Re\alpha<-n$ と仮定してよい．このとき，

$$\frac{1}{2\pi i}\int_C\left(1-\frac{z}{\zeta}\right)^n\frac{e^\zeta}{\zeta^{1+\alpha}}d\zeta$$

$$=\sum_{\nu=0}^{n}(-1)^\nu\binom{n}{\nu}z^\nu\frac{1}{2\pi i}\int_0^{-\infty}\frac{e^t(e^{i\pi\alpha}-e^{-i\pi\alpha})}{t^{1+\nu}(-t)^\alpha}dt \qquad [t=-\tau]$$

$$=-\frac{\sin\pi\alpha}{\pi}\sum_{\nu=0}^{n}\binom{n}{\nu}z^\nu\int_0^\infty e^{-\tau}\tau^{-(\nu+1+\alpha)}d\tau=-\frac{\sin\pi\alpha}{\pi}\sum_{\nu=0}^{n}\binom{n}{\nu}\Gamma(-\nu-\alpha)z^\nu$$

$$=-\frac{1}{\Gamma(\alpha)\Gamma(1-\alpha)}\sum_{\nu=0}^{n}\binom{n}{\nu}\frac{\Gamma(1-\alpha)}{[-\nu-\alpha]_{\nu+1}}z^\nu$$

$$=\frac{n!}{\Gamma(n+1+\alpha)}\sum_{\nu=0}^{n}\frac{(-1)^\nu}{\nu!}\binom{n+\alpha}{n-\nu}z^\nu=\frac{n!}{\Gamma(n+1+\alpha)}S_n^\alpha(z).$$

系.
$$L_n(z)=\frac{1}{n!2\pi i}\int_C\left(1-\frac{z}{\zeta}\right)^n\frac{e^\zeta}{\zeta}d\zeta$$

問 1.
$$L_n'(x)-nL_{n-1}'(x)=-L_{n-1}(x).$$

問 2.
$$\frac{d}{dz}S_n^\alpha(z)=-S_{n-1}^{1+\alpha}(z).$$

問 3.
$$S_n^m(x)=\frac{(-1)^m}{m!}e^x\frac{d^{n+m}}{dx^{n+m}}(x^ne^{-x}) \qquad (m=0,1,\cdots).$$

問 4.
$$\int_0^\infty x^\alpha e^{-ax}S_n^\alpha(x)dx=\frac{\Gamma(\alpha+n+1)}{n!}\frac{(a-1)^n}{a^{\alpha+n+1}} \qquad (\Re a>0,\ \Re\alpha>-1).$$

問 5.
$$S_n^\alpha(z)=\sum_{\nu=0}^{n}\frac{[\alpha-\beta]_{n-\nu}}{(n-\nu)!}S_\nu^\alpha(z).$$

問 6.
$$S_n^\alpha(2z)=\Gamma(n+\alpha+1)\sum_{\nu=0}^{n}\frac{(-1)^{n-\nu}2^\nu}{(n-\nu)!\Gamma(\nu+\alpha+1)}S_\nu^\alpha(z). \qquad \text{(ウィルソン)}$$

問 7. 定理 22.9 の多項式系 $\{p_n^\alpha\}_{n=0}^\infty$ に対して

$$\int_0^\infty x^{1+\alpha}e^{-x}p_m^\alpha(x)p_n^\alpha(x)dx=\delta_{mn}\frac{\Gamma(n+2+\alpha)}{n!\Gamma(1+\alpha)^2}.$$

§23. エルミトの多項式

1. 定理 19.7 にあげたエルミトの多項式系 $\{H_n\}_{n=0}^\infty$ の母函数

(23.1) $$F(x,t)=e^{2xt-t^2}$$

に対しては，$F(-x,-t)=F(x,t)$ が成り立つから，

(23.2) $$H_n(-x)=(-1)^n H_n(x).$$

定理 23.1.

(23.3) $$H_n(x)=\sum_{\nu=0}^{[n/2]}(-1)^\nu\frac{n!}{\nu!(n-2\nu)!}(2x)^{n-2\nu}$$
$$=(-1)^n e^{x^2}\frac{d^n}{dx^n}e^{-x^2}$$

証明. 第一の表示は (19.17) の右辺をかきあげたものである；母函数 (23.1) を直接に展開してもえられる．第二の表示については，母函数 (23.1) から

$$H_n(x)=\left[\frac{\partial^n}{\partial t^n}e^{2xt-t^2}\right]^{t=0}=\left[e^{x^2}\frac{\partial^n}{\partial t^n}e^{-(t-x)^2}\right]^{t=0}=(-1)^n e^{x^2}\frac{d^n}{dx^n}e^{-x^2}.$$

定理 23.2. 偶数位，奇数位のエルミトの多項式式系に対しては，つぎの母函数展開が成り立つ：

(23.4) $$e^{-t^2}\cosh 2xt=\sum_{m=0}^{\infty}H_{2m}(x)\frac{t^{2m}}{(2m)!},$$
$$e^{-t^2}\sinh 2xt=\sum_{m=0}^{\infty}H_{2m+1}(x)\frac{t^{2m+1}}{(2m+1)!}.$$

証明. 母函数 (23.1) に対して

$$\frac{1}{2}(F(x,t)\pm F(-x,t))=e^{-t^2}\begin{matrix}\cosh\\ \sinh\end{matrix}2xt$$

が成り立つことと (23.2) に注意すればよい．

定理 23.3. エルミトの多項式はソニンの多項式を用いてつぎの形に表わされる：

(23.5) $$H_{2m}(x)=(-1)^m\cdot m!2^{2m}S_m^{-1/2}(x^2),$$
$$H_{2m+1}(x)=(-1)^m\cdot m!2^{2m+1}xS_m^{1/2}(x^2).$$

証明. ソニンの多項式系の直交性 (22.3) によって

$$\int_{-\infty}^{\infty}e^{-x^2}S_m^{-1/2}(x^2)x^{2\mu}dx \qquad [x^2=t]$$
$$=\int_0^{\infty}t^{-1/2}e^{-t}S_m^{-1/2}(t)t^\mu dt=0 \qquad (\mu=0,\cdots,m-1);$$
$$\int_{-\infty}^{\infty}e^{-x^2}S_m^{-1/2}(x^2)x^{2\mu+1}dx=0 \qquad (\mu=0,1,\cdots).$$

ゆえに，x について $2m$ 次の多項式 $S_m^{-1/2}(x^2)$ は区間 $(-\infty, \infty)$ で荷重 e^{-x^2} をもって $1, x, \cdots, x^{2m-1}$ と直交するから，

$$S_m^{-1/2}(x^2)=c_m H_{2m}(x) \qquad (c_m \text{は定数}).$$

x^{2m} の係数を比較すると，$(-1)^m/m!=c_m 2^{2m}$. あるいは，$w=S_m^{-1/2}(z)$ に対する微分方程式 (22.5) ($\alpha=-1/2,\ n=m$) をかきあげれば，

$$z\frac{d^2w}{dz^2}+\left(\frac{1}{2}-z\right)\frac{dw}{dz}+mw=0.$$

変数を $z=x^2$ によって置換すると，

$$\frac{d^2w}{dx^2}-2x\frac{dw}{dx}+4mw=0.$$

定理 19.8 によってこれは $w=H_{2m}(x)$ に対する微分方程式である. $x=0$ で指数 0 をもつ解を比較することによって，再び $S_m^{-1/2}(x^2)=c_m H_{2m}(x)$ をうる. (23.5) の第二の関係についても，同様にして証明される.

2. 昇降演算子を含めて**漸化式**をあげる.

定理 23.4. $H_n(x)$ に対する昇降演算子は

$$\mathcal{T}_n^+=2x+\mathcal{D}, \qquad \mathcal{T}_n^-=\frac{1}{2n}\mathcal{D} \qquad \left(\mathcal{D}\equiv\frac{d}{dx}\right). \tag{23.6}$$

証明. 母函数 (23.1) を用いて，

$$\sum_{n=0}^{\infty}(H_{n+1}(x)-2xH_n(x)-H_n{}'(x))\frac{t^n}{n!}=\left(\frac{\partial}{\partial t}-2x-\frac{\partial}{\partial x}\right)F(x,t)=0,$$

$$\sum_{n=0}^{\infty}(2nH_{n-1}(x)-H_n{}'(x))\frac{t^n}{n!}=\left(2t-\frac{\partial}{\partial x}\right)F(x,t)=0.$$

定理 23.5. $$H_1(x)-2xH_0(x)=0,$$

$$H_{n+1}(x)-2xH_n(x)+2nH_{n-1}(x)=0 \qquad (n\geqq 1). \tag{23.7}$$

証明. (23.6) の両関係から $\mathcal{D}$ を消去するか，あるいは

$$\sum_{n=1}^{\infty}H_n(x)\frac{t^{n-1}}{(n-1)!}=\frac{\partial F}{\partial t}=2(x-t)F=2(x-t)\sum_{n=0}^{\infty}H_n(x)\frac{t^n}{n!}$$

の両辺で t^n の係数を比較する.

定理 23.6. つぎの**加法公式**が成り立つ:

$$H_n(x+y)=\frac{1}{2^{n/2}}\sum_{\nu=0}^{n}\binom{n}{\nu}H_\nu(\sqrt{2}\,x)H_{n-\nu}(\sqrt{2}\,y). \tag{23.8}$$

証明. $\displaystyle\sum_{n=0}^{\infty} H_n(x+y)\frac{t^n}{n!} = e^{2(x+y)t-t^2} = e^{2(\sqrt{2}x)(t/\sqrt{2})-(t/\sqrt{2})^2}\cdot e^{2(\sqrt{2}y)(t/\sqrt{2})-(t/\sqrt{2})^2}$

$$= \sum_{n=0}^{\infty} H_n(\sqrt{2}x)\frac{(t/\sqrt{2})^n}{n!}\cdot\sum_{n=0}^{\infty} H_n(\sqrt{2}y)\frac{(t/\sqrt{2})^n}{n!}$$

$$= \sum_{n=0}^{\infty}\frac{t^n}{n!}\frac{1}{2^{n/2}}\sum_{\nu=0}^{n}\binom{n}{\nu}H_\nu(\sqrt{2}x)H_{n-\nu}(\sqrt{2}y).$$

定理 23.7. つぎのクリストッフェルの公式が成り立つ:

$$\sum_{\nu=0}^{n}\frac{1}{\nu!2^\nu}H_\nu(x)H_\nu(y) = \frac{1}{n!2^{n+1}(y-x)}(H_n(x)H_{n+1}(y)-H_{n+1}(x)H_n(y)). \tag{23.9}$$

証明. 漸化式 (23.7) で n の代りに ν とおき，それとそこで x を y でおきかえた式とにそれぞれ $H_\nu(y)/\nu!2^\nu$, $-H_\nu(x)/\nu!2^\nu$ を掛けて加え，それによってえられる式をさらに $\nu=0,\cdots,n$ にわたって加えればよい.

系. $$\sum_{\mu=0}^{m}\frac{(-1)^\mu}{\mu!2^{2\mu}}H_{2\mu}(x) = \frac{(-1)^m}{m!2^{4m+1}}\frac{1}{x}H_{2m+1}(x).$$

証明. (23.9) で $n=2m$ とし，$y=0$ とおいて定理 19.7 系に注意すればよい.

定理 23.8. 整数 $n\geqq 0$ が与えられたとき,

$$\int_{-\infty}^{\infty}p_n(x)x^\nu e^{-x^2}dx = \delta_{0\nu} \qquad (\nu=0,\cdots,n) \tag{23.10}$$

をみたす n 次の多項式 p_n がただ一つ存在し，しかも

$$\begin{aligned} p_n(x) &= \frac{1}{\sqrt{\pi}}\sum_{\mu=0}^{[n/2]}\frac{(-1)^\mu}{\mu!2^{2\mu}}H_{2\mu}(x) \\ &= \frac{1}{\sqrt{\pi}}\frac{(-1)^{[n/2]}}{[n/2]!2^{4[n/2]+1}}\frac{1}{x}H_{2[n/2]+1}(x). \end{aligned} \tag{23.11}$$

証明. 単独性は定理 20.8, 22.9 と同様に示される. つぎに,

$$p_n(x) = \sum_{\nu=0}^{n}\pi_\nu H_\nu(x)$$

とおく. 任意な n 次の多項式 $q(x)=\sum_{\nu=0}^{n}\rho_\nu H_\nu(x)$ に対して

$$\sum_{\nu=0}^{n}\sqrt{\pi}\,\nu!2^\nu\pi_\nu\rho_\nu = \int_{-\infty}^{\infty}p_n(x)q(x)e^{-x^2}dx = q(0) = \sum_{\mu=0}^{[n/2]}(-1)^\mu\frac{(2\mu)!}{\mu!}\rho_{2\mu};$$

$$\pi_{2\mu}=\frac{1}{\sqrt{\pi}}\frac{(-1)^\mu}{\mu!2^{2\mu}}, \qquad \pi_{2\mu+1}=0.$$

これで，(23.11) のはじめの等式がえられている．第二の等式については，前定理の系に示されている．

注意． 最後の部分は，定理 20.8 の証明直後の注意にならって，直接にもたしかめられる．

問 1． $e^{t^2}\cos 2xt=\sum_{n=0}^{\infty}(-1)^n\frac{H_{2n}(x)}{(2n)!}t^{2n}, \qquad e^{t^2}\sin 2xt=\sum_{n=0}^{\infty}(-1)^n\frac{H_{2n+1}(x)}{(2n+1)!}t^{2n+1}.$

問 2． 母函数展開 $e^{-xt-t^2/2}=\sum_{n=0}^{\infty}\hat{H}_n(x)t^n$ で定義された多項式系 $\{\hat{H}_n\}_{n=0}^{\infty}$ に対して

$$\hat{H}_{2m}(x)=(-1)^m\frac{m!2^{m-1}}{(2m)!}S_m^{-1/2}\left(\frac{x^2}{2}\right), \qquad \hat{H}_{2m+1}(x)=(-1)^m\frac{m!2^m}{(2m+1)!}xS_m^{1/2}\left(\frac{x^2}{2}\right).$$

問 3．
$$H_n(x)=\frac{(-2i)^n}{\sqrt{\pi}}e^{x^2}\int_{-\infty}^{\infty}u^ne^{-u^2+2ixu}du.$$

問 4．
$$\sum_{n=0}^{\infty}\frac{H_n(x)H_n(y)}{n!2^n}t^n=\frac{1}{\sqrt{1-t^2}}\exp\frac{2xyt-(x^2+y^2)t^2}{1-t^2} \qquad (|t|<1).$$

問 5．
$$H_n(x)=(-1)^{[n/2]}\sqrt{2}\left(\frac{2n}{e}\right)^{n/2}e^{x^2/2}\left(\frac{1}{\sqrt{2/n}}\begin{matrix}\cos\\ \sin\end{matrix}\sqrt{2n}\,x+O(n^{-1/4})\right) \quad \begin{matrix}(2\mid n)\\ (2\nmid n)\end{matrix}$$
$$(n\to\infty).$$

§24. ヤコビの多項式

1． ヤコビにより導入された**ヤコビの多項式系** $\{G_n(p,q;x)\}_{n=0}^{\infty}$ は，区間 (0, 1) で $\{x^n\}_{n=0}^{\infty}$ を荷重

(24.1) $$\rho(p,q;x)=x^{q-1}(1-x)^{p-q} \qquad (p+1>q>0)$$

に関して直交化することによってえられる．正規化の条件は

(24.2) $$G_n(p,q;0)=1.$$

定理 24.1． つぎの関係が成り立つ：

(24.3) $$G_n(p,q;x)=F(n+p,-n;q;x).$$

証明． $y(x)=F(n+p,-n;q;x)$ とおけば，これは x について n 次の多項式であって $y(0)=1$．この $y(x)$ が区間 (0, 1) で荷重 (24.1) に関して x^ν ($\nu=0,\cdots,n-1$) と直交することを示せばよい．$y(x)$ に対する微分方程式(定理 14.1 参照)から

$$(x^q(1-x)^{p-q+1}y'(x))'=-n(n+p)x^{q-1}(1-x)^{p-q}y(x).$$

したがって，$\nu=0,\cdots,n-1$ に対して

$$\int_0^1 \rho(p,q;x)x^\nu y(x)dx=\int_0^1 x^{\nu+q-1}(1-x)^{p-q}y(x)dx$$

$$=-\frac{1}{n(n+p)}\int_0^1 x^\nu(x^q(1-x)^{p-q+1}y'(x))'dx$$

$$=\frac{\nu}{n(n+p)}\int_0^1 x^{\nu-1+q}(1-x)^{p-q+1}y'(x)dx$$

$$=-\frac{\nu}{n(n+p)}\int_0^1 (x^{\nu-1+q}(1-x)^{p-q+1})'y(x)dx$$

$$=-\frac{\nu}{n(n+p)}\int_0^1 \rho(p,q;x)((\nu+q-1)x^{\nu-1}-(\nu+p)x^\nu)y(x)dx;$$

$$\left(1-\frac{\nu(\nu+p)}{n(n+p)}\right)\int_0^1 \rho(p,q;x)x^\nu y(x)dx$$

$$=-\frac{\nu(\nu+q-1)}{n(n+p)}\int_0^1 \rho(p,q;x)x^{\nu-1}y(x)dx.$$

この左辺の積分で $\nu=0$ とおいたものは

$$\int_0^1 \rho(p,q;x)y(x)dx=-\frac{1}{n(n+p)}\int_0^1 (x^q(1-x)^{p-q+1}y'(x))'dx=0$$

であるから，帰納法によって，求める直交性がえられる．

定理 24.2.

$$G_n(p,q;x)=\frac{1}{[q]_n}x^{1-q}(1-x)^{q-p}\frac{d^n}{dx^n}(x^{n+q-1}(1-x)^{n+p-q}). \tag{24.4}$$

証明. (24.4) の右辺は $x=0$ のとき 1 となる． ゆえに， 定理 24.1 によって， 右辺が $F(n+p,-n;q;x)$ に対する超幾何方程式をみたすことを示せばよい． $u(x)=x^{n+q-1}(1-x)^{n+p-q}$ とおけば，

$$x(1-x)u'(x)=(n+q-1-(2n+p-1)x)u(x).$$

これを $n+1$ 回微分すると，つぎの関係がえられる：

$$x(1-x)u^{(n+2)}+(2-q+(p-3)x)u^{(n+1)}+(n+1)(n+p-1)u^{(n)}=0.$$

そこで，$y(x)=x^{1-q}(1-x)^{q-p}u^{(n)}(x)$ とおけば，

$$y'(x)=x^{-q}(1-x)^{q-p-1}(1-q+(p-1)x)u^{(n)}(x)+x^{1-q}(1-x)^{q-p}u^{(n+1)}(x),$$

$$(x^q(1-x)^{p-q+1}y'(x))'$$

$$=((1-q+(p-1)x)u^{(n)}(x)+x(1-x)u^{(n+1)}(x))'$$

$$=(p-1)u^{(n)}(x)+(2-q+(p-3)x)u^{(n+1)}+x(1-x)u^{(n+2)}(x)$$

$$=(p-1)u^{(n)}(x)-(n+1)(n+p-1)u^{(n)}(x)$$
$$=-n(n+p)x^{q-1}(1-x)^{p-q}y(x).$$

2. その定義ないしは表示（24.4）からもうかがえるように，$G_n(p,q;x)$ におけるパラメター p,q の含まれ方は対称的ではない．そこで，変数の置換とパラメターの改名を行なって，つぎの函数を導入する：

$$P_n^{\alpha\beta}(z)\equiv P_n^{\alpha,\beta}(z)=\frac{[\alpha+1]_n}{n!}G_n\left(\alpha+\beta+1,\alpha+1;\frac{1-z}{2}\right) \tag{24.5}$$

$(\alpha,\beta>-1).$

$\{P_n^{\alpha\beta}\}_{n=0}^{\infty}$ もまた**ヤコビの(超幾何)多項式系**とよばれる．

定理 24.3. つぎの表示が成り立つ：

$$P_n^{\alpha\beta}(z)=\frac{[\alpha+1]_n}{n!}F\left(n+\alpha+\beta+1,-n;\alpha+1;\frac{1-z}{2}\right)$$
$$=\frac{(-1)^n}{n!2^n}(1-z)^{-\alpha}(1+z)^{-\beta}\frac{d^n}{dz^n}((1-z)^{n+\alpha}(1+z)^{n+\beta}) \tag{24.6}$$
$$=\frac{(-1)^n}{2^n}\sum_{\nu=0}^{n}(-1)^{\nu}\binom{n+\alpha}{\nu}\binom{n+\beta}{n-\nu}(1-z)^{n-\nu}(1+z)^{\nu}.$$

証明. はじめの二つは定理24.1, 24.2を定義（24.5）によって $P_n^{\alpha\beta}(z)$ に移したものにほかならない．最後の表示は第二の表示でライプニッツの公式により微分を実行した式である．

（24.6）の第二の表示と第一または第三の表示からわかるように，

$$P_n^{\alpha\beta}(-z)=(-1)^nP_n^{\beta\alpha}(z), \tag{24.7}$$

$$P_n^{\alpha\beta}(1)=\binom{n+\alpha}{n},\qquad P_n^{\alpha\beta}(-1)=(-1)^n\binom{n+\beta}{n}. \tag{24.8}$$

定理20.1, 21.1を上の定理と比較すれば，ルジャンドルの多項式，チェビシェフの多項式はヤコビの多項式のパラメターを特殊化したものとなっている：

$$P_n(x)=P_n^{00}(x)\quad(n\geqq 0),\qquad T_n(x)=\frac{n!^2 2^{n-1}}{(2n)!}P_n^{-1/2,-1/2}(x)\quad(n\geqq 1). \tag{24.9}$$

なお，（24.6）の最後の表示からわかるように，多項式 $P_n^{\alpha\beta}(z)$ における z^n の係数は

$$\frac{1}{2^n}\sum_{\nu=0}^{n}\binom{n+\alpha}{\nu}\binom{n+\beta}{n-\nu}=\frac{1}{2^n}\binom{2n+\alpha+\beta}{n}. \tag{24.10}$$

定理 24.4. つぎの直交性の関係が成り立つ：

$$\int_{-1}^{1}(1-x)^{\alpha}(1+x)^{\beta}P_m^{\alpha\beta}(x)P_n^{\alpha\beta}(x)dx$$
(24.11)
$$=\delta_{mn}\frac{2^{\alpha+\beta+1}}{2n+\alpha+\beta+1}\frac{\Gamma(n+\alpha+1)\Gamma(n+\beta+1)}{n!\Gamma(n+\alpha+\beta+1)}.$$

証明. $m\neq n$ の場合は (24.3) の直交性を移しただけのものである．ここでは定理 24.3 の第二の表示を利用し，その場合も含めて (24.11) を示そう．まず，

$$\int_{-1}^{1}(1-x)^{\alpha}(1+x)^{\beta}x^m P_n^{\alpha\beta}(x)dx$$
$$=\frac{(-1)^n}{n!2^n}\int_{-1}^{1}x^m\frac{d^n}{dx^n}((1-x)^{n+\alpha}(1+x)^{n+\beta}))dx.$$

$m<n$ のとき，部分積分でわかるように，これは 0 に等しい． $m=n$ のとき，n 回部分積分を行なって

$$\int_{-1}^{1}(1-x)^{\alpha}(1+x)^{\beta}x^n P_n^{\alpha\beta}(x)dx$$
$$=\frac{1}{2^n}\int_{-1}^{1}(1-x)^{n+\alpha}(1+x)^{n+\beta}dx \qquad [x=1-2t]$$
$$=2^{n+\alpha+\beta+1}\int_0^1 t^{n+\alpha}(1-t)^{n+\beta}dt=2^{n+\alpha+\beta+1}\frac{\Gamma(n+\alpha+1)\Gamma(n+\beta+1)}{\Gamma(2n+\alpha+\beta+2)}.$$

$P_n^{\alpha\beta}(x)$ の x^n の係数は (24.10) に等しいから， これを掛けることによって，(24.11) がえられる．

3. 母函数を定めるために， いわゆる**ラグランジュ・ビュルマンの公式**[1] を援用する：$f(\zeta)$，$F(\zeta)$ が $\zeta=0$ のまわりで正則，$f(0)\neq 0$ ならば，

(24.12)
$$\frac{F(\zeta)}{1-tf'(\zeta)}=\sum_{n=0}^{\infty}\left[\frac{d^n}{d\zeta^n}(F(\zeta)f(\zeta)^n)\right]^{\zeta=0}\frac{t^n}{n!}\qquad\left(t=\frac{\zeta}{f(\zeta)}\right).$$

定理 24.5. つぎの母函数展開が成り立つ：

$$\frac{2^{\alpha+\beta}}{\sqrt{1-2zt+t^2}}(1-t+\sqrt{1-2zt+t^2})^{-\alpha}(1+t+\sqrt{1-2zt+t^2})^{-\beta}$$
(24.13)
$$=\sum_{n=0}^{\infty}P_n^{\alpha\beta}(z)t^n.$$

証明. z をパラメターとして，(24.12) で

$$f(\zeta)=\frac{(\zeta+z)^2-1}{2},\qquad F(\zeta)=(1-\zeta-z)^{\alpha}(1+\zeta+z)^{\beta}$$

1) 拙著，解析概論 II，広川書店 (1966)，定理 34.3 (p.193) 参照．

とおけば,

$$\left[\frac{d^n}{d\zeta^n}(F(\zeta)f(\zeta)^n)\right]^{\zeta=0}=\frac{(-1)^n}{2^n}\frac{d^n}{dz^n}((1-z)^{n+\alpha}(1+z)^{n+\beta})$$
$$=n!(1-z)^{\alpha}(1+z)^{\beta}P_n^{\alpha\beta}(z);$$

$$t=\frac{\zeta}{f(\zeta)}=\frac{2\zeta}{(\zeta+z)^2-1},\qquad \zeta=\frac{1}{t}(1-zt-\sqrt{1-2zt+t^2}),$$

$$\frac{F(\zeta)}{1-tf'(\zeta)}$$
$$=\frac{2^{\alpha+\beta}(1-z)^{\alpha}(1+z)^{\beta}(1-t+\sqrt{1-2zt+t^2})^{-\alpha}(1+t+\sqrt{1-2zt+t^2})^{-\beta}}{\sqrt{1-2zt+t^2}}.$$

4. 漸化式をあげる.

定理 24.6. $P_n^{\alpha\beta}(z)$ に対してパラメターに関する昇降演算子は

(24.14) $\mathcal{T}_\alpha^+=1+\dfrac{1+z}{n+\alpha+\beta+1}\mathcal{D},\qquad \mathcal{T}_\alpha^-=1-\dfrac{n(1+z)}{2(n+\alpha)}-\dfrac{1-z^2}{2(n+\alpha)}\mathcal{D},$

(24.15) $\mathcal{T}_\beta^+=1-\dfrac{1-z}{n+\alpha+\beta+1}\mathcal{D},\qquad \mathcal{T}_\beta^-=1-\dfrac{n(1-z)}{2(n+\beta)}+\dfrac{1-z^2}{2(n+\beta)}\mathcal{D}$

$$\left(\mathcal{D}\equiv\frac{d}{dz}\right).$$

証明. (24.6) の第一式にもとづいて, $\mathcal{T}_\beta^\pm$ に関する結果は (14.11) からえられる. $\mathcal{T}_\alpha^\pm$ については, (24.7) を参照すればよい.

$w=P_n^{\alpha\beta}(z)$ に対して, $\mathcal{T}_{\alpha\mp1}^\pm\mathcal{T}_\alpha^\mp w=w$, $\mathcal{T}_{\beta\mp1}^\pm\mathcal{T}_\beta^\mp w=w$ のいずれからも, この函数の微分方程式がえられる:

(24.16) $(1-z^2)w''-(\alpha-\beta+(\alpha+\beta+2)z)w'+n(n+\alpha+\beta+1)w=0.$

定理 24.7. つぎの**漸化式**が成り立つ:

(24.17) $$P_{n+1}^{\alpha\beta}(z)-(a_n^{\alpha\beta}z+b_n^{\alpha\beta})P_n^{\alpha\beta}(z)+c_n^{\alpha\beta}P_{n-1}^{\alpha\beta}(z)=0\qquad(n\geqq1);$$

$$a_n^{\alpha\beta}=\frac{(2n+\alpha+\beta+2)(2n+\alpha+\beta+1)}{2(n+1)(n+\alpha+\beta+1)},$$

(24.18) $$b_n^{\alpha\beta}=\frac{(\alpha^2-\beta^2)(2n+\alpha+\beta+1)}{2(n+1)(n+\alpha+\beta+1)(2n+\alpha+\beta)},$$

$$c_n^{\alpha\beta}=\frac{(n+\alpha)(n+\beta)(2n+\alpha+\beta+2)}{(n+1)(n+\alpha+\beta+1)(2n+\alpha+\beta)}.$$

証明. 母函数によることもできるが, ここではむしろつぎの方法による. $P_n^{\alpha\beta}(z)$ の z^n の係数 (24.10) を $\kappa_n=\kappa_n^{\alpha\beta}$ で表わし,

$$P_{n+1}^{\alpha\beta}(z)-\frac{\kappa_{n+1}}{\kappa_n}zP_n^{\alpha\beta}(z)=\sum_{\nu=0}^{n}\pi_\nu P_\nu^{\alpha\beta}(z) \qquad (\pi_\nu=\pi_\nu^{\alpha\beta})$$

とおく．$(1-z)^\alpha(1+z)^\beta z^\nu$ $(\nu=0,\cdots,n-2)$ を掛けて区間 $(-1,1)$ 上で積分すると，定理 24.4 の直交性によって $\pi_\nu=0$ $(\nu=0,\cdots,n-2)$ をうる．そこで，さらに $z=\pm1$ とおけば，(24.8) によって

$$\binom{n+1+\alpha}{n+1}-\frac{\kappa_{n+1}}{\kappa_n}\binom{n+\alpha}{n}=\pi_n\binom{n+\alpha}{n}+\pi_{n-1}\binom{n-1+\alpha}{n-1},$$

$$(-1)^{n+1}\binom{n+1+\beta}{n+1}-\frac{\kappa_{n+1}}{\kappa_n}(-1)^{n+1}\binom{n+\beta}{n}$$
$$=\pi_n(-1)^n\binom{n+\beta}{n}+\pi_{n-1}(-1)^{n-1}\binom{n-1+\beta}{n-1}.$$

これらから $\kappa_{n+1}/\kappa_n=a_n^{\alpha\beta}$，$\pi_n=b_n^{\alpha\beta}$，$\pi_{n-1}=-c_n^{\alpha\beta}$ をうる．

5.

定理 24.8. つぎのクリストッフェルの公式が成り立つ：

$$(y-x)\sum_{\nu=0}^{n}(2\nu+\alpha+\beta+1)\frac{\nu!\,\Gamma(\nu+\alpha+\beta+1)}{\Gamma(\nu+\alpha+1)\Gamma(\nu+\beta+1)}P_\nu^{\alpha\beta}(x)P_\nu^{\alpha\beta}(y)$$

$$(24.19)\qquad =\frac{(n+1)!\,\Gamma(n+\alpha+\beta+2)}{(2n+\alpha+\beta+2)\Gamma(n+\alpha+1)\Gamma(n+\beta+1)}$$
$$\cdot(P_n^{\alpha\beta}(x)P_{n+1}^{\alpha\beta}(y)-P_{n+1}^{\alpha\beta}(x)P_n^{\alpha\beta}(y)).$$

証明. 漸化式 (24.17) で n の代りに ν とおき，z の代りに x, y を入れた両式に $((\nu+1)!\,\Gamma(\nu+\alpha+\beta+2)/(2\nu+\alpha+\beta+2)\Gamma(\nu+\alpha+1)\Gamma(\nu+\beta+1)P_\nu^{\alpha\beta}(y)$, $-((\nu+1)!\,\Gamma(\nu+\alpha+\beta+2)/(2\nu+\alpha+\beta+2)\Gamma(\nu+\alpha+1)\Gamma(\nu+\beta+1))P_\nu^{\alpha\beta}(x)$ を掛けて加え，それによってえられる式をさらに $\nu=0,\cdots,n$ にわたって加えればよい．

定理 24.9. 整数 $n\geqq0$ と $\alpha,\beta>-1$ とが与えられたとき，

$$(24.20)\qquad \int_{-1}^{1}p_n^{\alpha\beta}(x)x^\nu(1-x)^\alpha(1+x)^\beta dx=1 \qquad (\nu=0,\cdots,n)$$

をみたす n 次の多項式 $p_n^{\alpha\beta}$ がただ一つ定まり，しかも

(24.21)
$$p_n^{\alpha\beta}(x)=\frac{1}{2^{\alpha+\beta+1}\Gamma(\alpha+1)}\sum_{\nu=0}^{n}(2\nu+\alpha+\beta+1)\frac{\Gamma(\nu+\alpha+\beta+1)}{\Gamma(\nu+\beta+1)}P_\nu^{\alpha\beta}(x)$$
$$=\frac{1}{2^{\alpha+\beta}\Gamma(\alpha+1)}\,\frac{n+\alpha+1}{2n+\alpha+\beta+2}\,\frac{\Gamma(n+\alpha+\beta+2)}{\Gamma(n+\beta+1)}\left(P_n^{\alpha\beta}(x)-\frac{n+1}{n+\alpha+1}P_{n+1}^{\alpha\beta}(x)\right).$$

証明. 定理 20.8, 22.9, 23.8 などとまったく同様である.

6. 積分表示をあげる:

定理 24.10. ±1 を結ぶ線分上にない z に対して

$$P_n^{\alpha\beta}(z)=\frac{1}{2\pi}\int_{-\pi}^{\pi}(z+\sqrt{z^2-1}\cos\varphi)^n \tag{24.22}$$
$$\cdot\left(1+\sqrt{\frac{z+1}{z-1}}e^{i\varphi}\right)^{\alpha}\left(1+\sqrt{\frac{z-1}{z+1}}e^{i\varphi}\right)^{\beta}d\varphi.$$

平方根および α, β を指数とするベキは z が 1 より大きい実数, $\varphi=0$ のとき正の値をとる分枝とする. つねに $\alpha, \beta>-1$ と仮定されているが, さらに $\Re z>0$ のとき α は整数(β は任意)とし, $\Re z<0$ のとき β は整数(α は任意)とする; $\Re z=0$ のときには制限がいらない.

証明. $\Re z\gtreqless 0$ にとき, $|z+1|\gtreqless|z-1|$ である. z をパラメターとして, ζ の函数

$$f(\zeta)=\left(1+\frac{z+1}{2}\zeta\right)^{n+\alpha}\left(1+\frac{z-1}{2}\zeta\right)^{n+\beta}\frac{1}{\zeta^{n+1}}$$

を考えれば, 定理にのべた制限により, これは $0<|\zeta|<2|z^2-1|^{-1/2}$ で正則であり, $\zeta=0$ で $n+1$ 位の極をもつ. $\zeta=0$ における留数は

$$\sum_{\nu=0}^{n}\binom{n+\alpha}{\nu}\binom{n+\beta}{n-\nu}\left(\frac{z+1}{2}\right)^{\nu}\left(\frac{z-1}{2}\right)^{n-\nu}=P_n^{\alpha\beta}(z).$$

$|\zeta|=2|z^2-1|^{-1/2}$ 上にある特異点(分岐点)でも積分が収束するから,

$$P_n^{\alpha\beta}(z)=\frac{1}{2\pi i}\int_{|\zeta|=2|z^2-1|^{-1/2}}f(\zeta)d\zeta.$$

積分変数を $\zeta=2(z^2-1)^{-1/2}e^{i\varphi}$ とおくことによって, (24.22) をうる.

7. ゲーゲンバウアーによって, 母函数展開

$$\frac{1}{(1-2zt+t^2)^h}=\sum_{n=0}^{\infty}C_n^h(z)t^n \qquad (h\neq 0) \tag{24.23}$$

にもとづくいわゆる**ゲーゲンバウアーの多項式系** $\{C_n^h\}_{n=0}^{\infty}$ が導入されている. これは (19.3) の直接な一般化である:

$$P_n(x)=C_n^{1/2}(x). \tag{24.24}$$

しかし, それ自身は (24.13) の特殊化とみなされる:

$$C_{j-m}^{m+1/2}(z)=\frac{\Gamma(m+1)\Gamma(j+m+1)}{\Gamma(2m+1)\Gamma(j+1)}P_{j-m}^{mm}(z). \tag{24.25}$$

特に，$m, j-m$ が負でない整数のとき，P_{j-m}^{mm} を**超球多項式**という．

定義の式（24.25）にもとづいて，（24.5），（24.6）からつぎの表示がえられる：

$$\begin{aligned} C_n^h(z)&=\frac{\Gamma(n+2h)}{n!\Gamma(2h)}G_n\left(2h, h+\frac{1}{2}; \frac{1-z}{2}\right)\\ &=\frac{\Gamma(n+2h)}{n!\Gamma(2h)}F\left(n+2h, -n; h+\frac{1}{2}; \frac{1-z}{2}\right)\\ &=\sum_{\nu=0}^{[n/2]}\frac{(-1)^\nu 2^{n-2\nu}}{\nu!(n-2\nu)!}\frac{\Gamma(n+h-\nu)}{\Gamma(h)}z^{n-2\nu}. \end{aligned} \tag{24.26}$$

この最後の表示からわかるように，nが偶数の場合と奇数の場合とを区別して，つぎの関係が成り立つ：

$$\begin{aligned} C_{2m}^h(z)&=\frac{(-1)^m\Gamma(m+h)}{m!\Gamma(h)}F\left(m+h, -m; \frac{1}{2}; z^2\right),\\ C_{2m+1}^h(z)&=\frac{(-1)^m\Gamma(m+h+1)}{m!\Gamma(h+1)}zF\left(m+h+1, -m; \frac{3}{2}; z^2\right). \end{aligned} \tag{24.27}$$

また，（24.16）から $w=C_n^h(z)$ に対する微分方程式は

$$(1-z^2)w''-(2h+1)zw'+n(n+2h)w=0. \tag{24.28}$$

問 1. ヤコビの多項式 $P_n^{\alpha\beta}(x)$ は n 個の単一零点をもち，それらはすべて実軸上の区間 $(-1,1)$ に含まれる．

問 2. 系 $\{G_n(p,q;z)\}_{n=0}^{\infty}$ の母函数表示は

$$\frac{(1-x)^{1-q}(1+x)^{q-p}(t-1-\sqrt{1-2xt+t^2})^{q-1}(t+1-\sqrt{1-2xt+t^2})^{p-q}}{t^{p-1}\sqrt{1-2xt+t^2}}$$

$$=\sum_{n=0}^{\infty}\binom{n+q-1}{n}G_n\left(p, q; \frac{1-x}{2}\right)t^n.$$

問 3.（i）$\dfrac{P_n(x)-P_{n+1}(x)}{1-x}=P_n^{1,0}(x)$;　（ii）$T_n'(x)=\dfrac{(n+1)!^2 2^n}{(2n+1)!}P_n^{1/2,1/2}(x)$.

問 4.

$$\lim_{\beta\to\infty}P_n^{\alpha\beta}\left(1-\frac{2z}{\beta}+o\left(\frac{1}{\beta}\right)\right)=S_n^\alpha(z).$$

問 5. ゲーゲンバウアーの多項式系に対して，つぎの直交性の関係が成り立つ：

$$\int_{-1}^{1}(1-x^2)^{h-1/2}C_m^h(x)C_n^h(x)dx=\delta_{mn}\frac{\pi\Gamma(n+2h)}{2^{2h-1}(n+h)\cdot n!\Gamma(h)^2}.$$

問 6.

$$2^{n-1}T_n(x)=C_n^1(x)-xC_{n-1}^1(x).$$

問 7.

$$C_{2m}^h(\cos\theta)=\frac{\Gamma(2m+2h)}{(2m)!\Gamma(2h)}F\left(m+h, -m; h+\frac{1}{2}; \sin^2\theta\right),$$

$$C_{2m+1}^{h}(\cos\theta)=\frac{\Gamma(2m+2h+1)}{(2m+1)!\,\Gamma(2h+1)}\cos\theta\cdot F\left(m+h+1,\,-m;\,h+\frac{1}{2};\,\sin^2\theta\right).$$

§25. 函数の近似

1. 区間 (a, b) において函数列 $\{\varphi_n\}_{n=0}^{\infty}$ が荷重 ρ に関して正規直交系をなすとする:

$$(25.1)\qquad (\sqrt{\rho}\,\varphi_m, \sqrt{\rho}\,\varphi_n)\equiv\int_a^b \rho(x)\varphi_m(x)\overline{\varphi_n}(x)dx=\delta_{mn}\quad (m, n=0, 1, \cdots).$$

このとき，任意な $f\in \boldsymbol{L}^2(a, b)$ に対して

$$(25.2)\qquad c_n=(f, \sqrt{\rho}\,\varphi_n)\qquad (n=0, 1, \cdots)$$

を $\{\varphi_n\}$ に関する f の**展開係数**または**一般フーリエ係数**という．そして，

$$(25.3)\qquad f(x)\sim\sum_{n=0}^{\infty} c_n\sqrt{\rho(x)}\,\varphi_n(x)$$

とかき，この右辺を $\{\varphi_n\}$ に関する f の**直交級数**または**一般フーリエ級数**という．(20.14) はその一例である．

さて，整数 $n\geqq 0$ が定められたとき，f を $\{\sqrt{\rho}\,\varphi_\nu\}_{\nu=0}^{n}$ の一次結合で平均近似するさいの平均平方誤差は

$$(25.4)\qquad \begin{aligned} M_n[\gamma_0, \cdots, \gamma_n]&\equiv\left\|f-\sum_{\nu=0}^{n}\gamma_\nu\sqrt{\rho}\,\varphi_\nu\right\|^2\\ &=\int_a^b\left|f(x)-\sum_{\nu=0}^{n}\gamma_\nu\sqrt{\rho(x)}\,\varphi_\nu(x)\right|^2dx. \end{aligned}$$

つぎの定理は平均近似における一般フーリエ係数の極値性を示している:

定理 25.1. 平均平方誤差 (25.4) は $\gamma_\nu=c_\nu$ $(\nu=0, \cdots, n)$ のときに限ってその最小値に達する．

証明. $M_n[\gamma_0, \cdots, \gamma_n]$

$$=(f, f)-\sum_{\nu=0}^{n}\overline{\gamma_\nu}(f, \sqrt{\rho}\,\varphi_\nu)-\sum_{\nu=0}^{n}\gamma_\nu(\sqrt{\rho}\,\varphi_\nu, f)+\sum_{\mu,\nu=0}^{n}\gamma_\mu\overline{\gamma_\nu}(\sqrt{\rho}\,\varphi_\mu, \sqrt{\rho}\,\varphi_\nu)$$

$$=(f, f)-\sum_{\nu=0}^{n}\overline{\gamma_\nu}c_\nu-\sum_{\nu=0}^{n}\gamma_\nu\overline{c_\nu}+\sum_{\nu=0}^{n}|\gamma_\nu|^2$$

$$=\|f\|^2-\sum_{\nu=0}^{n}|c_\nu|^2+\sum_{\nu=0}^{n}|\gamma_\nu-c_\nu|^2.$$

最後の辺は $\gamma_\nu=c_\nu$ $(\nu=0,\cdots,n)$ のときに限って最小となる.

定理 25.1 の証明からわかるように,

$$M_n\equiv M_n[c_0,\cdots,c_n] \tag{25.5}$$
$$=\min_{\{\gamma_\nu\}_{\nu=0}^n} M_n[\gamma_0,\cdots,\gamma_n]=\|f\|^2-\sum_{\nu=0}^n|c_\nu|^2.$$

つねに $M_n\geqq0$ であるから，つぎの**ベッセルの不等式**が成り立つ:

$$\sum_{n=0}^\infty|c_n|^2\leqq\|f\|^2 \qquad (c_n=(f,\sqrt{\rho}\,\varphi_n)\ (n=0,1,\cdots)). \tag{25.6}$$

もし f が $\{\sqrt{\rho}\,\varphi_n\}_{n=0}^\infty$ からの有限一次結合で平均近似されるとき，すなわち，(25.5) に対して $M_n\to0$ $(n\to\infty)$ であるならば，いわゆる**パーセバルの等式**が成り立つ:

$$\sum_{n=0}^\infty|c_n|^2=\|f\|^2. \tag{25.7}$$

これを**完全性の関係**ともいい，つぎのようにも記される:

$$\underset{n\to\infty}{\mathrm{l.i.m.}}\sum_{\nu=0}^n c_\nu\sqrt{\rho(x)}\,\varphi_\nu(x)=f(x). \tag{25.8}$$

f が $[a,b]$ で区分的に連続である限り (25.7) が成り立つならば，函数系 $\{\sqrt{\rho}\,\varphi_n\}_{n=0}^\infty$ は**完全**である，または**完全系**をなすという． 区分的に連続な函数は連続な函数で平均近似されるから，ミンコフスキの不等式 $\|f-h\|\leqq\|f-g\|+\|g-h\|$ に注意すれば，完全性の定義において f を連続函数に限ってもよい. 他方において，ルベーグ積分論からの定理によって，$f\in\boldsymbol{L}^2$ は連続函数によって平均近似されるから，完全性の関係は $\boldsymbol{L}^2$ の範囲でも成り立つ.

なお，$\{\varphi_n\}$ が必ずしも正規化されていないときにも，$\{\sqrt{\rho}\,\varphi_n/\|\sqrt{\rho}\,\varphi_n\|\}$ が完全であるならば，$\{\sqrt{\rho}\,\varphi_n\}$ は完全であるという． また，直交系でないときにも，一次結合によって平均近似できるならば，完全であるという.

2. つぎにあげるのは**ワイエルシュトラスの近似定理**である:

定理 25.2. 有限閉区間で連続な函数はそこで多項式によって一様に近似される．すなわち，$[a,b]$ で連続な函数 f が与えられたとき，任意な $\varepsilon>0$ に対して適当な多項式 p をとれば，$|f(x)-p(x)|<\varepsilon$ $(a\leqq x\leqq b)$.

証明. (ベルンシュタイン) 一般性を失なうことなく基礎区間を$[0,1]$とし，

そこで $|f|<1$ とする．連続の一様性によって，適当な $\delta=\delta(\varepsilon)>0$ をとれば，$[0,1]$ において $|x-\xi|<\delta$ である限り $|f(x)-f(\xi)|<\varepsilon/2$．いま，

$$p_n(x)=\sum_{\nu=0}^{n} f\left(\frac{\nu}{n}\right)\cdot\binom{n}{\nu}x^{\nu}(1-x)^{n-\nu}$$

とおけば，これは n 次の多項式であって，

$$|f(x)-p_n(x)|=\left|\sum_{\nu=0}^{n}\left(f(x)-f\left(\frac{\nu}{n}\right)\right)\binom{n}{\nu}x^{\nu}(1-x)^{n-\nu}\right|.$$

右辺の和を $|\nu/n-x|<\delta$ である部分 $\sum'$ と $|\nu/n-x|\geqq\delta$ である部分 $\sum''$ とに分けると，

$$\left|\sum'\right|\leqq\frac{\varepsilon}{2}\sum_{|\nu/n-x|<\delta}\binom{n}{\nu}x^{\nu}(1-x)^{n-\nu}\leqq\frac{\varepsilon}{2}\sum_{\nu=0}^{n}\binom{n}{\nu}x^{\nu}(1-x)^{n-\nu}=\frac{\varepsilon}{2};$$

$$\begin{aligned}\left|\sum''\right|&\leqq 2\sum_{|\nu/n-x|\geqq\delta}\binom{n}{\nu}x^{\nu}(1-x)^{n-\nu}\leqq 2\sum_{\nu=0}^{n}\left(\frac{\nu/n-x}{\delta}\right)^2\binom{n}{\nu}x^{\nu}(1-x)^{n-\nu}\\&=\frac{2}{\delta^2}\sum_{\nu=0}^{n}\left(\frac{\nu(\nu-1)}{n^2}+\frac{(1-2nx)\nu}{n^2}+x^2\right)\binom{n}{\nu}x^{\nu}(1-x)^{n-\nu}\\&=\frac{2}{\delta^2}\left(\frac{x^2}{n^2}n(n-1)+\frac{(1-2nx)x}{n^2}n+x^2\right)=\frac{2}{\delta^2}\frac{x(1-x)}{n}\leqq\frac{1}{2\delta^2 n}.\end{aligned}$$

ゆえに，$n>1/\delta^2\varepsilon$ とすれば，

$$|f(x)-p_n(x)|\leqq\left|\sum'\right|+\left|\sum''\right|<\frac{\varepsilon}{2}+\frac{\varepsilon}{2}=\varepsilon.$$

3. 完全系の具体例をあげる．

定理 25.3. ルジャンドルの多項式系 $\{P_n\}_{n=0}^{\infty}$ は $(-1,1)$ で完全系をなす．

証明. 定理 25.2 によって $[-1,1]$ で連続な函数は多項式で一様近似されるから，$\{P_n\}_{n=0}^{\infty}$ からの一次結合で一様近似される．一様近似されれば，必然的に平均近似されるから，$\{P_n\}$ は完全である．

定理 25.4. チェビシェフの函数系 $\{T_n/\sqrt[4]{1-x^2}\}_{n=0}^{\infty}$ は $(-1,1)$ で完全系をなす．

証明. f が $[-1,1]$ で連続ならば，定理 25.2 によって，$[-1,1]$ で連続な函数 $f(x)\sqrt[4]{1-x^2}$ は $\{T_n\}$ からの一次結合で一様近似される：

$$\left|f(x)\sqrt[4]{1-x^2}-\sum_{\nu=0}^{n}a_{\nu}T_{\nu}(x)\right|<\frac{\varepsilon}{\sqrt{\pi}}\quad(-1\leqq x\leqq 1)\quad(a_{\nu}\text{ は定数}).$$

このとき,

$$\left\| f-\sum_{\nu=0}^{n} a_\nu \frac{T_\nu}{\sqrt[4]{1-x^2}} \right\|^2 = \int_{-1}^{1} \left| f(x)\sqrt[4]{1-x^2} - \sum_{\nu=0}^{n} a_\nu T_\nu(x) \right|^2 \frac{dx}{\sqrt{1-x^2}}$$

$$< \frac{\varepsilon^2}{\pi} \int_{-1}^{1} \frac{dx}{\sqrt{1-x^2}} = \varepsilon^2.$$

ラゲルの函数系については,基礎区間が無限であるから,その完全性を示すには,いくらかの技巧がいる.

定理 25.5. ラゲルの函数系 $\{e^{-x/2}L_n\}_{n=0}^{\infty}$ は $(0, \infty)$ で完全系をなす.

証明. ラゲルの多項式系 $\{L_n\}$ からつくられた正規直交系を $\{\varphi_n\}$ とし,これの母函数を $g(x, t)$ とすれば,

$$g(x, t) \equiv \sum_{n=0}^{\infty} \varphi_n(x) t^n = e^{-x/2} \sum_{n=0}^{\infty} \frac{L_n(x)}{n!} t^n = \frac{e^{-x(1+t)/2(1-t)}}{1-t}.$$

この級数は $|t|<1$ で収束し,そこで

$$\int_0^\infty g(x, t)^2 dx = \frac{1}{1-t^2}, \qquad \int_0^\infty g(x, t)\varphi_n(x) dx = t^n;$$

$$\int_0^\infty \left(g(x, t) - \sum_{\nu=0}^{n} \varphi_\nu(x) t^\nu \right)^2 dx = \frac{1}{1-t^2} - \sum_{\nu=0}^{n} t^{2\nu}.$$

ゆえに,$-1<t<1$ のとき,$\sum \varphi_n(x) t^n$ は $g(x, t)$ に平均収束する:

$$\lim_{n\to\infty} \int_0^\infty \left(g(x, t) - \sum_{\nu=0}^{n} \varphi_\nu(x) t^\nu \right)^2 dx = 0.$$

t が -1 から $+1$ まで変わるとき,$\alpha=(1+t)/2(1-t)$ はすべての正数にわたるから,任意な $\alpha>0$ に対して $e^{-\alpha x}=(1-t)g(x, t)$ は $\{\varphi_n\}$ からの一次結合により $(0, \infty)$ で平均近似されることがわかる.さて,$f \in \boldsymbol{L}^2(0, \infty)$ に対して

$$f_X(x) = f(x) \quad (0 \leqq x < X), \qquad f_X(x) = 0 \quad (x \geqq X)$$

とおけば,任意な $\Phi \in \boldsymbol{L}^2(0, \infty)$ に対して

$$\int_0^\infty (f(x)-\Phi(x))^2 dx \leqq 2\int_0^\infty ((f(x)-f_X(x))^2 + (f_X(x)-\Phi(x))^2) dx$$

$$= 2\int_X^\infty f(x)^2 dx + 2\int_0^\infty (f_X(x)-\Phi(x))^2 dx.$$

ゆえに,f が Φ で平均近似されることを示すには,f_X が Φ で平均近似されることがわかればよい.すなわち,あらためて f が $[0, \infty]$ で連続,ある X に対して $x \geqq X$ のとき $f(x)=0$ と仮定してよい.置換 $\xi=e^{-x}$ によって,$f(x)$

$=f(-\log\xi)$ は $0<\xi\leqq 1$ で連続，$0<\xi\leqq e^{-X}$ でつねに 0 となる．ゆえに，$\xi=0$ のときの値を 0 と定めれば，$\xi^{-1}f(-\log\xi)$ は $0\leqq\xi\leqq 1$ で連続となる．ワイエルシュトラスの近似定理 25.2 によりこれは多項式 $p(\xi)=\sum_{\mu=0}^{m}a_\mu\xi^\mu$ で一様近似され，かつ

$$\int_0^\infty\left(f(x)-\sum_{\mu=0}^{m}a_\mu e^{-(\mu+1)x}\right)^2dx=\int_0^1\left(f(-\log\xi)-\sum_{\mu=0}^{m}a_\mu\xi^{\mu+1}\right)^2\frac{d\xi}{\xi}$$
$$\leqq\int_0^1(\xi^{-1}f(-\log\xi)-p(\xi))^2d\xi.$$

したがって，f は $\{e^{-(\mu+1)x}\}_{\mu=0}^{\infty}$ からの一次結合で平均近似されるから，$\{\varphi_n\}_{n=0}^{\infty}$ からの一次結合で平均近似される．

4. 一般に，有限区間において，一様収束性は平均収束性よりは強い条件である．函数列がある函数に平均収束していても，それに収束しているとすら限らない．

そこで，任意函数のルジャンドルの多項式系 $\{P_n\}_{n=0}^{\infty}$ による展開の可能性について説明しよう．次項でみるように，問題はその函数のふつうのフーリエ展開の可能性に帰着されるのである．フーリエ展開可能性については，極めて多くの結果がえられている．

まず，三角函数についての簡単な評価を準備する：

補助定理 1. (i)
$$\left|\sin\frac{\chi}{2}\sum_{\nu=0}^{n}{\cos \atop \sin}\nu\chi\right|\leqq 1;$$

(ii) $\displaystyle\left|\sin\frac{\chi}{4}\sum_{\nu=0}^{n}{\cos \atop \sin}\nu\chi\right|\leqq\frac{1}{2|\cos(\chi/4)|}$;　　(iii) $\displaystyle\left|\sin\frac{\chi}{2}\sum_{\nu=1}^{n}\frac{1}{\nu}{\cos \atop \sin}\nu\chi\right|\leqq 1.$

証明. (i)
$$\left|\sin\frac{\chi}{2}\sum_{\nu=0}^{n}e^{i\nu x}\right|=\left|\frac{i}{2}e^{-ix/2}(1-e^{i(n+1)x})\right|\leqq 1.$$

(ii) 上の不等式を $2|\cos(\chi/4)|$ で割ればよい．

(iii) $h_\nu(\chi)=\sum_{\kappa=1}^{\nu}e^{i\kappa x}$ $(\nu\geqq 1)$，$h_0(\chi)=0$ とおけば，$|\sin(\chi/2)\cdot h_\nu(\chi)|\leqq 1$ であるから，アーベルの変換によって

$$\left|\sin\frac{\chi}{2}\sum_{\nu=1}^{n}\frac{e^{i\nu x}}{\nu}\right|=\left|\sin\frac{\chi}{2}\sum_{\nu=1}^{n}\frac{h_\nu(\chi)-h_{\nu-1}(\chi)}{\nu}\right|$$
$$=\left|\sin\frac{\chi}{2}\left(\sum_{\nu=1}^{n}\left(\frac{1}{\nu}-\frac{1}{\nu+1}\right)h_\nu(\chi)+\frac{1}{n+1}h_n(\chi)\right)\right|\leqq 1.$$

さらに，フーリエ級数論からのつぎの定理を引用する：

補助定理 2. $\phi(\theta)\in \boldsymbol{L}(-\pi,\pi)$ に対して，$\phi(\theta)$，$\Psi(\theta)=\phi(\theta)\sqrt{|\sin\theta|}$ のフーリエ展開の部分和をそれぞれ

$$\phi_n(\theta)=\frac{1}{2\pi}\int_{-\pi-\theta}^{\pi-\theta}\phi(\theta+t)\frac{\sin(n+1/2)t}{\sin(t/2)}dt,$$

$$\Psi_n(\theta)=\frac{1}{2\pi}\int_{-\pi-\theta}^{\pi-\theta}\phi(\theta+t)\sqrt{|\sin(\theta+t)|}\frac{\sin(n+1/2)t}{\sin(t/2)}dt$$

とおけば，$0<|\theta|<\pi$ に対して

$$\lim_{n\to\infty}(\Psi_n(\theta)-\phi_n(\theta)\sqrt{|\sin\theta|})=0.$$

証明.

$$\Psi_n(\theta)-\phi_n(\theta)\sqrt{|\sin\theta|}$$
$$=\frac{1}{2\pi}\int_{-\pi-\theta}^{\pi-\theta}\phi(\theta+t)\frac{\sqrt{|\sin(\theta+t)|}-\sqrt{|\sin\theta|}}{\sin(t/2)}\sin\left(n+\frac{1}{2}\right)t\,dt$$

において，$0<|\theta|<\pi$ のとき，$(\sqrt{|\sin(\theta+t)|}-\sqrt{|\sin\theta|})/\sin(t/2)$ は t について区間 $(-\pi-\theta,\pi-\theta)$ で連続である；$t=0$ での値は $\cos\theta/\sqrt{|\sin\theta|}$ とする．ゆえに，右辺の被積分函数で $\sin(n+1/2)t$ の因子は $\boldsymbol{L}(-\pi,\pi)$ に属するから，リーマン・ルベーグの定理によって補助定理の結論をうる．

補助定理2は $(-\pi,\pi)$ におけるフーリエ展開に関している．基礎区間 $(0,\pi)$ で定義された函数のフーリエ余弦展開に対しても，偶函数として $(-\pi,\pi)$ へ接続するだけでよいから，その結論はそのまま成り立つ．

5. さて，ヤングによってえられたルジャンドル展開の可能性についての定理は，つぎのようにのべられる：

定理 25.6. $f(x)$ が $-1\leqq x\leqq 1$ で有界可積なとき，$0\leqq\theta\leqq\pi$ における $f(\cos\theta)$ のルジャンドル展開，$f(\cos\theta)\sin\theta$ のフーリエ余弦展開を

$$f(\cos\theta)\sim\sum_{n=0}^{\infty}c_nP_n(\cos\theta),\qquad c_n=\frac{2n+1}{2}\int_{-1}^{1}f(x)P_n(x)dx,$$

$$f(\cos\theta)\sin\theta\sim\frac{\delta_0}{2}+\sum_{n=1}^{\infty}\delta_n\cos n\theta,\qquad \delta_n=\frac{2}{\pi}\int_0^{\pi}f(\cos\theta)\sin\theta\cos n\theta\,d\theta$$

とし，これらの部分和の列をそれぞれ $\{S_n(\theta)\}_{n=0}^{\infty}$，$\{\tau_n(\theta)\}_{n=0}^{\infty}$ で表わせば，$0<\theta<\pi$ において

$$\lim_{n\to\infty}\left(S_n(\theta)-\frac{\tau_n(\theta)}{\sin\theta}\right)=0.$$

このヤングの定理をハールによるそれと同値な(補助定理2参照)つぎの形で証明しよう：

定理 25.7. $f(x)\in\boldsymbol{L}^2(-1,1)$ に対して，$0\leqq\theta\leqq\pi$ における $f(\cos\theta)$ のルジャンドル展開，フーリエ余弦展開を

$$(25.9)\quad f(\cos\theta)\sim\sum_{n=0}^{\infty}c_nP_n(\cos\theta),\qquad c_n=\frac{2n+1}{2}\int_{-1}^{1}f(x)P_n(x)dx,$$

$$(25.10)\qquad f(\cos\theta)\sim\frac{a_0}{2}+\sum_{n=1}^{\infty}a_n\cos n\theta,\qquad a_n=\frac{2}{\pi}\int_0^{\pi}f(\cos\theta)\cos n\theta\,d\theta$$

とし，これらの部分和の列をそれぞれ $\{S_n(\theta)\}_{n=0}^{\infty}$, $\{s_n(\theta)\}_{n=0}^{\infty}$ で表わせば，$0<\theta<\pi$ において

$$(25.11)\qquad \lim_{n\to\infty}(S_n(\theta)-s_n(\theta))=0.$$

証明. $0\leqq\theta\leqq\pi$ における $f(\cos\theta)\sqrt{\sin\theta}$ のフーリエ余弦展開の部分和を $s^*{}_n(\theta)$ で表わす:

$$s^*{}_n(\theta)=\frac{1}{\pi}\int_0^{\pi}f(\cos\varphi)\sqrt{\sin\varphi}\,d\varphi+\frac{2}{\pi}\sum_{\nu=1}^{n}\cos\nu\theta\int_0^{\pi}f(\cos\varphi)\sqrt{\sin\varphi}\cos\nu\varphi\,d\varphi.$$

補助定理 2（その証明直後の注意参照）によって，$0<\theta<\pi$ において $s^*{}_n(\theta)-s_n(\theta)\sqrt{\sin\theta}\to 0$ $(n\to\infty)$ であるから，(25.11) は

$$(25.12)\qquad \lim_{n\to\infty}(S_n(\theta)\sqrt{\sin\theta}-s^*{}_n(\theta))=0$$

と同値である．ところで，

$$S_n(\theta)=\sum_{\nu=0}^{n}\frac{2\nu+1}{2}P_\nu(\cos\theta)\int_0^{\pi}f(\cos\varphi)P_\nu(\cos\varphi)\sin\varphi\,d\varphi.$$

ゆえに，簡単のため

$$(25.13)\qquad \begin{aligned} L_n(\theta,\varphi)&=\sum_{\nu=0}^{n}\frac{2\nu+1}{2}P_\nu(\cos\theta)P_\nu(\cos\varphi)\sqrt{\sin\theta}\sqrt{\sin\varphi},\\ D_n(\theta,\varphi)&=\frac{1}{\pi}+\frac{2}{\pi}\sum_{\nu=1}^{n}\cos\nu\theta\cos\nu\varphi \end{aligned}$$

とおけば，証明すべき関係 (25.12) はつぎの形になる:

$$(25.14)\qquad \lim_{n\to\infty}\int_0^{\pi}(L_n(\theta,\varphi)-D_n(\theta,\varphi))f(\cos\varphi)\sqrt{\sin\varphi}\,d\varphi=0.$$

まず，f が多項式 p の場合に，(25.14) が成り立つことに注意する．じっさい，フーリエ級数論からの簡単な定理によって，このとき $p(\cos\theta)\sqrt{\sin\theta}$ のフーリエ余弦級数はこの函数に収束する: $s^*{}_n(\theta)\to p(\cos\theta)\sqrt{\sin\theta}$ $(n\to\infty)$. また，ルジャンドル展開は有限項で中断する: $S_n(\theta)=p(\cos\theta)$ $(n\geqq\deg p)$. 他方において，シュワルツの不等式によって

$$\left|\int_0^{\pi}(L_n(\theta,\varphi)-D_n(\theta,\varphi))(f(\cos\varphi)-p(\cos\varphi))\sqrt{\sin\varphi}\,d\varphi\right|^2$$

$$\leqq \int_0^\pi (L_n(\theta,\varphi)-D_n(\theta,\varphi))^2 d\varphi \cdot \int_0^\pi (f(\cos\varphi)-p(\cos\varphi))^2 \sin\varphi\, d\varphi.$$

$f\in \boldsymbol{L}^2(-1,1)$ は連続函数によって平均近似され， 定理 25.2 により連続函数は多項式で一様近似される． したがって，任意な $\varepsilon>0$ が与えられたとき，f に対して多項式 p を適当にえらべば，すぐ上の評価の右辺の第二因子に対して

$$\int_0^\pi (f(\cos\varphi)-p(\cos\varphi))^2 \sin\varphi\, d\varphi = \int_{-1}^1 (f(x)-p(x))^2 dx < \varepsilon.$$

以上によって，固定された各 $\theta\in(0,\pi)$ に対して

$$\int_0^\pi (L_n(\theta,\varphi)-D_n(\theta,\varphi))^2 d\varphi \qquad (n=0,1,\cdots) \tag{25.15}$$

が有界であることを示せば，(25.14) がえられることになるわけである．

さて， $0<2\delta\leqq\theta\leqq\pi-2\delta$ とし，(25.15) の積分範囲を三つの部分 $(0,\delta)$, $(\delta,\pi-\delta)$, $(\pi-\delta,\pi)$ に分ける．まず，第一の部分については，

$$\int_0^\delta (L_n(\theta,\varphi)-D_n(\theta,\varphi))^2 d\varphi \leqq 2\int_0^\delta (L_n(\theta,\varphi)^2+D_n(\theta,\varphi)^2) d\varphi.$$

$2\delta\leqq\theta\leqq\pi-2\delta$, $0<\varphi<\delta$ のとき，$\delta<\theta\pm\varphi<\pi-\delta$ であるから，

$$D_n(\theta,\varphi)=\frac{1}{\pi}\sum_{\nu=0}^n \cos\nu(\theta+\varphi)+\frac{1}{\pi}\sum_{\nu=1}^n \cos\nu(\theta-\varphi)$$

は補助定理 1 により有界である． したがって，$\int_0^\delta D_n(\theta,\varphi)^2 d\varphi$ はもちろん有界である．つぎに，定理 20.7 にあげたクリストッフェルの公式によって

$$L_n(\theta,\varphi) = \frac{n+1}{2}\frac{P_n(\cos\theta)P_{n+1}(\cos\varphi)-P_{n+1}(\cos\theta)P_n(\cos\varphi)}{\cos\varphi-\cos\theta}\sqrt{\sin\theta\sin\varphi}$$

となるから，$\int_0^\delta L_n(\theta,\varphi)^2 d\varphi$ の有界性を示すには，

$$\begin{aligned} I_n &= \int_0^\delta \left(\frac{n+1}{2}\frac{P_n(\cos\theta)P_{n+1}(\cos\varphi)}{\cos\varphi-\cos\theta}\sqrt{\sin\theta\sin\varphi}\right)^2 d\varphi, \\ J_n &= \int_0^\delta \left(\frac{n+1}{2}\frac{P_{n+1}(\cos\theta)P_n(\cos\varphi)}{\cos\varphi-\cos\theta}\sqrt{\sin\theta\sin\varphi}\right)^2 d\varphi \end{aligned} \tag{25.16}$$

が共に有界であることを示せばよい． $\delta<\theta\pm\varphi<\pi-\delta$ のとき $|\cos\varphi-\cos\theta|$ は正の下限 η をもつから，

$$\int_0^\delta P_m(\cos\varphi)^2 \sin\varphi\, d\varphi \leqq \int_{-1}^1 P_m(x)^2 dx = \frac{2}{2m+1}$$

が成り立つことに注意すると，

$$I_n<\left(\frac{n+1}{2\eta}\right)^2 P_n(\cos\theta)^2\sin\theta\int_0^\delta P_{n+1}(\cos\varphi)^2\sin\varphi d\varphi$$

$$\leqq\frac{(n+1)^2}{2\eta^2(2n+3)}P_n(\cos\theta)^2\sin\theta,$$

$$J_n<\left(\frac{n+1}{2\eta}\right)^2 P_{n+1}(\cos\theta)^2\sin\theta\int_0^\delta P_n(\cos\varphi)^2\sin\varphi d\varphi$$

$$\leqq\frac{(n+1)^2}{2\eta^2(2n+1)}P_{n+1}(\cos\theta)^2\sin\theta$$

ところで，定理 20.17 系にあげた漸近公式によって

$$P_m(\cos\theta)\sqrt{\sin\theta}=\sqrt{\frac{2}{m\pi}}\left(\cos\left(\left(m+\frac{1}{2}\right)\theta-\frac{\pi}{4}\right)+O\left(\frac{1}{m}\right)\right)\quad(m\to\infty).$$

ゆえに，(25.16) の I_n, J_n はいずれも有界である． 積分範囲の第三の部分 $(\pi-\delta,\pi)$ についても，まったく同様である．残るところは，第二の部分 $(\delta,\pi-\delta)$ からの (25.15) への寄与が有界なことを示すことである． ここではさらに，$\theta\in[2\delta,\pi-2\delta]$ を固定するとき，$\varphi\in(\delta,\pi-\delta)$ に対して列 $\{L_n(\theta,\varphi)-D_n(\theta,\varphi)\}_{n=0}^\infty$ が有界であることを証明しよう．そのために，定理 20.17 系の漸近表示を用いると，$\omega_n=(n+1/2)\theta-\pi/4$, $\upsilon_n=(n+1/2)\varphi-\pi/4$ とおくとき，

$$P_n(\cos\theta)=\sqrt{\frac{2}{n\pi\sin\theta}}\left(\cos\omega_n+\frac{1}{8n}(\cot\theta\sin\omega_n-2\cos\omega_n)+O(n^{-2})\right),$$

$$P_n(\cos\varphi)=\sqrt{\frac{2}{n\pi\sin\varphi}}\left(\cos\upsilon_n+\frac{1}{8n}(\cot\varphi\sin\upsilon_n-2\cos\upsilon_n)+O(n^{-2})\right);$$

$$\frac{2n+1}{2}P_n(\cos\theta)P_n(\cos\varphi)\sqrt{\sin\theta}\sqrt{\sin\varphi}$$

$$=\frac{2}{\pi}\left(\cos\omega_n\cos\upsilon_n+\frac{1}{8n}(\cot\theta\sin\omega_n\cos\upsilon_n+\cot\varphi\sin\upsilon_n\cos\omega_n)+O(n^{-2})\right).$$

ゆえに，(25.13) から

$$\frac{\pi}{2}(L_n(\theta,\varphi)-D_n(\theta,\varphi))$$

$$=\frac{\pi}{4}\sqrt{\sin\theta}\sqrt{\sin\varphi}-\frac{1}{2}+\sum_{\nu=1}^n(\cos\omega_\nu\cos\upsilon_\nu-\cos\nu\theta\cos\nu\varphi)$$

$$+\frac{1}{8}\sum_{\nu=1}^n\frac{1}{\nu}(\cot\theta\sin\omega_\nu\cos\upsilon_\nu+\cot\varphi\sin\upsilon_\nu\cos\omega_\nu)+\sum_{\nu=1}^n O(\nu^{-2}).$$

ところで，

$$2\sum_{\nu=1}^{n}(\cos\omega_\nu\cos\upsilon_\nu-\cos\nu\theta\cos\nu\varphi)$$

$$=\sum_{\nu=1}^{n}\left(\sin\left(\nu+\frac{1}{2}\right)(\theta+\varphi)-\cos\nu(\theta+\varphi)\right)$$

$$+\sum_{\nu=1}^{n}\left(\cos\left(\nu+\frac{1}{2}\right)(\theta-\varphi)-\cos\nu(\theta-\varphi)\right)$$

$$=\sum_{\nu=1}^{n}\left(\left(\sin\frac{\theta+\varphi}{2}-1\right)\cos\frac{\nu(\theta+\varphi)}{2}+\cos\frac{\theta+\varphi}{2}\sin\frac{\nu(\theta+\varphi)}{2}\right)$$

$$+\sum_{\nu=1}^{n}\left(\sin\frac{\theta-\varphi}{2}\sin\frac{\nu(\theta-\varphi)}{2}+2\sin^2\frac{\theta-\varphi}{4}\cos\frac{\nu(\theta-\varphi)}{2}\right).$$

$3\delta<\theta+\varphi<2\pi-3\delta$, $-\pi+3\delta<\theta-\varphi<\pi-3\delta$ のとき，補助定理1によって，これは有界である．また，$\cot\theta$, $\cot\varphi$ は有限であって，

$$2\sum_{\nu=1}^{n}\frac{1}{\nu}\sin\frac{\omega_\nu}{\upsilon_\nu}\cos\frac{\upsilon_\nu}{\omega_\nu}=-\sum_{\nu=1}^{n}\frac{1}{\nu}\cos\left(\nu+\frac{1}{2}\right)(\theta+\varphi)\mp\sum_{\nu=1}^{n}\frac{1}{\nu}\sin\left(\nu+\frac{1}{2}\right)(\theta-\varphi)$$

$$=-\sum_{\nu=1}^{n}\left(\cos\frac{\theta+\varphi}{2}\cdot\frac{1}{\nu}\cos\nu(\theta+\varphi)-\sin\frac{\theta+\varphi}{2}\cdot\frac{1}{\nu}\sin\nu(\theta+\varphi)\right)$$

$$\mp\sum_{\nu=1}^{n}\left(\sin\frac{\theta-\varphi}{2}\cdot\frac{1}{\nu}\cos\nu(\theta-\varphi)+\cos\frac{\theta-\varphi}{2}\cdot\frac{1}{\nu}\sin\nu(\theta-\varphi)\right).$$

これらもまた補助定理1によって有界である．したがって，$L_n(\theta,\varphi)-D_n(\theta,\varphi)$ は有界となり，定理の証明をおわる．

問 1. f が $[\alpha,\beta](\subset(0,1))$ で連続ならば，

$$p_n(x)=\int_\alpha^\beta f(x)(1-(t-x)^2)^n dt\Big/\int_{-1}^{1}(1-t^2)^n dt$$

とおくとき，多項式列 $\{p_n\}_{n=0}^\infty$ は任意な閉区間 $[a,b]\subset(\alpha,\beta)$ で一様に f に収束する．

問 2. $-1<\alpha,\beta\leqq 1$ のとき，ヤコビの函数系 $\{(1-x)^{\alpha/2}(1+x)^{\beta/2}P_n^{\alpha\beta}\}_{n=0}^\infty$ は $(-1,1)$ で完全系をなす．

問 3. エルミトの函数系 $\{e^{-x^2/2}H_n\}_{n=0}^\infty$ は $(-\infty,\infty)$ で完全系をなす．

問 4.
$$e^{i\alpha x}=\sum_{n=0}^{\infty}(2n+1)2^nP_n(x)\sum_{k=0}^{\infty}(i\alpha)^{n+2k}\frac{(n+k)!}{k!(2n+2k+1)!}.$$

問 5. つぎの**カタランの公式**が成り立つ：

$$\arcsin x=\frac{\pi}{2}\sum_{m=0}^{\infty}\left(\frac{(2m)!}{m!(m+1)!2^{2m+1}}\right)^2(4m+3)P_{2m+1}(x)$$

$$=\frac{\pi}{2}\left(P_1(x)+\sum_{m=1}^{\infty}\left(\frac{(2m)!}{m!^2 2^{2m}}\right)^2(P_{2m+1}(x)-P_{2m-1}(x))\right)\quad(-1<x<1).$$

問 6. $0<\theta<\pi$ のとき，（空な積はふつうのように1を表わすものとして，）

$$e^{i\alpha\theta}=-\frac{e^{i\alpha\pi}+1}{2(\alpha^2-1)}\sum_{m=0}^{\infty}(4m+1)P_{2m}(\cos\theta)\prod_{\mu=1}^{m}\frac{\alpha^2-(2\mu-2)^2}{\alpha^2-(2\mu+1)^2}$$
$$+\frac{e^{i\alpha\pi}-1}{2(\alpha^2-4)}\sum_{m=0}^{\infty}(4m+3)P_{2m+1}(\cos\theta)\prod_{\mu=1}^{m}\frac{\alpha^2-(2\mu-1)^2}{\alpha^2-(2\mu+2)^2}.$$

問 題 5

1.
$$P_n^{(m)}(\pm1)=(\pm1)^{n-m}\frac{(n+m)!}{m!(n-m)!2^m}.$$

2.
$$P_{2m}(x)=(-1)^m\frac{(2m)!}{m!^2 2^{2m}}F\left(-m,m+\frac{1}{2};\frac{1}{2};x^2\right),$$
$$P_{2m+1}(x)=(-1)^m\frac{(2m+1)!}{m!^2 2^{2m}}xF\left(-m,m+\frac{3}{2};\frac{3}{2};x^2\right)\qquad(m=0,1,\cdots).$$

3.
$$P_n(x)=\sum_{\nu=0}^{n}\frac{(-1)^\nu}{2^{\nu+1}}\frac{(n+\nu)!}{\nu!^2(n-\nu)!}((1-x)^\nu+(-1)^n(1+x)^\nu).$$

4.
$$P_n\left(\frac{1+x}{1-x}\right)=\frac{1}{(1-x)^n}\sum_{\nu=0}^{n}\binom{n}{\nu}^2x^n.$$

5.
$$nP_n(\cos\theta)=\sum_{\nu=1}^{n}P_{n-\nu}(\cos\theta)\cos\nu\theta.$$

6.
$$(x^2-1)P_n'(x)=\frac{n(n+1)}{2n+1}(P_{n+1}(x)-P_{n-1}(x)).$$

7.
$$xP_n'(x)=nP_n(x)+\sum_{\nu=1}^{[n/2]}(2n-4\nu+1)P_{n-2\nu}(x).$$

8.
$$\frac{d}{dx}(x(P_n(x)^2+P_{n+1}(x)^2)-2P_n(x)P_{n+1}(x))$$
$$=(2n+3)P_{n+1}(x)^2-(2n+1)P_n(x)^2.$$
（ハーグリーブ）

9.
$$\left|P_n\left(\frac{z+z^{-1}}{2}\right)\right|\leqq|z|^n\qquad(|z|\geqq1).$$

10. ベキ級数 $\sum c_nz^n$ の収束半径が $\rho(>1)$ ならば，級数 $\sum c_nP_n(\zeta)$ は ζ 平面上で $\pm(\rho+\rho^{-1})/2$, $\pm i(\rho-\rho^{-1})/2$ を主軸の端点とする楕円内で収束する．

11.
$$P_n(x)-P_n(0)=xP_{n-1}(x)+(n-1)\int_0^x P_{n-1}(t)dt.$$

12.
$$(x^2-1)^2P_n''(x)=(n-1)n(n+1)(n+2)\int_1^x P_n(t)(x-t)dt.$$

13.
$$\int_{-1}^{1}\frac{P_n(x)}{\sqrt{\cosh2\alpha-x}}dx=\frac{2\sqrt{2}}{2n+1}\frac{1}{e^{(2n+1)|\alpha|}}.$$

14.
$$\int_0^1 x^NP_n(x)dx=\begin{cases}\dfrac{1}{N+2m+1}\displaystyle\prod_{\mu=0}^{m-1}\frac{N-2\mu}{N+2m-1-2\mu} & (n=2m),\\[2ex] \dfrac{1}{N+2m+2}\displaystyle\prod_{\mu=0}^{m-1}\frac{N-2\mu-1}{N+2m-2\mu} & (n=2m+1).\end{cases}$$

15. $n\geqq k$ のとき,

$$\int_0^\pi P_n(\cos\theta)\cos k\theta\, d\theta$$

$$=\begin{cases}\Gamma\left(\dfrac{n+k+1}{2}\right)\Gamma\left(\dfrac{n-k+1}{2}\right)\Big/\Gamma\left(\dfrac{n+k+2}{2}\right)\Gamma\left(\dfrac{n-k+2}{2}\right) & (2\mid n-k),\\ 0 & (2\nmid n-k).\end{cases}$$

16. 区間 $[a,b]$ で荷重 ρ に関して $\{x^n\}_{n=0}^\infty$ を直交化してえられる多項式系を $\{p_n\}_{n=0}^\infty$ とするとき, n 次の項の係数が1に等しい n 次の多項式 p のうちで $\|\sqrt{\rho}\,p\|$ が最小なものは, c_np_n (c_n は定数; p_n の n 次の項の係数の逆数)に限る.

17.
$$P_n(z)=\frac{1}{\pi}\int_0^\pi\frac{d\varphi}{(z+\sqrt{z^2-1}\cos\varphi)^{n+1}}.$$

18.
$$P_n(x)\sim\frac{1}{\sqrt{2n\pi}}\frac{(x+\sqrt{x^2-1})^{n+1/2}}{\sqrt[4]{x^2-1}}\qquad(x>0;\ n\to\infty).$$

19.
$$P_n(\cosh z)\sim\frac{(2n)!}{n!^2\,2^{2n+1/2}}\frac{e^{(n+1/2)z}}{\sqrt{\sinh z}}F\left(\frac{1}{2},\frac{1}{2};\ -n+\frac{1}{2};\ -\frac{e^{-z}}{2\sinh z}\right)$$
$$(\Re z>0;\ n\to\infty).$$

20. $P_n(x)$ の零点を $\{x_{n\nu}\}_{\nu=1}^n$ とすれば, n 個の補間条件 $p(x_{n\nu})=y_\nu$ ($\nu=1,\cdots,n$) をみたす高々 $2n-1$ 次の多項式 p に対して, $\int_{-1}^1 p(x)dx$ は個々の p に無関係な値をもつ. しかも, いわゆる**クリストッフェル**の数を

$$g_{n\nu}\equiv\int_{-1}^1\frac{P_n(x)}{P_n'(x_{n\nu})(x-x_{n\nu})}dx\qquad(\nu=1,\cdots,n)$$

で表わせば,

$$\int_{-1}^1 p(x)dx=\sum_{\nu=1}^n g_{n\nu}y_\nu.$$

21. クリストッフェルの数について, つぎの関係が成り立つ:

(i) $g_{n\nu}=\displaystyle\int_{-1}^1\left(\frac{P_n(x)}{P_n'(x_{n\nu})(x-x_{n\nu})}\right)^2dx>0;$

(ii) $g_{n\nu}=g_{n,n-\nu+1};$ (iii) $\displaystyle\sum_{\nu=1}^n g_{n\nu}=2.$

22. $[-1,1]$ で連続な f に対して

$$\lim_{n\to\infty}\sum_{\nu=1}^n g_{n\nu}f(x_{n\nu})=\int_{-1}^1 f(x)dx.$$

23. 実係数の n 次の三角多項式 f が $|f(\theta)|\leqq 1$ をそみたすならば, $|f'(\theta)|\leqq n$.

(ベルンシュタイン・M. リース)

24. n 次の多項式 p が $|p(x)|\leqq 1$ $(-1\leqq x\leqq 1)$ をみたすならば, $|p'(x)|\leqq n^2$ $(-1\leqq x\leqq 1)$. $n\geqq 1$ に対して等号が成り立つのは, $p(x)=\varepsilon 2^{n-1}T_n(x)$, $|\varepsilon|=1$, $x=\pm 1$ のときに限る. (マルコフ)

25. 複素 z 平面上に有界で閉じた無限集合 E が与えられたとき, 最高ベキの係数が1に等しい $n(\geqq 1)$ 次の多項式 p から成る族 $\mathfrak{P}_n$ に対して, 汎函数 $\mu[p]\equiv\max_{z\in E}|p(z)|$

を最小にする函数 $p=T_n$ がただ一つ存在する.——T_n を E における n 次の**チェビシェフの多項式**という.

26. E におけるチェビシェフの多項式 T_n の零点はすべて, E を含む最小な凸面分に含まれる.

27. λ を複素パラメターとするとき, $p_{\pm\lambda}(z)=(z\mp\sqrt{z^2-1})^{\lambda}\equiv(z-\sqrt{z^2-1})^{\pm\lambda}$ はいずれもチェビシェフの微分方程式 $(1-z^2)w''-zw'+\lambda^2w=0$ をみたす. λ が自然数のとき, $(p_{+\lambda}(z)+p_{-\lambda}(z))/2^{\lambda}$ はチェビシェフの多項式(線分 $\Im z=0$, $|\Re z|\leqq 1$ における)と一致する.

28. 点 $\zeta_{\pm}=z\pm\sqrt{z^2-1}$ を中心として原点を内部にも周上にも含まない円周を負の向きに一周する路を $C_{\pm}$ で表わせば, 前問の函数 $p_{\pm\lambda}(z)$ に対して

$$p_{\pm\lambda}(z)=\frac{1}{2\pi i}\int_{C_{\pm}}\zeta^{-\lambda-1}\frac{1-\zeta^2}{1-2z\zeta+\zeta^2}d\zeta.$$

29. $$\frac{(t-1)^n e^{zt}}{n!}=\sum_{\nu=-n}^{\infty}\frac{z^{\nu}}{(n+\nu)!}S_n^{\nu}(z)t^{n+\nu}.$$

30. $$\frac{d^m}{dx^m}L_n(x)=(-1)^m\cdot n!\,S_{n-m}^m(x)\qquad (m=0,1,\cdots,n).$$

31. $$\sum_{\nu=0}^{n}\frac{\nu!}{\Gamma(\nu+1+\alpha)}S_{\nu}^{\alpha}(x)^2=\frac{(n+1)!}{\Gamma(n+1+\alpha)}(S_n^{\alpha\prime}(x)S_{n+1}^{\alpha}(x)-S_n^{\alpha}(x)S_{n+1}^{\alpha\prime}(x)).$$

32. $$\sum_{\nu=0}^{n}\frac{1}{\nu!^2}L_{\nu}(x)^2=\frac{1}{n!^2}(L_n'(x)L_{n+1}(x)-L_n(x)L_{n+1}'(x)).$$

33. $$\int_0^1 t^{\alpha}(1-t)^{\beta-1}S_n^{\alpha}(zt)dt=\frac{\Gamma(\alpha+n+1)\Gamma(\beta)}{\Gamma(\alpha+\beta+n+1)}S_n^{\alpha+\beta}(z)\quad(\Re\alpha>-1,\ \Re\beta>0).$$

34. 母函数展開 $e^{-xt-t^2/2}=\sum_{n=0}^{\infty}\hat{H}_n(x)t^n$ で定義された多項式系 $\{\hat{H}_n\}_{n=0}^{\infty}$ に対して

$$\hat{H}_n''(x)-x\hat{H}_n'(x)+n\hat{H}_n(x)=0;\qquad (n+1)\hat{H}_{n+1}(x)+x\hat{H}_n(x)+\hat{H}_{n-1}(x)=0.$$

35. エルミトの微分方程式 $w''-2zw'+2\lambda w=0$ の解の一組の基本系は

$$F\left(-\frac{\lambda}{2};\frac{1}{2};z^2\right),\qquad zF\left(-\frac{\lambda}{2}+\frac{1}{2};\frac{3}{2};z^2\right).$$

λ が整数 n のとき, n が偶数ならば前者が, n が奇数ならば後者がそれぞれ $H_n(z)$ の定数倍に等しい.

36. $$\int_{-\infty}^{\infty}xe^{-x^2}\sum_{\mu=0}^{[m/2]}\frac{(-1)^{\mu}}{\mu!\,2^{2\mu}}H_{2\mu}(x)\sum_{\nu=0}^{[n/2]}\frac{(-1)^{\nu}}{\nu!\,2^{2\nu}}H_{2\nu}(x)dx=0\quad(m,n=0,1,\cdots).$$

37. ヤコビの多項式 $G_n(p,q;x)$ $(p+1>q>0)$ に対して

$$\int_0^1 x^{q-1}(1-x)^{p-q}G_n(p,q;x)^2dx=\frac{n!}{2n+p}\,\frac{\Gamma(q)^2\Gamma(n+p-1+q)}{\Gamma(n+p)\Gamma(n+q)}.$$

38. (i) $$(t-1)^nP_n^{\alpha\beta}\left(\frac{t+1}{t-1}\right)=\sum_{\nu=0}^{n}\binom{n+\alpha}{\nu}\binom{n+\beta}{n-\nu}t^{\nu};$$

(ii) $$(1-t)^nP_n^{\alpha\beta}\left(\frac{1+t}{1-t}\right)=\sum_{\nu=0}^{n}\binom{n+\alpha}{n-\nu}\binom{n+\beta}{\nu}t^{\nu}.$$

39. $$C_n^h(x)=\frac{(-1)^n\cdot(n+2h-1)!}{2^n\cdot n!\,(2h-1)!}\,\frac{\Gamma(h+1/2)}{\Gamma(n+h+1/2)}(1-x^2)^{-h+1/2}\frac{d^n}{dx^n}(1-x^2)^{n+h-1/2}.$$

40. (i) $$\lim_{h\to 0}\Gamma(h)C_{2m}^{h}\begin{pmatrix}\cos\\ \sin\end{pmatrix}\theta = \frac{(\pm 1)^m}{m}\begin{matrix}\sin\\ \cos\end{matrix} 2m\theta;$$

(ii) $$\lim_{h\to 0}C_{2m+1}^{h}\begin{pmatrix}\cos\\ \sin\end{pmatrix}\theta = \frac{(\pm 1)^m}{2m+1}\begin{matrix}\cos\\ \sin\end{matrix}(2m+1)\theta.$$

41. $w=C_{n-r}^{r-1/2}(z)$ はつぎの微分方程式をみたす:

$$(1-z^2)w''+2(r+1)zw'-(n-r)(n+r+1)w=0.$$

42. k が整数のとき，複素 ζ 平面上で点 z に関して正の向きに一周する路を γ で表わせば,

$$C_n^{k+1/2}(z)=\left(-\frac{1}{2}\right)^n\frac{k!(n+2k)!}{(2k)!(n+k)!}(1-z^2)^{-k}\frac{1}{2\pi i}\int_\gamma\frac{(1-\zeta)^{n+k}}{(\zeta-z)^{n+1}}d\zeta.$$

43. (i) $$\sin 2N\theta = N\pi\sum_{m=N}^{\infty}\frac{(2m+2N)!(2m-2N)!}{(m+N)!^2(m-N)!^2}\frac{P_{2m-1}(\cos\theta)-P_{2m+1}(\cos\theta)}{2^{4m}};$$

(ii) $$\sin(2N+1)\theta$$
$$=\frac{2N+1}{2}\pi\sum_{m=N}^{\infty}\frac{(2m+2N+2)!(2m-2N)!}{(m+N+1)!^2(m-N)!^2}\frac{P_{2m}(\cos\theta)-P_{2m+2}(\cos\theta)}{2^{4m+2}}.$$

44. (i) $$\operatorname{sgn}x=\sum_{m=0}^{\infty}(-1)^m\frac{4m+3}{2m+2}\frac{(2m)!}{m!^2 2^{2m}}P_{2m+1}(x);$$

(ii) $$x^2\operatorname{sgn}x=\frac{3}{4}P_1(x)-\sum_{m=1}^{\infty}(-1)^m\frac{4m+3}{m+2}\frac{(2m-2)!}{m!(m-1)!2^{2m-1}}P_{2m+1}(x).$$

45. $T=\sqrt{1-2t\cos\theta+t^2}$，$T\cos\Theta=t\cos\theta-1$ のとき,

$$\frac{P_n(\cos\Theta)}{T^{n+1}}=\begin{cases}\dfrac{1}{n!}\displaystyle\sum_{\nu=0}^{\infty}\frac{(n+\nu+1)!}{\nu!}\frac{P_{n+\nu}(\cos\theta)}{t^{n+\nu+1}} & (t>1),\\ \dfrac{(-1)^n}{n!}\displaystyle\sum_{\nu=0}^{\infty}\frac{(n+\nu+1)!}{\nu!}t^\nu P_\nu(\cos\theta) & (0\leqq t<1).\end{cases}$$

第6章　球　函　数

§26. 第一種の球函数

1. 一般に，λ を複素パラメターとして，$w=w(z)$ に対する**ルジャンドルの微分方程式**は

(26.1)　　$(1-z^2)w''-2zw'+\lambda(\lambda+1)w=0.$

複素 ζ 平面上で，点 z および 1 を正の向きに一周し，-1 をとりまかない閉じた路を C として(図 12)，λ 位の**第一種の球函数**は

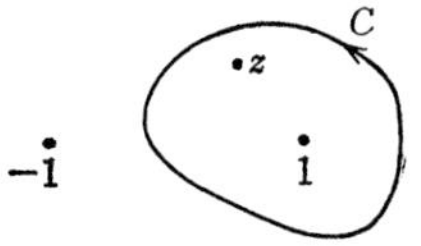

図　12

(26.2)
$$P_\lambda(z)=\frac{1}{2\pi i}\int_C\frac{(\zeta^2-1)^\lambda}{2^\lambda(\zeta-z)^{\lambda+1}}d\zeta$$

によって定義される；この右辺はいわゆる**シュレフリの積分**である.

定理 26.1. (26.2) で定義された $w=P_\lambda(z)$ はルジャンドルの微分方程式 (26.1) をみたす.

証明　$w=P_\lambda(z)$ に対しては，$\lambda\neq-1$ のとき，

$$2\pi i\frac{2^\lambda}{\lambda+1}((1-z^2)w''-2zw'+\lambda(\lambda+1)w)$$

$$=\int_C\frac{(\zeta^2-1)^\lambda}{(\zeta-z)^{\lambda+3}}((\lambda+2)(1-z^2)-2z(\zeta-z)+\lambda(\zeta-z)^2)d\zeta$$

$$=\int_C\frac{\partial}{\partial\zeta}\frac{(\zeta^2-1)^{\lambda+1}}{(\zeta-z)^{\lambda+2}}d\zeta.$$

$(\zeta^2-1)^{\lambda+1}/(\zeta-z)^{\lambda+2}$ は ζ が C を一周するときもとの値にもどるから，最後の積分の値は 0 に等しい. また，$\lambda=-1$ のときには，

$$P_{-1}(z)=\frac{1}{2\pi i}\int_C\frac{2}{\zeta^2-1}d\zeta=\mathrm{Res}\left(1;\ \frac{2}{\zeta^2-1}\right)=1.$$

ゆえに，$w=P_{-1}(z)$ は (26.1) ($\lambda=-1$) をみたす.

λ が整数 $n(\geqq 0)$ のときには，(26.2) は定理 20.13 にあげたルジャンドルの多項式 P_n の表示 (20.23) となる.

2. 一般な λ に対して

(26.3) $$P_\lambda(\pm1)=\frac{1}{2\pi i}\int_C\frac{(\zeta\pm1)^\lambda}{2^\lambda(\zeta\mp1)}d\zeta=\left[\frac{(\zeta\pm1)^\lambda}{2^\lambda}\right]^{\zeta=\pm1}=(\pm1)^\lambda.$$

次節でみるように，二階線形方程式 (26.1) の P_λ と独立な解は $z=1$ において正則でありえない．ゆえに，P_λ は条件 (26.3) をみたす (26.1) の解として確定する．方程式 (26.1) は λ を $-\lambda-1$ でおきかえても不変に保たれる．したがって，つぎの関係が成り立つ：

(26.4) $$P_\lambda(z)=P_{-\lambda-1}(z).$$

定理 26.2. つぎの超幾何級数による表示が成り立つ：

(26.5) $$P_\lambda(z)=F\left(-\lambda,\ \lambda+1;\ 1;\ \frac{1-z}{2}\right).$$

証明. 定理 19.2 の後半の証明と同様．(26.1) で変数の置換 $z\,|\,(1-z)/2$ を行ない，(26.3) に注意すればよい．

注意. (26.5) の右辺の $-\lambda$ と $\lambda+1$ に関する対称性からも，(26.4) がえられる．

3. 定理 20.14 にあげた**ラプラスの積分表示**は，つぎのように一般化される：

定理 26.3. $\Re z>0$ のとき，

(26.6) $$P_\lambda(z)=\frac{1}{\pi}\int_0^\pi(z+\sqrt{z^2-1}\cos\varphi)^\lambda d\varphi \qquad \textbf{(第一表示)},$$

(26.7) $$P_\lambda(z)=\frac{1}{\pi}\int_0^\pi(z+\sqrt{z^2-1}\cos\varphi)^{-\lambda-1} d\varphi \qquad \textbf{(第二表示)}.$$

ここに被積分函数は $\varphi=\pi/2$ のとき z^λ, $z^{-\lambda-1}$ の主枝となるものとする．

証明. $\Re z>0$ のとき，$z\neq1$ とすれば，シュレフリの積分 (26.2) における路 C として円周 $|\zeta-z|=|\sqrt{z^2-1}|$ をとることができる．$\zeta=z+\sqrt{z^2-1}\,e^{i\varphi}$ とおくことによって第一表示 (26.6) をうる．(26.3) によりこれは $z=1$ に対しても成り立つ．さらに等式 (26.4) によって (26.7) がえられる．

表示 (26.6), (26.7) の両辺は z の解析函数である．そして，それらの右辺は実軸上の半直線 $\Im z=0$, $|\Re z|\geqq1$ を除いた範囲へ接続される．特に λ が実数のとき，上記の表示 (26.6), (26.7) はそれぞれ $\lambda\leqq-1$, $\lambda\geqq0$ であってかつ $z+\sqrt{z^2-1}\cos\varphi$ が積分区間で 0 となるような z に対してはきかない．しかし，$|z|<\infty$ において少なくとも一方はたしかに成り立つ．

問 1. $$P_\lambda(z)=\frac{\Gamma(2\lambda+1)}{\Gamma(\lambda+1)^2}\left(\frac{z-1}{2}\right)^\lambda F\left(-\lambda,\ -\lambda;\ -2\lambda;\ \frac{2}{1-z}\right)$$

$$+\frac{\Gamma(-2\lambda-1)}{\Gamma(-\lambda)^2}\left(\frac{z-1}{2}\right)^{-\lambda-1}F\left(\lambda+1,\lambda;\,2\lambda;\,\frac{2}{1-z}\right).$$

問 2. 前問の右辺の各項はルジャンドルの微分方程式をみたす.

問 3. つぎの**ディリクレ・メーラーの表示**が成り立つ:

$$P_\lambda(\cos\theta)=\frac{2}{\pi}\int_0^\theta\frac{\cos(\lambda+1/2)\phi}{\sqrt{2(\cos\phi-\cos\theta)}}d\phi \qquad \left(0<|\theta|<\frac{\pi}{2}\right).$$

§27. 第二種の球函数

1. ζ 平面上で点1, −1をそれぞれ負, 正の向きに一周し, z をとり囲まない8字形の路を C とする(図13). λ が整数でないとき, λ 位の**第二種の球函数**は

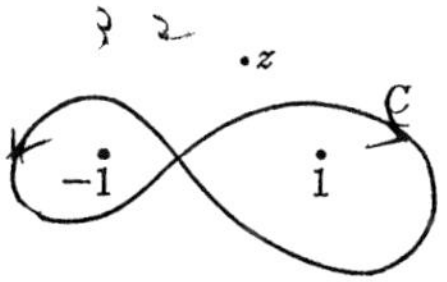

図 13

$$(27.1)\qquad Q_\lambda(z)=\frac{1}{4i\sin\pi\lambda}\int_C\frac{(\zeta^2-1)^\lambda}{2^\lambda(z-\zeta)^{\lambda+1}}d\zeta$$

によって定義される. Q_λ は実軸に沿い $-\infty$ から1にいたる半直線を除いた部分で正則である. $\Re\lambda>-1$ のとき, z が ±1 を端点とする線分に属さなければ, 積分路を縮めることができて, 整数の λ に対してもきく表示がえられる:

$$(27.2)\qquad Q_\lambda(z)=\frac{1}{2^{\lambda+1}}\int_{-1}^1\frac{(1-\zeta^2)^\lambda}{(z-\zeta)^{\lambda+1}}d\zeta \qquad (\Re\lambda>-1).$$

他の λ の値に対しては, Q_λ をつぎの式で定義する:

$$(27.3)\qquad Q_\lambda(z)=Q_{-\lambda-1}(z).$$

定理 27.1. $w=Q_\lambda(z)$ はルジャンドルの微分方程式 (26.1) をみたす. しかも, P_λ と独立な解である.

証明. 定理26.1の証明の論法がそのまままきく. 表示 (27.2) からわかるように, Q_λ は $z=1$ (および $z=-1$) で正則でないから, これは P_λ と独立な解である.

2. 超幾何函数との関係はつぎの定理で与えられる:

定理 27.2. つぎの表示が成り立つ:

$$(27.4)\qquad \begin{aligned}Q_\lambda(z)&=\frac{\pi^{1/2}\Gamma(\lambda+1)}{2^{\lambda+1}\Gamma(\lambda+3/2)}\frac{1}{z^{\lambda+1}}F\left(\frac{\lambda}{2}+\frac{1}{2},\ \frac{\lambda}{2}+1\,;\,\lambda+\frac{3}{2}\,;\,\frac{1}{z^2}\right)\\&=\frac{2^\lambda}{z^{\lambda+1}}\sum_{\nu=0}^\infty\frac{\Gamma(\lambda+2\nu+1)\Gamma(\lambda+\nu+1)}{\nu!\,\Gamma(2\lambda+2\nu+2)}\frac{1}{z^{2\nu}} \qquad (|z|>1).\end{aligned}$$

証明. $|z|>1$ のとき，(27.2) の被積分函数を展開すれば，

$$\frac{(1-\zeta^2)^\lambda}{(z-\zeta)^{\lambda+1}}=\frac{1}{z^{\lambda+1}}(1-\zeta^2)^\lambda\sum_{\nu=0}^{\infty}\binom{\lambda+\nu}{\nu}\left(\frac{\zeta}{z}\right)^\nu.$$

この右辺の式を (27.2) へ入れて項別積分すればよい.

定理 27.3. $n(\geqq 0)$ が整数ならば，z が ± 1 を端点とする線分上にないとき，

$$Q_n(z)=\frac{1}{2}\int_{-1}^{1}\frac{P_n(\zeta)}{z-\zeta}d\zeta. \tag{27.5}$$

(**F. ノイマンの公式**)

証明. まず，$|z|>1$ のとき，(20.12) に注意すると，

$$\begin{aligned}\frac{1}{2}\int_{-1}^{1}\frac{P_n(\zeta)}{z-\zeta}d\zeta&=\frac{1}{2}\sum_{k=0}^{\infty}\frac{1}{z^{k+1}}\int_{-1}^{1}\zeta^k P_n(\zeta)d\zeta\\&=\frac{2^n}{z^{n+1}}\sum_{\nu=0}^{\infty}\frac{(n+2\nu)!\,(n+\nu)!}{\nu!\,(2n+2\nu+1)!}\frac{1}{z^{2\nu}}.\end{aligned}$$

最後の辺は (27.4) の最後の辺で $\lambda=n$ とおいたものと一致している．また，(27.5) の両辺は ± 1 を端点とする線分上にない z に対して正則である．——

なお，定理 28.6 にひきつづく注意 2 参照.

3. 第二種の球函数に対してもラプラス型の積分表示がみちびかれる：

定理 27.4. つぎの**ハイネの積分表示**が成り立つ：

$$Q_\lambda(z)=\int_0^\infty (z+\sqrt{z^2-1}\cosh\varphi)^{-\lambda-1}d\varphi \qquad (\Re\lambda>-1), \tag{27.6}$$

$$Q_\lambda(z)=\int_0^\infty (z+\sqrt{z^2-1}\cosh\varphi)^{\lambda}d\varphi \qquad (\Re\lambda<0). \tag{27.7}$$

証明. 表示 (27.2) で積分変数の置換

$$\zeta=\frac{e^\varphi\sqrt{z+1}-\sqrt{z-1}}{e^\varphi\sqrt{z+1}+\sqrt{z-1}}$$

をほどこすことにより (27.6) がえられる．(27.7) は (27.3) による.

定理 27.5. $\Re\lambda>-1$ のとき，

$$Q_\lambda(z)=\int_{z+\sqrt{z^2-1}}^{\infty}\frac{\zeta^{-\lambda-1}}{\sqrt{1-2z\zeta+\zeta^2}}d\zeta=\int_0^{z-\sqrt{z^2-1}}\frac{\zeta^\lambda}{\sqrt{1-2z\zeta+\zeta^2}}d\zeta. \tag{27.8}$$

証明. 表示 (27.6) で積分変数の置換

$$\zeta=z+\sqrt{z^2-1}\cosh\varphi$$

をほどこせば，第一の表示をうる．ここでさらに置換 $\zeta|\zeta^{-1}$ を行なえば，第二

の表示となる.

4. 整数位の第二種の球函数 Q_n については, (27.3) にもとづいて, $n=0,1,2,\cdots$ の場合を考えればよい.

定理 27.6. つぎの**母函数**展開が成り立つ:

$$\frac{1}{\sqrt{1-2zt+t^2}}\operatorname{arccosh}\frac{t-z}{\sqrt{z^2-1}}=\sum_{n=0}^{\infty}Q_n(z)t^n. \tag{27.9}$$

証明. t が 0 に近いとき, ノイマンの公式 (27.5) と $\{P_n\}$ の母函数 (19.3) を用いて,

$$\sum_{n=0}^{\infty}Q_n(z)t^n=\sum_{n=0}^{\infty}\frac{t^n}{2}\int_{-1}^{1}\frac{P_n(\zeta)}{z-\zeta}d\zeta$$

$$=\frac{1}{2}\int_{-1}^{1}\frac{d\zeta}{(z-\zeta)\sqrt{1-2\zeta t+t^2}}=\frac{1}{\sqrt{1-2zt+t^2}}\operatorname{arccosh}\frac{t-z}{\sqrt{z^2-1}}.$$

注意. $$\operatorname{arccosh}\frac{t-z}{\sqrt{z^2-1}}\equiv\log\frac{z-t+\sqrt{1-2zt+t^2}}{\sqrt{z^2-1}}.$$

定理 27.7. $n\geqq 0$ が整数のとき, つぎの表示が成り立つ:

$$\begin{aligned}Q_n(z)&=n!2^n\int_z^{\infty}dt_0\int_{t_0}^{\infty}dt_1\cdots\int_{t_{n-1}}^{\infty}(t_n{}^2-1)^{-n-1}dt_n\\&=2^n\sum_{j=0}^{n}\binom{n}{j}(-z)^{n-j}\int_z^{\infty}t^j(t^2-1)^{-n-1}dt.\end{aligned} \tag{27.10}$$

証明. まず, (27.10) の第一の表示の右辺をかきかえると,

$$n!2^n\int_z^{\infty}dt_0\int_{t_0}^{\infty}dt_1\cdots\int_{t_{n-1}}^{\infty}\sum_{\nu=0}^{\infty}\frac{(n+\nu)!}{\nu!n!}t_n{}^{-2n-2\nu-2}dt_n$$

$$=2^n\sum_{\nu=0}^{\infty}\frac{(n+\nu)!(n+2\nu)!}{\nu!(2n+2\nu+1)!}\frac{1}{z^{n+2\nu+1}}=Q_n(z)\quad(\text{定理 27.3 の証明参照}).$$

つぎに, 第二の表示については,

$$2^n\sum_{j=0}^{n}\binom{n}{j}(-z)^{n-j}\int_z^{\infty}t^j(t^2-1)^{-n-1}dt$$

$$=2^n\int_z^{\infty}(t-z)^n(t^2-1)^{-n-1}dt$$

$$=2^n\cdot n!\int_z^{\infty}dt_0\int_{t_0}^{\infty}dt_1\cdots\int_{t_{n-1}}^{\infty}(t_n{}^2-1)^{-n-1}dt=Q_n(z).$$

5. ノイマンの公式 (27.5) によって,

(27.11)
$$Q_0(z)=\frac{1}{2}\int_{-1}^{1}\frac{P_0(\zeta)}{z-\zeta}d\zeta=\frac{1}{2}\log\frac{z+1}{z-1}.$$

定理 27.8. n が自然数のとき，

(27.12)
$$Q_n(z)=\frac{1}{2}P_n(z)\log\frac{z+1}{z-1}-K_{n-1}(z)$$

とおけば，K_{n-1} は $n-1$ 次の多項式であって，(27.12) の右辺の第一項の ∞ のまわりのローラン展開における z の非負ベキの項から成る部分に等しい．

証明. 定理 27.3 にあげたノイマンの公式によって，

$$K_{n-1}(z)=\frac{1}{2}P_n(z)\log\frac{z+1}{z-1}-Q_n(z)$$
$$=\frac{1}{2}P_n(z)\int_{-1}^{1}\frac{d\zeta}{z-\zeta}-\frac{1}{2}\int_{-1}^{1}\frac{P_n(\zeta)}{z-\zeta}d\zeta=\frac{1}{2}\int_{-1}^{1}\frac{P_n(z)-P_n(\zeta)}{z-\zeta}d\zeta.$$

P_n は n 次の多項式であるから，K_{n-1} は $n-1$ 次の多項式である．定理の後半は，$Q_n(\infty)=0$ に注意すればよい．

定理 27.9. つぎのクリストッフェルの表示が成り立つ：

(27.13)
$$K_{n-1}(z)=\sum_{\nu=0}^{[(n-1)/2]}\frac{2n-1-4\nu}{(2\nu+1)(n-\nu)}P_{n-1-2\nu}(z).$$

証明. (27.12) の左辺および右辺の第一項は，$n-1$ が偶数か奇数かに応じて，偶函数または奇函数であるから，$K_{n-1}(z)$ も同じ性質をもつ．ゆえに，

$$K_{n-1}(z)=\sum_{\nu=0}^{[(n-1)/2]}c_\nu P_{n-1-2\nu}(z)$$

とおくことができる．この右辺の係数 c_ν を定めるために，

$$\mathcal{L}_n=\mathcal{D}((1-z^2)\mathcal{D})+n(n+1) \qquad \left(\mathcal{D}\equiv\frac{d}{dz}\right)$$

とおけば，ルジャンドルの微分方程式 (26.1) に注意することにより

$$\mathcal{L}_n[P_n(z)\log(z\pm1)]=-P_n(z)+2(z\pm1)P_n'(z),$$
$$\mathcal{L}_n[P_\kappa(z)]=(n-\kappa)(n+\kappa+1)P_\kappa(z);$$

$$0=\mathcal{L}_n[Q_n(z)]=\frac{1}{2}\mathcal{L}_n\left[P_n(z)\log\frac{z+1}{z-1}\right]-\mathcal{L}_n[K_{n-1}(z)]$$
$$=\frac{1}{2}(\mathcal{L}_n[P_n(z)\log(z+1)]-\mathcal{L}_n[P_n(z)\log(z-1)])$$
$$-\sum_{\nu=0}^{[(n-1)/2]}c_\nu\mathcal{L}_n[P_{n-1-2\nu}(z)]$$

$$=2P_n'(z)-\sum_{\nu=0}^{[(n-1)/2]}c_\nu(2\nu+1)(2n-2\nu)P_{n-1-2\nu}(z).$$

この最後の関係を定理 20.6 にあげた関係 (20.10) と比較すれば，

$$c_\nu(2\nu+1)(2n-2\nu)=2(2n-4\nu-1),\qquad c_\nu=\frac{2n-1-4\nu}{(2\nu+1)(n-\nu)}.$$

注意． (27.12) からわかるように，$Q_n(z)$ は $z=\pm1$ に対数分岐点をもつ． これらを端点とする線分で截られた z 平面において，$Q_n(z)$ は一価正則である． $-1<x<1$ のとき，

$$Q_n(x\pm0i)=\frac{1}{2}P_n(x)\left(\log\frac{1+x}{1-x}\mp\pi i\right)-K_{n-1}(x)\qquad\left(\Im\log\frac{1+x}{1-x}=0\right);$$

(27.14) $$Q_n(x+0i)-Q_n(x-0i)=-i\pi P_n(x).$$

截線 $-1<x<1$ 上では $Q_n(x)$ を $Q_n(x\pm0i)$ の算術平均と定めれば，その規約のもとで

(27.15) $$Q_n(x)=\frac{1}{2}P_n(x)\log\frac{1+x}{1-x}-K_{n-1}(x)\qquad(-1<x<1).$$

問 1． λ を複素パラメターとするとき，$\zeta=\pm1$ を端点とする単純曲線 γ をもって $w=(1/2)\int_\gamma(P_\lambda(\zeta)/(z-\zeta))d\zeta$ とおけば，これはルジャンドルの微分方程式をみたす．

問 2． $$Q_\lambda(z)=\int_0^{\operatorname{arccot} z}(z-\sqrt{z^2-1}\cosh\varphi)^\lambda d\varphi\qquad(\Im z=0,\ z>0).$$

問 3． $$Q_n(z)=\frac{n!(-2)^n}{(2n)!}\frac{d^n}{dz^n}\left((z^2-1)^n\int_z^\infty(t^2-1)^{-n-1}dt\right)\qquad(n=0,1,\cdots).$$

問 4． ξ,η,ζ を独立変数とみなして $\rho=\sqrt{\xi^2+\eta^2+\zeta^2}$ とおけば，

(i) $$P_n\left(\frac{\zeta}{\rho}\right)=\frac{(-1)^n}{n!}\rho^{n+1}\frac{\partial^n}{\partial\zeta^n}\frac{1}{\rho};$$

(ii) $$Q_n\left(\frac{\zeta}{\rho}\right)=\frac{(-1)^n}{n!}\rho^{n+1}\frac{\partial^n}{\partial\zeta^n}\left(\frac{1}{2\rho}\log\frac{\rho+\zeta}{\rho-\zeta}\right).$$

問 5． $$K_{n-1}(z)=\frac{1}{2}P_n(z)\log\frac{z+1}{z-1}-Q_n(z)=\sum_{\nu=1}^{n}\frac{1}{\nu}P_{\nu-1}(z)P_{n-\nu}(z).$$

(シュレフリ，エルミト)

§28. 函数等式と展開定理

1． §20.3 にあげたルジャンドルの多項式系についての漸化式は，そのままの形で球函数の場合へ一般化される．

定理 28.1． 第一種の球函数について，つぎの漸化式が成り立つ：

(28.1) $$(\lambda+1)P_{\lambda+1}(z)-(2\lambda+1)zP_\lambda(z)+\lambda P_{\lambda-1}(z)=0,$$

(28.2) $$P_{\lambda+1}'(z)-zP_\lambda'(z)=(\lambda+1)P_\lambda(z).$$

証明． シュレフリの表示 (26.2) にもとづいて

$$0=\frac{1}{2^\lambda}\frac{1}{2\pi i}\int_C\frac{\partial}{\partial\zeta}\frac{\zeta(\zeta^2-1)^\lambda}{(\zeta-z)^\lambda}d\zeta$$

$$=\frac{1}{2\pi i}\int_C\frac{(\zeta^2-1)^{\lambda-1}}{2^\lambda(\zeta-z)^\lambda}\left((\lambda+1)\frac{(\zeta^2-1)^2}{2(\zeta-z)^2}-(2\lambda+1)z\frac{\zeta^2-1}{\zeta-z}+2\lambda\right)d\zeta$$

$$=(\lambda+1)P_{\lambda+1}(z)-(2\lambda+1)zP_\lambda(z)+\lambda P_{\lambda-1}(z);$$

$$0=\frac{d}{dz}\frac{1}{2^{\lambda+1}}\frac{1}{2\pi i}\int_C\frac{\partial}{\partial\zeta}\frac{(\zeta^2-1)^{\lambda+1}}{(\zeta-z)^{\lambda+1}}d\zeta$$

$$=\frac{d}{dz}\frac{1}{2\pi i}\int_C\frac{(\zeta^2-1)^\lambda}{2^\lambda(\zeta-z)^\lambda}\left(1+\frac{z}{\zeta-z}-\frac{\zeta^2-1}{2(\zeta-z)^2}\right)d\zeta$$

$$=\frac{d}{dz}\left(\frac{1}{2\pi i}\int_C\frac{(\zeta^2-1)^\lambda}{2^\lambda(\zeta-z)^\lambda}d\zeta+zP_\lambda(z)-P_{\lambda+1}(z)\right)$$

$$=\lambda P_\lambda(z)+P_\lambda(z)+zP_\lambda'(z)-P_{\lambda+1}'(z).$$

定理 28.2. つぎの漸化式が成り立つ:

$$zP_\lambda'(z)-P_{\lambda-1}'(z)=\lambda P_\lambda(z), \tag{28.3}$$

$$P_{\lambda+1}'(z)-P_{\lambda-1}'(z)=(2\lambda+1)P_\lambda(z), \tag{28.4}$$

$$(z^2-1)P_\lambda'(z)=\lambda zP_\lambda(z)-\lambda P_{\lambda-1}(z). \tag{28.5}$$

証明. (28.1) を微分した式と (28.2) とから $P_{\lambda+1}'$ を消去すれば, (28.3) がえられる. (28.2) と (28.3) から P_λ' を消去すれば, (28.4) がえられる. $(28.2)_{\lambda-1}$ と (28.3) から $P_{\lambda-1}'$ を消去すれば, (28.5) がえられる.

2. 第二種の球函数に対しても同形の漸化式が成り立つ.

定理 28.3. 第二種の球函数について, つぎの漸化式が成り立つ:

$$(\lambda+1)Q_{\lambda+1}(z)-(2\lambda+1)zQ_\lambda(z)+\lambda Q_{\lambda-1}(z)=0, \tag{28.6}$$

$$Q_{\lambda+1}'(z)-zQ_\lambda'(z)=(\lambda+1)Q_\lambda(z); \tag{28.7}$$

$$zQ_\lambda'(z)-Q_{\lambda-1}'(z)=\lambda Q_\lambda(z), \tag{28.8}$$

$$Q_{\lambda+1}'(z)-Q_{\lambda-1}'(z)=(2\lambda+1)Q_\lambda(z), \tag{28.9}$$

$$(z^2-1)Q_\lambda'(z)=\lambda zQ_\lambda(z)-\lambda Q_{\lambda-1}(z). \tag{28.10}$$

証明. 積分表示 (27.2) を用いれば, 定理 28.1 の証明とまったく同様にして, (28.6) と (28.7) がえられる. したがって, 定理 28.2 の証明と同様にして, (28.8), (28.9), (28.10) がみちびかれる.

3. 整数位の両種の球函数の間にも漸化式がある.

定理 28.4. n が自然数のとき,

(28.11) $$P_n(z)Q_{n-1}(z)-P_{n-1}(z)Q_n(z)=\frac{1}{n};$$

(28.12) $$Q_n(z)=\frac{1}{2}P_n(z)\log\frac{z+1}{z-1}-P_n(z)\sum_{\nu=1}^{n}\frac{1}{\nu P_{\nu-1}(z)P_\nu(z)}.$$

証明. (28.1), (28.6) にそれぞれ $Q_\lambda(z)$, $P_\lambda(z)$ を掛けて辺々引けば,

$$(\lambda+1)(P_{\lambda+1}(z)Q_\lambda(z)-P_\lambda(z)Q_{\lambda+1}(z))=\lambda(P_\lambda(z)Q_{\lambda-1}(z)-P_{\lambda-1}(z)Q_\lambda(z)).$$

ゆえに, 帰納法によって, (28.11) をうる:

$$n(P_n(z)Q_{n-1}(z)-P_{n-1}(z)Q_n(z))=P_1(z)Q_0(z)-P_0(z)Q_1(z)$$
$$=z\cdot\frac{1}{2}\log\frac{z+1}{z-1}-1\cdot\left(\frac{1}{2}z\log\frac{z+1}{z-1}-1\right)=1.$$

つぎに, $(28.11)_\nu$ から

$$\frac{Q_n(z)}{P_n(z)}=\frac{Q_0(z)}{P_0(z)}+\sum_{\nu=1}^{n}\left(\frac{Q_\nu(z)}{P_\nu(z)}-\frac{Q_{\nu-1}(z)}{P_{\nu-1}(z)}\right)$$
$$=\frac{1}{2}\log\frac{z+1}{z-1}-\sum_{\nu=1}^{n}\frac{1}{\nu P_{\nu-1}(z)P_\nu(z)}.$$

系. $$K_{n-1}(z)=P_n(z)\sum_{\nu=1}^{n}\frac{1}{\nu P_{\nu-1}(z)P_\nu(z)}.$$

定理 28.5. $$P_n(z)Q_n'(z)-P_n'(z)Q_n(z)=\frac{1}{1-z^2}.$$

証明. $(28.10)_n$, $(28.5)_n$ にそれぞれ $P_n(z)$, $Q_n(z)$ を掛けて辺々引き, (28.11) を用いれば,

$$(z^2-1)(P_n(z)Q_n'(z)-P_n'(z)Q_n(z))$$
$$=-n(P_n(z)Q_{n-1}(z)-P_{n-1}(z)Q_n(z))=-1.$$

4. x, y を複素変数とし, $(y-x)^{-1}$ を x の函数とみなしてそのルジャンドル級数をつくれば, ノイマンの公式 (27.5) によって,

$$\frac{1}{y-x}\sim\sum_{n=0}^{\infty}a_nP_n(x);$$

$$a_n=\frac{2n+1}{2}\int_{-1}^{1}\frac{P_n(x)}{y-x}dx=(2n+1)Q_n(y).$$

この展開については, その成立範囲をこめて, つぎの**ハイネの定理**がある:

定理 28.6. 複素平面上で, 点 x が ±1 を焦点とする任意な一つの楕円(曲線) C の内部に含まれる任意な閉集合に属するとき,

(28.13) $$\frac{1}{y-x}=\sum_{n=0}^{\infty}(2n+1)P_n(x)Q_n(y)$$

が $y\in C$ について一様に成り立つ.

証明. 漸化式 $(28.1)_n$ で $z=x$ とおいた式と $(28.6)_n$ で $z=y$ とおいた式との差をつくれば, $n>0$ に対して

$$(2n+1)(y-x)P_n(x)Q_n(y)$$
$$=(n+1)(P_n(x)Q_{n+1}(y)-P_{n+1}(x)Q_n(y))$$
$$-n(P_{n-1}(x)Q_n(y)-P_n(x)Q_{n-1}(y)).$$

$n=0$ のときには $(y-x)P_0(x)Q_0(y)=P_0(x)Q_1(y)-P_1(x)Q_0(y)+1$ となるから,

$$\sum_{n=1}^{N}(2n+1)P_n(x)Q_n(y)=\frac{1}{y-x}$$
$$+\frac{N+1}{y-x}(P_N(x)Q_{N+1}(y)-P_{N+1}(x)Q_N(y)).$$

ゆえに, $N\to\infty$ のとき, この右辺の第二項が定理にいう範囲の x, y に対して一様に 0 に近づくことを示せばよい. さて, $x=\cosh(\alpha+i\beta)$, $\alpha\geqq 0$ とおけば, $0\leqq\varphi\leqq\pi$ のとき,

$$|x+\sqrt{x^2-1}\cos\varphi|=|\cosh(\alpha+i\beta)+\sinh(\alpha+i\beta)\cos\varphi|$$
$$=\left(\frac{1}{2}(\cosh 2\alpha+\cos 2\beta)+\sinh 2\alpha\cos\varphi\right.$$
$$\left.+\frac{1}{2}(\cosh 2\alpha-\cos 2\beta)\cos^2\varphi\right)^{1/2}$$
$$\leqq(\cosh 2\alpha+\sinh 2\alpha)^{1/2}=e^{\alpha}.$$

ゆえに, ラプラスの積分表示 (26.6) (または (20.25))から

$$|P_N(x)|\leqq\frac{1}{\pi}\int_0^{\pi}e^{N\alpha}d\varphi=e^{N\alpha}.$$

また, $y=\cosh(\gamma+i\delta)$, $\gamma>0$ とおけば, $0\leqq\varphi<\infty$ のとき,

$$|y+\sqrt{y^2-1}\cosh\varphi|=|\cosh(\gamma+i\delta)+\sinh(\gamma+i\delta)\cosh\varphi|$$
$$=\left(\frac{1}{2}(\cosh 2\gamma+\cos 2\delta)+\sinh 2\gamma\cosh\varphi+\frac{1}{2}(\cosh 2\gamma-\cos 2\delta)\cosh^2\varphi\right)^{1/2}$$
$$\geqq(\cosh 2\gamma+\sinh 2\gamma\cosh\varphi)^{1/2}\geqq e^{\gamma}.$$

ゆえに, ハイネの積分表示 (27.6) から

$$|Q_N(y)|\leqq\int_0^\infty(\cosh 2\gamma+\sinh 2\gamma\cosh\varphi)^{-(N+1)/2}d\varphi$$

$$\leqq e^{-(N-1)\gamma}\int_0^\infty(\cosh 2\gamma+\sinh 2\gamma\cosh\varphi)^{-1}d\varphi=e^{-(N-1)\gamma}Q_0(\cosh 2\gamma).$$

γ を固定し，$\varepsilon(<\gamma)$ を任意な正数とすれば，$0\leqq\alpha\leqq\gamma-\varepsilon$ のとき，

$$(N+1)|P_N(x)Q_{N+1}(y)-P_{N+1}(x)Q_N(y)|$$

$$\leqq(N+1)(e^{N\alpha}e^{-N\gamma}Q_0(\cosh 2\gamma)+e^{(N+1)\alpha}e^{-(N-1)\gamma}Q_0(\cosh 2\gamma))$$

$$=(N+1)e^{N(\alpha-\gamma)}(1+e^{\alpha+\gamma})Q_0(\cosh 2\gamma)<(N+1)e^{-N\varepsilon}(1+e^{2\gamma})Q_0(\cosh 2\gamma).$$

最後の辺は α,β,δ に無関係であって，$N\to\infty$ のとき 0 に近づく．固定された $\gamma>0$ に対して，$y=\cosh(\gamma+i\delta)$，$0\leqq\delta<2\pi$，は ±1 を焦点とする長軸の長さが $2\cosh\gamma$ の楕円をえがく，条件 $0\leqq\alpha\leqq\gamma-\delta$ は点 $x=\cosh(\alpha+i\beta)$ が長軸の長さ $2\cosh(\alpha-\varepsilon)$ をもつ共焦の楕円に含まれることを表わしている．

注意 1. 実数の範囲に限れば，事情はやや簡単である．すなわち，x, y を実変数とするとき，固定された $|y|>1$ に対して $-1\leqq x\leqq1$ で一様に (28.13) が成り立つことは，つぎのように示される．(20.13) によって，

$$\frac{1}{y-x}=\sum_{n=0}^\infty\frac{x^n}{y^{n+1}}=\sum_{n=0}^\infty\frac{n!}{y^{n+1}}\sum_{\nu=0}^{[n/2]}(2n-4\nu+1)\frac{2^{n-2\nu}\cdot(n-\nu)!}{\nu!(2n-2\nu+1)!}P_{n-2\nu}(x).$$

$-1\leqq x\leqq1$ のとき，$|P_{n-2\nu}(x)|\leqq P_{n-2\nu}(1)=1$ であり，級数は $x=1$，$|y|>1$ に対して収束する．ゆえに，ここで y，$P_{n-2\nu}(x)$ をそれぞれ $|y|$，$|P_{n-2\nu}(x)|$ でおきかえたものは，$-1\leqq x\leqq1$ で一様に絶対収束する．したがって，(27.4) によって，

$$\frac{1}{y-x}=\sum_{\mu=0}^\infty\sum_{\nu=0}^\infty\frac{(\mu+2\nu)!}{y^{\mu+2\nu+1}}(2\mu+1)\frac{2^\mu\cdot(\mu+\nu)!}{\nu!(2\mu+2\nu+1)!}P_\mu(x)=\sum_{\mu=0}^\infty(2\mu+1)P_\mu(x)Q_\mu(y).$$

注意 2. ハイネの定理 28.6 を利用すると，定理 27.3 にあげたノイマンの公式 (27.5) が簡単にみちびかれる：

$$\frac{1}{2}\int_{-1}^1\frac{P_n(x)}{y-x}dx=\frac{1}{2}\int_{-1}^1P_n(x)\sum_{\nu=0}^\infty(2\nu+1)P_\nu(x)Q_\nu(y)dx$$

$$=\sum_{\nu=0}^\infty\frac{2\nu+1}{2}Q_\nu(y)\int_{-1}^1P_n(x)P_\nu(x)dx=Q_n(y).$$

5. ハイネの定理 28.6 から解析函数に関する **C. ノイマンの展開定理**がえられる：

定理 28.7. f が ±1 を焦点とする一つの楕円 C の上および内部で正則ならば，C の内部で広義の一様に収束するルジャンドル級数に展開される：

$$(28.14)\qquad f(z)=\sum_{n=0}^\infty a_nP_n(z),\qquad a_n=\frac{2n+1}{2}\int_{-1}^1f(z)P_n(z)dz.$$

証明. コーシーの積分公式の核をハイネの定理 28.6 にもとづいて展開することによって，

$$f(z)=\frac{1}{2\pi i}\int_C\frac{f(\zeta)}{\zeta-z}d\zeta$$

$$=\frac{1}{2\pi i}\int_C f(\zeta)\sum_{n=0}^{\infty}(2n+1)P_n(z)Q_n(\zeta)d\zeta=\sum_{n=0}^{\infty}a_nP_n(z);$$

$$(28.15)\qquad a_n=\frac{2n+1}{2\pi i}\int_C f(\zeta)Q_n(\zeta)d\zeta.$$

係数 (28.15) については，一様収束する展開の可能性がすでにえられているから，あらためて $P_n(z)$ を掛けて項別積分で求めればよい：

$$\int_{-1}^{1}f(z)P_n(z)dz=\int_{-1}^{1}P_n(z)\sum_{\nu=0}^{\infty}a_\nu P_\nu(z)dz$$

$$=\sum_{\nu=0}^{\infty}a_\nu\int_{-1}^{1}P_n(z)P_\nu(z)dz=\frac{2}{2n+1}a_n.$$

注意. 係数表示は (28.15) の右辺を変形することによってもみちびかれる．すなわち，その積分路 C を ±1 を結ぶ二重線分に縮めることができるから，(27.14) により

$$a_n=\frac{2n+1}{2\pi i}\int_{-1}^{1}f(x)(Q_n(x-0i)-Q_n(x+0i))dx=\frac{2n+1}{2}\int_{-1}^{1}f(x)P_n(x)dx.$$

問 1. $\frac{d}{dz}(z(P_\lambda(z)^2+P_{\lambda+1}(z)^2)-2P_\lambda(z)P_{\lambda+1}(z))=(2\lambda+3)P_{\lambda+1}(z)^2-(2\lambda+1)P_\lambda(z)^2.$

問 2. n が自然数のとき，

$$\frac{Q_n(z)}{P_n(z)}=\frac{1}{2}\log\frac{z+1}{z-1}-\frac{1}{z}-\frac{1^2}{3z}-\frac{2^2}{5z}-\cdots-\frac{(n-1)^2}{(2n-1)z}.$$

（ガウス，フロベニウス）

問 3. $$P_{n+1}(z)Q_{n-1}(z)-P_{n-1}(z)Q_{n+1}(z)=\frac{2n+1}{n(n+1)}z\qquad(n=1,2,\cdots).$$

問 4. 複素平面上で，±1 を端点とする線分上にない x, y に対して

$$\sum_{n=0}^{\infty}(2n+1)Q_n(x)Q_n(y)=\frac{1}{2(y-x)}\log\frac{(x+1)(y-1)}{(x-1)(y+1)}.$$

問 5. $y>x>1$ とすれば，$z=\sqrt{(y-1)/(y+1)}$，$k^2=(x-1)(y+1)/((x+1)(y-1))$ とおくとき，

$$\sum_{n=0}^{\infty}P_n(x)Q_n(y)=\frac{1}{\sqrt{(x+1)(y-1)}}\int_z^1\frac{dt}{\sqrt{(1-t^2)(1-k^2t^2)}}.$$

問 6. C_0, C_1 は ±1 を焦点とする楕円であって，C_1 が C_0 の内部にあるとする． f が C_0 と C_1 で囲まれた環状領域の境界および内部で一価正則ならば，この環状領域で広義の一様に収束する級数をもって，

$$f(z)=\sum_{n=0}^{\infty} a_nP_n(z)+\sum_{n=0}^{\infty} b_nQ_n(z);$$

$$a_n=\frac{2n+1}{2\pi i}\int_{C_0} f(\zeta)Q_n(\zeta)d\zeta, \qquad b_n=\frac{2n+1}{2\pi i}\int_{C_1} f(\zeta)P_n(\zeta)d\zeta.$$

問 7.（i）
$$\int_1^{\infty} Q_n(x)^2dx=\frac{1}{2n+1}\sum_{\nu=n+1}^{\infty}\frac{1}{\nu^2};$$

（ii）
$$\int_0^1 Q_n(x)^2dx=\frac{1}{2n+1}\left(\frac{\pi^2}{4}-\sum_{\nu=n+1}^{\infty}\frac{1}{\nu^2}\right);$$

$Q_n(x)$ $(0<x<1)$ は定義 (27.15) による.

§29. 陪函数

1. 絶対値が1より小さい実数 z に対して，**フェラース**は第一種，第二種の**陪函数**

$$P_\lambda^h(z)=(1-z^2)^{h/2}\frac{d^hP_\lambda(z)}{dz^h}, \tag{29.1}$$

$$Q_\lambda^h(z)=(1-z^2)^{h/2}\frac{d^hQ_\lambda(z)}{dz^h} \tag{29.2}$$

$(h=0,1,\cdots)$

を導入した. 特に $P_\lambda^0=P_\lambda$, $Q_\lambda^0=Q_\lambda$ であり, $\lambda\geqq 0$ が整数のとき, $P_\lambda^h=0$ $(h>\lambda)$.

陪函数については，球函数の場合と同様な(その一般化にあたる)公式がみちびかれる.

定理 29.1. フェラースの陪函数 (29.1), (29.2) はルジャンドルの**陪微分方程式**をみたす:

$$(1-z^2)w''-2zw'+\left(\lambda(\lambda+1)-\frac{h^2}{1-z^2}\right)w=0. \tag{29.3}$$

証明. ルジャンドルの微分方程式 (26.1) で w の代りに ω とかき，これを h 回微分すれば,

$$(1-z^2)\omega^{(h+2)}-2(h+1)z\omega^{(h+1)}+(\lambda(\lambda+1)-h(h+1))\omega^{(h)}=0.$$

ここで $\omega^{(h)}=(1-z^2)^{-h/2}w$ とおけば, (29.3) となる.

定理 29.2. フェラースの陪函数について，つぎの積分表示が成り立つ:

$$P_\lambda^h(z)=\frac{\Gamma(\lambda+h+1)}{\Gamma(\lambda+1)}(1-z^2)^{h/2}\frac{1}{2\pi i}\int_C\frac{(\zeta^2-1)^\lambda}{2^\lambda(\zeta-z)^{\lambda+h+1}}d\zeta; \tag{29.4}$$

$$(29.5)\qquad P_\lambda^h(z)=\frac{\Gamma(\lambda+h+1)}{\Gamma(\lambda+1)}\frac{i^{-h}}{\pi}\int_0^\pi(z+\sqrt{z^2-1}\cos\varphi)^\lambda\cos h\varphi d\varphi.$$

(29.4) における積分路 C は (26.2) におけると同じもの(図12)とする．また，(29.5) では $\Re z>0$ とする．

証明． (29.4) は (26.2) を (29.1) の右辺に入れて微分を実行したものにほかならない．つぎに，定理 26.3 の証明におけると同様に，C として円周 $|\zeta-z|=|\sqrt{z^2-1}|$ をとり，$\zeta=z+\sqrt{z^2-1}\,e^{i\varphi}$ とおくことにより (29.5) をうる．

定理 29.3． フェラースの陪函数について，つぎの積分表示が成り立つ：

$$(29.6)\qquad Q_\lambda^h(z)=\frac{\Gamma(\lambda+h+1)}{\Gamma(\lambda+1)}\frac{1}{2^{\lambda+1}}(1-z^2)^{h/2}\int_{-1}^1\frac{(1-\zeta^2)^\lambda}{(z-\zeta)^{\lambda+h+1}}d\zeta$$

$$(\Re\lambda>-1).$$

証明． (27.2) を (29.2) の右辺に入れて微分を実行すればよい．

2． 特に $n\geqq 0$ が整数のとき，フェラースの陪函数 $P_n^h(z)$ は $(1-z^2)^{h/2}$ と $n-h$ 次の多項式 $P_n{}^{(h)}(z)$ との積である：

$$(29.7)\qquad P_n^h(z)=(1-z^2)^{h/2}P_n{}^{(h)}(z)=\frac{(-1)^n}{n!2^n}(1-z^2)^{h/2}\frac{d^{n+h}}{dz^{n+h}}(1-z^2)^n.$$

ここで $P_n{}^{(h)}$ は前章で現われた諸種の多項式とつぎの定理にあげる関係にある：

定理 29.4． $n\geqq 0$ が整数のとき，フェラースの陪函数について，

$$P_n{}^{(h)}(z)=\frac{(n+h)!}{h!(n-h)!2^h}F\left(n+h+1,\ -n+h;\ h+1;\ \frac{1-z}{2}\right)$$

$$(29.8)\qquad =\frac{(n+h)!}{h!(n-h)!2^h}G_{n-h}\left(2h+1,\ \ h+1;\ \frac{1-z}{2}\right)$$

$$=\frac{(n+h)!}{n!2^h}P_{n-h}^{h,h}(z)=\frac{(2h)!}{h!2^h}C_{n-h}^{h+1/2}(z).$$

証明． P_n の超幾何函数による表示 (19.5) に F の微分公式 (14.9) を適用すれば，

$$P_n{}^{(h)}(z)=\frac{d^h}{dz^h}F\left(-n,\ n+1;\ 1;\ \frac{1-z}{2}\right)$$

$$=\frac{[-n]_h[n+1]_h}{[1]_h}\left(\frac{-1}{2}\right)^hF\left(-n+h,\ n+1+h;\ 1+h;\frac{1-z}{2}\right)$$

$$=\frac{(n+h)!}{h!(n-h)!2^h}F\left(n+h+1,\ -n+h;\ h+1;\ \frac{1-z}{2}\right).$$

これを (24.3), (24.6), (24.25) と比較することによって，残りの関係がえられる．

$P_n^h(z)$ のパラメターに関する**昇降演算子**は，つぎの定理で与えられる：

定理 29.5. フェラースの陪函数 $P_n^h(z)$ について，$\mathcal{D}\equiv d/dz$ とおくとき，

$$\mathcal{T}_n^+=\frac{1}{n-h+1}((n+1)z-(1-z^2)\mathcal{D}),$$

(29.9)

$$\mathcal{T}_n^-=\frac{1}{n+h}(nz+(1-z^2)\mathcal{D});$$

$$\mathcal{T}_h^+=hz(1-z^2)^{-1/2}+(1-z^2)^{1/2}\mathcal{D},$$

(29.10)

$$\mathcal{T}_h^-=\frac{1}{(n+h)(n-h+1)}(hz(1-z^2)^{-1/2}-(1-z^2)^{1/2}\mathcal{D}).$$

証明. (29.9) を示すために，(29.8) の第一表示にもとづいて，§14.4 にあげた超幾何函数の昇降演算子を利用する．まず，(14.15) によって

$$\alpha F(\alpha+1,\beta;\ \gamma;\ x)-\beta F(\alpha,\beta+1;\ \gamma;\ x)=(\alpha-\beta)F(\alpha,\beta;\ \gamma;\ x).$$

この右辺で $F(\alpha,\ \beta;\ \gamma;\ x)=\mathcal{T}_{\beta+1}^-F(\alpha,\ \beta+1;\ \gamma;\ x)$ とみなして (14.12) の第二の関係を用いれば，

$$\alpha F(\alpha+1,\beta;\ \gamma;\ x)-\beta F(\alpha,\beta+1;\ \gamma;\ x)$$
$$=\frac{\alpha-\beta}{\gamma-\beta-1}(\gamma-\beta-1-\alpha x+x(1-x)\mathcal{D}_x)F(\alpha,\beta+1;\ \gamma;\ x)\quad\left(\mathcal{D}_x\equiv\frac{d}{dx}\right).$$

ここで $\alpha=n+h+1$, $\beta=-n+h-1$, $\gamma=h+1$, $x=(1-z)/2$ とおけば，さらに $((n+h)!/h!(n-h)!2^h)(1-z^2)^{h/2}$ を掛けることによって，

$$(n-h+1)P_{n+1}^h(z)-(-n+h-1)P_n^h(z)$$
$$=(2n+2-(n+h+1)(1-z))P_n^h(z)-(1-z^2)^{1+h/2}\mathcal{D}((1-z^2)^{-h/2}P_n^h(z)).$$

これを整理すると，(29.9) の第一の関係となる．また，あらためて $\alpha=-n+h$, $\beta=n+h$, $\gamma=h+1$, $x=(1-z)/2$ とおけば，上と同様にして (29.9) の第二の関係がえられる．つぎに，(29.10) の第一の関係については，陪函数の定義 (29.1) から直接に

$$P_n^{h+1}(z)=(1-z^2)^{(h+1)/2}\mathcal{D}^{h+1}P_n(z)=(1-z^2)^{(h+1)/2}\mathcal{D}((1-z^2)^{-h/2}P_n^h(z))$$
$$=(hz(1-z^2)^{-1/2}+(1-z^2)^{1/2}\mathcal{D})P_n^h(z).$$

最後に，$(20.7)_{n+1}$ すなわち $(28.2)_n$ を $h-1$ 回微分して $(1-z^2)^{h/2}$ を掛けることによって，

$$P_{n+1}^h(z)=zP_n^h(z)+(n+h)(1-z^2)^{1/2}P_n^{h-1}(z).$$

この左辺 $P_{n+1}^h(z)=\mathcal{T}_n^+P_n^h(z)$ を (29.9) の第一の関係により P_n^h で表わせば，(29.10) の第二の関係となる．

系． $P_n^h(z)$ に対して $(n-h+1)\mathcal{T}_n^+ +(n+h)\mathcal{T}_n^- =(2n+1)z$，すなわち

$$(n-h+1)P_{n+1}^h(z)-(2n+1)zP_n^h(z)+(n+h)P_{n-1}^h(z)=0. \tag{29.11}$$

定理 29.6． $m, n(\geqq h\geqq 0)$ が整数のとき，つぎの直交性の関係が成り立つ：

$$\int_{-1}^1 P_m^h(x)P_n^h(x)dx=\begin{cases}0 & (m\neq n),\\ \dfrac{2}{2n+1}\cdot\dfrac{(n+h)!}{(n-h)!} & (m=n).\end{cases} \tag{29.12}$$

証明． P_m^h, P_n^h に対する微分方程式にそれぞれ P_n^h, P_m^h を掛け，辺々引いてから積分すると，

$$\left[(1-x^2)\left(P_n^h(x)\frac{dP_m^h(x)}{dx}-P_m^h(x)\frac{dP_n^h(x)}{dx}\right)\right]_{-1}^1$$
$$+(m-n)(m+n+1)\int_{-1}^1 P_m^h(x)P_n^h(x)dx=0.$$

これからまず (29.12) の $m\neq n$ の場合がえられる．つぎに，(29.10) の第一式で h, z をそれぞれ $h-1$，x とかけば，

$$P_n^h(x)=(1-x^2)^{1/2}\frac{dP_n^{h-1}(x)}{dx}+(h-1)x(1-x^2)^{-1/2}P_n^{h-1}(x).$$

両辺を平方して積分し，項別積分をほどこすと，

$$\int_{-1}^1 P_n^h(x)^2dx=-\int_{-1}^1 P_n^{h-1}(x)\frac{d}{dx}\left((1-x^2)\frac{dP_n^{h-1}(x)}{dx}\right)dx$$
$$-(h-1)\int_{-1}^1 P_n^{h-1}(x)^2dx+\int_{-1}^1\frac{(h-1)^2x^2}{1-x^2}P_n^{h-1}(x)^2dx.$$

右辺の第一項を P_n^{h-1} に対する微分方程式を用いて簡単にすれば，

$$\int_{-1}^1 P_n^h(x)^2dx=(n-h+1)(n+h)\int_{-1}^1 P_n^{h-1}(x)^2dx.$$

これから帰納法によって

$$\int_{-1}^1 P_n^h(x)^2dx=\frac{n!}{(n-h)!}\cdot\frac{(n+h)!}{n!}\int_{-1}^1 P_n(x)^2dx=\frac{2}{2n+1}\cdot\frac{(n+h)!}{(n-h)!}.$$

3. 陪函数を複素変数 z の解析函数とみなすときには，定義 (29.1), (29.2) よりはむしろそれを修正して，右辺の因子 $(1-z^2)^{h/2}$ を $(z^2-1)^{h/2}$ でおきかえた**ホブソン**による定義

$$P_\lambda^h(z)=(z^2-1)^{h/2}\frac{d^hP_\lambda(z)}{dz^h}, \tag{29.13}$$

$$Q_\lambda^h(z)=(z^2-1)^{h/2}\frac{d^hQ_\lambda(z)}{dz^h} \tag{29.14}$$

の方が便利である；この定義はすでにトドハンター，ハイネなどによっても用いられた．このときにも，前記の諸公式は簡単な修正で保存される．例えば，定理 29.1 はホブソンの陪函数 (29.13), (29.14) に対してもそのまま成り立ち，定理 29.2 はつぎのようになる：

定理 29.7. ホブソンの陪函数について，つぎの積分表示が成り立つ：

$$P_\lambda^h(z)=\frac{\Gamma(\lambda+h+1)}{\Gamma(\lambda+1)}(z^2-1)^{h/2}\frac{1}{2\pi i}\int_C\frac{(\zeta^2-1)^\lambda}{2^\lambda(\zeta-z)^{\lambda+h+1}}d\zeta; \tag{29.15}$$

$$P_\lambda^h(z)=\frac{\Gamma(\lambda+h+1)}{\Gamma(\lambda+1)}\frac{1}{\pi}\int_0^\pi(z+\sqrt{z^2-1}\cos\varphi)^\lambda\cos h\varphi\, d\varphi. \tag{29.16}$$

$P_\lambda^h(z)$ は一般には $z=\pm1$ に分岐点をもつ．実軸上の ±1 を結ぶ線分を除けば，一価な分枝が定まる；例えば，定理 29.7 の表示で $\sqrt{z^2-1}$ の主枝をとればよい．

4. P_λ^h の他の積分表示をみちびくために，ヤコビによってえられた補助定理をフェラーにしたがって証明しよう：

補助定理. $\tau=\cos\varphi$ とおくとき，

$$\frac{d^{h-1}}{d\tau^{h-1}}\sin^{2h-1}\varphi=\frac{(-1)^{h-1}}{h}\frac{(2h)!}{h!\,2^h}\sin h\varphi \qquad (h=1,2,\cdots). \tag{29.17}$$

証明. 帰納法による．$h=1$ のとき，両辺とも $\sin\varphi$ に等しい．簡単のため，(29.17) の右辺にある $\sin h\varphi$ の係数を α_h で表わす．ある h に対して (29.17) が成り立つとすれば，

$$\frac{d^h}{d\tau^h}\sin^{2h-1}\varphi=\alpha_h\frac{d}{d\tau}\sin h\varphi=-\alpha_h\frac{h\cos h\varphi}{\sin\varphi},$$

$$\frac{d^{h+1}}{d\tau^{h+1}}\sin^{2h-1}\varphi=-\alpha_h\frac{h^2\sin h\varphi\sin\varphi+h\cos h\varphi\cos\varphi}{\sin^3\varphi}.$$

ゆえに，ライプニッツの公式によって

$$\frac{d^{h+1}}{d\tau^{h+1}}\sin^{2h+1}\varphi=\frac{d^{h+1}}{d\tau^{h+1}}((1-\tau^2)\sin^{2h-1}\varphi)$$

$$=\alpha_h(-h^2\sin h\varphi-h\cos h\varphi\cot\varphi+2h(h+1)\cos h\varphi\cot\varphi-h(h+1)\sin h\varphi)$$

$$=\alpha_h\frac{h(2h+1)\cos(h+1)\varphi}{\sin\varphi}=-\alpha_h\frac{h(2h+1)}{h+1}\frac{d}{d\tau}\sin(h+1)\varphi=\alpha_{h+1}\frac{d}{d\tau}\sin(h+1)\varphi.$$

これを τ について $1=\cos 0$ から $\tau=\cos\varphi$ まで積分すれば,

$$\frac{d^h}{d\tau^h}\sin^{2h+1}\varphi=\alpha_{h+1}\sin(h+1)\varphi.$$

定理 29.8. ホブソンの陪函数について,

$$P_\lambda^h(z)=\frac{h!2^h}{(2h)!}\frac{\Gamma(\lambda+h+1)}{\Gamma(\lambda-h+1)}(z^2-1)^{h/2}$$
(29.18)
$$\cdot\frac{1}{\pi}\int_0^\pi(z+\sqrt{z^2-1}\cos\varphi)^{\lambda-h}\sin^{2h}\varphi d\varphi.$$

証明. (29.17) によって,

$$\cos h\varphi=(-1)^{h-1}\frac{h!2^h}{(2h)!}\frac{d^h\sin^{2h-1}\varphi}{d\tau^h}\frac{d\tau}{d\varphi}\qquad(\tau=\cos\varphi).$$

これを (29.16) の右辺に用いると,

$$P_\lambda^h(z)=(-1)^h\frac{h!2^h}{(2h)!}\frac{\Gamma(\lambda+h+1)}{\Gamma(\lambda+1)}\frac{1}{\pi}\int_{-1}^1(z+\sqrt{z^2-1}\,\tau)^\lambda\frac{d^h\sin^{2h-1}\varphi}{d\tau^h}d\tau.$$

右辺で部分積分を h 回行なえば,

$$P_\lambda^h(z)=\frac{h!2^h}{(2h)!}\frac{\Gamma(\lambda+h+1)}{\Gamma(\lambda-h+1)}(z^2-1)^{h/2}$$

$$\cdot\frac{1}{\pi}\int_{-1}^1(z+\sqrt{z^2-1}\,\tau)^{\lambda-h}\sin^{2h-1}\varphi d\tau.$$

この右辺で再び変数の置換 $\tau=\cos\varphi$ を行なえば, (29.18) となる.

定理 29.9. ホブソンの陪函数について,

$$P_\lambda^h(z)=\frac{h!2^h}{(2h)!}\frac{\Gamma(\lambda+h+1)}{\Gamma(\lambda-h+1)}(z^2-1)^{h/2}$$
(29.19)
$$\cdot\frac{1}{\pi}\int_0^\pi(z+\sqrt{z^2-1}\cos\varphi)^{-\lambda-h-1}\sin^{2h}\varphi d\varphi.$$

証明. (29.18) の右辺で φ の代りに ϕ とかき, 積分変数の置換

$$(z+\sqrt{z^2-1}\cos\phi)(z-\sqrt{z^2-1}\cos\varphi)=1$$

をほどこせばよい. あるいは, むしろ (26.4) にもとづいて

$$P_\lambda^h(z)=(z^2-1)^{h/2}\frac{d^hP_\lambda(z)}{dz^h}=(z^2-1)^{h/2}\frac{d^hP_{-\lambda-1}(z)}{dz^h}=P_{-\lambda-1}^h(z)$$

が成り立つことに注意してもよい; ガンマ函数の相反公式 (5.2) によって

$$\frac{\Gamma(-\lambda+h)}{\Gamma(-\lambda-h)}=\frac{\Gamma(\lambda+h+1)}{\Gamma(\lambda-h+1)}.$$

ホブソンの陪函数 Q_λ^h について，定理29.3はつぎのように修正される:

定理 29.10. ホブソンの陪函数について，つぎの積分表示が成り立つ:

$$(29.20)\qquad Q_\lambda^h(z)=(-1)^h\frac{\Gamma(\lambda+h+1)}{\Gamma(\lambda+1)2^{\lambda+1}}(z^2-1)^{h/2}\int_{-1}^{1}\frac{(1-\zeta^2)^\lambda}{(z-\zeta)^{\lambda+h+1}}d\zeta.$$

注意. h を非負の整数と限らないとき，ホブソンの陪函数はつぎの定義によって一般化される:

$$(29.21)\qquad P_\lambda^h(z)=\frac{1}{\Gamma(1-h)}\left(\frac{z+1}{z-1}\right)^{h/2}F\left(\lambda+1,\ -\lambda;\ 1-h;\ \frac{1-z}{2}\right),$$

$$(29.22)\qquad \begin{aligned}Q_\lambda^h(z)=&\frac{\sin(\lambda+h)\pi}{\sin\lambda\pi}\frac{\sqrt{\pi}\,\Gamma(\lambda+h+1)}{2^{\lambda+1}\Gamma(\lambda+3/2)}\frac{(z^2-1)^{h/2}}{z^{\lambda+h+1}}\\ &\cdot F\left(\frac{\lambda+h}{2}+1,\ \frac{\lambda+h}{2}+\frac{1}{2};\ \lambda+\frac{3}{2};\ \frac{1}{z^2}\right).\end{aligned}$$

問 1. $n\geqq 1$ が整数のとき，ルジャンドルの陪方程式 $(1-z^2)w''-2zw'+(n(n+1)-h^2/(1-z^2))w=0$ の解であって $z=1$ で有限なものは，$P_n^h(z)$ の定数倍に限る.

問 2. フェラースの陪函数について，

$$P_\lambda^h(z)=\frac{\Gamma(h-\lambda)}{\Gamma(-\lambda)}\frac{i^{-h}}{\pi}\int_0^\pi(z+\sqrt{z^2-1}\cos\varphi)^{-\lambda-1}\cosh h\varphi\,d\varphi\qquad(\Re z>0).$$

問 3. フェラースの陪函数について

$$(n+1)(n+h)P_{n-1}^h(z)-n(n-h+1)P_{n+1}^h(z)=(2n+1)(1-z^2)\frac{dP_n^h(z)}{dz}.$$

問 4. フェラースの陪函数について，$n\geqq h$ が整数のとき，

$$P_n^h(z)=\frac{(\pm1)^n}{(n-h)!2^n}\left(\frac{1\mp z}{1\pm z}\right)^{h/2}\frac{d^n}{dz^n}((z\mp1)^{n-h}(z\pm1)^{n+h}).$$

問 5. $n\geqq 0$ の整数のとき，フェラースの陪函数に対して

$$Q_n^h(z)=\frac{n!(n+h)!2^n}{(2n+1)!}\frac{(1-z^2)^{h/2}}{z^{n+h+1}}F\left(\frac{n+h}{2}+1,\ \frac{n+h}{2}+\frac{1}{2};\ n+\frac{3}{2};\ \frac{1}{z^2}\right).$$

問 6. フェラースの陪函数について，$n(\geqq h,\ k>0)$ が整数のとき，

$$\int_{-1}^1 P_n^h(x)P_n^k(x)\frac{dx}{1-x^2}=\delta_{hk}\frac{(n+h)!}{(n-h)!h}.$$

問 7. ホブソンの陪函数について，

$$P_\lambda^h(z)=(-1)^h\frac{\Gamma(\lambda+1)}{\Gamma(\lambda-h+1)}\frac{1}{\pi}\int_0^\pi(z+\sqrt{z^2-1}\cos\varphi)^{-\lambda-1}\cosh h\varphi\,d\varphi.$$

問 8. ホブソンの陪函数について，z が実数であって $z>0$ のとき，

$$Q_\lambda^h(z)=(-1)^h\frac{\Gamma(\lambda+h+1)}{\Gamma(\lambda+1)}\int_0^{\operatorname{arccoth} z}(z-\sqrt{z^2-1}\cosh\varphi)^\lambda\cosh h\varphi\,d\varphi.$$

問 9. ホブソンの陪函数について，$z>1$ のとき，

$$Q_\lambda^h(z)=(-1)^h\frac{h!2^h}{(2h)!}\frac{\Gamma(\lambda+h+1)}{\Gamma(\lambda-h+1)}(z^2-1)^{h/2}$$
$$\cdot\int_0^{\mathrm{arccoth}\,z}(z-\sqrt{z^2-1}\cosh\varphi)^{\lambda-h}\sinh^{2h}\varphi\,d\varphi.$$

§30. ラプラスの球函数

1. 直角座標系のおかれた xyz 空間の領域で**ラプラスの偏微分方程式**(ポテンシアル方程式)

$$\Delta u\equiv\frac{\partial^2 u}{\partial x^2}+\frac{\partial^2 u}{\partial y^2}+\frac{\partial^2 u}{\partial z^2}=0 \tag{30.1}$$

をみたす $u=u(x, y, z)$ がいわゆる**調和函数**である.

n 次の同次多項式である調和函数の形を定めるために, (30.1) を

$$x=r\sin\theta\cos\varphi,\qquad y=r\sin\theta\sin\varphi,\qquad z=r\cos\theta$$

によって極座標系へ変換すれば,

$$\Delta u\equiv\frac{1}{r^2}\cdot\frac{\partial}{\partial r}\left(r^2\frac{\partial u}{\partial r}\right)+\frac{1}{r^2\sin\theta}\left(\frac{1}{\sin\theta}\cdot\frac{\partial^2 u}{\partial\varphi^2}+\frac{\partial}{\partial\theta}\left(\sin\theta\frac{\partial u}{\partial\theta}\right)\right)=0. \tag{30.2}$$

ここで $u=r^nY_n(\theta, \varphi)$ とおけば, $Y=Y_n(\theta, \varphi)$ に対してつぎの偏微分方程式をうる:

$$\tilde{\Delta}_nY\equiv\frac{1}{\sin^2\theta}\cdot\frac{\partial^2 Y}{\partial\varphi^2}+\frac{1}{\sin\theta}\cdot\frac{\partial}{\partial\theta}\left(\sin\theta\frac{\partial Y}{\partial\theta}\right)+n(n+1)Y=0. \tag{30.3}$$

さらに, $Y=\Phi(\varphi)\Theta(\theta)$ とおいて変数を分離すれば,

$$-\frac{\Phi''}{\Phi}=\frac{\sin\theta(\Theta'\sin\theta)'+n(n+1)\Theta\sin^2\theta}{\Theta}=\kappa \qquad (\kappa \text{は定数});$$

$$\Phi''+\kappa\Phi=0, \tag{30.4}$$

$$\sin\theta(\Theta'\sin\theta)'+(n(n+1)\sin^2\theta-\kappa)\Theta=0. \tag{30.5}$$

方程式 (30.4) の解 $\Phi(\varphi)$ が φ について周期 2π をもつための条件として,

$$\kappa=h^2 \qquad (h=0,1,\cdots).$$

このとき, 方程式 (30.5) で $\mu=\cos\theta$ とおけば,

$$\frac{d}{d\mu}\left((1-\mu^2)\frac{d\Theta}{d\mu}\right)+\left(n(n+1)-\frac{h^2}{1-\mu^2}\right)\Theta=0.$$

これは μ の函数とみなされた Θ に対するルジャンドルの陪微分方程式 (29.3) にほかならない．ゆえに，(30.3) に対して $2n+1$ 個の独立な解がえられる：

$$(30.6) \qquad P_n(\cos\theta), \qquad P_n^h(\cos\theta)\begin{matrix}\cos\\ \sin\end{matrix} h\varphi \quad (h=1,\cdots,n).$$

これらを n 次の**対称球函数**ともいう．

定理 30.1. n 次の同次な調和多項式に対する一般形を $r^nY_n(\theta,\varphi)$ とおけば，$Y_n(\theta,\varphi)$ は n 次の対称球函数 (30.6) の一次結合として与えられる：

$$(30.7) \qquad Y_n(\theta,\varphi)=\frac{a_0}{2}P_n(\cos\theta)+\sum_{h=1}^{n}(a_h\cos h\varphi+b_h\sin h\varphi)P_n^h(\cos\theta);$$

ここに a_0, a_h, b_h $(h=1,\cdots,n)$ は任意定数である．

証明. (30.7) の $Y_n(\theta,\varphi)$ に対して，$r^nY_n(\theta,\varphi)$ が $2n+1$ 個の一次独立な n 次の同次な調和多項式の一次結合であることは，上にみた通りである．他方において，x, y, z についての一般な n 次の同次多項式 u は $(n+1)(n+2)/2$ 個の係数をもつ．方程式 (30.1) はこれらの間の $(n-1)n/2$ 個の独立な条件を与える．それに応じて，一般な n 次の同次調和多項式は $(n+1)(n+2)/2-(n-1)n/2=2n+1$ 個の独立な係数(自由度)をもつ．ゆえに，$r^nY_n(\theta,\varphi)$ がその一般形を表わしている．

Y_n は特定の函数を表わすものではなくて，$2n+1$ 個の未定の定数係数を含む函数形を表わす記号である．$r^nY_n(\theta,\varphi)$，$Y_n(\theta,\varphi)$ を n 次のそれぞれ**体球調和函数**，**球面調和函数**(**ラプラスの球調和函数**)といい，$P_n(\cos\theta)$ を n 次の**帯球調和函数**，$P_n^h(\cos\theta)\begin{matrix}\cos\\ \sin\end{matrix} h\varphi$ を n 次 h 位の**方球調和函数**という．

2. マックスウェルにしたがって，線形微分演算子

$$(30.8) \qquad \mathcal{L}=a\frac{\partial}{\partial x}+b\frac{\partial}{\partial y}+c\frac{\partial}{\partial z} \qquad (a, b, c \text{ は定数}; \ a^2+b^2+c^2\neq 0)$$

を考える．$\alpha=\sqrt{a^2+b^2+c^2}$ とおき，$a:b:c$ の方向を ν で表わせば，

$$(30.9) \qquad \mathcal{L}=\alpha\frac{\partial}{\partial\nu} \qquad (\nu\neq 0).$$

$r=\sqrt{x^2+y^2+z^2}$ に対して，$\mathcal{L}r^{-1}$ を**能率** α，**方向**(または**軸**) ν の**双極ポテンシアル**という．$\Delta r^{-1}=0$ であるから，$\Delta\mathcal{L}r^{-1}=0$.

一般に，

$$(30.10)\qquad u=C\mathcal{L}_1\cdots\mathcal{L}_n r^{-1},\quad \mathcal{L}_j=\alpha_j\frac{\partial}{\partial\nu_j}\quad (j=1,\cdots,n),\ C\text{ は定数}$$

のとき，$u=u(x, y, z)$ を**軸** $\nu_1, \cdots, \nu_n$ の**重極ポテンシアル**という．

(30.10) のとき，x, y, z については u は $-n-1$ 次の同次函数である．したがって，

$$(30.11)\qquad u=r^{-2n-1}U$$

とおけば，$U=U(x, y, z)$ は n 次の同次多項式である．

直接の計算でたしかめられるように，函数 $u(x, y, z)$ と同時に $v(x, y, z)=r^{-1}u(r^{-2}x, r^{-2}y, r^{-2}z)$ もまた調和である．u から v への移行はいわゆる**ケルビンの変換**である．ところで，(30.10) の u は $-n-1$ 次の同次函数であるから，これは $u(x, y, z)=r^{-2n-2}u(r^{-2}x, r^{-2}y, r^{-2}z)$ をみたす．ゆえに，

$$U(x, y, z)=r^{2n+1}u(x, y, z)=r^{-1}u(r^{-2}x, r^{-2}y, r^{-2}z).$$

したがって，ケルビンの変換にもとづいて，u が調和ならば，(30.11) で定められる n 次の同次多項式 U もまた調和である：$\Delta U=0$.

ここで，(30.10) は $C\neq 0$ である限り $u\not\equiv 0$ をみたすことに注意しておこう．n についての帰納法による．$n=0$ のときは明らかである．しかも，$u\not\equiv 0$ である限り，$-n-1$ 次の同次函数 u は原点で特異性をもつ．仮に

$$0\leqq m<n,\qquad \mathcal{L}_1\cdots\mathcal{L}_m r^{-1}\not\equiv 0,\qquad \mathcal{L}_1\cdots\mathcal{L}_m\mathcal{L}_{m+1}r^{-1}\equiv 0$$

であったとすれば，最後の関係から $\mathcal{L}_1\cdots\mathcal{L}_m r^{-1}$ は軸 ν_{m+1} への各平行線上で一定な値をもつことになるが，これはその原点における特異性と矛盾する．

さて，(30.10) の u には各 $\mathcal{L}_j$ の2個と C とを合わせて $2n+1$ 個のパラメターが含まれている．ゆえに，それから (30.11) で定められる U によって n 次の体球調和函数がすべて表現されることが予期されるであろう．それに肯定的に答えるのが，つぎの定理である：

定理 30.2. $2n+1$ 個の n 次の対称球函数 (30.6) のおのおのは，重極ポテンシアル (30.10) をもって $r^{n+1}u$ という形に表わされる

証明. $n=0$ のときは，$P_0(\cos\theta)=1$ であるから，明らかである．$n\geqq 1$ とする．いま，特に xy 平面内で軸 $\nu_1, \cdots, \nu_n$ が順次に角 $2\pi/n$ をなして対称に配置されているとして，

$$(30.12)\qquad u_n(x, y, z)=\frac{\partial^n}{\partial\nu_1\cdots\partial\nu_n}r^{-1}=r^{-2n-1}U_n(x, y, z)$$

とおく． これは z 軸のまわりの角 $2\pi/n$ の回転で不変であるから， $Y_n(\theta,\varphi)=r^{n+1}u_n$ は φ について周期 $2\pi/n$ をもつ． n 次の球面函数の一般形は (30.7) で与えられるが，この周期性によって，いま考えているものの形は

$$(30.13)\qquad \begin{aligned} Y_n(\theta,\varphi)&=(a_n\cos n\varphi+b_n\sin n\varphi)P_n^n(\cos\theta)\\ &=\alpha P_n^n(\cos\theta)\cos n(\varphi-\varphi_0). \end{aligned}$$

(実は $Y_0(\theta,\varphi)=(a_0/2)P_0(\cos\theta)\equiv a_0/2$ もこれに含まれるとしてよい． $n\geqq 1$ のとき， $Y_n(\theta,\varphi)=r^{n+1}u_n$ は $\theta=0$ に対して(z 軸上で) 0 となるから， $P_0^0(1)=1$， $P_n^n(1)=0$ によって， $h=0$ に対応する項 $(a_0/2)P_0^0(\cos\theta)$ は現われないのである)．したがって，軸の一つ ν_1 の選択の随意性により，(30.13) の形の各球面函数が定理にあげた $r^{n+1}u$ の形 $r^{n+1}u_n$ で表わされることがわかる．残りの n 次の球函数に対する表現可能性を示すために， 上記のポテンシアル (30.12) が (30.13) にもとづいてつぎの形に分離されることに注意する：

$$u_n(x,y,z)=r^{-n-1}Y_n(\theta,\varphi)=r^{-n-1}P_n^n\left(\frac{z}{r}\right)\cdot\alpha\cos n(\varphi-\varphi_0).$$

ここで n を h でおきかえてから z について $n-h$ 回微分する． それによって生ずるポテンシアル $u_{n,h}(x,y,z)$ もまた u_n と同様な形をもつ．じっさい，

$$\frac{\partial}{\partial z}\left(r^{-h-1}P_h^h\left(\frac{z}{r}\right)\right)=r^{-(h+1)-1}\left(P_h^{h\prime}\left(\frac{z}{r}\right)\left(1-\left(\frac{z}{r}\right)^2\right)-(h+1)P_h^h\left(\frac{z}{r}\right)\frac{z}{r}\right)$$

etc.

したがって， $u_{n,h}(x,y,z)$ はつぎの形をもつ：

$$u_{n,h}(x,y,z)=r^{-n-1}\Pi_{n,h}(\cos\theta)\cdot\alpha\cos h(\varphi-\varphi_0).$$

ゆえに， $r^{n+1}u_{n,h}(x,y,z)$ は n 次 h 位の方球面函数であるから，これはさらに $\mathrm{const}\cdot P_n^h(\cos\theta)\cos h(\varphi-\varphi_0)$ という形でなければならない．これでつぎの形の表示がえられている：

$$P_n^h(\cos\theta)\cos h(\varphi-\varphi_0)=r^{n+1}u_{n,h}(x,y,z)=\mathrm{const}\cdot r^{n+1}\frac{\partial^n}{\partial z^{n-h}\partial\nu_1\cdots\partial\nu_h}r^{-1};$$

φ_0 は一つの軸の選択によって同調させられる．

系． n 次の球面調和函数はすべてつぎの形に表わされる：

$$(30.14)\qquad Y_n(\theta,\varphi)=r^{n+1}\sum_{i+j+k=n}a_{ijk}\frac{\partial^n}{\partial x^i\partial y^j\partial z^k}r^{-1}.$$

3. 前項末の系にあげた (30.14) の形の函数の表示をさらに簡単にするために，ξ, η, ζ についての n 次の同次多項式

$$(30.15) \qquad H(\xi, \eta, \zeta) = \sum_{i+j+k=n} a_{ijk} \xi^i \eta^j \zeta^k$$

を考える．そして，(30.14) の右辺の和の部分を記号的に $H[r^{-1}]$ で表わす；$\xi = \partial/\partial x$ etc.　$(\xi^2+\eta^2+\zeta^2)r^{-1} \equiv \Delta r^{-1} = 0$ であるから，Q を $n-2$ 次の同次多項式として $H = Q\cdot(\xi^2+\eta^2+\zeta^2)+K$ ならば，$H[r^{-1}] = K[r^{-1}]$ である．

つぎの代数的な定理を準備する．これはシルベスターが証明なしに用いたものであるが，証明の必要性を指摘して補充したのはオストロフスキである．

補助定理． n 次の同次多項式 (30.15) に対して，n 個の一次同次式 $L_1, \cdots, L_n$ と $n-2$ 次の同次多項式 $Q(\xi, \eta, \zeta)$ をつぎの関係が成り立つようにえらぶことができる：

$$(30.16) \qquad H = C\cdot L_1 \cdots L_n + Q\cdot(\xi^2+\eta^2+\zeta^2) \qquad (C \text{ は定数}).$$

さらに，H が実係数ならば，$L_1, \cdots, L_n$ は実係数であるという条件のもとで定数因子を除いて一意に定まる．

証明． 代数幾何におけるベズーの定理によって(証明末の注意参照)，$\xi\eta\zeta$ 空間の n 次の錐 $H(\xi, \eta, \zeta)=0$ は絶対錐 $\xi^2+\eta^2+\zeta^2=0$ をちょうど $2n$ 個の稜で切る；ここで両者の共通稜は重複度に応じて数える．そして，これらの $2n$ 個の稜を n 個の平面 $L_i=0$ ($i=1, \cdots, n$) によって，各平面が稜の2個を含みかつ各稜は1回ずつ考慮されるように結ぶ；重複稜は重複度に応じて数えるものとする．さて，2個のパラメター λ, μ を含む n 次の錐束

$$(30.17) \qquad \lambda H + \mu L_1 \cdots L_n = 0$$

を考える．この束の各錐は絶対錐を上記の $2n$ 個の固定稜で切る．そこで，これらの $2n$ 個と異なる絶対錐の任意な一つの稜をとり，n 次の錐 (30.17) がこれをも通るように $\lambda : \mu$ を定める；$\lambda, \mu \neq 0, \infty$ である．このように定められた n 次の錐は，2次の錐と $2n$ 個より多くの稜を共有する．ゆえに，この錐は2次の錐 $\xi^2+\eta^2+\zeta^2=0$ を完全に含む．これから

$$(30.18) \qquad \lambda H + \mu L_1 \cdots L_n = Q\cdot(\xi^2+\eta^2+\zeta^2)$$

がえられる．じっさい，一般に，G_n, G_{n-1}, Q をそれぞれ $n, n-1, n-2$ 次の同次多項式として，表示

$$\lambda H + \mu L_1 \cdots L_n = (\xi^2+\eta^2+\zeta^2)Q + \xi G_{n-1}(\eta, \zeta) + G_n(\eta, \zeta)$$

が(一意に)成り立つ．$\eta^2+\zeta^2 \neq 0$ をみたす η, ζ に対して，同時に

$$0 = \pm\sqrt{-(\eta^2+\zeta^2)}\, G_{n-1}(\eta, \zeta) + G_n(\eta, \zeta).$$

したがって $G_{n-1}(\eta, \zeta) = G_n(\eta, \zeta) = 0$．これが $\eta^2+\zeta^2 \neq 0$ である限り成り立つから，恒等的に成立する．これで (30.18) がえられ，$\lambda \neq 0$，$\mu \neq \infty$ であるから，(30.16) がえられる．さらに，H が実ならば，共通稜はすべて虚であるが，共役な対として現われるから，それらを n 個の実平面におさめることができる．

注意. 証明のはじめの部分は，つぎのようにしてもわかる．$\xi^2+\eta^2+\zeta^2=0$ をつぎのように一意化する：

$$\xi=\frac{1-t^2}{1+t^2}, \qquad \eta=\frac{2t}{1+t^2}, \qquad \zeta=i\equiv\sqrt{-1}.$$

このとき，$\Phi(t)=H(\xi, \eta, \zeta)$ は t について $2n$ 次の有理函数である．$\Phi(t)$ の零点は錐 $H=0$ と絶対錐 $\xi^2+\eta^2+\zeta^2=0$ との共通稜を定める．そこで，$L_1, \cdots, L_n$ を錐 $H=0$ と絶対錐との k 重の共通稜が平面族 $L_1\cdots L_n=0$ の k 重の共通稜であるようにえらべばよい．

定理 30.3. n 次の球面調和函数（30.14）は，軸 $\nu_1, \cdots, \nu_n$ を適当にとることによって，ただ一つの重極ポテンシアル（30.10）をもって $r^{n+1}u$ とかける．

証明. 補助定理の表示(30.16)をつくれば，$(\xi^2+\eta^2+\zeta^2)r^{-1}=0$ であるから，

$$H[r^{-1}]=C\cdot L_1\cdots L_n[r^{-1}].$$

したがって，平面 $L_i=0$ に垂直な軸の方向を ν_i とすれば，

$$r^{n+1}\sum_{i+j+k=n} a_{ijk}\frac{\partial^n}{\partial x^i\partial y^j\partial z^k}r^{-1}=r^{n+1}C\frac{\partial^n}{\partial\nu_1\cdots\partial\nu_n}r^{-1}$$
$$=r^{n+1}C\mathcal{L}_1\cdots\mathcal{L}_n r^{-1}.$$

4. 最後に，次節で利用するために，定理 30.1 にあげた形の表示を特殊な球面調和函数に対して示しておく：

定理 30.4. $n\geqq 0$ を整数として $Z(\theta, \varphi)=(\cos\theta\pm i\sin\theta\cos\varphi)^n$ とおけば，これらは(虚数値の) n 次の球面調和函数であって，

$$(\cos\theta\pm i\sin\theta\cos\varphi)^n$$
(30.19)
$$=P_n(\cos\theta)+2\sum_{h=1}^{n}(\pm1)^h\frac{n!}{(n+h)!}P_n^h(\cos\theta)\cos h\varphi.$$

証明. Z が n 次の球面調和函数に対する偏微分方程式（30.3）をみたすことを直接に験証してもよいが，むしろつぎのようにするのが簡単である．すなわち，

$$r=\sqrt{x^2+y^2+z^2}, \quad z=r\cos\theta, \quad x=r\sin\theta\cos\varphi \qquad (y=r\sin\theta\sin\varphi)$$

とおけば，

$$r^nZ(\theta, \varphi)=(z\pm ix)^n$$

は x, z について n 次の同次多項式であって，

$$\Delta(r^nZ(\theta, \varphi))=n(n-1)(1+(\pm i)^2)(z\pm ix)^{n-2}=0.$$

すなわち，$r^nZ(\theta, \varphi)$ は n 次の体調和函数である．ゆえに，$Z(\theta, \varphi)$ は n 次

の球面調和函数である．さて，

$$f(z)\equiv\left(\frac{z^2-1}{2}\right)^n,\qquad f(z+\tau)=\sum_{\nu=0}^{2n}\frac{f^{(\nu)}(z)}{\nu!}\tau^\nu$$

において，$\tau=\sqrt{z^2-1}\,t$ とおけば，

$$f(z+\sqrt{z^2-1}\,t)=\sum_{\nu=0}^{2n}\frac{f^{(\nu)}(z)}{\nu!}(z^2-1)^{\nu/2}t^\nu.$$

まず，右辺で $\nu=n$ に対しては

$$\frac{f^{(n)}(z)}{n!}=\frac{1}{n!}\frac{d^n}{dz^n}\left(\frac{z^2-1}{2}\right)^n=P_n(z).$$

他方において，

$$f(z+\sqrt{z^2-1}\,t)=(z^2-1)^{n/2}t^n\left(z+\frac{\sqrt{z^2-1}}{2}\left(t+\frac{1}{t}\right)\right)^n$$

であるから，t についての展開係数に関する対称性がみられる：

$$\frac{f^{(\nu)}(z)}{\nu!}(z^2-1)^{\nu/2}=\frac{f^{(2n-\nu)}(z)}{(2n-\nu)!}(z^2-1)^{(2n-\nu)/2}\qquad(\nu=0,1,\cdots,2n).$$

$\nu=n,\ n+1,\cdots,2n$ に対して左辺を求めると，

$$\frac{f^{(\nu)}(z)}{\nu!}(z^2-1)^{\nu/2}=\frac{1}{\nu!}(z^2-1)^{\nu/2}\frac{d^\nu}{dz^\nu}\left(\frac{z^2-1}{2}\right)^n$$
$$=\frac{n!}{\nu!}(z^2-1)^{n/2}P_n^{\nu-n}(z).$$

したがって，

$$\left(z+\frac{\sqrt{z^2-1}}{2}\left(t+\frac{1}{t}\right)\right)^n=\frac{f(z+\sqrt{z^2-1}\,t)}{(z^2-1)^{n/2}t^n}$$
$$=P_n(z)+\sum_{h=1}^{n}\frac{n!}{(n+h)!}P_n^h(z)\left(t^h+\frac{1}{t^h}\right).$$

ここで $z=\cos\theta$，$t=\pm e^{i\varphi}$ とおけばよい．

系． $n\geqq0$ が整数のとき，

(30.20)　$$(z\pm\sqrt{z^2-1}\cos\varphi)^n=P_n(z)+2\sum_{h=1}^{n}(\pm1)^h\frac{n!}{(n+h)!}P_n^h(z)\cos h\varphi.$$

証明． 定理の証明中にえられている．あるいは，(30.19) で逆に $\cos\theta=z$ とおき，解析接続したとみなしてもよい．

注意． (30.20) から特に $n\geqq0$ が整数の場合のラプラスの公式 ((20.25)，(26.6)，

(29.16) 参照)がえられる:

$$P_n^h(z)=\frac{(n+h)!}{n!\pi}\int_0^\pi (z+\sqrt{z^2-1}\cos\varphi)^n \cos h\varphi\, d\varphi.$$

問 1. xy 平面上でラプラスの偏微分方程式 $\Delta u\equiv\partial^2u/\partial x^2+\partial^2u/\partial y^2=0$ をみたす n 次の同次多項式 $u=u(x, y)$ の一般形は

$$u=r^n(a\cos n\varphi+b\sin n\varphi) \qquad (x=r\cos\varphi,\ y=r\sin\varphi;\ a,\ b \text{ は定数}).$$

問 2. n 次の球面調和函数は n 個の軸をもつ重極ポテンシアルの和と r^{n+1} との積として表わされる.

問 3. $a^2+b^2=1$ のとき, $Y(\theta, \varphi)=(\cos\theta\pm i\sin\theta(a\cos\varphi+b\sin\varphi))^n$ $(i=\sqrt{-1})$ は n 次の球面調和函数である.

§31. 加法公式

1. つぎの定理はルジャンドルの多項式の**加法公式**を与えるものである:

定理 31.1. z 平面上の任意な点 z_1, z_2 と任意な複素数 ϕ に対して

$$\begin{aligned}&P_n(z_1z_2\pm(z_1{}^2-1)^{1/2}(z_2{}^2-1)^{1/2}\cos\phi)\\ &=P_n(z_1)P_n(z_2)+2\sum_{h=1}^{n}(\pm1)^h\frac{(n-h)!}{(n+h)!}P_n^h(z_1)P_n^h(z_2)\cos h\phi.\end{aligned}\tag{31.1}$$

ここに P_n^h はホブソンの陪函数であり, $(z_1{}^2-1)^{1/2}$, $(z_2{}^2-1)^{1/2}$ は主値を表わす.

証明. 等式 (31.1) の両辺は z_1, z_2 についての解析函数であり, $e^{\pm i\phi}$ についての多項式である. ゆえに, $z_1=\cos\theta_1$, $z_2=\cos\theta_2$, $\phi=\varphi_1-\varphi_2$ とおいて, θ_1, θ_2, φ_1, φ_2 がすべて実数と仮定してもよい. このとき, 空間の極座標系で動径 (θ_1, φ_1), (θ_2, φ_2) のなす角を γ で表わせば,

$$\begin{aligned}\cos\gamma&=\cos\theta_1\cos\theta_2+\sin\theta_1\sin\theta_2\cos(\varphi_1-\varphi_2)\\ &=z_1z_2-(z_1{}^2-1)^{1/2}(z_2{}^2-1)^{1/2}\cos\phi.\end{aligned}\tag{31.2}$$

$P_n(\cos\gamma)$ は ϕ について n 次の余弦多項式であるから, つぎの形に表わされる:

$$P_n(\cos\gamma)=c_0(z_1,\ z_2)+2\sum_{h=1}^{n}c_h(z_1,\ z_2)\cos h\phi.\tag{31.3}$$

さて, 二点 (r, θ_1, φ_1), $(1, \theta_2, \varphi_2)$ の距離の逆数

$$(1-2r\cos\gamma+r^2)^{-1/2}=\sum_{n=0}^{\infty}P_n(\cos\gamma)r^n$$

を (r, θ_1, φ_1) の函数とみなせば，調和である．ゆえに，$P_n(\cos\gamma)$ を (θ_1, φ_1) の函数とみなせば，n 次の球面調和函数である．他方において，$P_n(\cos\gamma)$ は $z_1=\cos\theta_1$，$z_2=\cos\theta_2$ に関して対称であるから，$c_h(z_1, z_2)$ $(h=0,1,\cdots,n)$ は z_1, z_2 に関して対称である．したがって，定理30.1に注意すれば，(31.3) の右辺の係数は $c_h(z_1, z_2)=c_hP_n^h(z_1)P_n^h(z_2)$ という形をもつ：

$$(31.4)\qquad P_n(\cos\gamma)=c_0P_n(z_1)P_n(z_2)+2\sum_{h=1}^{n}c_hP_n^h(z_1)P_n^h(z_2)\cos h\phi.$$

定係数 c_h $(h=0,1,\cdots,n)$ を定めるために，(31.4) の両辺を $z_2{}^n$ で割ってから $z_2\to\infty$ とする((31.4) は恒等式であることに注意!)．$P_n(z)$ の z^n の係数は $(2n)!/n!^22^n$ に等しいから，そのとき，

$$\frac{P_n(\cos\gamma)}{z_2{}^n}=\frac{P_n(z_1z_2-(z_1{}^2-1)^{1/2}(z_2{}^2-1)^{1/2}\cos\phi)}{z_2{}^n}$$

$$\to\frac{(2n)!}{n!^22^n}(z_1-(z_1{}^2-1)^{1/2}\cos\phi)^n,$$

$$\frac{P_n^h(z_2)}{z_2{}^n}=\frac{(z_2{}^2-1)^{h/2}P_n{}^{(h)}(z_2)}{z_2{}^n}\to\frac{(2n)!}{n!^22^n}\cdot\frac{n!}{(n-h)!}\qquad(h=0,1,\cdots,n);$$

$$(z_1-(z_1{}^2-1)^{1/2}\cos\phi)^n=c_0P_0(z_1)+2\sum_{h=1}^{n}c_h\frac{n!}{(n-h)!}P_n^h(z_1)\cos h\phi.$$

これを定理30.4系の等式 (30.20) と比較して

$$c_h=(-1)^h\frac{(n-h)!}{(n+h)!}\qquad(h=0,1,\cdots,n).$$

したがって，(31.4) に入れれば，(31.1) で複号の下側をとったときの関係がえられる．そこで ϕ の代りにあらためて $\phi+\pi$ とおけば，複号の上側をとったときの関係となる．

別証明． 球面調和函数を明らさまに引き合いに出さない一つの証明を追記する．z_1, z_2 を1より大きい実数，$0\leqq\phi\leqq\pi$ と仮定してよい．(31.2) の最右辺を ζ で表わし，しばらく t を十分0に近い実数と仮定すれば，

$$\begin{aligned}&(1-2\zeta t+t^2)^{-1/2}\\&=((z_1-tz_2)^2-(z_1{}^2-1-2t(z_1{}^2-1)^{1/2}(z_2{}^2-1)^{1/2}\cos\phi+t^2(z_2{}^2-1)))^{-1/2}\\&=\frac{1}{2\pi}\int_{-\pi}^{\pi}(z_1-tz_2+(z_1{}^2-1-2t(z_1{}^2-1)^{1/2}(z_2{}^2-1)^{1/2}\cos\phi\\&\qquad\qquad+t^2(z_2{}^2-1))^{1/2}\cos(\phi-\delta))^{-1}d\phi;\end{aligned}$$

ここに δ は任意な実数である．特に

$$\tan\delta=\frac{t(z_2{}^2-1)^{1/2}\sin\phi}{(z_1{}^2-1)^{1/2}-t(z_2{}^2-1)^{1/2}\cos\phi}$$

ととれば，つぎの関係をうる：

$$\begin{aligned}&(1-2\zeta t+t^2)^{-1/2}\\&=\frac{1}{2\pi}\int_{-\pi}^{\pi}(z_1-tz_2+((z_1{}^2-1)^{1/2}-t(z_2{}^2-1)^{1/2}\cos\phi)\cos\psi\\&\qquad\qquad+t(z_2{}^2-1)^{1/2}\sin\phi\sin\psi)^{-1}d\psi\\&=\frac{1}{2\pi}\int_{-\pi}^{\pi}(z_1+(z_1{}^2-1)^{1/2}\cos\psi-t(z_2+(z_2{}^2-1)^{1/2}\cos(\psi+\phi)))^{-1}d\psi.\end{aligned}$$

解析接続することによって，この関係は

$$|t|<\frac{z_1-(z_1{}^2-1)^{1/2}}{z_2+(z_2{}^2-1)^{1/2}}$$

をみたす複素数値 t に対しても成り立つ．このような t に対して最後の積分の被積分函数を t のベキ級数に展開すれば，それは $-\pi\leqq\psi\leqq\pi$ で ψ について一様に収束する．ゆえに，項別積分を行なうことができて，t^n の係数を比較することにより

$$P_n(\zeta)=\frac{1}{2\pi}\int_{-\pi}^{\pi}\frac{(z_2+(z_2{}^2-1)^{1/2}\cos(\psi+\phi))^n}{(z_1+(z_1{}^2-1)^{1/2}\cos\psi)^{n+1}}d\psi.$$

右辺の被積分函数の分子を定理 30.4 系の公式（30.20）によってかきかえると，

$$\begin{aligned}P_n(\zeta)=&\frac{P_n(z_2)}{2\pi}\int_{-\pi}^{\pi}\frac{d\psi}{(z_1+(z_1{}^2-1)^{1/2}\cos\psi)^{n+1}}\\&+\sum_{h=1}^{n}\frac{n!}{(n+h)!}\frac{P_n^h(z_2)}{\pi}\int_{-\pi}^{\pi}\frac{\cos h(\psi+\phi)}{(z_1+(z_1{}^2-1)^{1/2}\cos\psi)^{n+1}}d\psi.\end{aligned}$$

ところで，定理 29.7 の表示（29.16）に定理 29.9 の証明法を適用すると（§29 問 7＝演習 §29 例題 7 参照），

$$P_n^h(z_1)=(-1)^h\frac{n!}{(n-h)!}\frac{1}{2\pi}\int_{-\pi}^{\pi}(z_1+(z_1{}^2-1)^{1/2}\cos\psi)^{-n-1}\cos h\psi\, d\psi.$$

また，この右辺で $\cos h\psi$ を $\sin h\psi$ でおきかえたものは，明らかに 0 に等しい．ゆえに，これらを用いれば，(31.1) がえられる．複素数値 z_1, z_2, ϕ への拡張は解析接続による．

定理 31.2. フェラースの陪函数を用いるとき，θ_1, θ_2, ϕ を実数とすれば，つぎの加法公式が成り立つ：

$$\begin{aligned}&P_n(\cos\theta_1\cos\theta_2+\sin\theta_1\sin\theta_2\cos\phi)\\&=P_n(\cos\theta_1)P_n(\cos\theta_2)+2\sum_{h=1}^{n}\frac{(n-h)!}{(n+h)!}P_n^h(\cos\theta_1)P_n^h(\cos\theta_2)\cos h\phi.\end{aligned}\tag{31.5}$$

証明. 定理 31.1 の関係（31.1）で複号の下側を採用して，$z_1=\cos\theta_1$, $z_2=\cos\theta_2$ とおき，ホブソンの陪函数における $P_n^h(\cos\theta)$ がフェラースの陪函数では $i^hP_n^h(\cos\theta)$ となることに注意すればよい．

2. 極座標系で，単位球面上の点の座標を（θ, φ）で表わす．原点(極)から

単位球面 E: $-\pi\leqq\varphi\leqq\pi$, $0\leqq\theta\leqq\pi$ 上の二定点 (θ_1, φ_1), (θ_2, φ_2) にいたる動径のなす角を γ_{12} とし, 動点 (θ, φ) と点 (θ_j, φ_j) $(j=1,2)$ とにいたる動径のなす角を γ_j で表わす:

$$\text{(31.6)}\qquad \begin{aligned}&\cos\gamma_{12}=\cos\theta_1\cos\theta_2+\sin\theta_1\sin\theta_2\cos(\varphi_1-\varphi_2),\\ &\cos\gamma_j=\cos\theta\cos\theta_j+\sin\theta\sin\theta_j\cos(\varphi-\varphi_j)\qquad (j=1,2).\end{aligned}$$

定理 31.3. 単位球面 E 上の面素を $d\sigma=\sin\theta d\theta d\varphi$ で表わせば, つぎの**ラプラスの公式**が成り立つ:

$$\text{(31.7)}\qquad \frac{2n+1}{4\pi}\iint_E P_n(\cos\gamma_1)P_n(\cos\gamma_2)d\sigma=P_n(\cos\gamma_{12}).$$

証明. 定理 31.2 にあげた加法公式 (31.5) によって

$$\iint_E P_n(\cos\gamma_1)P_n(\cos\gamma_2)d\sigma$$

$$=P_n(\cos\theta_1)P_n(\cos\theta_2)\int_{-\pi}^{\pi}\int_0^{\pi}P_n(\cos\theta)^2\sin\theta d\theta d\varphi$$

$$+4\sum_{h=1}^{n}\left(\frac{(n-h)!}{(n+h)!}\right)^2 P_n^h(\cos\theta_1)P_n^h(\cos\theta_2)$$

$$\cdot\int_{-\pi}^{\pi}\int_0^{\pi}P_n^h(\cos\theta)^2\cos h(\varphi-\varphi_1)\cos h(\varphi-\varphi_2)\sin\theta d\theta d\varphi.$$

ここで (19.2), (29.12) によって

$$\int_{-\pi}^{\pi}\int_0^{\pi}P_n(\cos\theta)^2\sin\theta d\theta d\varphi=\int_{-\pi}^{\pi}d\varphi\int_{-1}^{1}P_n(x)^2dx=\frac{4\pi}{2n+1},$$

$$\int_{-\pi}^{\pi}\int_0^{\pi}P_n^h(\cos\theta)^2\cos h(\varphi-\varphi_1)\cos h(\varphi-\varphi_2)\sin\theta d\theta d\varphi$$

$$=\int_{-\pi}^{\pi}\cos h(\varphi-\varphi_1)\cos h(\varphi-\varphi_2)d\varphi\int_{-1}^{1}P_n^h(x)^2dx$$

$$=\frac{2\pi}{2n+1}\,\frac{(n+h)!}{(n-h)!}\cos h(\varphi_1-\varphi_2).$$

ゆえに, 再び加法公式を用いると,

$$\iint_E P_n(\cos\gamma_1)P_n(\cos\gamma_2)d\sigma$$

$$=\frac{4\pi}{2n+1}P_n(\cos\theta_1)P_n(\cos\theta_2)$$

$$+\frac{8\pi}{2n+1}\sum_{h=1}^{n}\frac{(n-h)!}{(n+h)!}P_n^h(\cos\theta_1)P_n^h(\cos\theta_2)\cos h(\varphi_1-\varphi_2)$$

$$=\frac{4\pi}{2n+1}P_n(\cos\gamma_{12}).$$

3. $f(\theta,\varphi)$ を単位球面 E: $-\pi\leqq\varphi\leqq\pi$, $0\leqq\theta\leqq\pi$ 上で定義された函数とする．定理30.1で示したように，n 次の球面調和函数の一般形は，$a_0^{(n)}$, $a_h^{(n)}$, $b_h^{(n)}$ $(h=1,\cdots,n)$ を未定係数として，

$$Y_n(\theta,\varphi)=\frac{a_0^{(n)}}{2}P_n(\cos\theta)+\sum_{h=1}^{n}(a_h^{(n)}\cos h\varphi+b_h^{(n)}\sin h\varphi)P_n^h(\cos\theta).$$

$f(\theta,\varphi)$ の函数系 $\{Y_n(\theta,\varphi)\}_{n=0}^{\infty}$ による形式的展開をつくる：

$$f(\theta,\varphi)\sim\sum_{n=0}^{\infty}Y_n(\theta,\varphi). \tag{31.8}$$

Y_n に含まれる未定係数は f からつぎのように定められる．あらためて，E 上の積分変数を (θ',φ') で表わし，

$$\cos\gamma=\cos\theta\cos\theta'+\sin\theta\sin\theta'\cos(\varphi-\varphi'),\qquad d\sigma=\sin\theta' d\theta' d\varphi'$$

とおく．定理31.2にあげた加法公式によって，

$$P_n(\cos\gamma)=P_n(\cos\theta)P_n(\cos\theta')$$
$$+2\sum_{h=1}^{n}\frac{(n-h)!}{(n+h)!}P_n^h(\cos\theta)P_n^h(\cos\theta')\cos h(\varphi-\varphi').$$

ゆえに，$\{P_n\}_n$, $\{P_n^h\}_n$ の直交性（定理29.6）および $\left\{\begin{matrix}\cos\\ \sin\end{matrix} h\varphi\right\}_h$ の直交性に注意すると，(31.8) で (θ,φ) の代りに (θ',φ') とおいてから $P_n(\cos\gamma)$ を掛けて形式的に項別積分することによって，

$$\iint_E f(\theta',\varphi')P_n(\cos\gamma)d\sigma=\iint_E Y_n(\theta',\varphi')P_n(\cos\gamma)d\sigma$$
$$=\frac{2\pi}{2n+1}a_0^{(n)}P_n(\cos\theta)+\frac{4\pi}{2n+1}\sum_{h=1}^{n}(a_h^{(n)}\cos h\varphi+b_h^{(n)}\sin h\varphi)P_n^h(\cos\theta)$$
$$=\frac{4\pi}{2n+1}Y_n(\theta,\varphi);$$

$$Y_n(\theta,\varphi)=\frac{2n+1}{4\pi}\iint_E f(\theta',\varphi')P_n(\cos\gamma)d\sigma. \tag{31.9}$$

展開 (31.8) の第 $n+1$ 部分和は

$$S_n(\theta,\varphi)\equiv\frac{1}{4\pi}\iint_E f(\theta',\varphi')\sum_{\nu=0}^{n}(2\nu+1)P_\nu(\cos\gamma)d\sigma. \tag{31.10}$$

いま，E を中心のまわりに回転して (θ, φ) を北極にうつす．そのとき，点 (θ', φ') が (γ, α) にうつったとし，

$$(31.11)\quad \begin{aligned} &g(\gamma, \alpha)=f(\theta', \varphi'), \qquad G(\gamma)=\frac{1}{2\pi}\int_{-\pi}^{\pi} g(\gamma, \alpha)d\alpha, \\ &t=\cos\gamma, \qquad H(t)=G(\gamma) \end{aligned}$$

とおく．面素 $d\sigma=\sin\theta' d\theta' d\varphi'$ は不変量であるから，(31.10) から

$$S_n(\theta, \varphi)=\frac{1}{4\pi}\int_{-\pi}^{\pi}\int_0^{\pi} g(\gamma, \alpha)\sum_{\nu=0}^{n}(2\nu+1)P_\nu(\cos\gamma)\sin\gamma\, d\gamma d\alpha$$

$$(31.12)\qquad =\frac{1}{2}\int_0^{\pi} G(\gamma)\sum_{\nu=0}^{n}(2\nu+1)P_\nu(\cos\gamma)\sin\gamma\, d\gamma$$

$$=\frac{1}{2}\int_{-1}^{1} H(t)\sum_{\nu=0}^{n}(2\nu+1)P_\nu(t)dt.$$

つぎの定理は球面調和函数系による展開を与えるものである：

定理 31.4. 函数 f について，(31.11) で定められた H が区間 $[-1,1]$ で滑らかならば，展開 (31.8) において (31.10) で与えられる部分和の列は $f(\theta, \varphi)$ に収束する：

$$(31.13)\qquad \lim_{n\to\infty} S_n(\theta, \varphi)=f(\theta, \varphi).$$

証明. 定理 20.6 のはじめの関係で，x の代りに t とかき，n を順次に $0, 1, \cdots, n$ として加えると，

$$\sum_{\nu=0}^{n}(2\nu+1)P_\nu(t)=P_{n+1}'(t)+P_n'(t).$$

これを (31.12) に入れて部分積分を行なうと．

$$S_n(\theta, \varphi)=\frac{1}{2}\int_{-1}^{1} H(t)(P_{n+1}'(t)+P_n'(t))dt$$

$$=H(1)-\frac{1}{2}\int_{-1}^{1} H'(t)(P_{n+1}(t)+P_n(t))dt.$$

ところで，(31.11) における $H(1)=G(0)$ については，$\gamma=0$ である限り α にかかわらず (γ, α) が北極を表わすから，

$$g(0, \alpha)=f(\theta, \varphi); \qquad H(1)=f(\theta, \varphi);$$

$$(31.14)\qquad S_n(\theta, \varphi)=f(\theta, \varphi)-\frac{1}{2}\int_{-1}^{1} H'(t)(P_{n+1}(t)+P_n(t))dt.$$

仮定にもとづいて，$\max_{-1\leqq t\leqq 1}|H'(t)|=M<+\infty$ とおけば，シュワルツの不等式によって，

$$\left|\int_{-1}^{1}H'(t)(P_{n+1}(t)+P_n(t))dt\right|\leqq M\int_{-1}^{1}(|P_{n+1}(t)|+|P_n(t)|)dt$$

$$\leqq M\left(2\int_{-1}^{1}(P_{n+1}(t)^2+P_n(t)^2)dt\right)^{1/2}=2M\left(\frac{1}{2n+3}+\frac{1}{2n+1}\right)^{1/2}\to 0$$

$$(n\to\infty).$$

この評価と (31.14) から (31.13) がえられる．

問 1.　$$\int_{-\pi}^{\pi}P_n(\cos\theta_1\cos\theta_2+\sin\theta_1\sin\theta_2\cos\phi)d\phi=2\pi P_n(\cos\theta_1)P_n(\cos\theta_2).$$

問 2.　$$\int_0^{\pi}P_n(1+2(x^2-1)\sin^2\phi)d\phi=\pi P_n(x)^2.$$

問 3.　$$\int_0^1 P_n(1+2(x^2-1)\sin^2\phi)dx=\frac{(-1)^n}{2n+1}\frac{\cos(2n+1)\phi}{\cos\phi}.$$

問　題　6

1.　$$P_\lambda(0)=-\frac{\sin\lambda\pi}{2\pi^{3/2}}\Gamma\left(-\frac{\lambda}{2}\right)\Gamma\left(\frac{\lambda+1}{2}\right).$$

2.　$n\geqq 0$ が整数のとき，点 z から半直線 $\arg\zeta=\arg z$ に沿う積分路をとれば，

$$Q_n(z)=P_n(z)\int_z^{\infty}\frac{d\zeta}{(\zeta^2-1)P_n(\zeta)^2}.$$

3.　ξ,η,ζ を独立変数とみなして $\rho=\sqrt{\xi^2+\eta^2+\zeta^2}$ とおけば，

$$(n+1)P_n\left(\frac{\zeta}{\rho}\right)+\frac{\zeta}{\rho}P_n'\left(\frac{\zeta}{\rho}\right)=\frac{(-1)^n}{n!}\rho^{n+3}\frac{\partial^n}{\partial\zeta^n}\frac{1}{\rho^3}.$$

4.　$n\geqq 0$ が整数ならば，

$$|Q_n(z)|\leqq\begin{cases}|\Im z|^{-1} & (-1\leqq\Re z\leqq 1),\\ |z-1|^{-1} & (\Re z\geqq 1),\\ |z+1|^{-1} & (\Re z\leqq -1).\end{cases}$$

5.　$$(1-z^2)K_{n-1}''(z)-2zK_{n-1}'(z)+n(n+1)K_{n-1}(z)=2P_n'(z).$$

6.　$P_\lambda^h(z)$ に対する陪方程式の一般解は，つぎの形に表わされる：

(i)　$$P\left\{\begin{matrix}0 & 1 & \infty & \\ h/2 & h/2 & \lambda+1 & \dfrac{1-z}{2}\\ -h/2 & -h/2 & -\lambda & \end{matrix}\right\};$$

(ii)　$$P\left\{\begin{matrix}0 & 1 & \infty & \\ -\lambda/2 & 0 & h/2 & \dfrac{1}{1-z^2}\\ (\lambda+1)/2 & 1/2 & -h/2 & \end{matrix}\right\};$$

(iii)
$$P\left\{\begin{matrix} 0 & 1 & \infty & \\ -\lambda/2 & h & -\lambda/2 & \dfrac{z+\sqrt{z^2-1}}{z-\sqrt{z^2-1}} \\ (\lambda+1)/2 & -h & (\lambda+1)/2 & \end{matrix}\right\}.$$

7. フェラースの陪函数について，$m\geqq 0$ が整数のとき，

$$P_{m+h}^{h}(0)=\begin{cases}0 & (2\not| m),\\ (-1)^{m/2}\cdot(m+2h)!/((m/2+h)!(m/2)!2^{m+h}) & (2\,|\,m).\end{cases}$$

8. フェラースの陪函数 $P_n^h(z)$ に対して，$\mathcal{D}\equiv d/dz$ とおくとき，

(i)
$$n(n-h+1)\mathcal{T}_n^+\pm(n+1)(n+h)\mathcal{T}_n^-=\begin{cases}(2n+1)z,\\ -(2n+1)(1-z^2)\mathcal{D};\end{cases}$$

(ii)
$$\mathcal{T}_h^+\pm(n+h)(n-h+1)\mathcal{T}_h^-=\begin{cases}2hz(1-z^2)^{-1/2},\\ 2(1-z^2)^{1/2}\mathcal{D}.\end{cases}$$

9. フェラースの陪函数について

$$P_\lambda^h(z)=\frac{\Gamma(\lambda+h+1)}{h!\,\Gamma(\lambda-h+1)2^h}(1-z^2)^{h/2}F\left(\lambda+h+1,\quad -\lambda+h;\ h+1;\ \frac{1-z}{2}\right),$$
$$Q_\lambda^h(z)=\frac{\sqrt{\pi}\,\Gamma(\lambda+h+1)}{2^{\lambda+1}\Gamma(\lambda+3/2)}\,\frac{(1-z^2)^{h/2}}{z^{\lambda+h+1}}F\left(\frac{\lambda+h}{2}+1,\quad \frac{\lambda+h}{2}+\frac{1}{2};\ \lambda+\frac{3}{2};\ \frac{1}{z^2}\right).$$

10. (29.20)，(29.21) で定義された一般なホブソンの陪函数について，特に $h\geqq 0$ が整数のとき，

$$P_\lambda^h(z)\equiv\lim_{\delta\to 0}P_\lambda^{h+\delta}(z)$$
$$=\frac{\Gamma(\lambda+h+1)}{h!\,\Gamma(\lambda-h+1)2^h}(z^2-1)^{h/2}F\left(\lambda+h+1,\ -\lambda+h;\ h+1;\ \frac{1-z}{2}\right),$$
$$Q_\lambda^h(z)=(-1)^h\frac{\sqrt{\pi}\,\Gamma(\lambda+h+1)}{2^{\lambda+1}\Gamma(\lambda+3/2)}\,\frac{(z^2-1)^{h/2}}{z^{\lambda+h+1}}F\left(\frac{\lambda+h}{2}+1,\ \frac{\lambda+h}{2}+\frac{1}{2};\ \lambda+\frac{3}{2};\ \frac{1}{z^2}\right).$$

11. h が自然数のとき，

$$P_\lambda^{-h}(z)=\frac{\Gamma(\lambda-h+1)}{\Gamma(\lambda+h+1)}P_\lambda^h(z),\qquad Q_\lambda^{-h}(z)=\frac{\Gamma(\lambda-h+1)}{\Gamma(\lambda+h+1)}Q_\lambda^h(z).$$

12. h が自然数のとき，

$$P_\lambda^{-h}(z)=(z^2-1)^{-h/2}\int_z^1\cdots\int_z^1 P_\lambda(z)(dz)^h.$$

特に $\lambda=n\geqq h$ もまた自然数ならば，

$$P_n^{-h}(z)=\frac{1}{n!\,2^n}(z^2-1)^{-h/2}\frac{d^{n-h}(z^2-1)^n}{dz^{n-h}}.$$

13. $\Re\lambda>h-1$ のとき，ホブソンの陪函数について

$$Q_\lambda^h(z)=(-1)^h\frac{h!\,2^h}{(2h)!}\,\frac{\Gamma(\lambda+h+1)}{\Gamma(\lambda-h+1)}(z^2-1)^{h/2}\int_0^\infty(z+\sqrt{z^2-1}\cosh\varphi)^{-\lambda-h-1}\sinh^{2h}\varphi\,d\varphi$$
$$=(-1)^h\frac{\Gamma(\lambda+1)}{\Gamma(\lambda-h+1)}\int_0^\infty(z+\sqrt{z^2-1}\cosh\varphi)^{-\lambda-1}\cosh h\varphi\,d\varphi.$$

14. $x=r\sin\theta\cos\varphi,\ y=r\sin\theta\sin\varphi,\ z=r\cos\theta$ とおくとき，

$$(z+ix\cos\phi+iy\sin\phi)^n=r^n\left(P_n(\cos\theta)+2\sum_{h=1}^{n}\frac{n!}{(n+h)!}P_n^h(\cos\theta)\cosh(\phi-\varphi)\right).$$

15. n 次の球面調和函数 Y_n は，適当な n 次の三角多項式 τ_n をもって，つぎの形に表わされる：

$$Y_n(\theta, \varphi)=\int_{-\pi}^{\pi}(\cos\theta+i\sin\theta\cos(\phi-\varphi))^n\tau_n(\phi)d\phi.$$

16. 原点の近傍で調和な函数 $u(x, y, z)$ に対して，ϕ について周期 2π をもち，$w=0$ のまわりで正則な解析函数 $F(w, \phi)$ を適当にえらべば，

$$u(x, y, z)=\int_{-\pi}^{\pi}F(z+ix\cos\phi+iy\sin\phi,\ \phi)d\phi.$$

第7章　円　柱　函　数

§32. ベッセル函数

1. パラメーター λ をもつ z の解析函数 $f_\lambda(z)$ が連立差分微分方程式

$$2f_\lambda'(z)=f_{\lambda-1}(z)-f_{\lambda+1}(z),\qquad \frac{2\lambda}{z}f_\lambda(z)=f_{\lambda-1}(z)+f_{\lambda+1}(z) \tag{32.1}$$

をみたすとき，**円柱函数**という．条件方程式 (32.1) はつぎの同値な形にもかける：

$$f_\lambda'(z)=-\frac{\lambda}{z}f_\lambda(z)+f_{\lambda-1}(z),\qquad f_\lambda'(z)=\frac{\lambda}{z}f_\lambda(z)-f_{\lambda+1}(z). \tag{32.2}$$

定理 32.1. 円柱函数 $w=f_\lambda(z)$ はつぎのいわゆる**ベッセルの微分方程式**をみたす：

$$\frac{d^2w}{dz^2}+\frac{1}{z}\frac{dw}{dz}+\left(1-\frac{\lambda^2}{z^2}\right)w=0. \tag{32.3}$$

証明. (32.2) の第二式を z で微分すると，

$$f_\lambda''(z)=-\frac{\lambda}{z^2}f_\lambda(z)+\frac{\lambda}{z}f_\lambda'(z)-f_{\lambda+1}'(z).$$

この右辺へ (32.2) の第二式からの $f_\lambda'(z)$ とその第一式で λ を $\lambda+1$ とおいてえられる $f_{\lambda+1}'(z)$ との式を入れると，

$$f_\lambda''(z)=\left(\frac{\lambda^2}{z^2}-1\right)f_\lambda(z)+\frac{1}{z}f_{\lambda+1}(z)-\frac{\lambda}{z^2}f_\lambda(z).$$

この式と (32.2) の第二式とから $f_{\lambda+1}$ を消去すると，$w=f_\lambda(z)$ に対する微分方程式 (32.3) がえられる．

ベッセルの微分方程式は原点に確定特異点を，∞ に不確定特異点をもつ．

2. ベッセルの方程式 (32.3) の原点における特性指数は $\pm\lambda$ である．いま，$w=z^\lambda\sum_{\mu=0}^{\infty}c_\mu z^\mu$，$c_0=1/2^\lambda\Gamma(\lambda+1)$ とおいてその特殊解を求めると，

$$J_\lambda(z)=\sum_{\nu=0}^{\infty}\frac{(-1)^\nu}{\nu!\,\Gamma(\lambda+\nu+1)}\left(\frac{z}{2}\right)^{\lambda+2\nu}\qquad (0<|z|<\infty) \tag{32.4}$$

をうる．$J_\lambda(z)/z^\lambda$ は整函数である．(32.4) からわかるように，

$$(z^{\pm\lambda}J_\lambda(z))'=\pm z^{\pm\lambda}J_{\lambda\mp1}(z). \tag{32.5}$$

これは $J_\lambda(z)$ が円柱函数の条件 (32.2) をみたすことを示している. J_λ を**第一種の円柱函数**または**ベッセル函数**という; λ を**位数**という.

J_λ は $\lambda\geqq 0$ が整数の場合にベッセルによって導入されたものである.

λ が整数でなければ, $J_{-\lambda}(z)$ が $J_\lambda(z)$ と独立な解である. しかし, $J_{-\lambda}$ はパラメーター λ をもつ円柱函数ではない. $\lambda=n$ が整数ならば, つぎの従属関係がある:

$$J_{-n}(z)=(-1)^n J_n(z) \qquad (n=0,1,\cdots). \tag{32.6}$$

3. ベッセル函数は合流型超幾何函数あるいはホイッテイカー函数とつぎの定理に示す関係にある:

定理 32.2.
$$J_\lambda(z)=\frac{1}{\Gamma(\lambda+1)}\left(\frac{z}{2}\right)^\lambda e^{\mp iz}{}_1F_1\left(\lambda+\frac{1}{2};\ 2\lambda+1;\ \pm 2iz\right)$$
$$=\frac{e^{-(2\lambda+1)\pi i/4}}{2^{2\lambda+1/2}\Gamma(\lambda+1)}z^{-1/2}M_{0\lambda}(2iz).$$

証明. ベッセルの微分方程式 (32.3) で変数の置換

$$\zeta=\pm 2iz, \qquad \omega=z^{-\lambda}e^{\pm iz}w$$

を行なえば, $\omega=\omega(\zeta)$ に対する方程式は

$$\zeta\frac{d^2\omega}{d\zeta^2}+(2\lambda+1)\frac{d\omega}{d\zeta}-\left(\lambda+\frac{1}{2}\right)\omega=0$$

となる. これは合流型超幾何方程式であって, $\omega(0)=J_\lambda(0)=1/2^\lambda\Gamma(\lambda+1)$ をみたすその解 $z^{-\lambda}e^{\pm iz}J_\lambda(z)$ は $\omega(0)\,{}_1F_1(\lambda+1/2;\,2\lambda+1;\,\zeta)$ $(\zeta=\pm 2iz)$ で与えられる. ゆえに, 定理のはじめの関係が成り立つ; なお, (32.11) 参照. ついで, (16.13) によって第二の関係がえられる.

4. 整数位のベッセル函数については, 後に §34 でくわしく説明する. 半奇数位のベッセル函数はむしろこれらより簡単な初等函数である.

展開 (32.4) で $\lambda=\mp 1/2$ とおくことによって,

$$J_{-1/2}(z)=\sqrt{\frac{2}{\pi z}}\cos z, \qquad J_{1/2}(z)=\sqrt{\frac{2}{\pi z}}\sin z. \tag{32.7}$$

さらに, (32.5) に注意すれば, 帰納法によってつぎの関係がたしかめられる:

$$J_{\mp(n+1/2)}(z)=(\pm 1)^n\sqrt{\frac{2}{\pi}}\,z^{n+1/2}\left(\frac{d}{z\,dz}\right)^n\left(\frac{1}{z}\begin{matrix}\cos\\ \sin\end{matrix}\,z\right) \qquad (n=0,1,\cdots). \tag{32.8}$$

同様にして，nが負でない整数のとき，つぎの関係も帰納法によってたしかめられるであろう：

$$
\begin{aligned}
&J_{n+1/2}(z)\\
(32.9)\quad &=\sqrt{\frac{2}{\pi z}}\left(\cos\left(z-\frac{n\pi}{2}\right)\sum_{\nu=0}^{[k/2]}\frac{(-1)^\nu}{2}\frac{(n+2\nu+1)!}{(n-2\nu-1)!}\frac{1}{(2\nu-1)!(4z)^{+12\nu}}\right.\\
&\qquad\left.+\sin\left(z-\frac{n\pi}{2}\right)\sum_{\nu=0}^{[k/2]}(-1)^\nu\frac{(n+2\nu)!}{(n-2\nu)!}\frac{1}{(2\nu)!(4z)^{2\nu}}\right).
\end{aligned}
$$

5. ベッセル函数の積の展開については， つぎのシュレフリ・シェーンホルツァの公式がある：

定理 32.3.
$$J_\lambda(z)J_\mu(z)=\sum_{\nu=0}^{\infty}\frac{(-1)^\nu}{\Gamma(\lambda+\nu+1)\Gamma(\mu+\nu+1)}\binom{\lambda+\mu+2\nu}{\nu}\left(\frac{z}{2}\right)^{\lambda+\mu+2\nu}.$$

証明. (32.4) の右辺が $0<|z|<\infty$ で絶対収束することに注意すれば，

$$J_\lambda(z)J_\mu(z)=\sum_{l=0}^{\infty}\frac{(-1)^l}{l!\Gamma(\lambda+l+1)}\left(\frac{z}{2}\right)^{\lambda+2l}\sum_{m=0}^{\infty}\frac{(-1)^m}{m!\Gamma(\mu+m+1)}\left(\frac{z}{2}\right)^{\mu+2m}$$

$$[l=\nu-m]$$

$$=\sum_{\nu=0}^{\infty}(-1)^\nu\left(\frac{z}{2}\right)^{\lambda+\mu+2\nu}\sum_{m=0}^{\nu}\frac{1}{(\nu-m)!m!\Gamma(\lambda+\nu-m+1)\Gamma(\mu+m+1)}.$$

最後の辺の m についての和をかきかえると，

$$\frac{1}{\Gamma(\lambda+\nu+1)\Gamma(\mu+\nu+1)}\sum_{m=0}^{\nu}\frac{\Gamma(\lambda+\nu+1)}{(\nu-m)!\Gamma(\lambda+\nu-m+1)}\frac{\Gamma(\mu+\nu+1)}{m!\Gamma(\mu+m+1)}$$

$$=\frac{1}{\Gamma(\lambda+\nu+1)\Gamma(\mu+\nu+1)}\sum_{m=0}^{\nu}\binom{\lambda+\nu}{\nu-m}\binom{\mu+\nu}{m}$$

$$=\frac{1}{\Gamma(\lambda+\nu+1)\Gamma(\mu+\nu+1)}\binom{\lambda+\mu+2\nu}{\nu}.$$

系. つぎのロンメルの公式が成り立つ：

$$
(32.10)\quad
\begin{aligned}
J_\lambda(z)\cos z&=\frac{(2z)^\lambda}{\sqrt{\pi}}\sum_{\nu=0}^{\infty}\frac{(-1)^\nu\Gamma(\lambda+2\nu+1/2)}{(2\nu)!\Gamma(2\lambda+2\nu+1)}(2z)^{2\nu},\\
J_\lambda(z)\sin z&=\frac{(2z)^\lambda}{\sqrt{\pi}}\sum_{\nu=0}^{\infty}\frac{(-1)^\nu\Gamma(\lambda+2\nu+3/2)}{(2\nu+1)!\Gamma(2\lambda+2\nu+2)}(2z)^{2\nu+1}
\end{aligned}
$$

証明. 定理で $\mu=\mp1/2$ とおき，(32.7) を用いればよい．

注意. すぐ上の系にあげた両式 (32.10) によって

$$J_\lambda(z)e^{\pm iz}=\frac{(2z)^\lambda}{\sqrt{\pi}}\sum_{\nu=0}^{\infty}\frac{\Gamma(\lambda+\nu+1/2)}{\nu!\Gamma(2\lambda+\nu+1)!}(\pm 2iz)^\nu. \tag{32.11}$$

これは定理 32.2 の第一の関係と同値である.

問 1. $J_\lambda(z)$ と $J_{-\lambda}(z)$ のロンスキの行列式は $W[J_\lambda, J_{-\lambda}]=-2(\sin\pi\lambda)/\pi z$.

問 2.
$$J_\lambda(z)J_{1-\lambda}(z)+J_{-\lambda}(z)J_{\lambda-1}(z)=\frac{2\sin\pi\lambda}{\pi z}.$$
（ロンメル）

問 3. $\lambda\neq 0, -1, -2, \cdots$ のとき，つぎの**ソニンの公式**が成り立つ:

$$\left(\frac{z}{2}\right)^{-n}J_{\lambda+n}(z)=\sum_{\nu=0}^{n}\binom{n}{\nu}\frac{\Gamma(\lambda+\nu)\Gamma(\lambda+2\nu)}{\Gamma(\lambda+n+1+\nu)}J_{\lambda+2\nu}(z).$$

問 4. つぎの**バウアーの公式**が成り立つ:

$$e^{izt}=\sqrt{\frac{\pi}{2z}}\sum_{n=0}^{\infty}(2n+1)i^nJ_{n+1/2}(z)P_n(z).$$

§33. 積分表示

1. ベッセル函数に対して種々な積分表示がえられている.

定理 33.1. 負の実軸に沿って $-\infty$ から -1 にいたり，単位円周を正の向きに一周し，再び負の実軸に沿って$-\infty$にいたる路をCとするとき，つぎの**シュレフリの積分表示**が成り立つ:

$$J_\lambda(z)=\left(\frac{z}{2}\right)^\lambda\frac{1}{2\pi i}\int_C\zeta^{-\lambda-1}\exp\left(\zeta-\frac{z^2}{4\zeta}\right)d\zeta. \tag{33.1}$$

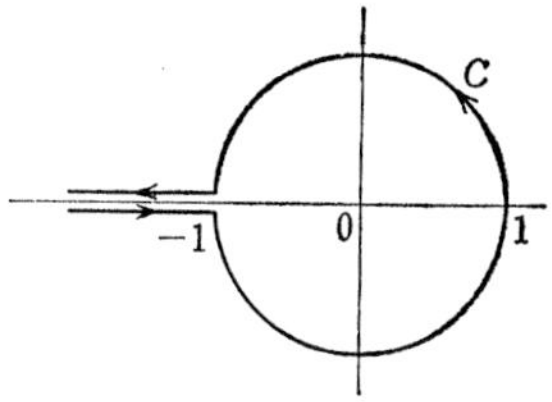

図 14

ここに $\zeta^{-\lambda-1}=e^{-(\lambda+1)\log\zeta}$ において $|\arg\zeta|\leqq\pi$ とする.

証明. (33.1) の右辺は，被積分函数をテイラー展開して項別積分することによって,

$$\left(\frac{z}{2}\right)^\lambda\frac{1}{2\pi i}\sum_{\nu=0}^{\infty}\frac{(-1)^\nu}{\nu!}\left(\frac{z}{2}\right)^{2\nu}\int_C\zeta^{-\lambda-\nu-1}e^\zeta d\zeta$$

となる. この式の積分は定理 7.2 により $2\pi i/\Gamma(\lambda+\nu+1)$ に等しい.

定理 33.2. 定理 33.1 と同じ積分路 C をもって，つぎの**ソニンの積分表示**が成り立つ:

(33.2) $$J_\lambda(z)=\frac{1}{2\pi i}\int_C \zeta^{-\lambda-1}\exp\left(\frac{z}{2}\left(\zeta-\frac{1}{\zeta}\right)\right)d\zeta \qquad (\Re z>0).$$

証明. まず，z を正の実数とする．コーシーの積分定理によって，(33.1) の右辺において積分路 C を原点のまわりで $2/z$ 倍に伸縮してえられる路でおきかえてもよい．そのとき，積分変数の置換 $\zeta\mid z\zeta/2$ をほどこすことによって，表示 (33.2) に達する．解析接続の原理にもとづいて，(33.2) は一般に $\Re z>0$ に対して成り立つ．

定理 33.3. つぎの**シュレフリの表示**が成り立つ：

(33.3) $$J_\lambda(z)=\frac{1}{\pi}\int_0^\pi \cos(\lambda\theta-z\sin\theta)d\theta-\frac{\sin\lambda\pi}{\pi}\int_0^\infty e^{-\lambda\tau-z\sinh\tau}d\tau \qquad \left(|\arg z|<\frac{\pi}{2}\right).$$

証明. 前定理の表示で，積分路 C を三つの部分に分けてかきあげれば，

$$\begin{aligned}J_\lambda(z)&=\frac{1}{2\pi i}\left(\int_{-\infty}^{-1}+\int_{|\zeta|=1}+\int_{-1}^{-\infty}\right)\zeta^{-\lambda-1}\exp\left(\frac{z}{2}\left(\zeta-\frac{1}{\zeta}\right)\right)d\zeta\\&=\frac{1}{2\pi}\int_{-\pi}^{\pi}e^{-i\lambda\theta+iz\sin\theta}d\theta\\&\quad+\frac{1}{2\pi i}(e^{i(\lambda+1)\pi}-e^{-i(\lambda+1)\pi})\int_1^\infty t^{-\lambda-1}\exp\left(\frac{z}{2}\left(-t+\frac{1}{t}\right)\right)dt\\&=\frac{1}{\pi}\int_0^\pi\cos(\lambda\theta-z\sin\theta)d\theta-\frac{\sin\lambda\pi}{\pi}\int_0^\infty e^{-\lambda\tau-z\sinh\tau}d\tau \qquad [t=e^\tau].\end{aligned}$$

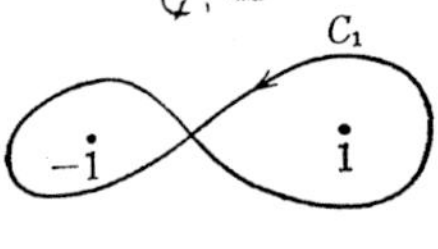

図 15

2. つぎの二つの定理は**ハンケルの第一，第二積分表示**を与える．

定理 33.4. 二点 $+1$，-1 をそれぞれ正，負の向に一周する路を C_1 とするとき(図 15)，

(33.4) $$J_\lambda(z)=\frac{1}{2\pi i}\frac{\Gamma(1/2-\lambda)}{\Gamma(1/2)}\left(\frac{z}{2}\right)^\lambda\int_{C_1}e^{iz\zeta}(\zeta^2-1)^{\lambda-1/2}d\zeta.$$

証明. (33.4) の右辺を $f_\lambda(z)$ で表わせば，

$$f_\lambda(z)=\frac{\Gamma(1/2-\lambda)}{2\pi i\Gamma(1/2)}\left(\frac{z}{2}\right)^\lambda\sum_{n=0}^\infty\frac{(iz)^n}{n!}\int_{C_1}\zeta^n(\zeta^2-1)^{\lambda-1/2}d\zeta.$$

この右辺にある積分

$$\varphi_n(\lambda)=\int_{C_1}\zeta^n(\zeta^2-1)^{\lambda-1/2}d\zeta \qquad (n=0,1,\cdots)$$

は λ の解析函数であるから，$\Re\lambda>0$ と仮定して $f_\lambda(z)=J_\lambda(z)$ を示せばよい．このとき，C_1 を端点が ±1 の線分に縮めることができて，

$$\varphi_n(\lambda)=\int_{-1}^{1}(e^{-i\pi(\lambda-1/2)}-e^{i\pi(\lambda-1/2)})\zeta^n(1-\zeta^2)^{\lambda-1/2}d\zeta$$
$$=-2i\sin\pi\left(\lambda-\frac{1}{2}\right)\int_{-1}^{1}\zeta^n(1-\zeta^2)^{\lambda-1/2}d\zeta.$$

まず，n が奇数のとき，$\varphi_n(\lambda)=0$. また，$n=2\nu$ が偶数のとき，置換 $\zeta^2=t$ を行なえば，

$$\int_{-1}^{1}\zeta^{2\nu}(1-\zeta^2)^{\lambda-1/2}d\zeta=\int_0^1 t^{\nu-1/2}(1-t)^{\lambda-1/2}dt=B\left(\nu+\frac{1}{2},\ \lambda+\frac{1}{2}\right);$$

$$\varphi_{2\nu}(\lambda)=2\pi i\frac{\Gamma(\nu+1/2)}{\Gamma(1/2-\lambda)\Gamma(\nu+\lambda+1)}=2\pi i\frac{\Gamma(1/2)(2\nu)!/\nu!2^{2\nu}}{\Gamma(1/2-\lambda)\Gamma(\nu+\lambda+1)};$$

$$f_\lambda(z)=\sum_{\nu=0}^{\infty}\frac{(-1)^\nu}{\nu!\Gamma(\lambda+\nu+1)}\left(\frac{z}{2}\right)^{\lambda+2\nu}=J_\lambda(z).$$

系. 定理 33.4 の積分路 C_1 をもって，

(33.5) $$J_\lambda(z)=\frac{1}{2\pi i}\frac{\Gamma(1/2-\lambda)}{\Gamma(1/2)}\left(\frac{z}{2}\right)^\lambda\int_{C_1}(\zeta^2-1)^{\lambda-1/2}\cos(z\zeta)d\zeta.$$

定理 33.5. $+i\infty$ から正の虚軸に沿って進み，二点 ±1 を正の向きに一周してから再び正の虚軸に沿って $+i\infty$ にいたる路を C_2 とするとき(図 16)，つぎの**ハンケルの第二積分表示**が成り立つ:

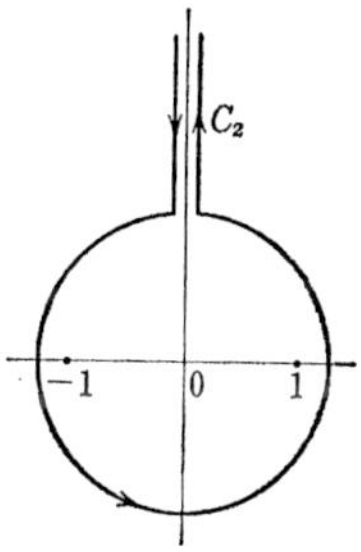

図 16

(33.6) $$J_{-\lambda}(z)=\frac{1}{2\pi i}\frac{\Gamma(1/2-\lambda)e^{i\lambda\pi}}{\Gamma(1/2)}\left(\frac{z}{2}\right)^\lambda\int_{C_2}e^{iz\zeta}(\zeta^2-1)^{\lambda-1/2}d\zeta$$

$(\Re z>0)$.

証明. 問題の表示の右辺にある積分を $g_\lambda(z)$ で表わせば，

$$g_\lambda(z)=\sum_{\nu=0}^{\infty}\frac{\Gamma(1/2-\lambda+\nu)}{\nu!\Gamma(1/2-\lambda)}\int_{C_2}e^{iz\zeta}\zeta^{2\lambda-1-2\nu}d\zeta.$$

$\arg z=\theta$ とおけば，$|\theta|<\pi/2$. 積分変数の置換 $\tau=iz\zeta$ をほどこせば，τ は C_2 を $\pi/2+\theta$ だけ回転したのと同値な路 C^θ にわたる．したがって，定理 7.3 によって，

$$\int_{C_2} e^{iz\zeta}\zeta^{2\lambda-1-2\nu}d\zeta=(-1)^\nu e^{-i\lambda\pi}z^{2\nu-2\lambda}\int_{C^0} e^\tau\tau^{2\lambda-1-2\nu}d\tau$$

$$=(-1)^\nu e^{-i\lambda\pi}z^{2\nu-2\lambda}\cdot\frac{2\pi i}{\Gamma(2\nu-2\lambda+1)};$$

$$g_\lambda(z)=\frac{2\pi i e^{-i\lambda\pi}}{\Gamma(1/2-\lambda)}\sum_{\nu=0}^{\infty}\frac{(-1)^\nu\Gamma(1/2-\lambda+\nu)}{\nu!\,\Gamma(2\nu-2\lambda+1)}z^{2\nu-2\lambda}.$$

定理5.5にあげたルジャンドルの公式によって,

$$\Gamma(2\nu-2\lambda+1)=\frac{2^{2\nu-2\lambda}}{\pi^{1/2}}\Gamma\left(\nu-\lambda+\frac{1}{2}\right)\Gamma(\nu-\lambda+1);$$

$$g_\lambda(z)=\frac{2^{\lambda+1}\pi^{3/2}e^{-i\lambda\pi}}{\Gamma(1/2-\lambda)}\frac{J_{-\lambda}(z)}{z^\lambda}.$$

これで (33.6) がえられている.

問 1. ζ 平面上で直線 $\Im\zeta=-\pi$ に沿って $+\infty-i\pi$ から $-i\pi$ にいたり, 虚軸に沿う $-i\pi$ から $+i\pi$ にいたる線分をへて, 直線 $\Im\zeta=+\pi$ に沿って $+i\pi$ から $+i\infty+i\pi$ にいたる路を C で表わせば, つぎの**シュレフリの積分表示**が成り立つ:

$$J_\lambda(z)=\frac{1}{2\pi i}\int_C \exp(z\sinh\zeta-\lambda\zeta)d\zeta.$$

問 2. つぎの**ソニンの表示**が成り立つ:

$$J_\lambda(z)=\frac{e^{\pm i\lambda\pi}}{\pi}\left(\int_0^\pi\cos(\lambda\theta+z\sin\theta)d\theta-\sin\lambda\pi\int_0^\pi e^{-\lambda\tau+z\sinh\tau}d\tau\right)\quad\left(\pm\frac{\pi}{2}\leqq\arg z\leqq\pm\pi\right).$$

問 3. $\Re\lambda>-1/2$ のとき, つぎの**ポアッソンの表示**が成り立つ:

$$J_\lambda(z)=\frac{1}{\sqrt{\pi}\,\Gamma(\lambda+1/2)}\left(\frac{z}{2}\right)^\lambda\int_{-1}^1(1-t^2)^{\lambda-1/2}\cos zt\,dt$$

$$=\frac{2}{\sqrt{\pi}\,\Gamma(\lambda+1/2)}\left(\frac{z}{2}\right)^\lambda\int_0^{\pi/2}\sin^{2\lambda}\varphi\cos(z\cos\varphi)d\varphi.$$

問 4.
$$J_\lambda(z)=\frac{1}{\sqrt{\pi}\,\Gamma(\lambda+1/2)}\left(\frac{z}{2}\right)^\lambda\int_{-1}^1(1-t^2)^{\lambda-1/2}e^{izt}dt\qquad\left(\Re\lambda>-\frac{1}{2}\right).$$

問 5. $\Re\lambda>-1/2$, $\Re z>0$ のとき,

$$J_\lambda(z)=\frac{1}{\Gamma(\lambda+1/2)}\left(\frac{1}{2\pi z}\right)^{1/2}\left(e^{i(z-\lambda\pi/2-\pi/4)}\int_0^\infty e^{-t}t^{\lambda-1/2}\left(1+\frac{it}{2z}\right)^{\lambda-1/2}dt\right.$$

$$\left.+e^{-i(z-\lambda\pi/2-\pi/4)}\int_0^\infty e^{-t}t^{\lambda-1/2}\left(1-\frac{it}{2z}\right)^{\lambda-1/2}dt\right).$$

問 6. $\Re\lambda>-1/2$, $\Re z>0$ のとき,

$$J_\lambda(z)=\frac{(2z)^\lambda}{\sqrt{\pi}\,\Gamma(\lambda+1/2)}\left(e^{i(z-\lambda\pi/2-\pi/4)}\int_0^\infty e^{-2zu}u^{\lambda-1/2}(1+iu)^{\lambda-1/2}du\right.$$

$$\left.+e^{-i(z-\lambda\pi/2-\pi/4)}\int_0^\infty e^{-2zu}u^{\lambda-1/2}(1-iu)^{\lambda-1/2}du\right).$$

§34. 整数位のベッセル函数

1. 位数が整数であるベッセル函数

(34.1) $$J_n(z) \qquad (n=0, \pm 1, \cdots)$$

については，$J_\lambda(z)$ に対する一般公式のあるものは簡単な形となり，またその特殊性にもとづいて種々な結果がみちびかれている．すでに (32.6) で注意したように，従属関係 $J_{-n}(z)=(-1)^n J_n(z)$ が成り立つ，また，z の実数値に対して $J_n(z)$ は実数である．

まず，シュレーミルヒによって母函数の形がえられている：

定理 34.1. (34.1) に対してつぎの**母函数**展開が成り立つ：

(34.2) $$\exp\left(\frac{z}{2}\left(t-\frac{1}{t}\right)\right)=\sum_{n=-\infty}^{\infty} J_n(z)t^n \qquad (0<|t|<\infty).$$

証明. 定理 33.2 にあげたソニンの積分表示 (33.2) において，$\lambda=n$ が整数のとき，被積分函数は ζ の一価函数となる．ゆえに，積分路 C を単位円周でおきかえることができる：

(34.3) $$J_n(z)=\frac{1}{2\pi i}\int_{|\zeta|=1}\zeta^{-n-1}\exp\left(\frac{z}{2}\left(\zeta-\frac{1}{\zeta}\right)\right)d\zeta \qquad (|z|<\infty).$$

これは $J_n(z)$ が $\exp(z(\zeta-1/\zeta)/2)$ の $\zeta=0$ のまわりのローラン展開における ζ^n の係数に等しいことを示している．ゆえに，(34.2) が成り立つ．——あるいは，ベキ級数展開にもとづいて，直接にも簡単に示される：

$$\begin{aligned}\exp\left(\frac{z}{2}\left(t-\frac{1}{t}\right)\right)&=\sum_{\mu=0}^{\infty}\frac{t^\mu}{\mu!}\left(\frac{z}{2}\right)^\mu\sum_{\nu=0}^{\infty}\frac{(-1)^\nu}{\nu!\,t^\nu}\left(\frac{z}{2}\right)^\nu\\&=\sum_{n=-\infty}^{-1}t^n\sum_{\nu=-n}^{\infty}\frac{(-1)^\nu}{\nu!(n+\nu)!}\left(\frac{z}{2}\right)^{n+2\nu}\\&\quad+\sum_{n=0}^{\infty}t^n\sum_{\nu=0}^{\infty}\frac{(-1)^\nu}{\nu!(n+\nu)!}\left(\frac{z}{2}\right)^{n+2\nu}=\sum_{n=-\infty}^{\infty}J_n(z)t^n.\end{aligned}$$

定理 34.2. つぎの**フーリエ展開**が成り立つ：

(34.4) $$\begin{aligned}\cos(z\sin\theta)&=J_0(z)+2\sum_{n=1}^{\infty}J_{2n}(z)\cos 2n\theta,\\\sin(z\sin\theta)&=2\sum_{n=1}^{\infty}J_{2n-1}(z)\sin(2n-1)\theta.\end{aligned}$$

証明. z を実数と仮定し，(34.2) で $t=e^{i\theta}$ とおいて両辺の実虚部を比較すれば，(32.6) に注意して (34.4) をうる．解析接続の原理により，(34.4) は一般な z に対しても成り立つ．

2. 整数位の函数に対する積分表示はすでにベッセルによってえられている：

定理 34.3. つぎの積分表示が成り立つ：

$$J_n(z)=\frac{1}{2\pi}\int_{-\pi}^{\pi}e^{iz\sin\theta-in\theta}d\theta=\frac{1}{\pi}\int_0^{\pi}\cos(n\theta-z\sin\theta)d\theta. \tag{34.5}$$

証明. 定理 33.3 の一般な表示 (33.3) で $\lambda=n$ (整数) とおけばよい．無限積分が収束するための条件 $|\arg z|<\pi/2$ は，ここでは不要となる．——あるいは，むしろ直接に (34.3) で $\zeta=e^{i\theta}$ とおけばよい．

積分表示 (34.5) からすぐわかるように，

$$J_{-n}(z)=(-1)^nJ_n(z),\qquad J_n(-z)=(-1)^nJ_n(z). \tag{34.6}$$

この第一の関係は (32.6) にほかならない．

注意.
$$f_\lambda(z)=\frac{1}{\pi}\int_0^{\pi}\cos(\lambda\theta-z\sin\theta)d\theta$$

とおけば，定理 34.3 によって，n が整数のとき，$f_n(z)=J_n(z)$．しかし，λ が整数でないと，$f_\lambda(z)$ は位数 λ のベッセルの微分方程式をみたさない．$w=f_\lambda(z)$ に対しては

$$\frac{d^2w}{dz^2}+\frac{1}{z}\frac{dw}{dz}+\left(1-\frac{\lambda^2}{z^2}\right)w$$
$$=-\frac{1}{\pi}\int_0^{\pi}\frac{\partial}{\partial\theta}\left(\left(\frac{\lambda}{z^2}+\frac{\cos\theta}{z}\right)\sin(\lambda\theta-z\sin\theta)\right)d\theta=\frac{\sin\lambda\pi}{\pi}\left(\frac{1}{z}-\frac{\lambda}{z^2}\right).$$

3. $\{J_n\}_{n=-\infty}^{\infty}$ に対しては，(32.1)，(32.2) で $\lambda=n$ とおいた**漸化式**が成り立つ：

$$2J_n'(z)=J_{n-1}(z)-J_{n+1}(z),\qquad \frac{2n}{z}J_n(z)=J_{n-1}(z)+J_{n+1}(z); \tag{34.7}$$

$$J_n'(z)=-\frac{n}{z}J_n(z)+J_{n-1}(z),\qquad J_n'(z)=\frac{n}{z}J_n(z)-J_{n+1}(z). \tag{34.8}$$

これらは母函数 $F(z,t)=e^{z(t-t^{-1})/2}$ を利用して直接にもたしかめられる．すなわち，母函数がみたす関係

$$2\frac{\partial F}{\partial z}=\left(t-\frac{1}{t}\right)F,\qquad \left(1+\frac{1}{t^2}\right)F=\frac{2}{z}\frac{\partial F}{\partial t}$$

の両辺を t についてのローラン級数の形に表わし，それぞれ t^n, t^{n-1} の係数を比較すれば，(34.7) がえられる．(34.8) はこれと同値な関係である．

つぎにあげるのは，C. ノイマン，シュレフリなどによってえられたいわゆる**加法公式**である：

定理 34.4. n が整数のとき，

$$J_n(x+y)=\sum_{\nu=-\infty}^{\infty} J_\nu(x)J_{n-\nu}(y). \tag{34.9}$$

特に $n=0$ のとき，x, y, ω を任意な実数として

$$J_0(\sqrt{x^2-2xy\cos\omega+y^2})=J_0(x)J_0(y)+2\sum_{\nu=1}^{\infty} J_\nu(x)J_\nu(y)\cos\nu\omega. \tag{34.10}$$

証明. 母函数 $F(z, t)=e^{z(t-t^{-1})/2}$ に対して $F(x+y, t)=F(x, t)F(y, t)$ が成り立つから，

$$\sum_{n=-\infty}^{\infty} J_n(x+y)t^n=\sum_{\nu=-\infty}^{\infty} J_\nu(x)t^\nu \sum_{\mu=-\infty}^{\infty} J_\mu(y)t^\mu=\sum_{n=-\infty}^{\infty} t^n \sum_{\nu=-\infty}^{\infty} J_\nu(x)J_{n-\nu}(y).$$

これで (34.9) がえられている．つぎに，等式

$$F(zu, t)=\exp\left(-\frac{z}{2t}\left(u-\frac{1}{u}\right)\right)\cdot F(z, tu)$$

で $(z, u)=(x, e^{i\xi})$ および $(z, u)=(y, e^{i\eta})$ とおいたものの積をつくると，

$$\begin{aligned}\sum_{n=-\infty}^{\infty} J_n(xe^{i\xi}+ye^{i\eta})t^n &=\exp\left(-\frac{i}{t}(x\sin\xi+y\sin\eta)\right)\\ &\cdot\sum_{n=-\infty}^{\infty} J_n(x)t^n e^{in\xi}\\ &\cdot\sum_{n=-\infty}^{\infty} J_n(y)t^n e^{in\eta}.\end{aligned} \tag{34.11}$$

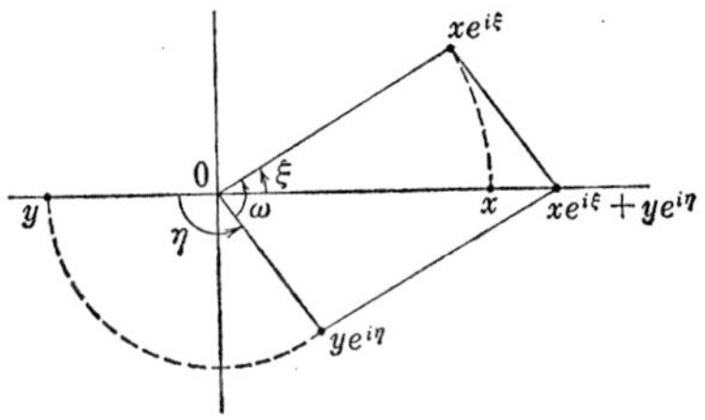

図 17

ここで実数 ξ, η を特に $xe^{i\xi}+ye^{i\eta}$ が負でない実数となるようにとれば(図 17),

$$xe^{i\xi}+ye^{i\eta}=|xe^{i\xi}+ye^{i\eta}|=\sqrt{x^2+2xy\cos(\xi-\eta)+y^2},$$

$$x\sin\xi+y\sin\eta=0.$$

このとき，(34.11) で t^0 の係数を比較すると，

$$\begin{aligned}J_0(\sqrt{x^2+2xy\cos(\xi-\eta)+y^2}) &=\sum_{\nu=-\infty}^{\infty} J_\nu(x)e^{i\nu\xi}J_{-\nu}(y)e^{-i\nu\eta}\\ &=\sum_{\nu=-\infty}^{\infty}(-1)^\nu J_\nu(x)J_\nu(y)e^{i\nu(\xi-\eta)}.\end{aligned}$$

この式とここでξとηを入れかえた式の平均をつくれば,

$$J_0(\sqrt{x^2+2xy\cos(\xi-\eta)+y^2})=\sum_{\nu=-\infty}^{\infty}(-1)^\nu J_\nu(x)J_\nu(y)\cos\nu(\xi-\eta).$$

あらためて$\xi-\eta=\pi-\omega$とおけば,(34.10) となる.

4. 整数位のベッセル函数は第一種のルジャンドル陪函数と密接な関係にある.

定理 29.1 にあげたように,$w=P_n^h(\zeta)$に対する微分方程式は

$$(1-\zeta^2)\frac{d^2w}{d\zeta^2}-2\zeta\frac{dw}{d\zeta}+\left(n(n+1)-\frac{h^2}{1-\zeta^2}\right)w=0.$$

ここで$\zeta=1-z^2/2n^2$とおいてz^2を独立変数とみなせば,

$$z^2(4n^2-z^2)\frac{d^2w}{d(z^2)^2}+2(2n^2-z^2)\frac{dw}{d(z^2)}+\left(n(n+1)-\frac{4h^2n^4}{z^2(4n^2-z^2)}\right)w=0. \tag{34.12}$$

この方程式の一般解をP函数の形でかけば,

$$w=P\begin{Bmatrix}0 & 4n^2 & \infty & \\ h/2 & h/2 & n+1 & z^2 \\ -h/2 & -h/2 & -n & \end{Bmatrix}.$$

(34.12) で$n\to\infty$として特異点$z^2=4n^2$を$z^2=\infty$に合流させると,つぎの方程式となる:

$$\frac{d^2w}{d(z^2)^2}+\frac{1}{z^2}\frac{dw}{d(z^2)}+\left(\frac{1}{4z^2}-\frac{h^2}{4z^4}\right)w=0;$$

$$\frac{d^2w}{dz^2}+\frac{1}{z}\frac{dw}{dz}+\left(1-\frac{h^2}{z^2}\right)w=0.$$

これは$w=J_h(z)$に対する方程式にほかならない. これによって,$J_h(z)$は$P_n^h(1-z^2/2n^2)$の$n\to\infty$としたときの極限形とみなされることが推察される.じっさい,つぎのハイネによる極限関係が成り立つ:

定理 34.5. λを実パラメターとすれば,フェラースの陪函数について,

$$J_h(z)=\lim_{\lambda\to+\infty}\lambda^{-h}P_\lambda^h\left(1-\frac{z^2}{2\lambda^2}\right)\qquad(h=0,1,\cdots). \tag{34.13}$$

証明. 定理 29.4 の直接の一般化(問題6問9参照)によって,

$$P_\lambda^h(\zeta)=\frac{\Gamma(\lambda+h+1)}{h!\,\Gamma(\lambda-h+1)2^h}(1-\zeta^2)^{h/2}F\left(\lambda+h+1,\ -\lambda+h;\ h+1;\ \frac{1-\zeta}{2}\right).$$

$\zeta=1-z^2/2\lambda^2$ とおけば，λ が大きいとき，

$$P_\lambda^h\left(1-\frac{z^2}{2\lambda^2}\right)=\frac{\Gamma(\lambda+h+1)}{h!\,\Gamma(\lambda-h+1)}\left(\frac{z}{2\lambda}\right)^h\left(1-\frac{z^2}{4\lambda^2}\right)^{h/2}$$

$$\cdot F\left(\lambda+h+1,\quad -\lambda+h;\ h+1;\ \frac{z^2}{4\lambda^2}\right). \tag{34.14}$$

ところで，$\lambda\to+\infty$ のとき，

$$\frac{\Gamma(\lambda+h+1)}{\Gamma(\lambda-h+1)}=\prod_{k=1}^{2h}(\lambda-h+k)\sim\lambda^{2h},\qquad \left(1-\frac{z^2}{4\lambda^2}\right)^{h/2}\sim 1.$$

また，$\lambda=\delta^{-1}$ とおけば，(34.14) の右辺の超幾何函数の部分は

$$F\left(\lambda+h+1,\ -\lambda+h;\ h+1;\ \frac{z^2}{4\lambda^2}\right)$$

$$=F\left(\frac{1+\delta(h+1)}{\delta},\quad -\frac{1+\delta h}{\delta};\ h+1;\ \frac{\delta^2z^2}{4}\right)$$

となる．この右辺を超幾何級数の形にかきあげると，その各項は δ の多項式となり，級数は $\delta=0$ のまわりで一様に収束する．ゆえに，その級数をつくって項別に極限をとることができて，

$$\lim_{\lambda\to+\infty}\lambda^{-h}P_\lambda^h\left(1-\frac{z^2}{2\lambda^2}\right)$$

$$=\frac{1}{h!}\left(\frac{z}{2}\right)^h\lim_{\delta\to+0}F\left(\frac{1+\delta(h+1)}{\delta},\quad -\frac{1+\delta h}{\delta};\ h+1;\ \frac{\delta^2z^2}{4}\right)$$

$$=\left(\frac{z}{2}\right)^h\sum_{\nu=0}^{\infty}\frac{(-1)^\nu}{\nu!\,(h+\nu)!}\left(\frac{z}{2}\right)^{2\nu}=J_h(z).$$

注意． ハイネ自身は (34.13) の右辺でホブソンの陪函数を用いて，(34.13) の右辺に因子 i^h をつけた形を与えている．

定理 34.6. λ を実パラメターとすれば，フェラースの陪函数について

$$J_h(z)=\lim_{\lambda\to+\infty}\lambda^{-h}P_\lambda^h\left(\cos\frac{z}{\lambda}\right)\qquad (h=0,1,\cdots). \tag{34.15}$$

証明． 前定理の証明の最初の式で $\zeta=\cos(z/\lambda)$ とおけば，

$$P_\lambda^h\left(\cos\frac{z}{\lambda}\right)$$

$$=\frac{\Gamma(\lambda+h+1)}{h!\,\Gamma(\lambda-h+1)2^h}\sin^h\frac{z}{\lambda}\cdot F\left(\lambda+h+1,-\lambda+h;\ h+1;\ \sin^2\frac{z}{2\lambda}\right).$$

以下，前定理の証明と同様に進めばよい．あるいは，直接に定理 29.2 の表示 (29.5) を利用すると，そこでの z の代りに $\cos(z/\lambda)$ とおくことによって，

$$P_\lambda^h\left(\cos\frac{z}{\lambda}\right)=\frac{\Gamma(\lambda+h+1)}{\Gamma(\lambda+1)}\frac{i^{-h}}{\pi}\int_0^\pi\left(\cos\frac{z}{\lambda}+i\sin\frac{z}{\lambda}\cos\varphi\right)^\lambda\cos h\varphi\,d\varphi$$

$$=\frac{\Gamma(\lambda+h+1)}{\Gamma(\lambda+1)}\frac{i^{-h}}{\pi}\int_0^\pi\left(1+\frac{iz}{\lambda}\cos\varphi+O\left(\frac{1}{\lambda^2}\right)\right)^\lambda\cos h\varphi\,d\varphi$$

$$(\lambda\to+\infty);$$

$$\lim_{\lambda\to+\infty}\lambda^{-h}P_\lambda^h\left(\cos\frac{z}{\lambda}\right)=\frac{i^{-h}}{\pi}\int_0^\pi e^{iz\cos\varphi}\cos h\varphi\,d\varphi$$

$$=\frac{1}{2\pi}\int_{-\pi}^{\pi}e^{iz\cos\varphi-ih(\pi/2-\varphi)}d\varphi \qquad \left[\varphi=\frac{\pi}{2}-\theta\right]$$

$$=\frac{1}{2\pi}\int_{-\pi}^{\pi}e^{iz\sin\theta-ih\theta}d\theta=\frac{1}{\pi}\int_0^\pi\cos(z\sin\theta-h\theta)d\theta=J_h(z).$$

つぎの定理はホブソンによる：

定理 34.7. 整数 n, h が $n\geqq h\geqq 0$ をみたし，$\cos\theta>0$ のとき，フェラースの陪函数に対して

$$(34.16)\qquad P_n^h(\cos\theta)=\frac{1}{(n-h)!}\int_0^\infty e^{-t\cos\theta}J_h(t\sin\theta)t^n dt.$$

証明. α を定数とするとき，$e^{-\alpha z}J_h(\alpha\rho)\cos h\varphi$ は円柱座標 (ρ, φ, z) に関して調和である．ゆえに，$z>0$ のとき，

$$\Omega(\rho, \varphi, z)=\cos h\varphi\int_0^\infty e^{-\alpha z}J_h(\alpha\rho)\alpha^n d\alpha$$

もまた調和である．ここで $\rho=r\sin\theta$，$z=r\cos\theta$ とおけば，

$$\Omega(r\sin\theta, \varphi, r\cos\theta)=\cos h\varphi\int_0^\infty e^{-\alpha r\cos\theta}J_h(\alpha r\sin\theta)\alpha^n d\alpha$$

は $\cos\theta>0$ のとき，極座標 (r, θ, φ) に関して調和である．積分変数の置換 $\alpha r=t$ をほどこせば，

$$\Omega(r\sin\theta, \varphi, r\cos\theta)=r^{-n-1}\cos h\varphi\int_0^\infty e^{-t\cos\theta}J_h(t\sin\theta)t^n dt.$$

この右辺で r と φ は $r^{-n-1}\cos h\varphi$ という因子として含まれているだけであるから，つぎの形の関係が成り立つ（§30.2 参照）：

$$\int_0^\infty e^{-t\cos\theta}J_h(t\sin\theta)t^n dt=AP_n^h(\cos\theta)+BQ_n^h(\cos\theta) \qquad (A, B \text{ は定数}).$$

ところで，$\theta=0$ のとき $Q_n^h(\cos\theta)$ は無限大となるから，$B=0$. A の値を定めるために，この式を $\sin^h\theta$ で割ってから $\theta\to 0$ とすれば，

$$\int_0^\infty e^{-t}\frac{1}{h!2^h}t^{h+n}dt=AP_n^{(h)}(1);$$

$$\frac{(h+n)!}{h!2^h}=A\frac{(n+h)!}{h!2^h(n-h)!},\qquad A=(n-h)!.$$

問 1.
$$\cos(z\cos\theta)=J_0(z)+2\sum_{n=1}^\infty(-1)^nJ_{2n}(z)\cos 2n\theta,$$
$$\sin(z\cos\theta)=2\sum_{n=1}^\infty(-1)^{n-1}J_{2n-1}(z)\cos(2n-1)\theta.$$

問 2.
$$z\cos z=2\sum_{n=1}^\infty(-1)^{n-1}(2n-1)^2J_{2n-1}(z),\quad z\sin z=2\sum_{n=1}^\infty(-1)^{n-1}(2n)^2J_{2n}(z).$$
（ロンメル）

問 3.
$$J_0(z)^2+2\sum_{n=1}^\infty J_n(z)^2=1.$$
特に z が実数のとき，$|J_0(z)|\leqq 1$，$|J_n(z)|\leqq 2^{-1/2}$ $(n\geqq 1)$.

問 4.
$$J_n(z)=\frac{1}{\pi}\int_0^\pi\cos\left(z\cos\theta-\frac{n\pi}{2}\right)\cos n\theta\,d\theta \qquad (n=0,1,\cdots).$$

問 5.
$$J_n(z)=\frac{n!}{(2n)!\pi}(2z)^n\int_{-1}^1(1-t^2)^{n-1/2}e^{izt}dt$$
$$=\frac{n!}{(2n)!\pi}(2z)^n\int_0^\pi\sin^{2n}\theta\cos(z\cos\theta)d\theta \qquad (n=0,1,\cdots).$$

問 6.
$$J_0(z)+2\sum_{n=1}^\infty J_{2n}(z)=1;$$
$$\sum_{n=0}^\infty(m+2n)\frac{(m+n-1)!}{n!}J_{m+2n}(z)=\left(\frac{z}{2}\right)^m \qquad (m=1,2,\cdots).$$

問 7.
$$zJ_1(z)=4\sum_{m=1}^\infty(-1)^m mJ_{2m}(z).$$

問 8.
$$J_n(z)=n!\left(\frac{z}{2}\right)^n\left(\frac{1}{n!^2}J_0(z)+2\sum_{\nu=0}^{n-1}\frac{1}{\nu!(2n-\nu)!}J_{2n-2\nu}(z)\right).$$

問 9. x, y, ω が実数のとき，J_n の加法公式がつぎの形に一般化される：$x\sin(\omega+\eta)=y\sin\eta$ をみたす η をとれば，

$$J_n(\sqrt{x^2-2xy\cos\omega+y^2})=e^{in\eta}\sum_{\nu=-\infty}^\infty(-1)^\nu J_\nu(x)J_{n-\nu}(y)e^{i\nu\omega}.$$

問 10.
$$J_0(z)=\lim_{n\to\infty}(-1)^n\left(1+\frac{z^2}{4n^2}\right)^nP_n\left(\frac{z^2-4n^2}{z^2+4n^2}\right).$$

問 11. つぎの極限関係が成り立つ：

$$J_0(z)=\lim_{n\to\infty}\frac{1}{n!}L_n\left(\frac{z^2}{4n}\right).$$

問 12. $\Re z>0$ のとき，つぎの積分表示が成り立つ：

$$J_0(z)=\frac{2}{\pi}\int_0^{\pi/2}\frac{\sin(z+\varphi/2)}{\sin\varphi\sqrt{\cos\varphi}}e^{-2z\cot\varphi}d\varphi.$$

問 13. x が正の実数のとき，つぎの積分表示が成り立つ:

$$J_0(x)=\frac{2}{\pi}\int_1^{\infty}\frac{\sin xt}{\sqrt{t^2-1}}dt.$$

問 14. $\cos\theta>0$ のとき，つぎの**カランドローの公式**が成り立つ:

$$P_n(\cos\theta)=\frac{1}{n!}\int_0^{\infty}e^{-t\cos\theta}J_0(t\sin\theta)t^n dt.$$

問 15. フェラースの陪函数について，

$$P_n^h(\cos\theta)=\frac{(n+h)!}{n!}\left[\frac{1}{r^n}J_h\left(r\sin\theta\frac{\partial}{\partial z}\right)z^n\right]^{z=r\cos\theta}.$$

§35. ノイマン函数

1. λ が整数でないとき， ベッセルの微分方程式 (32.3) の解の一組の基本系は $J_{\pm\lambda}$ によって与えられる．そこで，

(35.1) $$Y_\lambda(z)=J_\lambda(z)\cot\lambda\pi-J_{-\lambda}(z)\operatorname{cosec}\lambda\pi$$

とおけば，J_λ, Y_λ もまた (32.3) の解の基本系をなす． Y_λ を**第二種の円柱函数**または**ノイマン函数**といい，N_λ とも記される；λ を**位数**という．

$\lambda=n$ が整数のときには，(35.1) で $\lambda\to n$ とした極限形がとられる． $J_{-n}(z)=(-1)^n J_n(z)$ に注意すると，(35.1) から

(35.2) $$Y_n(z)=\frac{1}{\pi}\left[\frac{\partial J_\lambda(z)}{\partial\lambda}-(-1)^n\frac{\partial J_{-\lambda}(z)}{\partial\lambda}\right]^{\lambda=n}.$$

第二種の円柱函数に関連して，C. ノイマンがはじめて

(35.3) $$Y^{[n]}(z)=\frac{\pi}{2}N_n(z)+(\log z-C)J_n(z)$$ （C はオイレルの定数）

を導入した． $N_n(=Y_n)$ の導入と命名はウェーバーによる． 他方で，ハンケルはつぎの函数を定義している:

(35.4) $$\mathbf{Y}_\lambda(z)=\frac{2\pi e^{i\lambda\pi}}{\sin 2\lambda\pi}(J_\lambda(z)\cos\lambda\pi-J_{-\lambda}(z))$$ （2λ は非整数）.

$\lambda=n$ が整数のとき，極限の形として

(35.5) $$\mathbf{Y}_n(z)=\lim_{\varepsilon\to 0}\frac{J_{n+\varepsilon}(z)-(-1)^n J_{-n-\varepsilon}(z)}{\varepsilon}.$$

(35.5) の (35.1) に対する関係は

(35.6) $$\pi e^{i\lambda\pi}Y_\lambda(z)=\mathbf{Y}_\lambda(z)\cos\lambda\pi.$$

また，(35.5) の (35.3) に対する関係は

(35.7) $$Y^{[n]}(z)=\frac{1}{2}\mathbf{Y}_n(z)+(\log 2-C)J_n(z).$$

2. Y_λ が円柱函数の条件 (32.1) をみたすことは，定義の式 (35.1) を用いてたしかめられる：

$$\begin{aligned}2Y_\lambda'(z)&=2J_\lambda'(z)\cot\lambda\pi-2J_{-\lambda}'(z)\operatorname{cosec}\lambda\pi\\&=(J_{\lambda-1}(z)-J_{\lambda+1}(z))\cot\lambda\pi-(J_{-\lambda-1}(z)-J_{-\lambda+1}(z))\operatorname{cosec}\lambda\pi\\&=J_{\lambda-1}(z)\cot(\lambda-1)\pi-J_{-(\lambda-1)}(z)\operatorname{cosec}(\lambda-1)\pi\\&\quad-(J_{\lambda+1}(z)\cot(\lambda+1)\pi-J_{-(\lambda+1)}(z)\operatorname{cosec}(\lambda+1)\pi)\\&=Y_{\lambda-1}(z)-Y_{\lambda+1}(z),\end{aligned}$$

$$\begin{aligned}\frac{2\lambda}{z}Y_\lambda(z)&=\frac{2\lambda}{z}J_\lambda(z)\cot\lambda\pi-\frac{2\lambda}{z}J_{-\lambda}(z)\operatorname{cosec}\lambda\pi\\&=(J_{\lambda-1}(z)+J_{\lambda+1}(z))\cot\lambda\pi+(J_{-\lambda-1}(z)+J_{-\lambda+1}(z))\operatorname{cosec}\lambda\pi\\&=J_{\lambda-1}(z)\cot(\lambda-1)\pi-J_{-(\lambda-1)}(z)\operatorname{cosec}(\lambda-1)\pi\\&\quad+J_{\lambda+1}(z)\cot(\lambda+1)\pi-J_{-(\lambda+1)}(z)\operatorname{cosec}(\lambda+1)\pi\\&=Y_{\lambda-1}(z)+Y_{\lambda+1}(z).\end{aligned}$$

定理 35.1. つぎの関係が成り立つ：

(35.8) $$\begin{aligned}J_{-\lambda}(z)&=J_\lambda(z)\cos\lambda\pi-Y_\lambda(z)\sin\lambda\pi,\\Y_{-\lambda}(z)&=J_\lambda(z)\sin\lambda\pi+Y_\lambda(z)\cos\lambda\pi.\end{aligned}$$

証明. 定義の式 (35.1) から容易にわかる.

注意. (35.8) の第一式は (32.6) の一般化にあたる.

系. n が整数のとき，

(35.9) $$Y_{-n}(z)=(-1)^nY_n(z),\qquad Y_{n+1/2}(z)=(-1)^{n-1}J_{-n-1/2}(z).$$

定理 35.2. $n\geqq 0$ が整数のとき，つぎの**ロンメルの公式**が成り立つ：

(35.10) $$Y_\lambda(z)J_{\lambda+n+1}(z)-Y_{\lambda+n+1}(z)J_\lambda(z)=\frac{2}{\pi z}R_n^\lambda(z);$$

(35.11) $$R_n^\lambda(z)\equiv\sum_{\nu=0}^{[(n+1)/2]}(-1)^\nu\frac{(n-\nu)!}{\nu!}\binom{\lambda+n-\nu}{n-2\nu}\left(\frac{2}{z}\right)^{n-2\nu}.$$

証明. 定理 32.3 にあげたシェーンホルツァの公式で $\mu=-\lambda-n-1$ とおき，和を $0\leqq\nu\leqq n$ と $n+1\leqq\nu<\infty$ との二つの部分に分けると，

$$J_\lambda(z)J_{-\lambda-n-1}(z)=\sum_{\nu=0}^{n}\frac{(-1)^\nu}{\Gamma(\lambda+\nu+1)\Gamma(\nu-n-\lambda)}\binom{2\nu-n-1}{\nu}\left(\frac{z}{2}\right)^{2\nu-n-1}$$

$$+(-1)^{n+1}\sum_{\nu=0}^{\infty}\frac{(-1)^{\nu}}{\Gamma(\nu+1-\lambda)\Gamma(\nu+n+2+\lambda)}\binom{2\nu+n+1}{\nu+n+1}\left(\frac{z}{2}\right)^{2\nu+n+1}.$$

この右辺の第二項は，再び定理32.3によって，$(-1)^{n+1}J_{-\lambda}(z)J_{\lambda+n+1}(z)$ に等しい．また，第一項では，$2\nu\geqq n+1$ に対する二項係数は0であり，$2\nu<n+1$ に対しては

$$\frac{(-1)^{\nu}}{\Gamma(\lambda+\nu+1)\Gamma(\nu-n-\lambda)}\binom{2\nu-n-1}{\nu}$$
$$=(-1)^{\nu+n+1}\frac{\sin\lambda\pi}{\pi}\frac{(n-\nu)!}{\nu!}\binom{\lambda+n-\nu}{n-2\nu}.$$

ゆえに，

$$(35.12)\quad \begin{aligned}&J_{\lambda}(z)J_{-\lambda-n-1}(z)+(-1)^{n}J_{-\lambda}(z)J_{\lambda+n+1}(z)\\&=(-1)^{n+1}\frac{2\sin\lambda\pi}{\pi}R_{n}^{\lambda}(z).\end{aligned}$$

(35.8) の第一の関係を用いて $J_{-\lambda-n-1}$; $J_{-\lambda}$ を $J_{\lambda+n+1}$, $Y_{\lambda+n+1}$; J_{λ}, Y_{λ} で表わせば，(35.10) がえられる．

注意． (35.12) は (35.10) と同値な関係である．

(35.11) の $R_{n}^{\lambda}(z)$ は z^{-1} について n 次の多項式である．これを**ロンメルの多項式**ともいう．

3． λ が整数でないとき，ノイマン函数 Y_{λ} の定義の式 (35.1) の右辺にベッセル函数 $J_{\pm\lambda}$ の展開((32.4) 参照)を入れれば，$0<|z|<\infty$ において

$$(35.13)\quad \begin{aligned}Y_{\lambda}(z)=&\cot\lambda\pi\sum_{\nu=0}^{\infty}\frac{(-1)^{\nu}}{\nu!\Gamma(\lambda+\nu+1)}\left(\frac{z}{2}\right)^{\lambda+2\nu}\\&-\mathrm{cosec}\,\lambda\pi\sum_{\nu=0}^{\infty}\frac{(-1)^{\nu}}{\nu!\Gamma(-\lambda+\nu+1)}\left(\frac{z}{2}\right)^{-\lambda+2\nu}.\end{aligned}$$

λ が整数のとき，この表示はきかない．

定理 35.3． $n\geqq 0$ が整数のとき，オイレルの定数を C として，

$$(35.14)\quad \begin{aligned}Y_{n}(z)=&\frac{2}{\pi}\left(\log\frac{z}{2}+C\right)J_{n}(z)-\frac{1}{\pi}\sum_{\nu=0}^{n-1}\frac{(n-\nu-1)!}{\nu!}\left(\frac{z}{2}\right)^{-n+2\nu}\\&-\frac{1}{\pi}\sum_{\nu=0}^{\infty}\frac{(-1)^{\nu}}{\nu!(n+\nu)!}\left(\frac{z}{2}\right)^{n+2\nu}\left(\sum_{\kappa=1}^{\nu}\frac{1}{\kappa}+\sum_{\kappa=1}^{n+\nu}\frac{1}{\kappa}\right)\quad(0<|z|<\infty).\end{aligned}$$

証明． 定義の式 (35.2) による．$\lambda\to n$ のとき，

$$\frac{\partial J_\lambda(z)}{\partial\lambda}=\sum_{\nu=0}^{\infty}\frac{(-1)^\nu}{\nu!\Gamma(\lambda+\nu+1)}\left(\frac{z}{2}\right)^{\lambda+2\nu}\left(\log\frac{z}{2}-\frac{\Gamma'(\lambda+\nu+1)}{\Gamma(\lambda+\nu+1)}\right)$$

$$\to J_n(z)\left(\log\frac{z}{2}+C\right)-\sum_{\nu=0}^{\infty}\frac{(-1)^\nu}{\nu!(n+\nu)!}\left(\frac{z}{2}\right)^{n+2\nu}\sum_{\kappa=1}^{n+\nu}\frac{1}{\kappa}.$$

$n>0$ のとき，$\nu=0,1,\cdots,n-1$ に対して $\Gamma(-\lambda+\nu+1)$, $\Gamma'(-\lambda+\nu+1)/\Gamma(-\lambda+\nu+1)$ は $\lambda=n$ で留数 $(-1)^{n-\nu}/(n-\nu-1)!$, -1 の1位の極をもつから，

$$\frac{\partial J_{-\lambda}(z)}{\partial\lambda}=-\sum_{\nu=0}^{\infty}\frac{(-1)^\nu}{\nu!\Gamma(-\lambda+\nu+1)}\left(\frac{z}{2}\right)^{-\lambda+2\nu}\left(\log\frac{z}{2}-\frac{\Gamma'(-\lambda+\nu+1)}{\Gamma(-\lambda+\nu+1)}\right)$$

で $\nu=0,1,\cdots,n-1$ に対する項を考えると，

$$-\frac{(-1)^\nu}{\nu!\Gamma(-\lambda+\nu+1)}\left(\frac{z}{2}\right)^{-\lambda+2\nu}\left(\log\frac{z}{2}-\frac{\Gamma'(-\lambda+\nu+1)}{\Gamma(-\lambda+\nu+1)}\right)$$

$$\to(-1)^n\frac{(n-\nu-1)!}{\nu!}\left(\frac{z}{2}\right)^{-n+2\nu}\qquad(\lambda\to n).$$

$\nu\geqq n$ に対する項は直接に

$$-\frac{(-1)^\nu}{\nu!\Gamma(-\lambda+\nu+1)}\left(\frac{z}{2}\right)^{-\lambda+2\nu}\left(\log\frac{z}{2}-\frac{\Gamma'(-\lambda+\nu+1)}{\Gamma(-\lambda+\nu+1)}\right)$$

$$\to-\frac{(-1)^\nu}{\nu!(-n+\nu)!}\left(\frac{z}{2}\right)^{-n+2\nu}\left(\log\frac{z}{2}+C-\sum_{\kappa=1}^{-n+\nu}\frac{1}{\kappa}\right)\qquad(\lambda\to n)$$

$$=-(-1)^n\frac{(-1)^\mu}{\mu!(n+\mu)!}\left(\frac{z}{2}\right)^{n+2\mu}\left(\log\frac{z}{2}+C-\sum_{\kappa=1}^{\mu}\frac{1}{\kappa}\right)\qquad[\nu=n+\mu].$$

したがって，$\lambda\to n$ のとき，

$$\frac{\partial J_{-\lambda}(z)}{\partial\lambda}\to(-1)^n\sum_{\nu=0}^{n-1}\frac{(n-\nu-1)!}{\nu!}\left(\frac{z}{2}\right)^{-n+2\nu}$$

$$-(-1)^nJ_n(z)\left(\log\frac{z}{2}+C\right)+(-1)^n\sum_{\mu=0}^{\infty}\frac{(-1)^\mu}{\mu!(n+\mu)!}\left(\frac{z}{2}\right)^{n+2\mu}\sum_{\kappa=1}^{\mu}\frac{1}{\kappa}.$$

これらを (35.2) の右辺に用いれば，(35.14) がえられる.

表示 (35.14) からわかるように，$Y_\lambda(z)$ は λ が整数のときにも，原点で対数分岐点をもつ無限多価函数である.

定理 35.4. m が整数のとき，つぎの周期関係が成り立つ:

(35.15) $$J_\lambda(ze^{im\pi})=e^{im\lambda\pi}J_\lambda(z),$$

(35.16) $$Y_\lambda(ze^{im\pi})=e^{-im\lambda\pi}Y_\lambda(z)+2i\cot\lambda\pi\sin m\lambda\pi\cdot J_\lambda(z);$$

ただし，(35.16) で $\lambda=n$ が整数のとき，$[\cot\lambda\pi\sin m\lambda\pi]^{\lambda=n}=(-1)^{mn}m.$

証明. (32.4) からわかるように，$J_\lambda(z)/z^\lambda$ は z の一価な偶函数であるから，(35.15) が成り立つ．つぎに，定義 (35.1) によって，(35.15) を利用すると，

$$
\begin{aligned}
Y_\lambda(ze^{im\pi}) &= J_\lambda(ze^{im\pi})\cot\lambda\pi - J_{-\lambda}(ze^{im\pi})\operatorname{cosec}\lambda\pi \\
&= e^{im\lambda\pi}J_\lambda(z)\cot\lambda\pi - e^{-im\lambda\pi}J_{-\lambda}(z)\operatorname{cosec}\lambda\pi \\
&= e^{-im\lambda\pi}(J_\lambda(z)\cot\lambda\pi - J_{-\lambda}(z)\operatorname{cosec}\lambda\pi) \\
&\quad + (e^{im\lambda\pi} - e^{-im\lambda\pi})J_\lambda(z)\cot\lambda\pi \\
&= e^{-im\lambda\pi}Y_\lambda(z) + 2i\cot\lambda\pi\sin m\lambda\pi\cdot J_\lambda(z).
\end{aligned}
$$

4. 定理 33.3 に対応して，つぎの積分表示がある：

定理 35.5. つぎの**シュレフリの表示**が成り立つ：

$$
(35.17)\qquad
\begin{aligned}
Y_\lambda(z) &= -\frac{1}{\pi}\int_0^\pi \sin(\lambda\theta - z\sin\theta)d\theta \\
&\quad -\frac{1}{\pi}\int_0^\infty (e^{\lambda\tau} + e^{-\lambda\tau}\cos\lambda\pi)e^{-z\sinh\tau}d\tau \qquad \left(|\arg z| < \frac{\pi}{2}\right).
\end{aligned}
$$

証明. 定義 (35.1) と表示 (33.3) によって，$|\arg z| < \pi/2$ のとき，

$$
\begin{aligned}
Y_\lambda(z) &= J_\lambda(z)\cot\lambda\pi - J_{-\lambda}(z)\operatorname{cosec}\lambda\pi \\
&= \frac{1}{\pi}\int_0^\pi (\cos(\lambda\theta - z\sin\theta)\cot\lambda\pi - \cos(-\lambda\theta - z\sin\theta)\operatorname{cosec}\lambda\pi)d\theta \\
&\quad - \frac{\sin\lambda\pi}{\pi}\int_0^\infty (e^{-\lambda\tau - z\sinh\tau}\cot\lambda\pi + e^{\lambda\tau - z\sinh\tau}\operatorname{cosec}\lambda\pi)d\tau \\
&= \frac{1}{\pi}\int_0^\pi (\cos(\lambda\theta - z\sin\theta)\cot\lambda\pi \\
&\qquad - \cos(-\lambda(\pi-\theta) - z\sin(\pi-\theta))\operatorname{cosec}\lambda\pi)d\theta \\
&\quad - \frac{1}{\pi}\int_0^\infty (e^{-\lambda\tau}\cos\lambda\pi + e^{\lambda\tau})e^{-z\sinh\tau}d\tau \\
&= -\frac{1}{\pi}\int_0^\pi \sin(\lambda\theta - z\sin\theta)d\theta - \frac{1}{\pi}\int_0^\infty (e^{\lambda\tau} + e^{-\lambda\tau}\cos\lambda\pi)e^{-z\sinh\tau}d\tau.
\end{aligned}
$$

問 1.
$$Y_{\pm1/2}(z) = \mp\sqrt{\frac{2}{\pi z}}\,\begin{matrix}\cos\\ \sin\end{matrix}\, z.$$

問 2.
$$J_\lambda(z)Y_{\lambda-1}(z) - J_{\lambda-1}(z)Y_\lambda(z) = \frac{2}{\pi z}.$$

問 3.
$$Y^{[n]}(z) = J_n(z)\log z - \frac{1}{2}\sum_{\nu=0}^{n-1}\frac{(n-\nu-1)!}{\nu!}\left(\frac{z}{2}\right)^{-n+2\nu}$$

$$-\frac{1}{2}\sum_{\nu=0}^{\infty}\frac{(-1)^\nu}{\nu!(n+\nu)!}\left(\frac{z}{2}\right)^{n+2\nu}\left(\sum_{\kappa=1}^{\nu}\frac{1}{\kappa}+\sum_{\kappa=1}^{n+\nu}\frac{1}{\kappa}\right).$$

問 4. z が原点のまわりを正の向きに一周するとき，ベッセルの微分方程式の解の基本系 J_λ，Y_λ はつぎの変換を受ける：

$$\begin{pmatrix} J_\lambda(ze^{2\pi i}) \\ Y_\lambda(ze^{2\pi i}) \end{pmatrix}=\begin{pmatrix} e^{2\lambda\pi i} & 0 \\ 4i\cos^2\lambda\pi & e^{-2\lambda\pi i} \end{pmatrix}\begin{pmatrix} J_\lambda(z) \\ Y_\lambda(z) \end{pmatrix}.$$

問 5.
$$Y_0(z)=\frac{2}{\pi}\left(\log\frac{z}{2}+C\right)J_0(z)+\frac{4}{\pi}\sum_{m=1}^{\infty}\frac{(-1)^m}{m}J_{2m}(z).$$

§36. ハンケル函数

1. ベッセルの微分方程式 (32.3) の解を求めるために，積分変換の方法を用いて，

$$w(z)=\int_C K(z,\zeta)\omega(\zeta)d\zeta \tag{36.1}$$

とおいてみる．核 K，被変換函数 ω および積分路 C を適当にえらんで，(36.1) が (32.3) をみたすようにしようというわけである．

(36.1) を (32.3) に入れると，

$$\int_C\left(z^2\frac{\partial^2 K}{\partial z^2}+z\frac{\partial K}{\partial z}+z^2K-\lambda^2K\right)\omega(\zeta)d\zeta=0.$$

ここで K として特に偏微分方程式

$$z^2\frac{\partial^2 K}{\partial z^2}+z\frac{\partial K}{\partial z}+z^2K+\frac{\partial^2 K}{\partial \zeta^2}=0$$

の一つの解

$$K(z,\zeta)=e^{-iz\sin\zeta} \tag{36.2}$$

をとる．このとき，上記の関係はつぎの形にかける：

$$\begin{aligned}0&=\int_C\left(\frac{\partial^2 K}{\partial\zeta^2}+\lambda^2K\right)\omega(\zeta)d\zeta\\&=\int_C K\cdot(\omega''+\lambda^2\omega)d\zeta-\int_C\frac{\partial}{\partial\zeta}\left(K\omega'-\frac{\partial K}{\partial\zeta}\omega\right)d\zeta.\end{aligned} \tag{36.3}$$

ここで ω として常微分方程式 $\omega''+\lambda^2\omega=0$ の一つの解

$$\omega(\zeta)=e^{i\lambda\zeta} \tag{36.4}$$

をとる．そのとき，(36.3) からわかるように，積分路 C の両端において $K\omega'-\partial K/\partial\zeta\cdot\omega$ が 0 となるならば，(36.2) と (36.4) をもってつくられた積分

(36.1) はベッセルの方程式の解となる．ところで，

$$K\omega'-\frac{\partial K}{\partial\zeta}\omega=e^{-iz\sin\zeta+i\lambda\zeta}i(\lambda+z\cos\zeta)$$

$$(36.5)\qquad =\begin{cases}e^{z\sinh\eta-\lambda\eta}i(\lambda+z\cosh\eta) & (\zeta=i\eta),\\ e^{-z\sinh\eta-\lambda\eta\pm i\lambda\pi}i(\lambda-z\cosh\eta) & (\zeta=\pm\pi+i\eta).\end{cases}$$

ゆえに，$\Re z>0$ のとき，この左辺は $\zeta\to-i\infty$ および $\zeta\to\pm\pi+i\infty$ に対して 0 に近づく．したがって，C として $-i\infty$ から負の虚軸に沿って 0 にいたり，負の実軸に沿う $-\pi$ までの線分をへて，虚軸への平行線に沿って $-\pi+i\infty$ にいたる路 C_1 あるいは $\pi+i\infty$ から虚軸への平行線に沿って π にいたり，正の実軸に沿う 0 までの線分をへて，虚軸に沿って $-i\infty$ にいたる路 C_2 をとることができる(図 18)．それによってえられる二つの函数

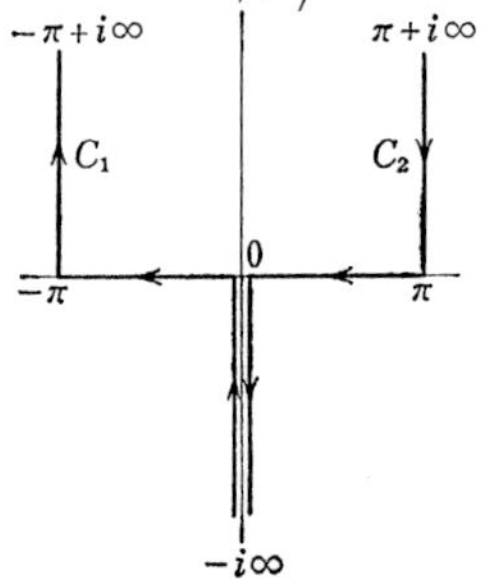

図　18

$$(36.6)\qquad \begin{aligned}H_\lambda^1(z)&=-\frac{1}{\pi}\int_{C_1}e^{-iz\sin\zeta+i\lambda\zeta}d\zeta,\\ H_\lambda^2(z)&=-\frac{1}{\pi}\int_{C_2}e^{-iz\sin\zeta+i\lambda\zeta}d\zeta\end{aligned}\qquad (\Re z>0)$$

を**第三種の円柱函数**または**ハンケル函数**という；λ を**位数**という．さらに，H_λ^1, H_λ^2 をそれぞれ**第一種**，**第二種**のハンケル函数という．ハンケル函数の命名はニールセンによる．(36.6) はゾンマーフェルトの積分表示である．

2. ハンケル函数 (36.6) が円柱函数であることは，直接にもたしかめられるが，ベッセル函数およびノイマン函数との関係を与えるつぎの定理からおのずから明らかである：

定理 36.1. つぎの関係が成り立つ：

$$(36.7)\qquad H_\lambda^1(z)=J_\lambda(z)+iY_\lambda(z),\qquad H_\lambda^2(z)=J_\lambda(z)-iY_\lambda(z).$$

証明. 定義の式 (36.6) によって，

$$H_\lambda^1(z)+H_\lambda^2(z)=-\frac{1}{\pi}\int_{C_1\cup C_2}e^{-iz\sin\zeta+i\lambda\zeta}d\zeta.$$

$C_1\cup C_2$ において負の虚軸に沿う部分は相殺される．z を正の実数として，積

分変数の置換 $\tau=(z/2)e^{-i\zeta}$ をほどこせば，τ 平面上の積分路は定理33.1にあげた路 C と同値なものとなる．それによって，定理33.1のシュレフリの表示とくらべて，

$$(36.8)\quad \frac{1}{2}(H_\lambda^1(z)+H_\lambda^2(z))=\left(\frac{z}{2}\right)^\lambda\frac{1}{2\pi i}\int_C\tau^{-\lambda-1}\exp\left(\tau-\frac{z^2}{4\tau}\right)d\tau=J_\lambda(z).$$

他方において，(36.6) の表示からわかるように，

$$(36.9)\qquad H_{-\lambda}^1(z)=e^{i\lambda\pi}H_\lambda^1(z),\qquad H_{-\lambda}^2(z)=e^{-i\lambda\pi}H_\lambda^2(z).$$

ゆえに，(36.8) と (36.9) から

$$\begin{aligned}J_{-\lambda}(z)&=\frac{1}{2}(H_{-\lambda}^1(z)+H_{-\lambda}^2(z))=\frac{1}{2}(e^{i\lambda\pi}H_\lambda^1(z)+e^{-i\lambda\pi}H_\lambda^2(z))\\&=\frac{1}{4}(e^{i\lambda\pi}(2J_\lambda(z)+H_\lambda^1(z)-H_\lambda^2(z))\\&\qquad+e^{-i\lambda\pi}(2J_\lambda(z)-(H_\lambda^1(z)-H_\lambda^2(z))))\\&=J_\lambda(z)\cos\lambda\pi+\frac{i}{2}(H_\lambda^1(z)-H_\lambda^2(z))\sin\lambda\pi.\end{aligned}$$

ノイマン函数の定義の式 (35.1) と比較すると，

$$(36.10)\quad \frac{1}{2i}(H_\lambda^1(z)-H_\lambda^2(z))=J_\lambda(z)\cot\lambda\pi-J_{-\lambda}(z)\operatorname{cosec}\lambda\pi=Y_\lambda(z).$$

(36.8) と (36.10) によって，z が正の実数のとき，(36.7) が成り立つ．解析接続の原理により，(36.7) は一般に成り立つ．

系．
$$J_{-\lambda}(z)=\frac{1}{2}(e^{i\lambda\pi}H_\lambda^1(z)+e^{-i\lambda\pi}H_\lambda^2(z)).$$

注意． 位数 λ が実数ならば，$J_\lambda(z)$ および $Y_\lambda(z)$ は正の実数値 z に対して実数値をとる分枝をもつ．λ が実数のとき，(36.6) にあげた $H_\lambda^1(z)$, $H_\lambda^2(z)$ はそれに対応する分枝であって，(36.7) でみるように正の実軸上で互いに共役な値をとる．この事実は (36.6) から直接にも示される．それには，路 C_2 が C_1 から置換 $\zeta\,|\,-\bar{\zeta}$ をほどこしてから向きを逆にしたものであることに注意すればよい．

なお，H_λ^1, H_λ^2 を (36.6) によって導入し，それから J_λ, Y_λ を (36.7) で定める流儀もある．その場合には，定理36.1の証明でみたように，J_λ に対して (36.8) すなわち (33.1) がえられ，さらに (36.10) すなわち (35.1) がえられる．

3. ハンケル函数の積分表示をあげる．

定理 36.2. $-\pi<\alpha<\pi$ とするとき，ζ 平面上で $\alpha-i\infty$ から虚軸への平行線に沿って α にいたり，実軸に沿って $-\pi-\alpha$ まで進み，虚軸への平行線に沿っ

て $-\pi-\alpha+i\infty$ にいたる路を C_1^α で表わし，同様に，$\pi-\alpha+i\infty$ から $\pi-\alpha$ にいたり，ついで α に進み，さらに $\alpha-i\infty$ にいたる路を C_2^α で表わす(図 19).

そのとき，

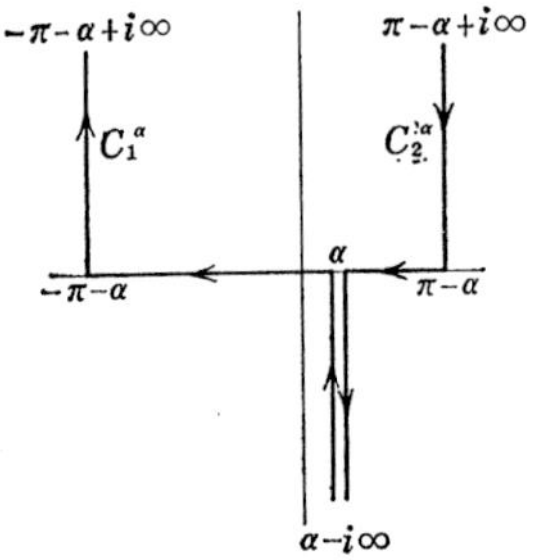

図 19

$$(36.11)\qquad \begin{aligned} H_\lambda^1(z)&=-\frac{1}{\pi}\int_{C_1{}^\alpha} e^{-iz\sin\zeta+i\lambda\zeta}d\zeta,\\ & \qquad\qquad\qquad\qquad (\Re(e^{i\alpha}z)>0).\\ H_\lambda^2(z)&=-\frac{1}{\pi}\int_{C_2{}^\alpha} e^{-iz\sin\zeta+i\lambda\zeta}d\zeta \end{aligned}$$

証明. $z=x+iy$ とおけば，

$$\begin{aligned} &\Re(-iz\sin(\alpha+i\eta))\\ &=x\cos\alpha\sinh\eta+y\sin\alpha\cosh\eta\\ &\sim-\frac{1}{2}\Re(e^{i\alpha}z)e^{-\eta}\qquad (\eta\to-\infty), \end{aligned}$$

$$\begin{aligned} \Re(-iz\sin(\pm\pi-\alpha+i\eta))&=-x\cos\alpha\sinh\eta+y\sin\alpha\cosh\eta\\ &\sim-\frac{1}{2}\Re(e^{i\alpha}z)e^{\eta}\qquad (\eta\to+\infty). \end{aligned}$$

ゆえに，$\Re(e^{i\alpha}z)>0$ のとき，(36.11) の右辺の両積分は広義の一様に収束する．さらに，z が二つの半平面 $\Re z>0$，$\Re(e^{i\alpha}z)>0$ の共通部分に含まれるとき，$\alpha\lesseqgtr\xi\lesseqgtr0$ に対して $\Re(e^{i\xi}z)>0$ であって

$$\Re(-iz\sin(\xi+i\eta))\sim-\frac{1}{2}\Re(e^{i\xi}z)e^{-\eta}\qquad (\eta\to-\infty),$$

$$\Re(-iz\sin(\pm\pi-\xi+i\eta))\sim-\frac{1}{2}\Re(e^{i\xi}z)e^{\eta}\qquad (\eta\to+\infty).$$

したがって，コーシーの積分定理によって，C_1^α, C_2^α はそれぞれ C_1, C_2 と同値な路である．すなわち，(36.11) の右辺は (36.6) によって与えられた $H_\lambda^1(z)$, $H_\lambda^2(z)$ を $\Re(e^{i\alpha}z)>0$ へ解析接続したものである．

注意. (36.11) で α を順次に $\pm\infty$ に近づく列にわたらせれば，H_λ^1, H_λ^2 の解析接続がえられる．それによって，これらは $0<|z|<\infty$ 上の被覆面をリーマン面としてもつ解析函数となる．

定理 36.3. 虚軸への平行半直線 $\Re\zeta=1$, $\Im\zeta\geqq0$; $\Re\zeta=-1$, $\Im\zeta\geqq0$ のおのおのに沿ってそれぞれ $1+i\infty$; $-1+i\infty$ から $+1$; -1 にいたり，これらの点を正；負の向きに一周してから再び $1+i\infty$; $-1+i\infty$ にいたる路をそれぞれ C^1;

C^2 とすれば(図 20),

$$H_\lambda^1(z) = \frac{\Gamma(1/2-\lambda)}{\sqrt{\pi}\,\pi i}\left(\frac{z}{2}\right)^\lambda \int_{C^1} e^{iz\zeta}(\zeta^2-1)^{\lambda-1/2}d\zeta,$$

(36.12) $(\Re z>0)$.

$$H_\lambda^2(z) = \frac{\Gamma(1/2-\lambda)}{\sqrt{\pi}\,\pi i}\left(\frac{z}{2}\right)^\lambda \int_{C^2} e^{iz\zeta}(\zeta^2-1)^{\lambda-1/2}d\zeta$$

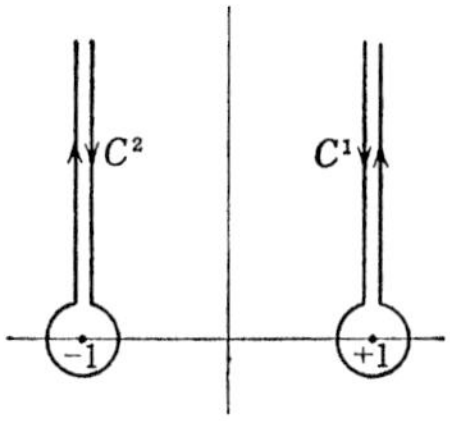

図 20

ここに $(\zeta^2-1)^{\lambda-1/2}=e^{(\lambda-1/2)\log(\zeta^2-1)}$ において $\log(\zeta^2-1)$ は $\zeta>1$ に対して実数値をとる分枝とする.

証明. 定理 33.4 における路 C_1 は $C^1\cup C^2$ と同値であるから,

$$J_\lambda(z)=\frac{\Gamma(1/2-\lambda)}{\sqrt{\pi}\,2\pi i}\left(\frac{z}{2}\right)^\lambda\left(\int_{C^1}+\int_{C^2}\right)e^{iz\zeta}(\zeta^2-1)^{\lambda-1/2}d\zeta.$$

他方において, 定理 33.5 における路 C_2 については, 多価函数 $(\zeta^2-1)^{\lambda-1/2}$ は正の虚軸の部分の右側では C^1 上と同類のものがとられるが, 左側では C^2 上と同類のものに因子 $e^{-2\pi i(\lambda-1/2)}$ をつけたものがとられる. ゆえに,

$$J_{-\lambda}(z)=\frac{\Gamma(1/2-\lambda)e^{i\lambda\pi}}{\sqrt{\pi}\,2\pi i}\left(\frac{z}{2}\right)^\lambda\left(\int_{C^1}-e^{-2\pi i(\lambda-1/2)}\int_{C^2}\right)e^{iz\zeta}(\zeta^2-1)^{\lambda-1/2}d\zeta$$

$$=\frac{\Gamma(1/2-\lambda)}{\sqrt{\pi}\,2\pi i}\left(\frac{z}{2}\right)^\lambda\left(e^{i\lambda\pi}\int_{C^1}+e^{-i\lambda\pi}\int_{C^2}\right)e^{iz\zeta}(\zeta^2-1)^{\lambda-1/2}d\zeta.$$

定理 36.1 ((36.8) と系参照)によって

(36.13) $$H_\lambda^1(z)=\frac{J_{-\lambda}(z)-e^{-i\lambda\pi}J_\lambda(z)}{i\sin\lambda\pi},\qquad H_\lambda^2(z)=\frac{e^{i\lambda\pi}J_\lambda(z)-J_{-\lambda}(z)}{i\sin\lambda\pi}$$

となるから, この右辺へ上記の $J_{\pm\lambda}$ の表示を入れれば, (36.12) がえられる.

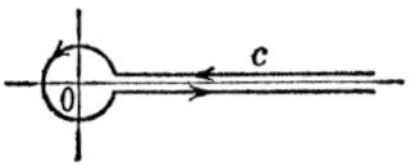

図 21

定理 36.4. 正の実軸に沿って $+\infty$ から出て 0 を正の向きに一周してから $+\infty$ にいたる路を c で表わせば(図 21), $\Re z>0$ のとき,

(36.14) $$\begin{matrix}H_\lambda^1\\H_\lambda^2\end{matrix}(z)=\pm\frac{\Gamma(1/2-\lambda)}{\pi\sqrt{2\pi z}}e^{\pm i(z+\lambda\pi/2-\pi/4)}\int_c e^{-t}t^{\lambda-1/2}\left(1\pm\frac{it}{2z}\right)^{\lambda-1/2}dt;$$

特に $\Re\lambda>-1/2$ ならば,

(36.15) $$\begin{matrix}H_\lambda^1\\H_\lambda^2\end{matrix}(z)=\left(\frac{2}{\pi z}\right)^{1/2}\frac{e^{\pm i(z-\lambda\pi/2-\pi/4)}}{\Gamma(\lambda+1/2)}\int_0^\infty e^{-t}t^{\lambda-1/2}\left(1\pm\frac{it}{2z}\right)^{\lambda-1/2}dt.$$

証明. 定理36.3の両表示(36.12)でそれぞれ変数の置換 $\zeta\mp1=it/z$ をほどこす．それによって，正の実数 z に対して(36.14)がえられる．解析性によりこれは $\Re z>0$ で成り立つ．つぎに，$\Re\lambda>-1/2$ ならば，積分は $t=0$ でも収束し，(36.15)となる．じっさい，

$$\pm\frac{\Gamma(1/2-\lambda)}{\pi\sqrt{2\pi z}}(\pm1)(1-e^{\mp2\pi i(\lambda-1/2)})=\frac{\Gamma(1/2-\lambda)}{\pi\sqrt{2\pi z}}e^{\mp i\lambda\pi}\cdot2\cos\pi\lambda$$

$$=\left(\frac{2}{\pi z}\right)^{1/2}e^{\mp i\lambda\pi}\frac{1}{\pi}\Gamma\left(\frac{1}{2}-\lambda\right)\sin\pi\left(\frac{1}{2}-\lambda\right)=\left(\frac{2}{\pi z}\right)^{1/2}\frac{1}{\Gamma(\lambda+1/2)}e^{\mp i\lambda\pi}.$$

問 1. $-\infty$ から負の実軸に沿って0にいたり，正[負]の虚軸に沿って $i\,[-i]$ にいたり，$i\,[-i]$ を正の向きに一周してから再び正[負]の虚軸に沿って0にいたり，負の実軸に沿って $-\infty$ にもどる路を $c_1\,[c_2]$ とすれば，

$$H_\lambda^{\mathrm{a}}(z)=\frac{1}{\pi i}\int_{c_{\mathrm{a}}}e^{zt}(\sqrt{t^2+1}-t)^\lambda\frac{dt}{\sqrt{t^2+1}}\qquad(\mathrm{a}=1,2;\ \Re z>0).$$

問 2.

$$H_\lambda^1(z)=\frac{e^{-i\lambda\pi/2}}{\pi i}\int_{-\infty}^{\infty}e^{iz\cosh\eta-\lambda\eta}d\eta\qquad(\Im z>0),$$

$$H_\lambda^2(z)=-\frac{e^{i\lambda\pi/2}}{\pi i}\int_{-\infty}^{\infty}e^{-iz\cosh\eta-\lambda\eta}d\eta\qquad(\Im z<0).$$

問 3. $0<\delta<\pi/2$ のとき，

$$H_\lambda^1(z)\to0\quad(\delta\leqq\arg z\leqq\pi-\delta,\ z\to\infty),\quad H_\lambda^2(z)\to0\quad(\pi+\delta\leqq\arg z\leqq2\pi-\delta,\ z\to\infty).$$

問 4. m が整数のとき，つぎの周期関係が成り立つ：

$$\begin{pmatrix}H_\lambda^1(ze^{im\pi})\\H_\lambda^2(ze^{im\pi})\end{pmatrix}=\begin{pmatrix}\cos m\lambda\pi-\cot\lambda\pi\sin m\lambda\pi & i\sin m\lambda\pi-\cot\lambda\pi\sin m\lambda\pi\\\cos m\lambda\pi+\cot\lambda\pi\sin m\lambda\pi & i\sin m\lambda\pi+\cot\lambda\pi\sin m\lambda\pi\end{pmatrix}\begin{pmatrix}H_\lambda^1(z)\\H_\lambda^2(z)\end{pmatrix}.$$

問 5.

$$\begin{matrix}H_{1/2}^1\\H_{1/2}^2\end{matrix}(z)=\mp i\sqrt{\frac{2}{\pi z}}e^{\pm iz},\qquad\begin{matrix}H_{-1/2}^1\\H_{-1/2}^2\end{matrix}(z)=\sqrt{\frac{2}{\pi z}}e^{\pm iz}.$$

問 6.

$$\int_0^\infty\cos\frac{\pi(t^3-ct)}{2}dt=\begin{cases}\dfrac{\pi}{3}\sqrt{\dfrac{c}{3}}\left(J_{1/3}\left(\dfrac{\pi c}{3}\sqrt{\dfrac{c}{3}}\right)+J_{-1/3}\left(\dfrac{\pi c}{3}\sqrt{\dfrac{c}{3}}\right)\right) & (c>0),\\[2ex]\dfrac{\pi}{6}e^{-i\pi/3}\sqrt{-c}\;H_{1/3}^1\left(\dfrac{-\pi c}{3}\sqrt{\dfrac{-c}{3}}\,i\right) & (c<0).\end{cases}$$

§37. 変形ベッセル函数

1. 円柱函数と関連して，いろいろな函数とそれらの記号が慣用されている．まず，(32.4)を変形して

$$I_\lambda(z)\equiv\begin{matrix}e^{-i\lambda\pi/2}J_\lambda(iz)\\e^{3i\lambda\pi/2}J_\lambda(-iz)\end{matrix}=\sum_{\nu=0}^{\infty}\frac{1}{\nu!\,\Gamma(\lambda+\nu+1)}\left(\frac{z}{2}\right)^{\lambda+2\nu}\tag{37.1}$$

$$\begin{pmatrix}-\pi<\arg z<\pi/2\\\pi/2<\arg z<\pi\end{pmatrix}.$$

注意. これは λ が整数 n のとき，バッセットによって導入された；彼はすこし以前には $i^n J_n(iz)$ を $I_n(z)$ と記した.

$w=I_\lambda(z)$ はつぎの微分方程式をみたす：

$$\frac{d^2w}{dz^2}+\frac{1}{z}\frac{dw}{dz}-\left(1+\frac{\lambda^2}{z^2}\right)w=0. \tag{37.2}$$

λ が整数でないとき，この方程式の I_λ と独立な解として $I_{-\lambda}(z)$ をとることができる．しかし，パラメターの整数値の場合をも含めて，ふつうはつぎの函数が用いられる：

$$K_\lambda(z)=\frac{\pi}{2}\cdot\frac{I_{-\lambda}(z)-I_\lambda(z)}{\sin\lambda\pi} \qquad (\lambda\text{ は非整数}), \tag{37.3}$$

$$K_n(z)=\frac{(-1)^n}{2}\left[\frac{\partial I_{-\lambda}(z)}{\partial\lambda}-\frac{\partial I_\lambda(z)}{\partial\lambda}\right]^{\lambda=n} \qquad (n\text{ は整数}). \tag{37.4}$$

定理 35.3 に対応して，$n\geqq 0$ が整数のとき，つぎの展開がえられる：

$$\begin{aligned}K_n(z)=&(-1)^{n+1}\left(\log\frac{z}{2}+C\right)I_n(z)+\frac{1}{2}\sum_{\nu=0}^{n-1}(-1)^\nu\frac{(n-\nu-1)!}{\nu!}\left(\frac{z}{2}\right)^{-n+2\nu}\\&+\frac{(-1)^n}{2}\sum_{\nu=0}^{\infty}\frac{1}{\nu!(n+\nu)!}\left(\frac{z}{2}\right)^{n+2\nu}\left(\sum_{\kappa=1}^{\nu}\frac{1}{\kappa}+\sum_{\kappa=1}^{n+\nu}\frac{1}{\kappa}\right).\end{aligned} \tag{37.5}$$

注意. 記号 K_n もバッセットによる．これに対して，グレイ・マシュースは (37.3) に因子 $\cos\lambda\pi$ をつけたものを K_λ と定義した：$K_\lambda(z)=(\pi/2)(I_{-\lambda}(z)-I_\lambda(z))\cot\lambda\pi$. このように定義すると，$K_\lambda$ が下記の I_λ の漸化式 (37.6) と同じ漸化式をみたす点は便利である．しかし，λ が奇数の半分に等しいとき，$K_\lambda\equiv 0$ となる不便がある.

定義 (37.1) を J に対する函数方程式 (32.1)，(32.2) と比較することによって，つぎの互いに同値な漸化式の組がえられる：

$$2I_\lambda'(z)=I_{\lambda-1}(z)+I_{\lambda+1}(z), \qquad \frac{2\lambda}{z}I_\lambda(z)=I_{\lambda-1}(z)-I_{\lambda+1}(z); \tag{37.6}$$

$$I_\lambda'(z)=-\frac{\lambda}{z}I_\lambda(z)+I_{\lambda-1}(z), \qquad I_\lambda'(z)=\frac{\lambda}{z}I_\lambda(z)+I_{\lambda+1}(z). \tag{37.7}$$

他方において，定義の式 (37.3)，(37.1) から

$$\begin{aligned}K_\lambda(z)&=\frac{\pi}{2\sin\lambda\pi}(e^{i\lambda\pi/2}J_{-\lambda}(iz)-e^{-i\lambda\pi/2}J_\lambda(iz))\\&=\frac{\pi i}{2}e^{\pm i\lambda\pi/2}\frac{J_{\mp\lambda}(iz)-e^{\mp i\lambda\pi}J_{\pm\lambda}(iz)}{i\sin(\pm\lambda)\pi};\end{aligned}$$

(37.8) $$K_\lambda(z)=\frac{\pi i}{2}e^{\pm i\lambda\pi/2}H^1_{\pm\lambda}(iz).$$

I_λ, K_λ の諸性質は (37.1), (37.8) を介してみちびかれる.

2. つぎの式で定義される**ケルビンの函数** ber, bei, ker, kei は, 実用的には特に実変数 x の場合に利用される:

(37.9) $$I_0(e^{\pm i\pi/4}x)=\mathrm{ber}\,x\pm i\,\mathrm{bei}\,x,$$

(37.10) $$K_0(e^{\pm i\pi/4}x)=\mathrm{ker}\,x\pm i\,\mathrm{kei}\,x.$$

これらはいずれも実数値 x に対して実数値をとる函数である. (37.1), (37.5) からつぎの展開がえられる:

(37.11) $$\mathrm{ber}\,x=\sum_{\nu=0}^{\infty}\frac{(-1)^\nu}{(2\nu)!^2}\left(\frac{x^2}{4}\right)^{2\nu},\qquad \mathrm{bei}\,x=\sum_{\nu=0}^{\infty}\frac{(-1)^\nu}{(2\nu+1)!^2}\left(\frac{x^2}{4}\right)^{2\nu+1};$$

$$\mathrm{ker}\,x=-\left(C+\log\frac{x}{2}\right)\mathrm{ber}\,x+\frac{\pi}{4}\mathrm{bei}\,x+\sum_{\nu=0}^{\infty}\frac{(-1)^\nu}{(2\nu)!^2}\left(\frac{x}{2}\right)^{4\nu}\sum_{\kappa=1}^{2\nu+1}\frac{1}{\kappa},$$

(37.12)
$$\mathrm{kei}\,x=-\left(C+\log\frac{x}{2}\right)\mathrm{bei}\,x-\frac{\pi}{4}\mathrm{ber}\,x+\sum_{\nu=0}^{\infty}\frac{(-1)^\nu}{(2\nu+1)!^2}\left(\frac{x}{2}\right)^{4\nu+2}\sum_{\kappa=1}^{2\nu+2}\frac{1}{\kappa}.$$

さらに, つぎの函数 her, hei が定義される:

(37.13) $$H^1_0(e^{\pm 3i\pi/4}x)=\mathrm{her}\,x\pm i\,\mathrm{hei}\,x;$$

(37.14) $$\mathrm{her}\,x=\frac{2}{\pi}\mathrm{kei}\,x,\qquad \mathrm{hei}\,x=-\frac{2}{\pi}\mathrm{ker}\,x.$$

3. n を整数とするとき, 半奇数の円柱函数と関連して, n 位の**球ベッセル函数**が導入される:

(37.15) $$j_n(z)=\sqrt{\frac{\pi}{2z}}J_{n+1/2}(z),\qquad n_n(z)=\sqrt{\frac{\pi}{2z}}N_{n+1/2}(z)\quad(N\equiv Y);$$

(37.16) $$h^a_n(z)=\sqrt{\frac{\pi}{2z}}H^a_{n+1/2}(z)\qquad (a=1,2).$$

一般に, n 位の球ベッセル函数の任意な一つを $c_n(z)$ で表わせば, $w=c_n(z)$ はつぎの微分方程式をみたす:

(37.17) $$\frac{d^2w}{dz^2}+\frac{2}{z}\frac{dw}{dz}+\left(1-\frac{n(n+1)}{z^n}\right)w=0.$$

さらに, つぎの漸化式が成り立つ:

(37.18) $$\frac{2n+1}{z}c_n(z)=c_{n+1}(z)+c_{n-1}(z).$$

$j_n(z)$, $n_n(z)$ の展開は, (32.4), (35.13) ($\lambda=n+1/2$) を用いて, 定義 (37.15) から直ちにえられる:

$$j_n(z)=(2z)^n\sum_{\nu=0}^{\infty}\frac{(-1)^\nu\cdot(n+\nu)!}{\nu!(2n+2\nu+1)!}z^{2\nu}, \tag{37.19}$$

$$n_n(z)=\frac{1}{2^{n-1}z^{n+1}}\sum_{\nu=0}^{n-1}\frac{(2n-2\nu-1)!}{\nu!(n-\nu-1)!}z^{2\nu} - \frac{z^{n-1}}{2^n}\sum_{\nu=0}^{\infty}\frac{(-1)^\nu\cdot\nu!}{(n+\nu)!(2\nu)!}z^{2\nu}. \tag{37.20}$$

また, (36.7), (35.9), (32.8) から

$$\begin{aligned}h_n^1(z)&=j_n(z)+i(-1)^{n-1}j_{-n}(z)\\&=i(-1)^{n+1}z^n\left(\frac{d}{zdz}\right)^n\frac{e^{iz}}{z};\\h_n^2(z)&=-i(-1)^{n+1}z^n\left(\frac{d}{zdz}\right)^n\frac{e^{-iz}}{z}.\end{aligned} \tag{37.21}$$

ゆえに, $h_n^1(z)$, $h_n^2(z)$ はそれぞれ e^{iz}, e^{-iz} と z^{-1} の n 次の多項式との積という形をもつ. (37.18) を用いて, 帰納法でたしかめられるように,

$$h_n^{a}(z)=\frac{e^{\mp i(n+1)\pi/2}}{2}e^{\pm iz}\sum_{\nu=0}^{n}\frac{(n+\nu)!}{\nu!(n-\nu)!}\left(\frac{\pm i}{2z}\right)^\nu \qquad \left(a=\frac{1}{2}\right). \tag{37.22}$$

問 1. $$I_\lambda(z)=\left(\frac{z}{2}\right)^\lambda\frac{1}{\Gamma(\lambda+1)}{}_0F_1\left(\lambda+1;\ \frac{z^2}{4}\right).$$

問 2. $$2K_\lambda'(z)=-K_{\lambda-1}(z)-K_{\lambda+1}(z),\qquad \frac{2\lambda}{z}K_\lambda(z)=-K_{\lambda-1}(z)+K_{\lambda+1}(z).$$

問 3. $y=\mathrm{ber}\,x$, $\mathrm{bei}\,x$, $\mathrm{ker}\,x$, $\mathrm{kei}\,x$ はすべてつぎの**ケルビンの微分方程式**をみたす: $d^2y/dx^2+(1/x)dy/dx-iy=0$.

問 4. n 位の球ベッセル函数 $c_n(x)$ に対する昇降演算子は

$$\mathcal{T}_n^+=\frac{n}{z}-\mathcal{D},\qquad \mathcal{T}_n^-=\frac{n+1}{z}+\mathcal{D}\qquad \left(\mathcal{D}\equiv\frac{d}{dz}\right).$$

問 5. $$j_0(z)=\frac{\sin z}{z},\qquad n_0(z)=-\frac{\cos z}{z};\qquad h_0^{a}(z)=\frac{e^{\pm iz}}{\pm iz}\qquad \left(a=\frac{1}{2}\right).$$

問 6. $$h_n^{a}(z)=\pm i^{-n}\int_{\pm1+i\infty}^{\pm1}e^{iz\zeta}P_n(\zeta)d\zeta\qquad \left(a=\frac{1}{2}\right)\qquad (\Re z>0;\ n=0,1,\cdots).$$

§38. 積分等式

1. ベッセル函数を被積分函数に含む定積分が数多く求められている. ホブソンの公式 (34.16) もその一例である.

$\Re\lambda>-1$ とすれば，ベッセル函数の展開 (32.4) から

$$\int_0^{\pi/2} J_\lambda(z\sin\theta)\sin^{\lambda+1}\theta\,d\theta=\sum_{\nu=0}^{\infty}\frac{(-1)^\nu}{\nu!\,\Gamma(\lambda+\nu+1)}\left(\frac{z}{2}\right)^{\lambda+2\nu}\int_0^{\pi/2}\sin^{2\lambda+2\nu+1}\theta\,d\theta$$

$$=\sum_{\nu=0}^{\infty}\frac{(-1)^\nu}{\nu!\,\Gamma(\lambda+\nu+1)}\left(\frac{z}{2}\right)^{\lambda+2\nu}\cdot\frac{1}{2}B\left(\frac{1}{2},\ \lambda+\nu+1\right)$$

$$=\sum_{\nu=0}^{\infty}\frac{(-1)^\nu}{\nu!\,\Gamma(\lambda+\nu+1/2)}\frac{\sqrt{\pi}}{2}\left(\frac{z}{2}\right)^{\lambda+2\nu}=\sqrt{\frac{\pi}{2}}\,\frac{1}{\sqrt{z}}J_{\lambda+1/2}(z);$$

(38.1) $$\sqrt{\frac{2}{\pi}}\int_0^{\pi/2} J_\lambda(z\sin\theta)\sin^{\lambda+1}\theta\,d\theta=\frac{1}{\sqrt{z}}J_{\lambda+1/2}(z)\qquad(\Re\lambda>-1).$$

これもホブソンによってえられた等式である．

同様に，$\Re\lambda>-1/2$ とすれば，

$$\int_0^{\pi} J_{2\lambda}(2z\sin\theta)\,d\theta=\sum_{\nu=0}^{\infty}\frac{(-1)^\nu}{\nu!\,\Gamma(2\lambda+\nu+1)}z^{2\lambda+2\nu}\int_0^{\pi}\sin^{2\lambda+2\nu}\theta\,d\theta$$

$$=\sum_{\nu=0}^{\infty}\frac{(-1)^\nu}{\nu!\,\Gamma(2\lambda+\nu+1)}z^{2\lambda+2\nu}B\left(\frac{1}{2},\ \lambda+\nu+\frac{1}{2}\right)$$

$$=\pi\sum_{\nu=0}^{\infty}\frac{(-1)^\nu}{\Gamma(\lambda+\nu+1)^2}\binom{2\lambda+2\nu}{\nu}\left(\frac{z}{2}\right)^{2\lambda+2\nu}.$$

これを定理 32.3 にあげたシェーンホルツァの公式と比較すれば，C. ノイマンの公式がえられる：

(38.2) $$\int_0^{\pi} J_{2\lambda}(2z\sin\theta)\,d\theta=\pi J_\lambda(z)^2\qquad\left(\Re\lambda>-\frac{1}{2}\right).$$

これはつぎの形にもかきかえられる：

(38.3) $$\int_0^{\pi/2} J_{2\lambda}(2z\cos\theta)\,d\theta=\frac{\pi}{2}J_\lambda(z)^2\qquad\left(\Re\lambda>-\frac{1}{2}\right).$$

2. フーリエの積分定理によって，$f\in \boldsymbol{L}(-\infty,\ \infty)$ が a のまわりで有界変動ならば，

(38.4) $$\frac{1}{\pi}\int_0^{\infty}dx\int_{-\infty}^{\infty}f(u)\cos x(u-a)\,du=\frac{1}{2}(f(a+0)+f(a-0)).$$

この左辺を $f(u)=1/\sqrt{1-u^2}$ ($|u|<1$)，$f(u)=0$ ($|u|>1$) に対して計算すれば，定理 34.3 に注意して，

$$\frac{1}{\pi}\int_0^{\infty}dx\int_{-1}^{1}\frac{\cos x(u-a)}{\sqrt{1-u^2}}du=\frac{2}{\pi}\int_0^{\infty}dx\int_0^{1}\frac{\cos ax\cos xu}{\sqrt{1-u^2}}du\qquad[u=\sin\theta]$$

$$=\frac{1}{\pi}\int_0^\infty \cos ax\,dx\int_0^\pi \cos(x\sin\theta)d\theta=\int_0^\infty J_0(x)\cos ax\,dx.$$

同様に，$f(u)=\mathrm{sgn}\,u/\sqrt{u^2-1}$ $(|u|>1)$，$f(u)=0$ $(|u|<1)$ とおいて (38.4) の左辺を計算すれば，定理 34.10 に注意して，

$$\frac{1}{\pi}\int_0^\infty dx\left(\int_{-\infty}^{-1}\frac{-\cos x(u-a)}{\sqrt{u^2-1}}du+\int_1^\infty\frac{\cos x(u-a)}{\sqrt{u^2-1}}du\right)$$
$$=\frac{2}{\pi}\int_0^\infty dx\int_1^\infty\frac{\sin ax\sin xu}{\sqrt{u^2-1}}du=\int_0^\infty J_0(x)\sin ax\,dx.$$

積分変数の置換 $x\mid bx$ $(b>0)$ を行なってから，あらためて a を a/b とかくことによって，つぎの等式をうる：

(38.5) $$\int_0^\infty J_0(bx)\cos ax\,dx=\begin{cases}1/\sqrt{b^2-a^2} & (|a|<|b|),\\ 0 & (|a|>|b|);\end{cases}$$

(38.6) $$\int_0^\infty J_0(bx)\sin ax\,dx=\begin{cases}\mathrm{sgn}\,a/\sqrt{a^2-b^2} & (|a|>|b|),\\ 0 & (|a|<|b|).\end{cases}$$

(38.5)，(38.6) はウェーバーによるもので，**ウェーバーの不連続因子**とよばれる．

注意． 等式 (38.5)，(38.6) はつぎのようにしてもみちびかれる．(34.5) によって

$$J_0(bx)=\frac{1}{\pi}\int_0^\pi\cos(bx\sin\theta)d\theta=\frac{1}{\pi}\int_0^\pi\cos(bx\cos\theta)d\theta.$$

b が実数のとき，$\Re c>0$ として，これに e^{-cx} を掛けて積分すると，

$$\int_0^\infty e^{-cx}J_0(bx)dx=\frac{1}{\pi}\int_0^\pi d\theta\int_0^\infty e^{-cx}\cos(bx\cos\theta)dx=\frac{1}{\pi}\int_0^\pi\frac{c}{c^2+b^2\cos^2\theta}d\theta=\frac{1}{\sqrt{b^2+c^2}}.$$

この左辺は，積分が収束する限り，$\Re c\geqq 0$ で連続なことが示されるから，a を実数として $c=ia$ とおけば，

(38.7) $$\int_0^\infty e^{-iax}J_0(bx)dx=\frac{1}{\sqrt{b^2-a^2}}.$$

つぎに，J_0 についての加法公式 (34.10) によって，a, b が実数のとき，

$$J_n(at)J_n(bt)=\frac{1}{\pi}\int_0^\pi J_0(t\sqrt{a^2-2ab\cos\theta+b^2})\cos n\theta\,d\theta \qquad (n=0,1,\cdots).$$

したがって，(38.5) または (38.7) $(a=0)$ を用いると，

(38.8) $$\int_0^\infty J_n(at)J_n(bt)dt=\frac{1}{\pi}\int_0^\pi\frac{\cos n\theta}{\sqrt{a^2-2ab\cos\theta+b^2}}d\theta \qquad (n=0,1,\cdots).$$

特に $n=0$, $|a|<|b|$ の場合には，定理 20.3 に注意して，

$$\int_0^\infty J_0(at)J_0(bt)dt=\frac{1}{\pi}\int_0^\infty\sum_{\nu=0}^\infty\frac{a^\nu}{b^{\nu+1}}P_\nu(\cos\theta)d\theta$$

$$=\frac{1}{\pi}\sum_{\mu=0}^\infty\frac{a^{2\mu}}{b^{2\mu+1}}\cdot\pi\frac{(2\mu)!^2}{\mu!^4 2^{4\mu}};$$

(38.9) $$\int_0^\infty J_0(at)J_0(bt)dt=\frac{1}{b}F\left(\frac{1}{2},\ \frac{1}{2};\ 1;\ \frac{a^2}{b^2}\right)\qquad(|a|<|b|).$$

3. ベッセル函数の零点についてしらべるために，**ロンメルの積分公式**が有用である．

定理 38.1. $\Re\lambda>-1$ のとき，$\alpha\beta\neq0$ とすれば，

(38.10)
$$\int_0^x tJ_\lambda(\alpha t)J_\lambda(\beta t)dt=\begin{cases}\dfrac{x}{\beta^2-\alpha^2}(\alpha J_\lambda'(\alpha x)J_\lambda(\beta x)-\beta J_\lambda'(\beta x)J_\lambda(\alpha x)) & (\beta^2\neq\alpha^2),\\ \dfrac{x^2}{2}(J_\lambda(\alpha x)^2-J_{\lambda-1}(\alpha x)J_{\lambda+1}(\alpha x)) & (\beta^2=\alpha^2).\end{cases}$$

証明. ベッセルの微分方程式 (32.3) で $z=\alpha t$, $w=J_\lambda(z)=J_\lambda(\alpha t)$ とおけば，

(38.11) $$J_\lambda''(\alpha t)+\frac{1}{\alpha t}J_\lambda'(\alpha t)+\left(1-\frac{\lambda^2}{\alpha^2t^2}\right)J_\lambda(\alpha t)=0.$$

この式とここで α を β でおきかえた式に $\alpha^2tJ_\lambda(\beta t)$, $-\beta^2tJ_\lambda(\alpha t)$ を掛けて加えれば，

$$\frac{d}{dt}(t(\alpha J_\lambda'(\alpha t)J_\lambda(\beta t)-\beta J_\lambda'(\beta t)J_\lambda(\alpha t)))+(\alpha^2-\beta^2)tJ_\lambda(\alpha t)J_\lambda(\beta t)=0.$$

これを t について 0 から x まで積分すれば，(38.10) で $\beta^2\neq\alpha^2$ の場合の等式をうる．ここで $\beta\to\alpha$ とし，微分方程式 (38.11) に注意すれば，

(38.12)
$$\int_0^x tJ_\lambda(\alpha t)^2dt=\frac{x}{2\alpha}(\alpha xJ_\lambda'(\alpha x)^2-J_\lambda'(\alpha x)J_\lambda(\alpha x)-\alpha xJ_\lambda''(\alpha x)J_\lambda(\alpha x))$$
$$=\frac{x^2}{2}\left(J_\lambda'(\alpha x)^2+\left(1-\frac{\lambda^2}{\alpha^2x^2}\right)J_\lambda(\alpha x)^2\right).$$

さらに，漸化式 (32.2) を用いれば，$\beta^2=\alpha^2$ の場合がえられる．

定理 38.2. $\Re\lambda>-1$ のとき，

(i) α, β が $J_\lambda(x)$ の相異なる 0 でない零点ならば，

(38.13) $$\int_0^1 tJ_\lambda(\alpha t)J_\lambda(\beta t)dt=0;$$

(ii) $\alpha\neq 0$ が $J_\lambda(x)$ の零点ならば,

(38.14) $$\int_0^1 tJ_\lambda(\alpha t)^2dt=-\frac{1}{2}J_{\lambda-1}(\alpha)J_{\lambda+1}(\alpha).$$

証明. 定理38.1の等式 (38.10) からわかる.

定理 38.3. (i) $J_\lambda(z)$ の零点は原点に関して対称に分布している;

(ii) $\lambda>-1$ のとき, $J_\lambda(z)$ は純虚の零点をもたない; さらに,

(iii) $\lambda>-1$ のとき, $J_\lambda(z)$ は虚の零点をもたない.

証明. (i) 展開 (32.4) からわかるように, $z^{-\lambda}J_\lambda(z)$ は偶函数である.

(ii) $z=iy$ (純虚数) のとき, 展開 (32.4) によって

$$\left(\frac{iy}{2}\right)^{-\lambda}J_\lambda(iy)=\sum_{\nu=0}^{\infty}\frac{1}{\nu!\Gamma(\lambda+\nu+1)}y^{2\nu}>0.$$

(iii) $(z/2)^{-\lambda}J_\lambda(z)$ のテイラー展開の係数はすべて実である. ゆえに, 仮に $J_\lambda(z)$ が虚の零点 α をもったとすれば, $\bar{\alpha}$ もまた零点である. (38.13) によってこれは不合理である:

$$0=\int_0^1 tJ_\lambda(\alpha t)J_\lambda(\bar{\alpha}t)dt=\int_0^1 t|J_\lambda(\alpha t)|^2dt>0.$$

注意. $P_n(z)$, $L_n(z)$ はいずれも実の零点だけをもつ. したがって, $J_0(z)$ が虚の零点をもたないことは, 例えば (34.15) ($h=0$), §34 問11 などからもわかる.

定理 38.4. λ が実数ならば, $J_\lambda(z)$ は無限個の正の零点をもつ.

証明. まず, $-1/2<\lambda<1/2$ のとき, (33.5) の積分路 C_1 を ±1 を端点とする二重線分に縮めてえられる表示(§33 問3)から, 整数 $k\geqq 0$ に対して

$$J_\lambda\left(\frac{(2k+1)\pi}{2}\right)=\frac{2}{\sqrt{\pi}\,\Gamma(\lambda+1/2)}\left(\frac{(2k+1)\pi}{4}\right)^\lambda\int_0^1(1-t^2)^{\lambda-1/2}\cos\frac{(2k+1)\pi t}{2}dt$$

$$=\frac{2}{\sqrt{\pi}\,\Gamma(\lambda+1/2)}\left(\frac{(2k+1)\pi}{4}\right)^\lambda$$

$$\cdot\left(\int_0^{1/(2k+1)}+\sum_{\kappa=1}^{k}\int_{(2\kappa-1)/(2k+1)}^{(2\kappa+1)/(2k+1)}\right)(1-t^2)^{\lambda-1/2}\cos\frac{(2k+1)\pi t}{2}dt.$$

ゆえに, $\kappa=0,1,\cdots,k$ に対して

$$\omega_\kappa=(-1)^\kappa\int_{(2\kappa-1)/(2k+1)}^{(2\kappa+1)/(2k+1)}(1-t^2)^{\lambda-1/2}\cos\frac{(2k+1)\pi t}{2}dt$$

$$=\int_0^{2/(2k+1)}\left(1-\left(\tau+\frac{2\kappa-1}{2k+1}\right)^2\right)^{\lambda-1/2}\sin\frac{(2k+1)\pi\tau}{2}d\tau$$

とおけば，$\lambda-1/2<0$ であるから，$\{\omega_\kappa\}_{\kappa=0}^{k}$ は狭義の増加正数列であって

$$J_\lambda\left(\frac{(2k+1)\pi}{2}\right)=\frac{2}{\sqrt{\pi}\,\Gamma(\lambda+1/2)}\left(\frac{(2k+1)\pi}{4}\right)^\lambda\left(\frac{1}{2}\omega_0+\sum_{\kappa=1}^{k}(-1)^\kappa\omega_\kappa\right).$$

したがって，$J_\lambda((2k+1)\pi/2)$ の符号は $(-1)^k$ であるから，$J_\lambda(z)$ は各区間 $((2k+1)\pi/2,\ (2k+3)\pi/2)$ $(k=0,1,\cdots)$ に零点をもつ．また，$\lambda=1/2$ のとき，$\omega_\kappa=2/(2k+1)\pi$ $(\kappa=0,1,\cdots,k)$ となるから，同じことが成り立つ．—— $\lambda=1/2$ については，むしろ (32.7) の関係 $J_{1/2}(z)=\sqrt{2/\pi z}\sin z$ から直接に明らかである．以上の $-1/2<\lambda\leqq 1/2$ についての結果を下記の定理 38.5 (iii) と組みあわせれば，一般な λ についての結果がえられる．

系． $-1/2<\lambda\leqq 1/2$ のとき，$J_\lambda(z)$ の正の最小零点は区間 $(\pi/2,\ 3\pi/2)$ に含まれる．

定理 38.5． (i) $\lambda>-1$ のとき，$J_\lambda(z)$ は重複零点をもたない；

(ii) $\lambda>-1$ のとき，$J_\lambda(z)$ と $J_{\lambda-1}(z)$ とは原点以外で共通零点をもたない；

(iii) λ が実数のとき，$J_\lambda(x)$ の正の零点と $J_{\lambda-1}(x)$ の正の零点とは互いに分離している．

証明． (i) 定理 38.3 (iii) により $J_\lambda(z)$ の零点 α は実であって，(38.12) により

$$\frac{1}{2}J_\lambda'(\alpha)=\int_0^1 tJ_\lambda(\alpha t)^2dt\neq 0.$$

(ii) $\alpha\neq 0$, $J_\lambda(\alpha)=0$ とすれば，(38.10) により

$$-\frac{1}{2}J_{\lambda-1}(\alpha)J_{\lambda+1}(\alpha)=\int_0^1 tJ_\lambda(\alpha t)^2dt\neq 0.$$

(iii) (32.5) によって

$$\frac{d}{dx}(x^{\pm\lambda}J_\lambda(x))=\pm x^{\pm\lambda}J_{\lambda\pm1}(x).$$

上側の関係からロールの定理により，$J_\lambda(x)$ の相隣る正の零点の間には $J_{\lambda-1}(x)$ の少なくとも一つの零点がある．また，下側の関係で λ の代りに $\lambda-1$ とおいたものから，$J_{\lambda-1}(x)$ の相隣る正の零点の間には $J_\lambda(x)$ の少なくとも一つの零

点が存在する．

問 1. (i) $$\int_0^\pi J_0(2z\sin\theta)\cos 2n\theta\, d\theta=\pi J_n(z)^2,$$

(ii) $$\int_0^\pi J_0(2z\sin\theta)e^{2in\theta}d\theta=2\pi J_n(z)^2 \qquad (n=0,\ \pm1,\cdots).$$

問 2. a が実数のとき，

$$\int_0^\infty J_0(x)\frac{\sin ax}{x}dx=\begin{cases}\arcsin a & (|a|<1),\\ (\pi/2)\operatorname{sgn} a & (|a|>1).\end{cases}$$

問 3. n, h が $n\geqq h$ をみたす整数ならば，$\Re p>|\Im q|$ のとき，

$$\int_0^\infty t^n e^{-pt}J_h(qt)dt=\frac{(n-h)!}{(p^2+q^2)^{(n+1)/2}}P_n^h\left(\frac{p}{\sqrt{p^2+q^2}}\right);$$

$$\int_0^\infty t^n e^{-pt}J_n(qt)dt=\frac{(2n)!}{n!\,2^n}\frac{q^n}{(p^2+q^2)^{n+1/2}}.$$

問 4. $\Re(\kappa+\lambda)>0$, $\Re\alpha>0$, $|\beta|<|\alpha|$ のとき，

$$\int_0^\infty t^{\kappa-1}e^{-\alpha t}J_\lambda(\beta t)dt=\frac{\beta^\lambda\Gamma(\kappa+\lambda)}{2^\lambda\alpha^{\kappa+\lambda}\Gamma(\lambda+1)}F\left(\frac{\kappa+\lambda}{2},\ \frac{\kappa+\lambda+1}{2};\ \lambda+1;\ -\frac{\beta^2}{\alpha^2}\right).$$

問 5. $\Re\lambda>-1$, $\Re p>0$, $q>0$ のとき，

$$\int_0^\infty t^{\lambda+1}e^{-pt^2}J_\lambda(qt)dt=\frac{q^\lambda}{(2p)^{\lambda+1}}e^{-q^2/4p}.$$

問 6. $J_0(x)$ は各整数 $k\geqq0$ に対して区間 $((k+3/4)\pi,\ (k+1)\pi)$ に零点をもつ．

問 7. $\lambda\geqq0$ とし，区間 $(0,1)$ で境界条件 $y(x)=O(1)$ $(x\to+0)$, $y(1)=0$ をみたす実数値函数 $y(x)$ を許容して等周問題(条件付変分問題) $\int_0^1 x^{2\lambda+1}y'^2dx=\min$, $\int_0^1 x^{2\lambda+1}y^2dx=1$ を考えると，その極値函数は $y^*=c^*x^{-\lambda}J_\lambda(\alpha^{(\lambda)}x)$ によって与えられる．ここに c^* は付帯条件で(符号だけを除いて)定まる定数，$\alpha^{(\lambda)}$ は $J_\lambda(z)=0$ の最小正根を表わす．しかも，最小値は $\alpha^{(\lambda)2}$ に等しく，この形の函数 y^* によってだけ達せられる．

§39. 漸近展開

1. 円柱函数について，$z\to\infty$ のときの漸近展開がつぎの形にえられている：

定理 39.1. $\Re\lambda>-1/2$ ならば，$p>\Re\lambda-1/2$ をみたす任意な整数 p に対して，$|\arg z|\leqq\pi/2-\delta<\pi/2$ において $z\to\infty$ のとき，

$$(39.1)\quad \begin{matrix}H_\lambda^1\\ H_\lambda^2\end{matrix}(z)=\left(\frac{2}{\pi z}\right)^{1/2}\frac{e^{\pm i(z-\lambda\pi/2-\pi/4)}}{\Gamma(\lambda+1/2)}\cdot\left(\sum_{k=0}^{p-1}\binom{\lambda-1/2}{k}\Gamma\left(\lambda+k+\frac{1}{2}\right)\left(\frac{\pm i}{2z}\right)^k+O(|z|^{-p})\right).$$

証明. 定理 36.4 の表示 (36.15) から出発する．右辺の被積分函数に含まれる因子をテイラーの公式で展開し，コーシーによる積分の剰余項を用いれば，

$$\left(1\pm\frac{it}{2z}\right)^{\lambda-1/2}=\sum_{k=0}^{p-1}\binom{\lambda-1/2}{k}\left(\frac{\pm it}{2z}\right)^k$$
$$+p\binom{\lambda-1/2}{p}\left(\frac{\pm it}{2z}\right)^p\int_0^1(1-\tau)^{p-1}\left(1\pm\frac{it\tau}{2z}\right)^{\lambda-1/2-p}d\tau.$$

これを (36.15) の右辺に入れると，

$$\begin{matrix}H_\lambda^1\\H_\lambda^2\end{matrix}(z)=\left(\frac{2}{\pi z}\right)^{1/2}\frac{e^{\pm i(z-\lambda\pi/2-\pi/4)}}{\Gamma(\lambda+1/2)}$$
$$\cdot\left(\sum_{k=0}^{p-1}\binom{\lambda-1/2}{k}\Gamma\left(\lambda+k+\frac{1}{2}\right)\left(\frac{\pm i}{2z}\right)^k+R_p(z,\lambda)\right);$$

$$R_p(z,\lambda)=p\binom{\lambda-1/2}{p}\left(\frac{\pm i}{2z}\right)^p\int_0^1(1-\tau)^{p-1}d\tau$$
$$\cdot\int_0^\infty e^{-t}t^{\lambda-1/2}\left(1\pm\frac{it\tau}{2z}\right)^{\lambda-1/2-p}dt.$$

$z=|z|e^{i\theta}$ とおけば，$|\theta|\leqq\pi/2-\delta$，$\cos\theta\geqq\sin\delta$ であるから，$0\leqq\tau\leqq1$，$t>0$ のとき，

$$\left|1+\frac{it\tau}{2z}\right|=\left(\cos^2\theta+\left(\sin\theta+\frac{t\tau}{2|z|}\right)^2\right)^{1/2}\geqq\cos\theta\geqq\sin\delta.$$

また，$\Im(1\pm it\tau/2z)=\pm t\tau\cos\theta/2|z|$ は $t\tau=0$ のときに限って 0 となり，$t\tau=0$ のとき $1\pm it\tau/2z=1$ であるから，

$$\left|\arg\left(1\pm\frac{it\tau}{2z}\right)\right|<\pi.$$

これらの評価を用いると，$\Re\lambda-1/2-p<0$ のとき，

$$\left|\left(1\pm\frac{it\tau}{2z}\right)^{\lambda-1/2-p}\right|=\exp\Re\left(\left(\lambda-\frac{1}{2}-p\right)\log\left(1+\frac{it\tau}{2z}\right)\right)$$
$$\leqq\exp\left(\left(\Re\lambda-\frac{1}{2}-p\right)\log\sin\delta+|\Im\lambda|\pi\right)=e^{\pi|\Im\lambda|}\sin^{\Re\lambda-1/2-p}\delta;$$
$$|R_p(z,\lambda)|\leqq e^{\pi|\Im\lambda|}\sin^{\Re\lambda-1/2-p}\delta\cdot\left|\binom{\lambda-1/2}{p}\right|\left(\frac{1}{2|z|}\right)^p\frac{1}{\Gamma(\Re\lambda+1/2)}$$
$$=O(|z|^{-p}).$$

定理 39.2. 前定理の仮定のもとで，

$$J_\lambda(z)=\left(\frac{2}{\pi z}\right)^{1/2}\frac{1}{\Gamma(\lambda+1/2)}$$

$$(39.2)\qquad \cdot\left(\sum_{h=0}^{[(p-1)/2]}(-1)^h\binom{\lambda-1/2}{2h}\frac{\Gamma(\lambda+2h+1/2)}{(2z)^{2h}}\cos\left(z-\frac{\lambda\pi}{2}-\frac{\pi}{4}\right)\right.$$
$$\left.-\sum_{h=0}^{[p/2]-1}(-1)^h\binom{\lambda-1/2}{2h+1}\frac{\Gamma(\lambda+2h+3/2)}{(2z)^{2h+1}}\sin\left(z-\frac{\lambda\pi}{2}-\frac{\pi}{4}\right)\right)$$
$$+O(|z|^{-p-1/2}).$$

証明. $J_\lambda(z)=(H_\lambda^1(z)+H_\lambda^2(z))/2$ の右辺へ前定理の関係 (39.1) を入れ，k についての和を偶奇に応じて $2h$ と $2h+1$ に分ければよい．

2. ベッセルの微分方程式 (32.3) で独立変数の置換 $\zeta=1/z$ を行なえば，

$$(39.3)\qquad \frac{d^2w}{d\zeta^2}+\frac{1}{\zeta}\frac{dw}{d\zeta}+\frac{1-\lambda^2\zeta^2}{\zeta^4}w=0,\qquad \zeta=\frac{1}{z}$$

となる．これは $\zeta=0$ を不確定特異点としている．ここでさらに従属変数の置換 $w=e^{\pm i/\zeta}\omega$ を行なえば，

$$(39.4)\qquad \zeta^3\frac{d^2\omega}{d\zeta^2}+\zeta(\zeta\mp 2i)\frac{d\omega}{d\zeta}-(\lambda^2\zeta\mp i)\omega=0,\qquad \omega=e^{\mp i/\zeta}w.$$

これもまた $\zeta=0$ を不確定特異点としている．

(39.4) の形式解を求めるために，

$$\omega=\zeta^\rho\sum_{k=0}^{\infty}c_k\zeta^k\qquad (c_0=1)$$

を入れて ζ^ρ, $\zeta^{\rho+k}$ $(k=1,2,\cdots)$ の係数を比較すると，

$$2\rho-1=0,\qquad 2kc_k=\mp i\left(\left(k-\frac{1}{2}\right)^2-\lambda^2\right)c_{k-1}\qquad (k=1,2,\cdots);$$

$$(39.5)\qquad \rho=\frac{1}{2},\qquad c_k=\left(\frac{\pm i}{2}\right)^k\frac{\Gamma(\lambda+k+1/2)}{k!\,\Gamma(\lambda-k+1/2)}\qquad (k=0,1,\cdots).$$

(39.5) からつくられたベキ級数 $\sum c_k\zeta^k$ の収束半径は 0 であるが，とにかく方程式 (39.4) に対して二つの形式解

$$\omega_\pm(\zeta)\sim\zeta^{1/2}\sum_{k=0}^{\infty}\frac{\Gamma(\lambda+k+1/2)}{k!\,\Gamma(\lambda-k+1/2)}\left(\frac{\pm i\zeta}{2}\right)^k$$

がえられる．$\zeta=1/z$, $\omega=e^{\mp i/\zeta}w$ によってもとの変数へもどせば，ベッセルの方程式の $z=\infty$ のまわりの二つの形式解として

$$(39.6)\qquad w_\pm(z)\sim z^{-1/2}e^{\pm iz}\sum_{k=0}^{\infty}\frac{\Gamma(\lambda+k+1/2)}{k!\,\Gamma(\lambda-k+1/2)}\left(\frac{\pm i}{2z}\right)^k.$$

ここであらためて，この右辺の級数に対して U_λ, V_λ を

$$U_\lambda(z)\pm iV_\lambda(z)\sim\sum_{k=0}^{\infty}\frac{\Gamma(\lambda+k+1/2)}{k!\Gamma(\lambda-k+1/2)}\left(\frac{\pm i}{2z}\right)^k \tag{39.7}$$

によって定義すれば，

$$\begin{aligned}U_\lambda(z)&\sim\sum_{h=0}^{\infty}\frac{(-1)^h\Gamma(\lambda+2h+1/2)}{(2h)!\Gamma(\lambda-2h+1/2)}\frac{1}{(2z)^{2h}},\\ V_\lambda(z)&\sim\sum_{h=0}^{\infty}\frac{(-1)^h\Gamma(\lambda+2h+3/2)}{(2h+1)!\Gamma(\lambda-2h-1/2)}\frac{1}{(2z)^{2h+1}}.\end{aligned} \tag{39.8}$$

ところで，(39.7) の右辺の和の係数については，

$$\frac{\Gamma(\lambda+k+1/2)}{k!\Gamma(\lambda-k+1/2)}=\binom{\lambda-1/2}{k}\frac{\Gamma(\lambda+k+1/2)}{\Gamma(\lambda+1/2)}.$$

ゆえに，定理 39.1 におけるハンケル函数の漸近展開 (39.1) は，つぎの形にも表わされる：

$$\begin{matrix}H_\lambda^1\\ H_\lambda^2\end{matrix}(z)\sim\left(\frac{2}{\pi z}\right)^{1/2}e^{\pm i(z-\lambda\pi/2-\pi/4)}(U_\lambda(z)\pm iV_\lambda(z)). \tag{39.9}$$

また，定理 39.2 におけるベッセル函数の漸近展開 (39.2) および対応するノイマン函数の漸近展開は，つぎの形に与えられる：

$$\begin{aligned}J_\lambda(z)\sim\left(\frac{2}{\pi z}\right)^{1/2}\Big(&U_\lambda(z)\cos\left(z-\frac{\lambda\pi}{2}-\frac{\pi}{4}\right)\\ &-V_\lambda(z)\sin\left(z-\frac{\lambda\pi}{2}-\frac{\pi}{4}\right)\Big),\end{aligned} \tag{39.10}$$

$$\begin{aligned}Y_\lambda(z)\sim\left(\frac{2}{\pi z}\right)^{1/2}\Big(&U_\lambda(z)\sin\left(z-\frac{\lambda\pi}{2}-\frac{\pi}{4}\right)\\ &+V_\lambda(z)\cos\left(z-\frac{\lambda\pi}{2}-\frac{\pi}{4}\right)\Big).\end{aligned} \tag{39.11}$$

3. 定理 39.1 および定理 39.2 は，$H_\lambda^1(z)$, $H_\lambda^2(z)$ および $J_\lambda(z)$ において，固定された λ に対して $z\to\infty$ のときの漸近公式を与えている．他方において，固定された正の実数 a に対して $\lambda\to+\infty$ のときの $H_\lambda^1(a\lambda)$, $H_\lambda^2(a\lambda)$ および $J_\lambda(a\lambda)$ についての漸近公式がデバイによってみちびかれている．それは複素積分の場合に適用された**鞍点法**によるものである．

一般に，$f(\zeta)$ を ζ の解析函数，λ を実パラメターとして

$$F(\lambda)=\int_C e^{\lambda f(\zeta)}d\zeta \tag{39.12}$$

という形の積分を考える．C 上でその両端に向かって $\Re f(\zeta)\to-\infty$ となっているなら

ば，λ が大きいときの $F(\lambda)$ への寄与は両端の近くからは極めてわずかしかないであろう．実はさらに，コーシーの積分定理にもとづいて積分の値を不変に保ちながら路 C を適当に修正して，その上の一点 ζ_0 で $\Re f(\zeta)$ が最大値をとり，C の両端に向かうとき $\Re f(\zeta)$ ができるだけ急速に減少するようにする．それによって，$\lambda\to\infty$ のときの $F(\lambda)$ の値を ζ_0 のすぐ近くからの寄与で近似しようという方針である．

実虚部に分けて

$$\zeta=\xi+i\eta,\qquad f(\zeta)=u(\xi,\eta)+iv(\xi,\eta)$$

とおく．ξ,η を弧長パラメター s の函数とみなせば，u の最速降下の方向は u の勾配（等位線 $u=\mathrm{const}$ の直交截線）の方向で与えられる：

$$\frac{d\xi}{ds}:\frac{d\eta}{ds}=\frac{\partial u}{\partial\xi}:\frac{\partial u}{\partial\eta}.$$

$f(\zeta)$ は ζ の解析函数であるから，コーシー・リーマンの関係を用いると，

$$\frac{dv}{ds}\equiv\frac{\partial v}{\partial\xi}\frac{d\xi}{ds}+\frac{\partial v}{\partial\eta}\frac{d\eta}{ds}=-\frac{\partial u}{\partial\eta}\frac{d\xi}{ds}+\frac{\partial u}{\partial\xi}\frac{d\eta}{ds}=0.$$

すなわち，最速降下曲線は v の等位線 $v=\mathrm{const}$ で与えられる．ζ_0 で u が最大値をとるとすれば，そこで $du/ds=0$ となるから，$dv/ds=0$ とあわせて

$$(39.13)\qquad f'(\zeta_0)=\frac{df}{d\zeta}=\frac{df}{ds}\frac{|d\zeta|}{d\zeta}=\left(\frac{du}{ds}+i\frac{dv}{ds}\right)\frac{|d\zeta|}{d\zeta}=0\qquad(\zeta=\zeta_0).$$

したがって，曲面 $u=u(\xi,\eta)$ は点 (ξ_0,η_0) $(\zeta_0=\xi_0+i\eta_0)$ に鞍点をもつ．最速降下曲線

$$(39.14)\qquad C^*:\quad v(\xi,\eta)=v(\xi_0,\eta_0)$$

上に $\zeta_0=\xi_0+i\eta_0$ 以外の鞍点がなければ，u はその両端に向かって狭義に減少する．じっさい，それに沿って $dv/ds=0$, $f'(\zeta)\neq0$ $(\zeta\neq\zeta_0)$ であるから，$du/ds\neq0$ $(\zeta\neq\zeta_0)$ となり，du/ds は ζ_0 で分けられた各枝の上で定符号をもつ．

鞍点法を利用してえられる $H_\lambda^1(a\lambda)$, $H_\lambda^2(a\lambda)$, $J_\lambda(a\lambda)$ の漸近公式を，パラメター a の値によって三つに分類して，順次にあげる．

定理 39.3. $0<a<1$ のとき，$a=\mathrm{sech}\,\alpha$, $\alpha>0$ とおけば，

$$(39.15)\qquad \begin{matrix}H_\lambda^1(a\lambda)\\ H_\lambda^2(a\lambda)\end{matrix}=\mp i\sqrt{\frac{2}{\pi\lambda\tanh\alpha}}\,e^{\lambda(\alpha-\tanh\alpha)}(1+O(\lambda^{-1/5})),\qquad(\lambda\to+\infty).$$

$$(39.16)\qquad J_\lambda(a\lambda)=\frac{1}{\sqrt{2\pi\lambda\tanh\alpha}}e^{\lambda(\tanh\alpha-\alpha)}(1+O(\lambda^{-1/5}))$$

証明. まず，第一種のハンケル函数については，ゾンマーフェルトの表示(36.6)によって，

$$(39.17)\qquad H_\lambda^1(a\lambda)=-\frac{1}{\pi}\int_{C_1}e^{\lambda f(\zeta)}d\zeta,\qquad f(\zeta)=i(\zeta-a\sin\zeta).$$

(39.13)によって，鞍点 ζ_0 は $a\cos\zeta=1$ の根として求められ，$\zeta_0=\pm i\alpha$. $f(\zeta)$

を実虚部に分けると，

$$u=\Re f(\zeta)=a\cos\xi\sinh\eta-\eta,\qquad v=\Im f(\zeta)=\xi-a\sin\xi\cosh\eta.$$

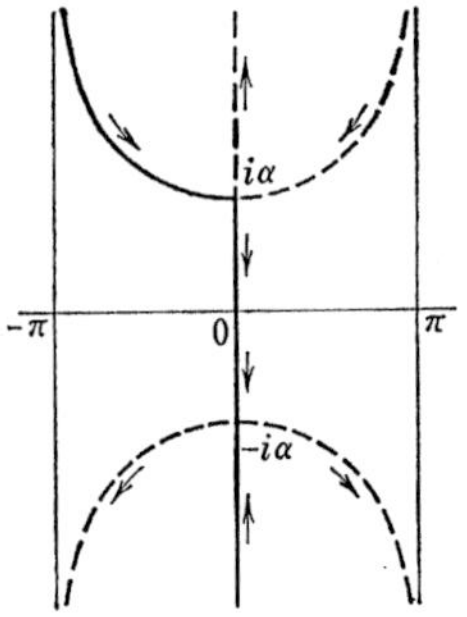

図 22

$\xi_0=0$，$\eta_0=\pm\alpha$ に対して，この場合の最速降下曲線（39.14）は

$$\xi-a\sin\xi\cosh\eta=0$$

となる．これは虚軸 $\xi=0$ と点 $\pm i\alpha$ を通って上，下半平面にある $\xi=\pm\pi$ を漸近線とする枝とから成っている．（図 22；付記の矢印は u の増加の向きを示す.） そのうちで，虚軸上の半直線 $\xi=0$，$-\infty<\eta<\alpha$ と上半平面にあって点 $i\alpha$ から出て $\xi=-\pi$ に漸近する半枝とから成る部分が H_λ^1 を与える．これに沿っては，鞍点 $\zeta=-i\alpha$ で $u=\Re f(\zeta)$ は最大値 $\alpha-\tanh\alpha$ をもつ．鞍点の近くの部分 $\xi=0$，$-\alpha-\varepsilon<\eta<-\alpha+\varepsilon$ からの寄与が主要な役割をなすことを示すために，特に

$$\varepsilon=\lambda^{-2/5}$$

ととり，残りの部分からの寄与

$$R_1(\lambda)=\left(\int_{-i\infty}^{-i(\alpha+\varepsilon)}+\int_{-i(\alpha-\varepsilon)}^{-\pi+i\infty}\right)e^{\lambda f(\zeta)}d\zeta \tag{39.18}$$

を評価する．まず，

$$\begin{aligned}\Re f(i(-\alpha\pm\varepsilon))&=\operatorname{sech}\alpha\sinh(-\alpha\pm\varepsilon)-(-\alpha\pm\varepsilon)\\&=\alpha-\tanh\alpha-\frac{\tanh\alpha}{2}\varepsilon^2+O(\varepsilon^3)\end{aligned}$$

であるから，（39.18）の両積分の有界な部分からの寄与は

$$O(e^{\lambda(\alpha-\tanh\alpha-(1/2)\tanh\alpha\cdot\varepsilon^2+O(\varepsilon^3))})=e^{\lambda(\alpha-\tanh\alpha)}O(e^{-c_0\lambda\varepsilon^2})\qquad(c_0>0).$$

つぎに，虚軸に沿って下方への無限部分では

$$\Re f(\zeta)=\operatorname{sech}\alpha\sinh\eta-\eta<-c_1e^{-\eta/2}<c_1\eta\qquad(c_1>0;\ \eta\to-\infty)$$

であるから，それからの寄与は

$$O\left(\int_{-\infty}^{-1}e^{c_1\lambda\eta}d\eta\right)=O(e^{-c_1\lambda})=O(1).$$

また，上半平面の上方への無限部分では，$\zeta=\xi+i\eta$ に対して $\xi\to-\pi$ である

から，$\cos\xi \leqq -1/2$ とみなされ，

$$\Re f(\zeta) = \mathrm{sech}\,\alpha \cos\xi \sinh\eta - \eta < -4c_2 e^{\eta/2} \leqq -2c_2\eta \quad (c_2>0;\ \eta\to+\infty).$$

$|d\eta/d\xi|>1$ であるから，$ds^2 \equiv d\xi^2 + d\eta^2 < 2d\eta^2$，$s<2\eta$ とおいて，$\Re f(\zeta) < -c_2 s$ とみなされる．ゆえに，それからの寄与は

$$O\left(\int_1^\infty e^{-c_2\lambda s}ds\right) = O(e^{-c_2\lambda}) = O(1).$$

したがって，(39.18) に対してつぎの形の評価をうる：

$$R_1(\lambda) = e^{\lambda(\alpha-\tanh\alpha)}O(\lambda^{-1}).$$

ところで，線分 $\xi=0$，$-(\alpha+\varepsilon)<\eta<-(\alpha-\varepsilon)$ 上では

$$f(\zeta) = f(-i\alpha) + \frac{1}{2}f''(-i\alpha)(\zeta+i\alpha)^2 + O(\varepsilon^3)$$

$$= \alpha - \tanh\alpha + \tanh\alpha\cdot\frac{(\zeta+i\alpha)^2}{2} + O(\varepsilon^3);$$

$$e^{\lambda f(\zeta)} = e^{\lambda(\alpha-\tanh\alpha+\tanh\alpha\cdot(\zeta+i\alpha)^2/2)+O(\lambda\varepsilon^3)}, \qquad e^{O(\lambda\varepsilon^3)} = 1 + O(\lambda^{-1/5}).$$

したがって，

$$\int_{-i(\alpha+\varepsilon)}^{-i(\alpha-\varepsilon)} e^{\lambda f(\zeta)}d\zeta = ie^{\lambda(\alpha-\tanh\alpha)}\int_{-(\alpha+\varepsilon)}^{-(\alpha-\varepsilon)} e^{-\lambda\tanh\alpha\cdot(\eta+\alpha)^2/2}d\eta\cdot(1+O(\lambda^{-1/5}))$$

$$= i\sqrt{\frac{2}{\lambda\tanh\alpha}}\,e^{\lambda(\alpha-\tanh\alpha)}\int_{-\varepsilon\sqrt{(\lambda/2)\tanh\alpha}}^{\varepsilon\sqrt{(\lambda/2)\tanh\alpha}} e^{-t^2}dt\cdot(1+O(\lambda^{-1/5})).$$

ところで，一般に $y>1/2$ のとき，

$$\int_y^\infty e^{-t^2}dt < \int_y^\infty 2te^{-t^2}dt = e^{-y^2}$$

であるから，上の評価からさらに

$$\int_{-i(\alpha+\varepsilon)}^{-i(\alpha-\varepsilon)} e^{\lambda f(\zeta)}d\zeta = i\sqrt{\frac{2}{\lambda\tanh\alpha}}\,e^{\lambda(\alpha-\tanh\alpha)}\,2\left(\int_0^\infty e^{-t^2}dt + O(e^{-c_3\lambda\varepsilon^2})\right)$$

$$\cdot(1+O(\lambda^{-1/5})) \qquad (c_3>0)$$

$$= i\sqrt{\frac{2\pi}{\lambda\tanh\alpha}}\,e^{\lambda(\alpha-\tanh\alpha)}(1+O(\lambda^{-1/5})).$$

これで (39.14) の $H_\lambda^1(a\lambda)$ に対する漸近公式がえられている．$H_\lambda^2(a\lambda)$ については，鞍点 $i\alpha$ に着目して上と同様に示される．しかし，むしろ λ が実数，z が正の実数のとき，$H_\lambda^2(z)$ は $H_\lambda^1(z)$ に共役な値をとる函数であることに注意すれば，$H_\lambda^2(a\lambda)$ に対する公式は $H_\lambda^1(a\lambda)$ に対する公式から明らかであろ

う．$J_\lambda(a\lambda)$ に対しては，(39.14) から単に $J_\lambda(a\lambda)=(H_\lambda^1(a\lambda)+H_\lambda^2(a\lambda))/2$ とするだけでは，主要項が消えてしまう．この場合には，さかのぼって積分路として上半平面にある枝を採用する．さらに，鞍点 $i\alpha$ の近くの弧を水平線分 $\eta=\alpha$，$-\varepsilon<\xi<\varepsilon$ とその端点からの鉛直な微小線分でおきかえる(図 23)．そのとき，上と同様な評価によって，$J_\lambda(a\lambda)$ への寄与の主要部分はこの水平線分からなされることがわかる．これを計算すれば，つぎの通りである．$\eta=\alpha$，$-\varepsilon<\xi<\varepsilon$ のとき，

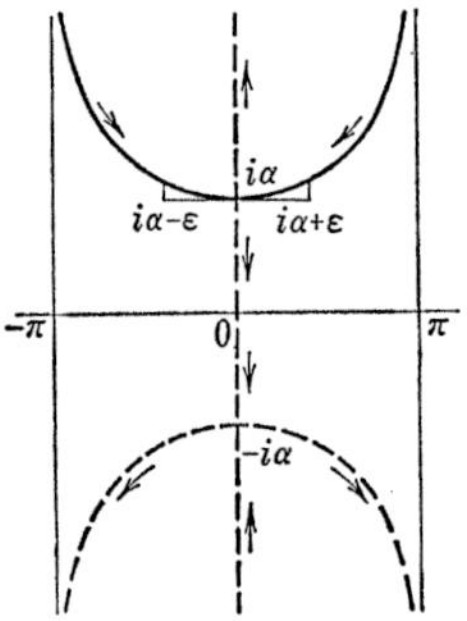

図 23

$$f(\zeta)=f(i\alpha)+\frac{1}{2}f''(i\alpha)(\zeta-i\alpha)^2+O(\varepsilon^3)$$

$$=\tanh\alpha-\alpha-\tanh\alpha\cdot\frac{(\zeta-i\alpha)^2}{2}+O(\varepsilon^3);$$

$$e^{\lambda f(\zeta)}=e^{\lambda(\tanh\alpha-\alpha-\tanh\alpha\cdot(\zeta-i\alpha)^2/2)}(1+O(\lambda^{-1/5}));$$

$$\int_{i\alpha+\varepsilon}^{i\alpha-\varepsilon}e^{\lambda f(\zeta)}d\zeta=e^{\lambda(\tanh\alpha-\alpha)}\int_{\varepsilon}^{-\varepsilon}e^{-\lambda\tanh\alpha\cdot\xi^2/2}d\xi\cdot(1+O(\lambda^{-1/5}))$$

$$=-\sqrt{\frac{2\pi}{\lambda\tanh\alpha}}\,e^{\lambda(\tanh\alpha-\alpha)}(1+O(\lambda^{-1/5})).$$

定理 39.4. $a>1$ のとき，$a=\sec\alpha$ $(0<\alpha<\pi/2)$ とおけば，

(39.19)
$$\begin{matrix}H_\lambda^1(a\lambda)\\H_\lambda^2(a\lambda)\end{matrix}=-e^{\pm3\pi i/4}\sqrt{\frac{2}{\pi\lambda\tan\alpha}}\,e^{\pm i\lambda(\tan\alpha-\alpha)}(1+O(\lambda^{-1/5})),$$
$$(\lambda\to+\infty).$$

(39.20)
$$J_\lambda(a\lambda)=-\sqrt{\frac{2}{\pi\lambda\tan\alpha}}\cos\left(\lambda(\tan\alpha-\alpha)+\frac{3\pi}{4}\right)\cdot(1+O(\lambda^{-1/5}))$$

証明. 鞍点 ζ_0 は $a\cos\zeta=1$ の根として，$\zeta_0=\pm\alpha$．鞍点 $-\alpha$ を通り，負の虚軸と半直線 $\xi=-\pi$，$\eta>0$ とに漸近する半枝とが H_λ^1 を与える．これを鞍点(変曲点)の近くで二点 $-\alpha\pm\varepsilon e^{3\pi i/4}$ を結ぶ線分とその上で $\Re f(\zeta)$ がこれらの二点での値より大きくないような微小線分でおきかえる(図 24)．$\varepsilon=\lambda^{-2/5}$ とおいて，定理 39.3 の証明と同様にすると，つぎのように評価される：

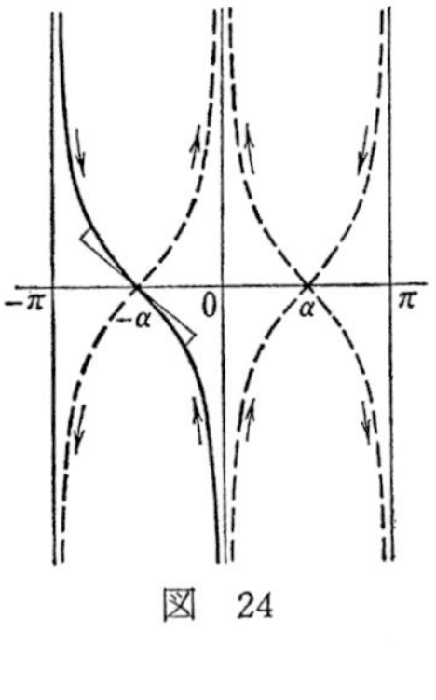

図 24

$$\int_{-i\infty}^{-\pi+i\infty} e^{\lambda f(\zeta)}d\zeta=e^{\lambda f(-\alpha)}\int_{-\alpha-\varepsilon e^{3\pi i/4}}^{-\alpha+\varepsilon e^{3\pi i/4}} e^{\lambda f''(-\alpha)(\zeta+\alpha)^2/2}d\zeta\cdot(1+O(\lambda^{-1/5}))$$

$$=e^{i\lambda(\tan\alpha-\alpha)}\int_{-\alpha-\varepsilon e^{3\pi i/4}}^{-\alpha+\varepsilon e^{3\pi i/4}} e^{-i\lambda\tan\alpha\cdot(\zeta+\alpha)^2/2}d\zeta\cdot(1+O(\lambda^{-1/5}))$$

$$=e^{3\pi i/4}\sqrt{\frac{2}{\lambda\tan\alpha}}\,e^{i\lambda(\tan\alpha-\alpha)}\int_{-\varepsilon\sqrt{(\lambda/2)\tan\alpha}}^{\varepsilon\sqrt{(\lambda/2)\tan\alpha}} e^{-t^2}dt\cdot(1+O(\lambda^{-1/5})).$$

これから (39.19) の $H_\lambda^1(a\lambda)$ に対する公式がえられる. $H_\lambda^2(a\lambda)$ については, 共役値に移るだけでよい. また, $J_\lambda(a\lambda)=(H_\lambda^1(a\lambda)+H_\lambda^2(a\lambda))/2$ によって (39.20) がえられる.

定理 39.5. ($a=1$ に対しては),

(39.21)
$$\begin{matrix} H_\lambda^1(\lambda) \\ H_\lambda^2(\lambda) \end{matrix}=\frac{\Gamma(1/3)}{\sqrt{3}\,\pi}e^{\mp\pi i/3}\sqrt[3]{\frac{6}{\lambda}}(1+O(\lambda^{-1/4})),$$

$$(\lambda\to+\infty).$$

(39.22)
$$J_\lambda(\lambda)=\frac{\Gamma(1/3)}{2\sqrt{3}\,\pi}\sqrt[3]{\frac{6}{\lambda}}(1+O(\lambda^{-1/4}))$$

証明. 鞍点は $f'(\zeta)=i(1-\cos\zeta)$ の根として 0 にある. このとき, $f''(0)=0$, $f'''(0)\neq 0$ となるから, 鞍点を通って $\xi-\sin\xi\cdot\cosh\eta=0$ の三本の枝がある. 負の虚軸と半直線 $\xi=-\pi$, $\eta>0$ に漸近する半枝とが H_λ^1 を与える. これを鞍点の片側で 0 と $\varepsilon e^{5\pi i/6}$ とを結ぶ長さ $\varepsilon=\lambda^{-1/4}$ の線分と微小線分とでおきかえる(図 25). そのとき, $f''''(0)=0$ に注意すると, $-i\varepsilon$ と $\varepsilon e^{5\pi i/6}$ の間にある積分路上で

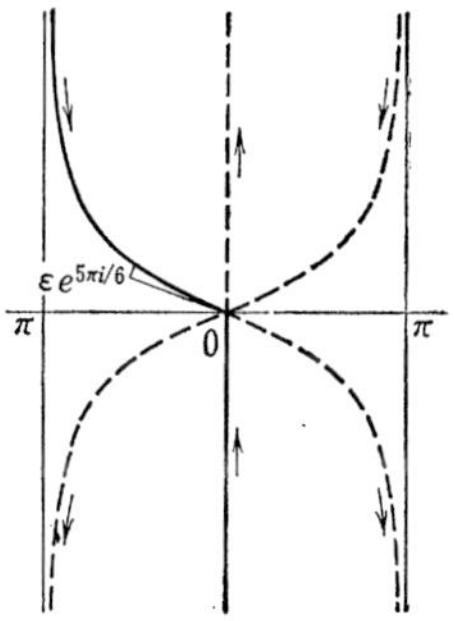

図 25

$$f(\zeta)=f(0)+\frac{1}{6}f'''(0)\zeta^3+O(\varepsilon^5)=\frac{i\zeta^3}{6}+O(\varepsilon^5);$$

$$\int_{-i\varepsilon}^{\varepsilon e^{5\pi i/6}} e^{\lambda f(\zeta)}d\zeta=\int_{-i\varepsilon}^{\varepsilon e^{5\pi i/6}} e^{\lambda i\zeta^3/6}d\zeta\cdot(1+O(\lambda\varepsilon^5))$$

$$=\sqrt[3]{\frac{6}{\lambda}}(e^{5\pi i/6}+i)\int_0^{\varepsilon\sqrt[3]{\lambda/6}} e^{-t^3}dt\cdot(1+O(\lambda^{-1/4})).$$

ところで, 一般に $y>1/\sqrt{3}$ のとき,

$$\int_y^\infty e^{-t^3}dt<\int_y^\infty 3t^2e^{-t^3}dt=e^{-y^3}$$

であるから，$\varepsilon\sqrt[3]{\lambda/6}=\lambda^{1/12}/\sqrt[3]{6}$ が大きいとき，

$$\int_0^{\varepsilon\sqrt[3]{\lambda/6}}e^{-t^3}dt=\int_0^{\infty}e^{-t^3}dt+O(e^{-\lambda^{-1/4}/6})=\frac{1}{3}\Gamma\left(\frac{1}{3}\right)(1+O(\lambda^{-1})).$$

残りの部分からの寄与は位数が低いから，

$$H_\lambda^1(\lambda)=-\frac{1}{3\pi}\Gamma\left(\frac{1}{3}\right)(e^{5\pi i/6}+i)\sqrt[3]{\frac{6}{\lambda}}(1+O(\lambda^{-1/4})).$$

これは (39.21) の $H_\lambda^1(\lambda)$ に対する漸近公式にほかならない．共役値へ移ることによって $H_\lambda^2(\lambda)$ に対する公式がえられ，$J_\lambda(\lambda)=(H_\lambda^1(\lambda)+H_\lambda^2(\lambda))/2$ として (39.22) がみちびかれる．

問 1. $\Re\lambda>-1/2$ ならば，$|\arg z|\leqq\pi/2-\delta<\pi/2$ において $z\to\infty$ のとき，

$$J_\lambda(z)=\sqrt{\frac{2}{\pi z}}\left(\cos\left(z-\frac{\lambda\pi}{2}-\frac{\pi}{4}\right)-\frac{4\lambda^2-1}{8z}\sin\left(z-\frac{\lambda\pi}{2}-\frac{\pi}{4}\right)\right)+O(|z|^{-5/2}),$$

$$Y_\lambda(z)=\sqrt{\frac{2}{\pi z}}\left(\sin\left(z-\frac{\lambda\pi}{2}-\frac{\pi}{4}\right)+\frac{4\lambda^2-1}{8z}\cos\left(z-\frac{\lambda\pi}{2}-\frac{\pi}{4}\right)\right)+O(|z|^{-5/2}).$$

問 2. 問 1 の仮定のもとで，

$$J_\lambda'(z)=-\sqrt{\frac{2}{\pi z}}\left(\sin\left(z-\frac{\lambda\pi}{2}-\frac{\pi}{4}\right)+\frac{4\lambda^2+3}{8z}\cos\left(z-\frac{\lambda\pi}{2}-\frac{\pi}{4}\right)\right)+O(|z|^{-5/2}),$$

$$Y_\lambda'(z)=\sqrt{\frac{2}{\pi z}}\left(\cos\left(z-\frac{\lambda\pi}{2}-\frac{\pi}{4}\right)-\frac{4\lambda^2+3}{8z}\sin\left(z-\frac{\lambda\pi}{2}-\frac{\pi}{4}\right)\right)+O(|z|^{-5/2}).$$

問 3. $\lambda\to+\infty$ のとき，

$$Y_\lambda(\lambda\operatorname{sech}\alpha)=-\sqrt{\frac{2}{\pi\lambda\tanh\alpha}}e^{\lambda(\alpha-\tanh\alpha)}(1+O(\lambda^{-1/5}))\qquad(\alpha>0),$$

$$Y_\lambda(\lambda\sec\alpha)=-\sqrt{\frac{2}{\pi\lambda\tan\alpha}}\sin\left(\lambda(\tan\alpha-\alpha)+\frac{3\pi}{4}\right)\cdot(1+O(\lambda^{-1/5}))\quad\left(0<\alpha<\frac{\pi}{2}\right),$$

$$Y_\lambda(\lambda)=-\frac{\Gamma(1/3)}{2\pi}\sqrt[3]{\frac{6}{\lambda}}(1+O(\lambda^{-1/4})).$$

§40. 展開定理と積分定理

1. 零位のベッセル函数から成る列 $\{J_0(nx)\}_{n=0}^{\infty}$ によるつぎの展開定理は，シュレーミルヒによる：

定理. 40.1. 区間 $[0,\pi]$ で滑らかな $f(x)$ はつぎの形に展開される：

(40.1)
$$f(x)=\sum_{n=0}^{\infty}a_nJ_0(nx);$$

$$a_0=f(0)+\frac{1}{\pi}\int_0^{\pi}t\,dt\int_0^{\pi/2}f'(t\sin\theta)d\theta,$$

(40.2)

$$a_n=\frac{2}{\pi}\int_0^\pi t\cos nt\,dt\int_0^{\pi/2}f'(t\sin\theta)d\theta \qquad (n=1,2,\cdots).$$

証明. 積分方程式

$$f(x)=\frac{2}{\pi}\int_0^{\pi/2}F(x\sin\varphi)d\varphi \tag{40.3}$$

の連続解を F とすれば,

$$F(x)=f(0)+x\int_0^{\pi/2}f'(x\sin\theta)d\theta. \tag{40.4}$$

$F(y)$ のフーリエ級数展開

$$F(y)=\frac{1}{\pi}\int_0^\pi F(t)dt+\frac{2}{\pi}\sum_{n=1}^{\infty}\cos ny\int_0^\pi F(t)\cos nt\,dt$$

で $y=x\sin\varphi$ とおいた式を (40.3) の右辺に入れれば,

$$f(x)=\frac{1}{\pi}\int_0^\pi F(t)dt+\frac{2}{\pi}\sum_{n=1}^{\infty}\frac{2}{\pi}\int_0^{\pi/2}\cos(nx\sin\varphi)d\varphi\int_0^\pi F(t)\cos nt\,dt$$

$$=\frac{1}{\pi}\int_0^\pi F(t)dt+\frac{2}{\pi}\sum_{n=1}^{\infty}J_0(nx)\int_0^\pi F(t)\cos nt\,dt.$$

ここで (40.4) を用いて F から f にもどせば,

$$f(x)=\frac{1}{\pi}\int_0^\pi\left(f(0)+t\int_0^{\pi/2}f'(t\sin\theta)d\theta\right)dt$$

$$+\frac{2}{\pi}\sum_{n=1}^{\infty}J_0(nx)\int_0^\pi\cos nt\left(f(0)+t\int_0^{\pi/2}f'(t\sin\theta)d\theta\right)dt.$$

定理 38.4, 定理 38.5 (i) によって, $J_0(z)$ の正の零点は無限個存在し, すべて単一である. これらを小さい方から順にならべて $\{\xi_n\}_{n=1}^{\infty}$ とする. 定理 38.2 (i) により $\{\sqrt{x}\,J_0(\xi_n x)\}_{n=1}^{\infty}$ は区間 $[0,1]$ で直交系をなし,

$$\int_0^1 xJ_0(\xi_n x)^2dx=-\frac{1}{2}J_1(\xi_n)J_0'(\xi_n)=\frac{1}{2}J_1(\xi_n)^2=\frac{1}{2}J_0'(\xi_n)^2.$$

$[0,1]$ で定義された函数 f に対して, 函数 $\sqrt{x}\,f(x)$ の $\{\sqrt{x}\,J_0(\xi_n x)\}_{n=1}^{\infty}$ による一般フーリエ展開をつくることによって,

$$f(x)\sim\sum_{n=1}^{\infty}a_nJ_0(\xi_n x); \tag{40.5}$$

$$a_n=\frac{2}{J_0'(\xi_n)^2}\int_0^1 xf(x)J_0(\xi_n x)dx \qquad (n=1,2,\cdots). \tag{40.6}$$

(40.5) の右辺は f が連続であっても収束するとは限らない. しかし, 例えば f が有界変動の連続函数ならば, (40.5) は $(0,1)$ で収束する. もっと一般に, 定理 25.7 におけるルジャンドル級数と同様に, (40.5) の各点での収束性は三角函数系による展開と同様であることが, ヤングによって示されている.

また，$J_0(z)=0$ の根 ξ_n の代りに，$\alpha z J_0'(z)+\beta J_0(z)=0$ という形の方程式の根を用いることもできる．

2. 解析函数を函数系 $\{J_n(z)\}_{n=0}^{\infty}$ によって展開することの可能性についてのべるために，C. ノイマンにしたがって，函数系 $\{O_n(t)\}_{n=1}^{\infty}$ をつぎの関係によって導入する：

$$\frac{1}{t-z}=J_0(z)O_0(t)+2\sum_{n=1}^{\infty}J_n(z)O_n(t). \tag{40.7}$$

注意. 形式的な関係 (40.7) の妥当性については，後に定理 40.5 で示される．

定理 40.2. 関係 (40.7) によって函数系 $\{O_n(t)\}_{n=0}^{\infty}$ が一意に定まり，つぎの漸化式をみたす：

$$O_0(t)=\frac{1}{t}; \quad O_1(t)=-O_0'(t), \quad O_{n+1}(t)=O_{n-1}(t)-2O_n'(t). \tag{40.8}$$

したがって，$O_n(t)$ は t^{-1} について $n+1$ 次の多項式である．

証明. $1/(t-z)$ は $t-z$ の函数であるから，つぎの偏微分方程式をみたす：

$$\left(\frac{\partial}{\partial t}+\frac{\partial}{\partial z}\right)\frac{1}{t-z}=0.$$

この関係を (40.7) の右辺に対してかきあげれば，

$$O_0'(t)J_0(z)+O_0(t)J_0'(z)+2\sum_{n=1}^{\infty}(O_n'(t)J_n(z)+O_n(t)J_n'(z))=0.$$

$2J_n'=J_{n-1}-J_{n+1}$，$J_0'=-J_1$ であるから，これはさらに

$$(O_0'(t)+O_1(t))J_0(z)+\sum_{n=1}^{\infty}(2O_n'(t)+O_{n+1}(t)-O_{n-1}(t))J_n(z)=0$$

となり，(40.8) の第二と第三の関係がえられる．また，(40.7) で $z=0$ とおけば，$J_0(0)=1$，$J_n(0)=0$ $(n>0)$ であるから，$O_0(t)=1/t$ がえられる．

あらためて，(40.8) を系 $\{O_n(t)\}_{n=0}^{\infty}$ の定義として採用することができる．

注意. 定理 28.6 で示した球函数の場合との類似性にもとづいて，$O_n(t)$ は第二種のベッセル函数とよばれることがある．しかし，それは適切であるとは思えない．$O_n(t)$ はベッセルの微分方程式の解でもない．

定理 40.3. つぎの積分表示が成り立つ：

$$O_n(t)=\frac{1}{2}\int_0^{\infty}e^{-tu}((u+\sqrt{u^2+1})^n+(u-\sqrt{u^2+1})^n)du \quad (\Re t>0). \tag{40.9}$$

証明. 帰納法による．$n=0$ および $n=1$ の場合は明らかである．n 以下の

場合の成立を仮定すると，(40.8) によって

$$O_{n+1}(t)=O_{n-1}(t)-2O_n{}'(t)$$

$$=\frac{1}{2}\int_0^\infty e^{-tu}((u+\sqrt{u^2+1})^{n-1}+(u-\sqrt{u^2+1})^{n-1})du$$

$$-\frac{d}{dt}\int_0^\infty e^{-tu}((u+\sqrt{u^2+1})^{n}+(u-\sqrt{u^2+1})^{n})du$$

$$=\frac{1}{2}\int_0^\infty e^{-tu}((u+\sqrt{u^2-1})^{n-1}(1+2u^2+2u\sqrt{u^2+1})$$

$$+(u-\sqrt{u^2+1})^{n-1}(1+2u^2-2u\sqrt{u^2+1}))du$$

$$=\frac{1}{2}\int_0^\infty e^{-tu}((u+\sqrt{u^2+1})^{n+1}+(u-\sqrt{u^2+1})^{n+1})du.$$

系. $\Re t>0$ のとき，

$$O_n(t)=\int_0^\infty e^{-t\sinh v}\cosh v \begin{matrix}\cosh\\ \sinh\end{matrix} nv\,dv \qquad \left(n\begin{matrix}\text{偶数}\\ \text{奇数}\end{matrix}\right). \tag{40.10}$$

証明. 定理の関係 (40.9) で $u=\sinh v$ とおけばよい.

$O_0(t)=1/t$ であるが，$O_n(t)$ $(n>0)$ を $1/t$ の多項式として具体的に表わした形はつぎの定理で与えられる：

定理 40.4. つぎの表示が成り立つ：

$$O_n(t)=\frac{2^{n-1}n}{t^{n+1}}\sum_{\nu=0}^{[n/2]}\frac{(n-\nu-1)!}{\nu!\,2^{2\nu}}t^{2\nu} \qquad (n>0). \tag{40.11}$$

証明. n が自然数のとき，等式

$$\begin{matrix}\cosh\\ \sinh\end{matrix} nv=\frac{n}{2}\sum_{\nu=0}^{[n/2]}\frac{(n-\nu-1)!}{\nu!(n-2\nu)!}(2\sinh v)^{n-2\nu} \qquad \left(n\begin{matrix}\text{偶数}\\ \text{奇数}\end{matrix}\right) \tag{40.12}$$

が成り立つ(証明末の注意参照). これを定理 40.3 系の表示 (40.10) に入れ，再び積分変数の置換 $u=\sinh v$ を行なえば，

$$O_n(t)=\int_0^\infty e^{-tu}\frac{n}{2}\sum_{\nu=0}^{[n/2]}\frac{(n-\nu-1)!}{\nu!(n-2\nu)!}(2u)^{n-2\nu}du$$

$$=\frac{n}{2}\sum_{\nu=0}^{[n/2]}\frac{(n-\nu-1)!}{\nu!(n-2\nu)!}\cdot 2^{n-2\nu}\frac{(n-2\nu)!}{t^{n-2\nu+1}}=\frac{2^{n-1}n}{t^{n+1}}\sum_{\nu=0}^{[n/2]}\frac{(n-\nu-1)!}{\nu!\,2^{2\nu}}t^{2\nu}.$$

注意. 等式 (40.12) は例えばつぎのようにしてみちびかれる. まず，いわゆるポアッソンの核に対して

$$\frac{1-r^2}{1-2r\cos\theta+r^2}\left(=\Re\frac{1+re^{i\theta}}{1-re^{i\theta}}\right)=1+2\sum_{n=1}^{\infty}r^n\cos n\theta \qquad (|r|<1).$$

他方において，r が0に近いとき，この左辺に対して

$$\begin{aligned}\frac{1-r^2}{1-2r\cos\theta+r^2}&=(1-r^2)\sum_{\nu=0}^{\infty}(2r\cos\theta-r^2)^{\nu}\\&=(1-r^2)\sum_{\nu=0}^{\infty}r^{\nu}\sum_{\mu=0}^{\nu}\binom{\nu}{\mu}(2\cos\theta)^{\mu}(-r)^{\nu-\mu}\\&=(1-r^2)\sum_{n=0}^{\infty}r^n\sum_{\nu=n-[n/2]}^{n}(-1)^{n-\nu}\binom{\nu}{2\nu-n}(2\cos\theta)^{2\nu-n}\\&=1+\sum_{n=1}^{\infty}r^n\sum_{\nu=n-[n/2]}^{n}(-1)^{n-\nu}\frac{n}{\nu}\binom{\nu}{n-\nu}(2\cos\theta)^{2\nu-n}.\end{aligned}$$

これらの式で $r^n\,(r>0)$ の係数を比較すると，

$$\begin{aligned}2\cos n\theta&=\sum_{\nu=n-[n/2]}^{n}(-1)^{n-\nu}\frac{n}{\nu}\binom{\nu}{n-\nu}(2\cos\theta)^{2\nu-n}\\&=n\sum_{\nu=0}^{[n/2]}\frac{(-1)^{\nu}}{n-\nu}\binom{n-\nu}{\nu}(2\cos\theta)^{n-2\nu}.\end{aligned}$$

ここで $\theta=\pi/2-\varphi$ とおけば，

$$2(-1)^{[n/2]}\begin{matrix}\cos\\ \sin\end{matrix}n\varphi=n\sum_{\nu=0}^{[n/2]}\frac{(-1)^{\nu}}{n-\nu}\binom{n-\nu}{\nu}(2\sin\varphi)^{n-2\nu}.$$

ここでさらに $\varphi=iv\,(i=\sqrt{-1})$ とおくと，(40.12) がえられる．

3. 前項の結果を利用して，(40.8) で定義された $\{O_n(t)\}_{n=0}^{\infty}$ に対して展開 (40.7) の妥当性を示そう．

定理 40.5. $|z|<|t|$ において (40.7) の右辺は広義の一様に収束し， そこで等式 (40.7) が成立する．

証明. (32.4) および (40.11) からつぎの評価がえられる：

$$\begin{aligned}|J_n(z)|&\leqq\sum_{\nu=0}^{\infty}\frac{1}{\nu!\,\Gamma(n+\nu+1)}\left|\frac{z}{2}\right|^{n+2\nu}\\&\leqq\frac{1}{n!}\left|\frac{z}{2}\right|^{n}\sum_{\nu=0}^{\infty}\frac{1}{\nu!}\left|\frac{z}{2}\right|^{2\nu}=\frac{|z|^n}{n!\,2^n}e^{|z/2|^2},\end{aligned}$$

$$\begin{aligned}|O_n(t)|&\leqq\frac{2^{n-1}n}{|t|^{n+1}}\sum_{\nu=0}^{[n/2]}\frac{(n-\nu-1)!}{\nu!\,2^{2\nu}}|t|^{2\nu}\\&\leqq\frac{2^{n-1}\cdot n!}{|t|^{n+1}}\sum_{\nu=0}^{\infty}\frac{1}{\nu!}\left|\frac{t}{2}\right|^{2\nu}=\frac{2^{n-1}\cdot n!}{|t|^{n+1}}e^{|t/2|^2} \qquad (n>0);\end{aligned}$$

$$|J_n(z)O_n(t)|\leqq\frac{|z|^n}{2|t|^{n+1}}e^{|z/2|^2+|t/2|^2} \qquad (n>0).$$

ゆえに，(40.7) の右辺は $|z|<|t|$ で広義の一様に収束する． この右辺の式を

$F(z,\ t)$ で表わせば，定理 40.2 の証明で示したように，

$$\left(\frac{\partial}{\partial t}+\frac{\partial}{\partial z}\right)F(z,\ t)=0.$$

したがって，$F(z,\ t)$ は $t-z$ だけの函数である．ゆえに，

$$F(z,\ t)=F(0,\ t-z)=O_0(t-z)=\frac{1}{t-z}.$$

あるいは，後半はカプテインにしたがって，定理 40.3 からつぎのようにも示される．$\Re t>|z|$ のとき，(32.6)，(34.2) を利用して，

$$J_0(z)O_0(t)+2\sum_{n=1}^{\infty}J_n(z)O_n(t)$$

$$=J_0(z)\frac{1}{t}+\sum_{n=1}^{\infty}J_n(z)\int_0^{\infty}e^{-tu}((u+\sqrt{u^2+1}\,)^n+(-1)^n(u+\sqrt{u^2+1}\,)^{-n})du$$

$$=\sum_{n=-\infty}^{\infty}J_n(z)\int_0^{\infty}e^{-tu}(u+\sqrt{u^2+1}\,)^n du=\int_0^{\infty}e^{-tu}\sum_{n=-\infty}^{\infty}J_n(z)(u+\sqrt{u^2+1}\,)^n du$$

$$=\int_0^{\infty}\exp\left(-tu+\frac{z}{2}\left(u+\sqrt{u^2+1}-\frac{1}{u+\sqrt{u^2+1}}\right)\right)du$$

$$=\int_0^{\infty}\exp(-(t-z)u)du=\frac{1}{t-z}.$$

解析接続の原理によって，(40.7) は $|z|<|t|$ で成り立つ．

定理 40.5 において，　コーシーの積分公式の核の展開がえられているから，解析函数のベッセル函数系 $\{J_n(z)\}_{n=0}^{\infty}$ による C. ノイマンの展開定理がみちびかれる：

定理 40.6. f が $|z|<R$ で正則，$|z|\leqq R$ で連続ならば，

$$f(z)=c_0J_0(z)+2\sum_{n=1}^{\infty}c_nJ_n(z)\qquad(|z|<R);\tag{40.13}$$

$$c_n=\frac{1}{2\pi i}\int_{|t|=R}f(t)O_n(t)dt\qquad(n=0,1,\cdots).\tag{40.14}$$

証明. コーシーの積分公式によって，

$$f(z)=\frac{1}{2\pi i}\int_{|t|=R}\frac{f(t)}{t-z}dt\qquad(|z|<R).$$

この右辺に (40.7) を用い，定理 40.5 にもとづいて項別積分を行なえばよい．

4. 最後に，フーリエ型の積分定理をあげる：

定理 40.7. f が区間 $(0, \infty)$ で区分的に滑らかな連続函数であって $xf(x) \in \boldsymbol{L}(0, \infty)$ ならば，任意な整数 n に対して

$$f(x)=\int_0^\infty uJ_n(xu)du\int_0^\infty vJ_n(vu)f(v)dv \qquad (x>0). \tag{40.15}$$

証明. ベッセルの微分方程式から

$$y(vJ_n'(yv)J_n(xy)-xJ_n'(xy)J_n(yv))+(v^2-x^2)\int_0^y uJ_n(xu)J_n(vu)du=0.$$

漸化式 $J_n'(z)=(n/z)J_n(z)-J_{n+1}(z)$ を用いると，

$$A(x, v;\ y)\equiv\int_0^y uJ_n(xu)J_n(vu)du$$

$$=\frac{y}{v^2-x^2}(vJ_n(xy)J_{n+1}(yv)-xJ_n(yv)J_{n+1}(xy)); \tag{40.16}$$

$$\int_0^V vf(v)A(x, v;\ y)dv$$

$$=yJ_n(xy)\int_0^V \frac{v^2}{v^2-x^2}f(v)J_{n+1}(yv)dv-xyJ_{n+1}(xy)\int_0^V \frac{v}{v^2-x^2}f(v)J_n(yv)dv.$$

$x\in(0, V)$ のとき，定理 39.2 にあげた漸近公式 (39.2) $(p=1)$ によって

$$J_\lambda(z)=\sqrt{\frac{2}{\pi z}}\cos\left(z-\frac{\lambda\pi}{2}-\frac{\pi}{4}\right)+O(|z|^{-3/2}) \qquad (z\to\infty). \tag{40.17}$$

これを (40.16) の右辺に用いると，

$$A(x, v;\ y)=\frac{1}{v^2-x^2}\frac{2}{\pi}\left(\sqrt{\frac{v}{x}}\cos\left(xy-\frac{n\pi}{2}-\frac{\pi}{4}\right)\sin\left(yv-\frac{n\pi}{2}-\frac{\pi}{4}\right)\right.$$
$$\left.-\sqrt{\frac{x}{v}}\cos\left(yv-\frac{n\pi}{2}-\frac{\pi}{4}\right)\sin\left(xy-\frac{n\pi}{2}-\frac{\pi}{4}\right)\right)+O(y^{-1})$$
$$=\frac{1}{\pi}\frac{1}{v^2-x^2}\left(\left(\sqrt{\frac{x}{v}}-\sqrt{\frac{v}{x}}\right)\cos(y(x+v)-n\pi)\right.$$
$$\left.+\left(\sqrt{\frac{x}{v}}+\sqrt{\frac{v}{x}}\right)\sin(y(v-x))\right)+O(y^{-1}) \quad (y\to\infty).$$

ところで，$x>0$ のとき，v の函数として

$$\frac{1}{v^2-x^2}\left(\sqrt{\frac{x}{v}}-\sqrt{\frac{v}{x}}\right)=-\frac{1}{(v+x)\sqrt{xv}}$$

は $(0, V)$ で連続であるから，リーマン・ルベーグの定理によって

$$\lim_{y\to\infty}\frac{1}{\pi}\int_0^V\frac{vf(v)}{v^2-x^2}\left(\sqrt{\frac{x}{v}}-\sqrt{\frac{v}{x}}\right)\cos(y(v-x)-n\pi)dv=0.$$

また，一般に $\Omega\in\boldsymbol{L}(0,\ V)$ が連続点 x のまわりで有界変動ならば，ディリクレの公式によって

$$\lim_{y\to\infty}\frac{1}{\pi}\int_0^V\Omega(v)\frac{\sin y(v-x)}{v-x}dv=\Omega(x).$$

これを利用すると，

$$\lim_{y\to\infty}\frac{1}{\pi}\int_0^V\frac{vf(v)}{v^2-x^2}\left(\sqrt{\frac{x}{v}}+\sqrt{\frac{v}{x}}\right)\sin y(v-x)dv$$

$$=\left[\frac{vf(v)}{v+x}\left(\sqrt{\frac{x}{v}}+\sqrt{\frac{v}{x}}\right)\right]^{v=x}=f(x).$$

したがって，つぎの関係がえられる：

$$\lim_{y\to\infty}\int_0^V vf(v)A(x,v;\ y)dv=f(x). \tag{40.18}$$

さて，再び漸近公式 (40.17) により $\sqrt{z}\ J_\lambda(z)=O(1)$ ($z\to\infty$) である．ゆえに，$x>0$ を固定するとき，y に関して一様に

$$A(x,v;\ y)=\frac{1}{v^2-x^2}\left(\sqrt{\frac{v}{x}}\sqrt{xy}\ J_n(xy)\sqrt{yv}\ J_{n+1}(yv)\right.$$

$$\left.-\sqrt{\frac{x}{v}}\sqrt{yv}\ J_n(yv)\sqrt{xy}\ J_{n+1}(xy)\right)=o(1)\quad(v\to\infty).$$

仮定によって $xf(x)\in\boldsymbol{L}(0,\ \infty)$ であるから，この評価にもとづいて

$$\int_V^{V'}vf(v)A(x,v;\ y)dv\to0\qquad(V'>V\to\infty).$$

したがって，(40.18) から

$$f(x)=\lim_{y\to\infty}\int_0^V vf(v)A(x,v;\ y)dv=\lim_{y\to\infty}\int_0^\infty vf(v)A(x,v;\ y)dv$$

$$=\lim_{y\to\infty}\int_0^\infty vf(v)dv\int_0^y uJ_n(xu)J_n(vu)du$$

$$=\int_0^\infty uJ_n(xu)du\int_0^\infty vf(v)J_n(vu)dv.$$

定理 40.8. 前定理の仮定のもとで，

$$g(u)=\int_0^\infty xJ_n(ux)f(x)dx\qquad(u>0).$$

とおけば,

$$f(x)=\int_0^\infty uJ_n(xu)g(u)du \qquad (x>0).$$

証明. 定理40.7の関係を相反の形にかいたものにほかならない.

問 1.
$$\frac{\pi^2}{4}-2\sum_{m=1}^{\infty}\frac{J_0((2m-1)x)}{(2m-1)^2}=\begin{cases} x & (0\leqq x\leqq \pi), \\ x+2\pi\arccos(\pi/x)-2\sqrt{x^2-\pi^2} & (\pi\leqq x\leqq 2\pi). \end{cases}$$

問 2.
$$(n-1)O_{n+1}(t)+(n+1)O_{n-1}(t)-\frac{2(n^2-1)}{t}O_n(t)=\frac{n}{t}(1+(-1)^{n-1}) \qquad (n\geqq 1).$$

問 3. $y=O_n(t)$ はつぎの微分方程式をみたす:

$$\frac{d^2y}{dx^2}+\frac{3}{t}\frac{dy}{dt}+\left(1-\frac{n^2-1}{t^2}\right)y=\begin{cases} t^{-1} \\ nt^{-2} \end{cases} \qquad \left(n \begin{array}{l} \text{偶数} \\ \text{奇数} \end{array}\right).$$

問 4. 原点を正の向きに一周する単純閉曲線を C とすれば,

$$\frac{1}{2\pi i}\int_C O_m(t)O_n(t)dt=0 \qquad (m, n=0,1,\cdots);$$

$$\frac{1}{2\pi i}\int_C J_m(t)O_n(t)dt=\begin{cases} 0 & (m\neq n;\ m, n=0,1,\cdots), \\ 1 & (m=n=0), \\ 1/2 & (m=n=1,2,\cdots). \end{cases}$$

問　題　7

1. $f_\lambda(z)$ が円柱函数ならば, $\alpha(\lambda+1)=\alpha(\lambda)$, $\beta(\lambda+1)=-\beta(\lambda)$ をみたす α, β に対して, $\alpha(\lambda)f_{\pm\lambda}(\pm z)$, $\beta(\lambda)f_{\mp}(\pm z)$ はすべて円柱函数である.

2. ベッセルの微分方程式は, つぎの形の方程式の $\zeta\to\infty$ に対する合流型である:

(i) $$P\begin{Bmatrix} 0 & \zeta & \infty & \\ \lambda & 1/2+i\zeta & i\zeta & z \\ -\lambda & 1/2-i\zeta & -i\zeta & \end{Bmatrix};$$

(ii) $$P\begin{Bmatrix} 0 & \zeta^2 & \infty & \\ \lambda/2 & 0 & -(\lambda-\zeta)/2 & z^2 \\ -\lambda/2 & \lambda+1 & -(\lambda+\zeta)/2 & \end{Bmatrix};$$

(iii) $$e^{iz}P\begin{Bmatrix} 0 & \zeta & \infty & \\ \lambda & 0 & 1/2 & z \\ -\lambda & -1+2i\zeta & 3/2-2i\zeta & \end{Bmatrix}.$$

3.
$$2^{2m}J_\lambda^{(2m)}(z)=\sum_{\mu=-m}^{m}(-1)^{m+\mu}\binom{2m}{m+\mu}J_{\lambda+2\mu}(z) \qquad (m=1,2,\cdots).$$

4. $\lambda\geqq 0$ のとき, つぎの評価が成り立つ:

(i) $$\left|\Gamma(\lambda+1)\left(\frac{2}{z}\right)^\lambda J_\lambda(z)-1\right|\leqq\frac{e^{|z|^2/4}-1}{\lambda+1};$$

(ii) $$|J_\lambda(z)|\leqq\frac{1}{\Gamma(\lambda+1)}\left(\frac{|z|}{2}\right)^\lambda e^{|z|^2/4}.$$

5. $$\frac{d^m}{d(z^2)^m}\frac{J_\lambda(z)}{z^\lambda}=\left(-\frac{1}{2}\right)^m\frac{J_{\lambda+m}(z)}{z^{\lambda+m}} \qquad (m=0,1,\cdots).$$

6. (i) $$z\frac{J_{\lambda-1}(z)}{J_\lambda(z)}=2\lambda-\frac{z^2}{2\lambda+2}-\frac{z^2}{2\lambda+4}-\frac{z^2}{2\lambda+6}-\cdots;$$

(ii) $$z\cot z=1-\frac{z^2}{3}-\frac{z^2}{5}-\frac{z^2}{7}-\cdots.$$

7. $$(z+c)^{\mp\lambda/2}J_\lambda(2\sqrt{z+c})=\sum_{\nu=0}^{\infty}\frac{(\mp c)^\nu}{\nu!}z^{\mp(\lambda\pm\nu)/2}J_{\lambda\pm\nu}(2\sqrt{z});$$

ただし，複号の下側の場合には $|z|>|c|$ とする.

8. $$J_\lambda(\alpha z)J_\mu(\beta z)=\alpha^\lambda\beta^\mu\sum_{\nu=0}^{\infty}(-1)^\nu A_\nu^{\lambda,\mu}(\alpha,\beta)\left(\frac{z}{2}\right)^{\lambda+\mu+2\nu};$$

$$A_\nu^{\lambda,\mu}(\alpha,\beta)=\sum_{\kappa=0}^{\nu}\frac{\alpha^{2\nu-2\kappa}\beta^{2\kappa}}{\kappa!(\nu-\kappa)!\Gamma(\lambda+\nu-\kappa+1)\Gamma(\mu+\kappa+1)}$$
$$=\frac{\alpha^{2\nu}}{\nu!\Gamma(\lambda+\nu+1)\Gamma(\mu+1)}F\left(-\lambda-\nu,\ -\nu;\ \mu+1;\ \frac{\beta^2}{\alpha^2}\right).$$

9. $m\geqq 0$ が整数のとき，$w=w(z)$ に対する微分方程式 $z^{m+1/2}w^{(2m+1)}+w=0$ の一般解は，つぎの形に表わされる：

$$w=z^{m/2+1/4}\sum_{\mu=0}^{2m}c_\mu(J_{-m-1/2}(2\alpha_\mu z^{1/2})+iJ_{m+1/2}(2\alpha_\mu z^{1/2}));$$

ここに $\{\alpha_\mu\}_{\mu=0}^{2m}$ は方程式 $\alpha^{2m+1}=i$ の根，$\{c_\mu\}_{\mu=0}^{2m}$ は積分定数.

10. $w=J_{\lambda+1}(z)/(zJ_\lambda(z))$ はつぎの微分方程式をみたす：

$$zw'=1-2(\lambda+1)w+z^2w^2.$$

11. $$J_\lambda(z)=\frac{1}{\sqrt{\pi}\ \Gamma(\lambda+1/2)}\left(\frac{z}{2}\right)^\lambda\int_0^\pi e^{\pm iz\cos\varphi}\sin^{2\lambda}\varphi\, d\varphi \qquad \left(\Re\lambda>-\frac{1}{2}\right).$$

12. $$J_\lambda(z)=\frac{2(2z)^\lambda}{\sqrt{\pi}\ \Gamma(\lambda+1/2)}\int_0^{\pi/2}e^{-2z\cot\varphi}\cos^{\lambda-1/2}\varphi\,\mathrm{cosec}^{2\lambda+1}\varphi\sin\left(z-\left(\lambda-\frac{1}{2}\right)\varphi\right)d\varphi$$
$$\left(\Re\lambda>-\frac{1}{2},\ |\arg z|<\frac{\pi}{2}\right).$$

13. $\Re\zeta=c>0$ に沿う積分路での主値積分をとるとき，

$$J_\lambda(z)=\left(\frac{z}{2}\right)^\lambda\frac{1}{2\pi i}\int_{c-i\infty}^{c+i\infty}\zeta^{-\lambda-1}\exp\left(\zeta-\frac{z^2}{4\zeta}\right)d\zeta \qquad (\Re\lambda>-1).$$

14. n が整数のとき，$-\pi i$ から πi にいたる任意な路 C に対して

$$J_n(z)=\frac{1}{2\pi i}\int_C e^{z\sinh\zeta-n\zeta}d\zeta.$$

15. $$w=\int_{-\pi i}^{\pi i}e^{z\sinh\zeta-\lambda\zeta}d\zeta$$

は微分方程式 $z^2w''+zw'+(z^2-\lambda^2)w=2i(z-\lambda)\sin\lambda\pi$ をみたす.

16. $$i^nJ_n(z)=\frac{1}{2\pi}\int_0^{2\pi}e^{iz\cos\theta}\cos n\theta\, d\theta \qquad (n=0,\pm1,\cdots).$$

17. $$\cos z=J_0(z)+2\sum_{n=1}^{\infty}(-1)^nJ_{2n}(z);\quad \sin z=2\sum_{n=1}^{\infty}(-1)^{n-1}J_{2n-1}(z).$$

18. (i) $\sum_{n=1}^{\infty} n^2 J_n(z)^2 = \frac{z^2}{4}$; (ii) $\sum_{n=1}^{\infty} n^4 J_n(z)^2 = \frac{4z^2+3z^4}{16}$.

19. $\Omega(z, \varphi) = \sum_{n=-\infty}^{\infty} J_n(z) e^{in\varphi}$ に対してつぎの関係が成り立つ:

$$\frac{\partial^2 \Omega}{\partial z^2} + \frac{1}{z}\frac{\partial \Omega}{\partial z} + \frac{1}{z^2}\frac{\partial^2 \Omega}{\partial \varphi^2} + \Omega = 0.$$

20.
$$2\sum_{n=1}^{\infty} J_{2n-1}(z) = J_0(z) - 1 + \int_0^z (J_0(t) + J_1(t))dt.$$

21. $\{f_n(u, v)\}_{n=1}^{\infty}$ を母函数展開

$$\frac{2v(1+t^2)t}{(1-2ut-t^2)^2+4v^2t^2} = \sum_{n=1}^{\infty} f_n(u, v) t^n$$

によって定めれば,

$$e^{uz}\sin vz = \sum_{n=1}^{\infty} f_n(u, v) J_n(z).$$

22.
$$J_{2n}(z) = n\sum_{\nu=0}^{n} (-1)^{n-\nu} \frac{(n+\nu-1)!}{\nu!(n-\nu)!}\left(\frac{z}{2}\right)^{\nu} J_\nu(z) \qquad (n=1, 2, \cdots).$$

23.
$$Y_0(z) = \frac{2}{\pi}(C + \log 2) J_0(z) + \frac{4}{\pi^2}\int_0^{\pi/2} \cos(z\cos\varphi)\log(z\sin^2\varphi)d\varphi.$$

24.
$$\frac{\pi}{2} J_0(z) Y_0(z) = J_0(z)^2 \log\frac{z}{2} + \sum_{\nu=0}^{\infty} \frac{(-1)^\nu}{\nu!^2}\binom{2\nu}{\nu}(\psi(2\nu+1) - 2\psi(\nu+1))\left(\frac{z}{2}\right)^{2\nu}.$$

25. $\beta\gamma \neq 0$ のとき, 微分方程式

$$\frac{d^2w}{dz^2} + \frac{1-2\alpha}{z}\frac{dw}{dz} + \left(\beta^2\gamma^2 z^{2\beta-2} + \frac{\alpha^2 - \lambda^2\beta^2}{z^2}\right)w = 0$$

の一般解は $w = z^\alpha (C_1 J_\lambda(\gamma z^\beta) + C_2 Y_\lambda(\gamma z^\beta))$ (C_1, C_2 は積分定数).

特に, $w'' + az^m w = 0$ ($a \neq 0$, $m+2 \neq 0$) の一般解は

$$w = z^{1/2}\left(C_1 J_{1/(m+2)}\left(\frac{2\sqrt{a}}{m+2} z^{m/2+1}\right) + C_2 Y_{1/(m+2)}\left(\frac{2\sqrt{a}}{m+2} z^{m/2+1}\right)\right).$$

——$a(m+2)=0$ 場合には, 求積法で解ける.

26. $\beta\gamma \neq 0$ のとき, 微分方程式

$$\frac{d^2w}{dz^2} + \left(\frac{1-2\alpha}{z} - 2i\beta\gamma z^{\beta-1}\right)\frac{dw}{dz} + \left(\frac{\alpha^2 - \lambda^2\beta^2}{z^2} - i\beta\gamma(1-2\alpha)z^{\beta-2}\right)w = 0$$

の一般解は $w = z^\alpha e^{i\gamma z^\beta}(C_1 J_\lambda(\gamma z^\beta) + C_2 Y_\lambda(\gamma z^\beta))$ (C_1, C_2 は積分定数).

27. リッカチの微分方程式 $dw/dz + w^2 = az^m$ ($a(m+2) \neq 0$) の一般解は

$$w = \frac{J_{1/(m+2)-1}(\zeta) + CY_{1/(m+2)-1}(\zeta)}{J_{1/(m+2)}(\zeta) + CY_{1/(m+2)}(\zeta)} \qquad \left(\zeta = \frac{2\sqrt{-a}}{m+2} z^{m/2+1}\right).$$

28. $\pi - \alpha + i\infty$ から半直線に沿って $\pi - \alpha$ にいたり, $\pi - \alpha$ から $-\pi - \alpha$ までの線分ををへて, $-\pi - \alpha$ から半直線に沿って $-\pi - \alpha + i\infty$ にいたる路を C_α で表わせば,

$$J_\lambda(z) = -\frac{1}{2\pi}\int_{C_\alpha} e^{i(\lambda\zeta - z\sin\zeta)} d\zeta \qquad (\Re(e^{i\alpha}z) > 0).$$

29.
$$H_\lambda^{\mathrm{a}}(x) = \pm\frac{e^{\mp i\lambda\pi/2}}{i\pi}\int_{-\infty}^{\infty} e^{\pm ix\cosh t - \lambda t} dt \qquad \left(\mathrm{a} = \frac{1}{2}\right), \ (-1 < \Re\lambda < 1, \ x > 0).$$

30. $$\begin{matrix}J_0\\Y_0\end{matrix}(x)=\pm\frac{2}{\pi}\int_0^\infty\begin{matrix}\sin\\\cos\end{matrix}(x\cosh t)dt\qquad(x>0).$$ （ソニン）

31. (i) $$H_\lambda^1(ze^{i\pi})=-e^{-i\lambda\pi}H_\lambda^2(z),$$
$$H_\lambda^2(ze^{i\pi})=2\cos\lambda\pi\cdot H_\lambda^2(z)+e^{i\lambda\pi}H_\lambda^1(z);$$

(ii) $$H_\lambda^1(ze^{2i\pi})=-H_\lambda^1(z)-2\cos\lambda\pi\cdot e^{-i\lambda\pi}H_\lambda^2(z),$$
$$H_\lambda^2(ze^{2i\pi})=(4\cos^2\lambda\pi-1)H_\lambda^2(z)+2\cos\lambda\pi\cdot e^{i\lambda\pi}H_\lambda^1(z).$$

32. λ が実数のとき，$x>0$ に対して $e^{i(\lambda+1)\pi/2}H_\lambda^1(xe^{i\pi/2})$，$e^{-i(\lambda+1)\pi/2}H_\lambda^2(xe^{-i\pi/2})$ はともに実数値である．

33. $$\begin{matrix}H_0^1\\H_0^2\end{matrix}(z)=\frac{2}{\pi}e^{\pm i(z-\pi/4)}\int_0^\infty(t\pm it^2)^{-1/2}e^{-2zt}dt\qquad(\Re z>0).$$

34. $$\begin{matrix}J_\lambda\\Y_\lambda\end{matrix}(z)=\pm\frac{z^\lambda}{2^{\lambda-1}\sqrt{\pi}\,\Gamma(\lambda+1/2)}(1+\mathscr{D}^2)^{\lambda-1/2}\left(z\begin{matrix}\sin\\\cos\end{matrix}z\right)\qquad\left(\mathscr{D}\equiv\frac{d}{dz}\right),$$
$$\left(\Re\lambda>-\frac{1}{2}\right).$$

35. つぎのクレプシュの公式が成り立つ：$R=\sqrt{r^2+\rho^2-2r\rho\cos\theta}$ とおけば，$0<\rho<r$ のとき，

(i) $$\frac{1}{R}\begin{matrix}\sin\\\cos\end{matrix}R=\pi\sum_{n=0}^\infty(\pm1)^n\frac{2n+1}{2}\frac{J_{n+1/2}(\rho)}{\sqrt{\rho}}\frac{J_{\pm(n+1/2)}(r)}{\sqrt{r}}P_n(\cos\theta);$$

(ii) $$\frac{1}{iR}e^{iR}=\pi\sum_{n=0}^\infty\frac{2n+1}{2}\frac{J_{n+1/2}(\rho)}{\sqrt{\rho}}\frac{H_{n+1/2}^1(r)}{\sqrt{r}}P_n(\cos\theta).$$

36. $+\infty-i\pi$ から半直線に沿って $-i\pi$ にいたり，$-i\pi$ から $i\pi$ への線分をへて，$i\pi$ から半直線に沿って $+\infty+i\pi$ にいたる路を C とすれば，

$$I_\lambda(z)=\frac{1}{2\pi i}\int_C e^{z\cosh\zeta-\lambda\zeta}d\zeta\qquad\left(|\arg z|<\frac{\pi}{2}\right).$$

37. $$K_\lambda(z)=\int_0^\infty e^{-z\cosh\eta}\cosh\lambda\eta\,d\eta\qquad\left(|\arg z|<\frac{\pi}{2}\right).$$

38. $$I_{\pm1/2}(z)=\sqrt{\frac{2}{\pi z}}\begin{matrix}\sinh\\\cosh\end{matrix}z.$$

39. $$I_{-n}(z)=I_n(z)\qquad(n=1,2,\cdots).$$

40. $$j_{-n}(z)=(-1)^n n_{n-1}(z)\qquad(n=0,1,\cdots).$$

41. $$e^{ikr\cos\theta}=\sum_{n=0}^\infty i^n(2n+1)j_n(kr)P_n(\cos\theta).$$

42. $$j_n(z)=\sqrt{\frac{\pi}{2z}}J_{n+1/2}(z)=\frac{i^{-n}}{2}\int_{-1}^1 e^{iz\zeta}P_n(\zeta)d\zeta\qquad(\Re z>0;\ n=0,1,\cdots).$$

43. (i) $$\int_0^\infty J_0(px)\frac{\sin x}{x}dx=\begin{cases}\pi/2 & (0<p<1),\\ \operatorname{arccosec}p & (p\geqq1);\end{cases}$$

(ii) $$\int_0^\infty J_1(px)\frac{\sin x}{x}dx=\begin{cases}p^{-1}(1-(1-p^2)^{-1/2}) & (0<p<1),\\ p^{-1} & (p\geqq1).\end{cases}$$

44. $\Re p>0$，$q>0$ のとき，

(i) $\int_0^\infty te^{-pt^2}J_0(qt)dt=\frac{1}{2p}e^{-q^2/4p}$; (ii) $\int_0^\infty t^2e^{-pt^2}J_1(qt)dt=\frac{q}{4p^2}e^{-q^2/4p}$.

45. $$\int_0^\infty e^{-pt}J_0(qt)dt=\frac{1}{\sqrt{p^2+q^2}} \qquad (\Re p>0,\ q>0).$$

46. $$\int_0^1 x^\lambda J_{\lambda-1}(qx)dx=\frac{1}{q}J_\lambda(q) \qquad (\Re\lambda>0,\ q>0).$$

47. $$\int_0^u \begin{matrix}\cos\\ \sin\end{matrix}\frac{\pi t^2}{2}dt=\frac{1}{2}\int_0^{\pi u^2/2}J_{\mp 1/2}(x)dx.$$

48. $$\frac{2}{\sqrt{\pi}}\int_0^u e^{-t^2}dt=\frac{e^{i\pi/4}}{\sqrt{2}}\int_0^{iu^2}H^1_{1/2}(x)dx.$$

49. $$\int_0^z t^{\lambda/2}(z-t)^{\mu-1}J_\lambda(2\sqrt{t})dt=\Gamma(\mu)z^{(\lambda+\mu)/2}J_{\lambda+\mu}(2\sqrt{z}) \qquad (\Re(\lambda+1)>0,\ \Re\mu>0).$$

50. $$\int_0^\infty t^{\kappa-1}e^{-\alpha t^2}J_\lambda(\beta t)dt=\frac{\Gamma((\lambda+\kappa)/2)\beta^\lambda}{\Gamma(\lambda+1)2^{\lambda+1}\alpha^{(\lambda+\kappa)/2}}{}_1F_1\left(\frac{\lambda+\kappa}{2};\ \lambda+1;\ -\frac{\beta^2}{4\alpha}\right)$$

$$\left(\Re(\lambda+\kappa)>0,\ |\arg z|<\frac{\pi}{2}\right).$$ (ハンケル)

51. $$\int_0^\infty t^{n+\alpha/2}e^{-t}J_\alpha(2\sqrt{zt})dt=n!z^{\alpha/2}e^{-z}S_n^\alpha(z) \qquad (\Re(n+\alpha)>-1).$$

52. $\Re\lambda>-1$, $p>0$, $c>0$ のとき,

$$p^{\lambda+1}\int_0^\infty J_\lambda(t)J_{\lambda+1}(pt)dt=\frac{1}{2\pi i}\int_{c-i\infty}^{c+i\infty}\frac{e^{(1-p^{-2})\zeta}}{\zeta}d\zeta=\begin{cases}0 & (0<p<1),\\ 1/2 & (p=1),\\ 1 & (p>1);\end{cases}$$

ただし，右方の積分は $\Re\zeta=c$ に沿う主値積分とする.

53. $\lambda\geqq 0$ のとき，$J_\lambda(z)=0$ の最小正根は $3\pi/2+[\lambda+1/2]\pi$ より小さい.

54. $\lambda\geqq 0$ のとき，$J_\lambda(z)=0$ の最小正根を $\alpha^{(\lambda)}$ で表わせば，$(0,1]$ で連続であって $y(x)=O(1)$ $(x\to+0)$，$y(1)=0$ をみたす任意な実数値函数 $y(x)$ および $[0,1]$ で連続であって $u(0)=0$ をみたす任意な実数値函数 $u(x)$ に対して

$$\min_{0\leqq x\leqq 1}\left(-\frac{u'+x^{-2\lambda-1}u^2}{x^{2\lambda+1}}\right)\leqq\alpha^{(\lambda)2}\leqq\int_0^1 x^{2\lambda+1}y'^2dx\Big/\int_0^1 x^{2\lambda+1}y^2dx.$$

55. $\lambda\geqq 0$ のとき，$J_\lambda(z)=0$ の最小正根を $\alpha^{(\lambda)}$ で表わせば,

$$\lambda+1<\alpha^{(\lambda)}<\sqrt{\lambda+1}\,(\sqrt{\lambda+2}+1).$$

特に，$\lambda\to+\infty$ のとき，$\alpha^{(\lambda)}=\lambda+O(\sqrt{\lambda})$.

56. $$\int_0^x tJ_0(\alpha t)^2dt=\frac{x^2}{2}(J_0(\alpha x)^2+J_1(\alpha x)^2).$$

57. $\Re(\lambda+\mu)>0$ のとき,

$$\int_0^x\frac{1}{t}J_\lambda(\alpha t)J_\mu(\alpha t)dt=\begin{cases}\dfrac{\alpha x}{\lambda^2-\mu^2}\Big(J_\lambda(\alpha x)J_\mu{}'(\alpha x)-J_\lambda{}'(\alpha x)J_\mu(\alpha x)\Big) & (\mu\neq\lambda),\\[2ex] \dfrac{\alpha}{2\lambda}\left(J_\lambda(\alpha x)\dfrac{\partial J_\lambda{}'(\alpha x)}{\partial\lambda}-J_\lambda{}'(\alpha x)\dfrac{\partial J_\lambda(\alpha x)}{\partial\lambda}\right) & (\mu=\lambda).\end{cases}$$

58. m, $n\geqq 0$ が整数のとき,

$$\int_{-\infty}^{\infty} J_{m+1/2}(t)J_{n+1/2}(t)\frac{dt}{t}=\begin{cases}2/(2n+1) & (m=n),\\ 0 & (m\neq n).\end{cases}$$

59. $$I_\lambda(z)\sim\frac{1}{\sqrt{2\pi z}}e^z,\qquad K_\lambda(z)\sim\sqrt{\frac{\pi}{2z}}\,e^{-z}\qquad\left(|\arg z|<\frac{\pi}{2};\quad z\to\infty\right);$$

一般に，漸近展開は

$$I_\lambda(z)\sim\frac{e^z}{\sqrt{2\pi z}}\sum_{k=0}^{\infty}\frac{(-1)^k\Gamma(\lambda+k+1/2)}{k!\,\Gamma(\lambda-k+1/2)}\frac{1}{(2z)^k}$$
$$+\frac{e^{-i(\lambda+1/2)\pi}e^{-z}}{\sqrt{2\pi z}}\sum_{k=0}^{\infty}\frac{\Gamma(\lambda+k+1/2)}{k!\,\Gamma(\lambda-k+1/2)}\frac{1}{(2z)^k},$$
$$K_\lambda(z)\sim\sqrt{\frac{\pi}{2z}}\,e^{-z}\sum_{k=0}^{\infty}\frac{\Gamma(\lambda+k+1/2)}{k!\,\Gamma(\lambda-k+1/2)}\frac{1}{(2z)^k}.$$

60. $$\frac{\pi^2}{4}-2\sum_{m=1}^{\infty}\frac{J_0((2m-1)x)}{(2m-1)^2}=x+2\pi\left(\arccos\frac{\pi}{x}-2\arccos\frac{2\pi}{x}\right)$$
$$-2\sqrt{x^2-\pi^2}+2\sqrt{x^2-4\pi^2}\qquad(2\pi\leqq x\leqq 3\pi).$$

索　　引

人 名 索 引

アーベル　Abel, Niels Henrik (1802—1829)　64
アルチン　Artin, Emil (1898—1962)　25
イェンゼン　Jensen, Johann Ludwig Wilhelm Waldemar (1859—1925)　63
ウィルソン　Wilson, B. M. (1896—　　)　123
ウィルソン　Wilson, James　11
ウェーバー　Weber, Heinrich (1842—1913)　198,213
エルミト　Hermite, Charles (1822—1901)　29,45,61,89,97,98,123,155
オイレル　Euler, Leonhard (1707—1783)　6,9,13,19,20,32,38,56,57
オストロフスキ　Ostrowski, Alexander (1893—　　)　26,172

ガウス　Gauss, Carl Friedrich (1777—1855)　16,17,19,23,65,84,160
ガウチ　Gautschi, Walter　29
カタラン　Catalan, Eugène Charles (1814—1894)　144
カプテイン　Kapteyn, W.　231
カランドロー　Callandreau, O.　198
クラウゼン　Clausen, Th.　12
グラム　Gram, J. P.　90
クリストッフェル　Christoffel, Erwin Bruno (1829—1900)　104,121,126,146,154
グレイ　Gray, Andrew　209
グレイシャー　Glaisher, J. W. L.　109
クレプシュ　Clebsch, Rudolf Friedrich Alfred (1833—1872)　237
クロネッカー　Kronecker, Leopold (1823—1891)　87
クンマー　Kummer, Ernst Eduard (1810—1893)　10,48,65,69,73,76,81
ゲーゲンバウアー　Gegenbauer, L.　133
ケルビン　Kelvin, Lord (=Thomson, Wiliam) (1824—1907)　170,210,211
コーシー　Cauchy, Augustin Louis (1789—1857)　22,44
ゴルドバッハ　Goldbach, C. (1690—1764)　14

ザールシュッツ　Saalschütz, L.　22
シェーンホルツァ　Schönholzer, J. J.　186
シュタウト　Staudt, Karl Georg Christian von (1798—1867)　12
シュツルム　Sturm, Jacques Charles François (1803—1855)　91,92
シュミット　Schmidt, Erhardt (1876—1959)　88

シュレフリ Schläfli, Ludwig (1814—1895) 149,155,186,187,188,190,202
シュレーミルヒ Schlömilch, Oskar (1823—1901) 191,226
シュワルツ Schwarz, Hermann Amandus (1843—1921) 31,92
シルベスター Sylvester, James Joseph (1814—1897) 172
スターリング Stirling, James (1696—1770) 38,39,45,49
スティルチェス Stieltjes, Th. J. (1856—1894) 39,45,72
ソニン Sonine, N. J. de 118,187,190,237
ゾンマーフェルト Sommerfeld, Arnold (1868— ?) 204

ダルブー Darboux, Jean Gaston (1842—1917) 98,110
チェザロ Cesàro, Ernesto (1859—1906) 20,59
チェビシェフ Tchebychev, Pafnutij Lwowitsch (1821—1894) 95,113,147
テイラー Taylor, Brook (1685—1731) 6
ディリクレ Dirichlet, Peter Gustav Lejeune (1805—1859) 17,20,46,50,110,151
デバイ Debye, Peter J. W. (1884—1966) 41,220
トドハンター Todhunder, Isaac (1820—1884) 165

ニールセン Nielsen, Niels 204
ノイマン Neumann, Carl Gottfried (1832—1925) 159,198,212,228,231
ノイマン Neumann, Franz 152

ハイネ Heine, Heinrich Eduard (1821—1881) 152,157,165,194,195
バウアー Bauer, G. 187
ハウスドルフ Hausdorff, Felix (1868— ?) 26
ハーグリーブ Hargreave, C. J. 145
パーセバル Parseval, M. A. 136
バッセット Basset, A. B. 209
パッペリッツ Papperitz, J. E. 69
ハール Haar, Alfred (1885—) 140
ハンケル Hankel, Hermann (1839—1873) 32,188,203,238
バーンズ Barnes, Ernst W. (1874—) 79
ビネ Binet, J. P. M. 19,32,34,35,43
ビュルマン Bürmann, H. 130
ヒルベルト Hilbert, David (1862—1943) 113
ピンケルレ Pincherle, Salvatore (1853—1936) 79
フェオー Féaux, B. 18
フェラー Ferrar, W. L. 165
フェラース Ferrers, N. M. 161

フェルマー Fermat, Pierre de (1608—1665) 11
フックス Fuchs, Emmanuel Lazarus (1833—1902) 65,69
プラナ Plana, J. 10
フーリエ Fourier, Jean Baptiste Joseph (1768—1830) 2,185
フルウィッツ Hurwitz, Adolf (1859—1919) 11,54,61
フロベニウス Frobenius, Georg (1849—1917) 160
ベズー Bézout, Etième (1730—1783) 172
ベッセル Bessel, Friedrich Wilhelm (1784—1846) 136,184,185,192
ヘルダー Hölder, Otto (1859—1937) 26
ベルヌイ Bernoulli, Jakob (1654—1705) 1,5
ベルンシュタイン Bernstein, Serge (1880—) 136,146
ボーア Bohr, Harald (1887—1951) 24
ポアッソン Poisson, Siméon Denis (1781—1840) 190
ポアンカレ Poincaré, Henri (1854—1912) 39
ホイッテイカー Whittaker, E. T. (1873—) 75,77
ポッホハンマー Pochhammer, L. 37,74,78
ホブソン Hobson, E. W. (1856— ?) 165,196,212

マクローリン Maclaurin, Colin (1698—1746) 9,13
マシュース Mathews, C. B. 209
マックスウェル Maxwell, James Clerk (1831—1879) 169
マーフィ Murphy, R. 94,112
マルコフ Markov, A. A. (1856—1922) 146
マルムステン Malmstén, C. J. 18
マンゴルト Mangoldt, Hans von 57
ミンコフスキ Minkowski, Hermann (1864—1909) 87
ムーア Moore, E. H. (1862—1932) 26
メービウス Möbius, Augustus Ferdinand (1790—1868) 57,58
メーラー Mehler, F. G. 110,151
メリン Mellin, H. 15,51,79
モレループ Mollerup, J. 24

ヤコビ Jacobi, Carl Gustav Jacob (1804—1851) 127,165
ヤング Young, William Henry (1863— ?) 140,227

ライプニッツ Leibniz, Gettfried Wilhelm (1646—1716) 100
ラグランジュ Lagrange, Joseph Louis (1736—1813) 116,130
ラゲル Laguerre, Edmond Nicolas (1834—1886) 96,97,118

ラプラス　Laplace, Pierre Simon, Marquis de (1749—1827)　38,40,108,150,168,178

リウビル　Liouville, Joseph (1809—1882)　57,91

リース　Riesz, Marcel (1886—　)　118,146

リッカチ　Riccati, Jacopo Francesco (1676—1754)　236

リーマン　Riemann, Georg Friedrich Bernhard (1826—1866)　40, 50, 52, 53, 55, 69,70,140

ルジャンドル　Legendre, Adrien Marie (1752—1833)　15,24,29,48,93,94,99,103,149

ルベーグ　Lebesgue, Henri (1875—1941)　140

レンゼ　Lense, Josef (1890—　)　13

ロドリグ　Rodrigues, O. (1794—1851)　99

ロンスキ　Wronski, Hoëne Joseph Maria (1778—1853)　187

ロンメル　Lommel, E. C. J.　186,187,197,199,200,214

ワイエルシュトラス　Weierstrass, Karl Theodor Wilhelm (1815—1897)　15,136

事 項 索 引

近代数学講座 5
特　殊　函　数　　定価はカバーに表示

1967 年 9 月 15 日　初版第 1 刷
2004 年 3 月 15 日　復刊第 1 刷
2015 年 1 月 25 日　第 7 刷

著　者　小（こ）　松（まつ）　勇（ゆう）　作（さく）
発行者　朝　倉　邦　造
発行所　株式会社　朝　倉　書　店
東京都新宿区新小川町 6-29
郵 便 番 号　162-8707
電　話　03（3260）0141
FAX　03（3260）0180
http://www.asakura.co.jp

中央印刷・渡辺製本

ISBN 978-4-254-11655-7　C 3341　Printed in Japan